激活码：Mk6RmyMX

数据库原理与

应用技术

主编◎姜林枫

副主编◎赵　龙　徐长滔　杨　燕

U0236065

**SHUJUKU YUANLI
YU YINGYONG JISHU**

北京师范大学出版集团
BEIJING NORMAL UNIVERSITY PUBLISHING GROUP
北京师范大学出版社

图书在版编目(CIP)数据

数据库原理与应用技术/姜林枫主编. —北京：北京师范大学出版社，2020.12(2022.8 重印)

ISBN 978-7-303-26531-2

Ⅰ. ①数… Ⅱ. ①姜… Ⅲ. ①关系数据库系—高等学校—教材 Ⅳ. ①TP311.138

中国版本图书馆 CIP 数据核字(2020)第 225871 号

营 销 中 心 电 话	010-58802181　58805532
北师大出版社科技与经管分社	www.jswsbook.com
电 子 信 箱	jswsbook@163.com

出版发行：北京师范大学出版社　www.bnupg.com
北京市西城区新街口外大街 12-3 号
邮政编码：100088

印　　刷：	北京溢漾印刷有限公司
经　　销：	全国新华书店
开　　本：	787 mm×1092 mm　1/16
印　　张：	27
字　　数：	620 千字
版　　次：	2020 年 12 月第 1 版
印　　次：	2022 年 8 月第 2 次印刷
定　　价：	59.90 元

策划编辑：赵洛育	责任编辑：赵洛育
美术编辑：刘　超	装帧设计：刘　超
责任校对：段立超	责任印制：赵　龙

内容提要

本书基于关系数据库管理系统，系统地介绍了数据库原理和应用技术。全书共 15 章，主要包括数据库基本原理、数据库设计原理、基于 Access 的数据库技术入门及理论建构、基于 SQL Server 的数据库技术拓展及理论升华、关系数据库语言 SQL、基于 VBA 的面向过程编程、基于 VBA 的面向对象编程、数据库技术的对象级应用和数据库技术的系统级应用等内容。

本书基于数据库产生的原因，介绍数据库的概念和功能，以建立学习者的学习基础和知识框架；基于循序渐进的原则，讲解数据库的基本原理，以培养学习者数据组织和数据管理的素养；基于应用驱动的原则，阐述数据库的设计原理，以锻造学习者数据建模的能力；基于学以致用的原则学习数据库对象的设计，以提升学习者数据处理和数据分析的能力；基于实战案例示范数据库的系统级应用，以树立学习者的系统思想。

本书内容翔实全面、知识结构完整、应用案例丰富、理论深入浅出，融数据库原理与数据库应用技术于一体，便于"学中用、用中学"。本书既可以作为高等院校学生学习数据库原理与应用技术的教材，也可以作为数据库知识入门者的学习用书，还可以作为相关领域技术人员的参考用书或培训教材。

前　　言

　　近年来，数字经济发展速度之快、辐射范围之广、影响程度之深前所未有，正在成为重组全球要素资源、重塑全球经济结构、改变全球竞争格局的关键力量。党的十八大以来，党中央高度重视发展数字经济，并将其上升为国家战略。习近平总书记提出：要发展数字经济，加快推动数字产业化，依靠信息技术创新驱动，不断催生新产业新业态新模式，用新动能推动新发展；要推动产业数字化，利用互联网新技术新应用对传统产业进行全方位、全角度、全链条的改造，提高全要素生产率，释放数字对经济发展的放大、叠加、倍增作用。

　　数字经济以数据作为关键生产要素，以数据处理技术为核心驱动，其中数据库技术是数字产业化的核心关键技术，是产业数字化的核心支撑，双向加持数字经济，是坚实的数据基座。

　　就数字经济微观层面的组织机构而言，数字化产生的数据是组织机构最有价值的资产。通过对组织机构数字化所累积数据的分析，可以了解其过去、把握其今天、预测其未来，从而助力组织机构科学发展。但组织机构日积月累的数据往往是无法分析的，第一个原因是这些数据是巨量的，第二个原因是这些数据是杂乱无章的。

　　以一家年销售额在 1 000 万元左右"进销存型零售企业"为例，如果该企业每单销售额平均在 100 元左右，那么运营 10 年后，该企业累积的"销"项数据就在 100 万条左右，再加上"进"项和"存"项数据，那么 10 年累积的业务数据规模是非常大的。这里说的仅仅是千万规模的业务结构简单、业务流程规范的"销售型零售企业"。如果业务规模足够大、业务结构足够复杂、业务流程变化足够多，那么组织机构的业务数据必然是巨量的。对于组织结构日积月累的巨量数据，如果不使用科学的数据技术对其进行组织和管理，而是任其随机存放、自然累积，那么这些巨量数据必然是杂乱无章的。

　　基于传统的人工技术和文件技术，无法对这些杂乱无章的巨量数据进行有效率地组织和管理，更别提挖掘和使用这些数据资源的价值了。因此，必须引入先进的数据组织和管理技术，对这些杂乱无章的巨量数据进行科学地组织和管理，使数据有序、可控、可用。那么当今世界，什么是科学先进的数据组织和管理技术呢？答案是数据库技术。

　　数据库技术主要研究如何科学地组织和管理数据，以便有效率地提供可共享的数据资源。数据库技术是随着信息技术的发展和人们对信息需求的增加发展起来的，它产生于 20 世纪 60 年代中期，迄今已经获得了坚实的理论基础和成熟的商业产品，在各行各业都有广泛的应用，并造就了 C. W. Bachman、E. F. Codd 和 James Gray 三位图灵奖得主，形成了以数据建模和数据库管理系统为核心内容的一门学科，吸引了越来越多的研究者和学习者的加入。

那么数据库技术是如何组织和管理数据的呢？又是如何有效率地提供可共享的数据呢？这就是本书要回答的问题，其涉及数据库原理、数据库技术和数据库应用三个层面。

本书基于原理、技术和应用三个视角，深入浅出地讲解了数据库如何组织数据、管理数据和共享数据，目的在于使读者能够在数据库理论的指导下，将所学习的数据库技术付诸应用。本书基于大量的应用案例，力争将概念讲透彻、将原理讲明白、将技术讲清楚。针对数据库原理和应用技术的重点和难点，本书配套了相应的电子教案、微课视频和习题解答，读者通过扫描二维码即可获得相应的学习资源，极大地提高了学习者的学习效率。

本书主要由齐鲁工业大学的姜林枫、赵龙、徐长滔、杨燕、盛欣、曹锋、陈玲、闫堃、谭业晓编写，另外参与本书编写工作的还有其他院校的于娟娟和王月涛。本书共15章：第1章、第2章、第3章、第5章、第6章、第7章、第8章、第12章由姜林枫编写；第4章由盛欣编写；第9章由徐长滔和赵龙编写；第10章由徐长滔和陈玲编写；第11章由杨燕和于娟娟编写；第13章由杨燕编写；第14章由姜林枫和闫堃编写；第15章由赵龙、姜林枫和曹锋编写。本书由姜林枫任主编，赵龙、徐长滔和杨燕任副主编。本书由姜林枫负责框架结构的设计，由王月涛和谭业晓负责读者分析和案例数据库的设计，由姜林枫和赵龙负责初稿的修改和最后的统稿工作。

由于编者水平有限，书中难免存在疏漏或不妥之处，敬请读者批评指正，以便修改完善。有任何问题，请发送到邮箱 linfengjiang@163.com，编者将在第一时间回复。

姜林枫

2020 年 9 月

目　　录

第1章　数据库基本原理

在数据库技术出现之前，人们普遍采用文件技术组织和管理数据。本章首先以 Excel 为例，分析文件技术在组织和管理数据方面的弊端及其原因，揭示数据库技术产生的必然性；接着介绍数据库技术的相关概念、数据库技术组织数据的基本原理、数据库技术管理数据的基本原理；然后重点讲解关系数据库的数据模型、关系数据库系统的定义、关系数据库的数据库模式，以及关系数据库的数据库语言等理论知识；最后对大数据和大数据库进行拓展介绍。本章内容是数据库技术遵循的基本原理，其中关系数据库的数据模型是数据库技术的基础。

1.1　数据库技术的产生

在日常生活中，人们常常会查询自己的手机通话记录、支付宝账单记录、QQ 聊天记录以及 QQ 联系人记录。那么，这些历史通话记录、账单记录、聊天记录以及联系人记录，为什么能够查到呢？答案是，这些历史记录通过一种技术被组织和存储起来了。那么问题又来了，这些历史记录是如何组织和存储的呢？

具有一定计算机文化基础的人，认为数据的组织和存储用文件技术就可以了。例如，Microsoft 公司的 Excel 可以将数据组织成一个个的工作表，然后将所有的工作表存储到 Excel 工作簿文件即可。那么真实的实现是这样的吗？

这种观点，对于一些结构简单的数据来说，应该是可行的。但当数据的结构比较复杂时，就会发现基于文件技术组织数据时，会出现数据冗余问题，进而会导致深层次的数据操作异常问题。导致这些问题的本质根源是"文件技术组织数据的先天缺陷"。为破解"文件技术组织数据的先天缺陷"，数据库技术应运而生。

下面以销售型企业的"顾客服务"为论域，以"顾客服务"所涉及的"顾客信息"和"销售员信息"的组织和操作为主题，分析文件技术组织和操作数据的弊端，进而分析弊端形成的根源，然后阐述数据库技术破解弊端的方法。

1.1.1　基于文件技术组织和操作数据的缺点

在人们熟悉的文件技术中，Excel 的数据组织和管理能力是最强的，也是应用最广泛的。鉴于此，下文以 Microsoft 公司的 Excel 技术为代表，厘清文件技术组织和操作数据的一些弊端，然后分析弊端形成的根源。为了方便起见，下面将"以 Microsoft 公司的 Excel 为代表的文件技术"简称为"类 Excel 文件技术"。

1. 基于文件技术组织和操作数据的弊端

假设有一家销售型企业，为了更好的服务顾客，将所有的顾客信息用 Excel 工作表组织起来，以便销售员在服务顾客的时候使用。表 1-1 是一个关于"顾客信息"的简单工作表。这个工作表数据的主题单一，存放的是单一实体"顾客"的"顾客姓名"和"顾客微信账号"。对表 1-1 的查询和操作也很有效率，不管是查询"顾客"信息，还是添加、修改、删除"顾客"信息，都没有问题。总之，对于表 1-1 这种结构的工作表，使用类 Excel 文件技术进行组织和操作，既可行又高效。为了便于理解，这里将实体定义为客观世界中客观存在的可以相互区分的事物。实体的详细定义请参阅本章 1.2.2 节。

表 1-1 "顾客信息"工作表(Excel 格式)

顾客姓名	顾客微信账号
姜刘敏	WeChat5798
徐莉莉	WeChat1127
宋苏娟	WeChatI2769
李晓东	WeChat91928
张大猛	WeChat7756
耿小丽	WeChat1759

有的读者会说，表 1-1 的顾客信息很少，当然既可行又高效了。那么当工作表中的顾客信息很多时，使用类 Excel 文件技术对顾客信息进行组织和操作，也既可行又高效吗？答案是肯定的。当顾客信息很多时，可以按"顾客姓名"这一列或按"顾客微信账号"列排序，这样顾客信息的检索速度就提高了，操作难度也相应地降低了。总之，使用类 Excel 文件技术组织表 1-1 所示的"顾客信息"切实可行，数据的查询和操作效率也很高。

但是，当顾客变多时，销售员可能分辨不出哪个顾客是自己的服务对象。因此，必须在"顾客信息"表中增加为顾客服务的销售员信息。如果在表 1-1 中增加为顾客服务的"销售员姓名"和"销售员电话"信息，就形成工作表 1-2。那么，增加这两列后，表 1-2 和表 1-1 的数据特征有没有不同呢？表 1-1 的数据操作没有问题，表 1-2 是不是也没有问题呢？下面展开分析这些问题。

表 1-2 "顾客信息＋销售员信息"工作表(Excel 格式)

顾客姓名	顾客微信账号	销售员姓名	销售员电话
姜刘敏	WeChat5798	姜笑枫	Tel6965
徐莉莉	WeChat1127	徐涛	Tel6967
宋苏娟	WeChatI2769	姜笑枫	Tel6965
李晓东	WeChat91928	徐涛	Tel6967
张大猛	WeChat7756	杨燕燕	Tel6961
耿小丽	WeChat1759	徐涛	Tel6967

(1)数据冗余问题

仔细观察表 1-2，会发现"销售员姓名"和"销售员电话"信息都有重复值，这就是说表 1-2 产生了数据冗余问题。数据冗余会导致很多副作用，最典型的副作用有两个：一是数据冗余导致存储空间的浪费；二是数据冗余导致数据操作的效率降低。

重复值的存在显然会导致存储空间需求的增加，例如，本来销售员姜笑枫的电话信息只需要存储 1 次，有了重复值，就需要存储 2 次，这必然会增加存储空间的需求。

重复值的存在也会降低数据操作的效率，例如，如果要修改销售员徐涛的电话信息，就需要执行 3 次，这当然会降低操作效率。

可能有的读者会提出，多存储 2 次或多操作 3 次好像不是什么大问题。就表 1-2 所示的这种小表而言，这的确不是问题，但随着顾客人数的增加，这就成了一个问题，甚至是一个大问题。试想，如果这家企业只有 3 个销售员，当顾客人数增加到 900，那么每一个销售员信息存储的重复次数平均就是300，显然存储空间的浪费就成了一个问题，数据操作的效率也会显著降低。如果顾客人数增加到9 000人、90 000人或者更多，那就是一个大问题了。

除了数据冗余问题，会不会还有其他问题呢？由于大多数的业务应用都涉及删除、修改和插入这三种数据操作，所以下面分析一下基于表1-2组织的数据会不会出现操作问题。

（2）数据删除异常问题

大家都知道，为了提高效率，计算机的数据操作通常以"规定单元"进行实施，这是因为碎片式的数据操作是没有效率的。

"规定单元"的操作虽然是有效率的，但是会带来操作异常问题。以Excel为例，假设为了提高效率，"规定单元"是工作表的"行"，那么就会产生数据删除异常问题。例如，假设要删除顾客张大猛的微信账号（如表1-3所示），那么就需要删除工作表的第5行，这时，大家会发现不仅删除了顾客张大猛的信息数据，也删除了销售员杨燕燕的信息数据。

表1-3 "顾客信息＋销售员信息"工作表的删除问题

顾客姓名	顾客微信账号	销售员姓名	销售员电话
姜刘敏	WeChat5798	姜笑枫	Tel6965
徐莉莉	WeChat1127	徐涛	Tel6967
宋苏娟	WeChatI2769	姜笑枫	Tel6965
李晓东	WeChat91928	徐涛	Tel6967
张大猛	WeChat7756	杨燕燕	Tel6961
耿小丽	WeChat1759	徐涛	Tel6967

（删除行 丢失了过多的数据）

（3）数据修改异常问题

前面分析了数据删除异常问题。下面分析一下对表1-3进行的数据修改，会不会导致数据修改的操作异常的问题。例如，如果改动了表1-4中第1行的"销售员电话"，表中的数据就会不一致。改动后，第1行显示销售员姜笑枫的电话是17788816966，但第3行却显示销售员姜笑枫的电话是Tel6965，这就导致了表1-4中存在数据的不一致性。

修改销售员姜笑枫的电话后，新的表1-4可能会导致读者产生这样的困惑：有一个姓名是"姜笑枫"的销售员，他有两个不同的电话号码呢；还是有两个姓名都是"姜笑枫"的同名销售员，各有一个电话号码呢？这就是说，如果使用文件技术对表1-4执行修改操作，工作表中的数据可能会产生数据不一致的问题，这会让用户产生困惑，导致数据语义的不确定性。

请读者思考两个问题：一是现实应用中，是否存在"修改为某个顾客服务的销售员电话"这种需求？二是是否可能发生"修改为某个顾客服务的销售员姓名"这样的需求？

表1-4 "顾客信息＋销售员信息"工作表的修改问题

顾客姓名	顾客微信账号	销售员姓名	销售员电话
姜刘敏	WeChat5798	姜笑枫	17788816966
徐莉莉	WeChat1127	徐涛	Tel6967
宋苏娟	WeChatI2769	姜笑枫	Tel6965
李晓东	WeChat91928	徐涛	Tel6967
张大猛	WeChat7756	杨燕燕	Tel6961
耿小丽	WeChat1759	徐涛	Tel6967

（修改行 不一致的数据）

（4）数据插入异常问题

最后，分析一下对表 1-2 进行数据插入，会不会产生数据插入的操作异常问题。假设，该企业的顾客有两类：一类顾客有固定的销售员提供服务，如杨燕燕是为顾客张大猛提供固定服务的销售员；另一类顾客没有固定服务的销售员，如销售员孙叶青是营业厅销售员，她没有自己固定的服务顾客。如果要将销售员孙叶青的信息存放在表 1-2 中，由于她没有固定服务的顾客，因此就必须在工作表 1-2 的顾客姓名和顾客微信账号字段中插入空值（不存在的值、待定的值、不知道的值），这样就出现了值不完全的行，如表 1-5 所示。

值不完全的行会导致数据操作遇到很多困难，应尽量避免使用。那么，值不完全的行到底会导致数据操作遇到哪些困难？这个问题，请读者查阅相关文献和资料，这里就不再介绍。

表 1-5 "顾客信息＋销售员信息"工作表的插入问题

顾客姓名	顾客微信账号	销售员姓名	销售员电话
姜刘敏	WeChat5798	姜笑枫	17788816966
徐莉莉	WeChat1127	徐涛	Tel6967
宋苏娟	WeChatI2769	姜笑枫	Tel6965
李晓东	WeChat91928	徐涛	Tel6967
张大猛	WeChat7756	杨燕燕	Tel6961
耿小丽	WeChat1759	徐涛	Tel6967
Null	Null	孙叶青	17788816962

不完全的数据 插入行

2. 基于文件技术组织和操作数据的弊端成因

前面在表 1-1 所示的"顾客信息"工作表中添加"销售员姓名"和"销售员电话"两列后，形成表 1-2 所示的"顾客信息＋销售员信息"工作表。经过分析发现，表 1-2 出现了数据冗余问题和数据操作异常问题。这是什么原因呢？难道是工作表列数增加的原因吗？

带着这个问题，我们又设计了表 1-6。在表 1-1 所示的"顾客信息"工作表中添加"顾客电话"和"顾客地址"两列后，形成表 1-6 所示的"具有 4 列的顾客信息表"。表 1-6 跟表 1-2 一样，也具有 4 列。下面分析一下表 1-6 是否存在数据冗余和数据操作异常问题。

表 1-6 的每一行存放的是不同顾客的"顾客姓名""顾客微信号""顾客电话"和"顾客地址"，因此表 1-6 不存在数据冗余问题。在表 1-6 中，如果删除顾客"张大猛"的这一行数据，仅会丢失与该顾客相关的数据，没有删除其他实体的数据。同样，如果修改表 1-6 中顾客"姜刘敏"所在行某个单元格的值，也不会带来任何修改不一致问题。显然，如果在表 1-6 中添加一个新行，用来存放顾客"马晓秀"的数据，也不会导致空值行的出现。

表 1-6 "具有 4 列的顾客信息"工作表

顾客姓名	顾客微信账号	顾客电话	顾客地址
姜刘敏	WeChat5798	Customer6912	公寓 2＃501
徐莉莉	WeChat1127	Customer6916	公寓 2＃501
宋苏娟	WeChatI2769	Customer6915	公寓 2＃501
李晓东	WeChat91928	Customer6919	公寓 1＃201
张大猛	WeChat7756	Customer6917	公寓 1＃201
耿小丽	WeChat1759	Customer6915	公寓 2＃109

看来不是工作表列数的问题。那又是什么原因呢？仔细观察表 1-2 和表 1-6，可以发现表 1-2 的数据和表 1-6 的数据有一个本质区别：表 1-6 中的四列数据都是关于一个实体的，所有数据都和"顾客"有关，"顾客姓名""顾客微信账号""顾客电话"和"顾客地址"都是实体"顾客"的属性；而表 1-2 的四列数据是关于两个实体的，"顾客姓名"和"顾客微信账号"是实体"顾客"的属性，而"销售员姓名"和"销售员电话"是另外一个实体"销售员"的属性。

一般说来，只要工作表中的数据是关于两个或多个不同的实体的，工作表必然会出现数据冗余问题和数据操作异常问题。如果一个工作表存放两个以上实体的数据，则将该表称为"多实体表"。为了方便起见，人们将"多实体表"组织数据的结构称为"多实体结构"。"多实体结构"是文件技术组织和操作数据时出现数据冗余问题和数据操作异常问题的根源。

原因找到了，有的读者会说，这好办，把数据分别组织在 Excel 工作簿的不同工作表中，每一个工作表只保存一个实体的数据，问题就解决了。这种方案看起来是正确的，但很遗憾地告诉你：这种解决方案会导致新问题的出现，当把不同实体的数据分别放在工作簿的不同工作表之中时，这些实体的数据就被割裂在不同的工作表中，实体之间的固有关联被切断，用户很难基于实体之间的固有关联，对不同实体的数据进行关联处理和分析。

也就是说，由于类 Excel 文件技术没有产生不同工作表数据关系的机制和方法，所以当用两个以上的工作表分别存放相互关联的不同实体的数据时，不同实体间先天存在的关系就被割裂开来，导致多表数据的关联操作无法实现。由于多表数据的关联操作是经常发生的需求，因此基于类 Excel 文件技术的多个工作表组织多实体结构的数据，是无法满足用户需求的。

1.1.2 基于数据库技术组织和操作数据的优点

早在 20 世纪 60 年代，运用类 Excel 文件技术组织和操作数据的弊端就被发现了，因此业界一直在寻找一种技术来组织和操作数据以克服这些弊端，不少技术应运而生。随着时间的流逝，基于关系模型的数据库技术成为计算机工作者的选择。现在，主流的商用数据库都是基于关系模型的。基于关系模型的数据库，称为关系数据库，它的基本特征是使用严格规范的二维表来组织和操作数据，二维表的规范在本章 1.5 节有详细说明。本章 1.5 节将深入介绍关系模型的理论知识，这里只是用满足关系模型理论的数据表来组织表 1-2 中的多实体结构数据，看看是否可以解决数据冗余问题和数据操作异常问题。

1. 基于关系数据库技术组织数据的特点

基于关系数据库技术组织数据有三个特点：一是用满足严格规范的二维表来组织数据；二是二维表之间可以建立关联；三是对建立关联的多个二维表可以进行关联查询和关联操作。

图 1-1 描述了关系数据库技术组织数据的特点。图 1-1 描述的数据库包括两个表：顾客表和销售员表，顾客表和销售员表基于销售员姓名这一关联字段建立了关联。

图 1-1 也揭示了类 Excel 文件技术与关系数据库技术组织数据的不同：虽然类 Excel 文件技术也可以建立两个工作表来分别组织顾客信息和销售员信息，但这两个工作表之间无法建立关联，因此也就无法对顾客信息和销售员信息进行关联查询和关联操作。

下面以图 1-1 所示的关系数据库为例，分析一下基于关系数据库技术组织的多实体结构数据，是否仍然存在数据冗余问题和数据操作问题。

2. 基于关系数据库技术组织数据的数据冗余问题

观察图 1-1 可以发现：与表 1-2 中的数据相比，重复数据减少了 50%。如果销售员的信息列数从 2 列增加到 5 列的话，重复数据将减少 80%。当销售员的信息列数更多的话，重复数据将减少的更多。也就是说，基于关系数据库技术组织多实体结构数据，可以显著地减少数据冗余，从而克服基于文件技术组织多实体结构数据的数据冗余问题。

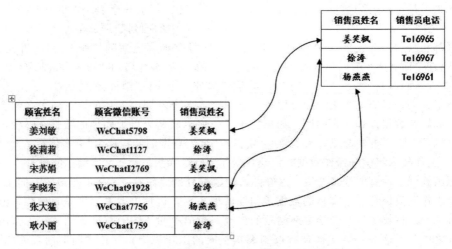

图 1-1　基于关系数据库技术组织的顾客表和销售员表

3. 基于关系数据库技术操作数据的操作异常问题

下面以图 1-1 所示的关系数据库为例，分析一下基于关系数据库技术组织的多实体结构数据，是否仍然存在删除异常、修改异常以及插入异常问题。

（1）数据删除操作

如果从顾客表中删除顾客"张大猛"的信息行，只是删除了顾客"张大猛"的数据，为他服务的销售员"杨燕燕"的数据信息仍然保存在销售员表中。

（2）数据修改操作

如果将销售员"杨燕燕"的电话号码改为 13188896888，显然不会出现数据行不一致的数据，因为销售员"杨燕燕"的电话信息仅在销售员表中存储了一次。

（3）数据插入操作

如果需要添加销售员"孙叶青"的信息，只需将她的数据添加到销售员表中即可。即使销售员"孙叶青"没有直接服务的顾客，她在销售员表中也不会出现空值行。

通过上面的分析，得到一个结论：使用关系数据库技术组织和操作数据可以解决类 Excel 文件技术所遇到的数据冗余和操作异常问题。原因在于两种技术的数据组织架构的不同：数据库技术将同一个应用系统的不同实体的数据组织在不同的表中，这些表不是孤立的，而是通过关联组织成一个整体；而文件技术只能将同一个应用系统的不同实体的数据组织在同一个工作表中，如果将不同实体的数据组织在不同的工作表中，由于文件技术的先天设计原因，各个实体的数据将被分割，实体之间的固有关联就被切断，对不同实体的数据进行关联查询和关联操作就无法实现。

读者会提出这样的问题：将同一个应用系统中所有实体的数据分割到不同的表中时，如果用户需要访问多个表的相关信息，到底应该怎么办？另外，如果删除了"销售员表"中"杨燕燕"的信息，那么顾客表中的顾客"张大猛"的信息就会不完整，这又该怎么办？这些问题，数据库技术都有相应的方法和机制来解决，第 5～第 7 章会详细讨论这些问题的解决方法和机制。

数据库技术不仅从组织结构上解决了数据的冗余和操作异常问题，另外也解决了文件技术不能完全实现的数据共享以及数据独立性等问题。有兴趣的读者可查阅相关文献，这里就不介绍了。

1.2 数据库技术的基本概念

数据、信息、数据库是与数据库技术密切相关的三个基本概念。要理解数据库的概念，必须先厘清数据和信息的概念；而要理解数据库技术的概念，必须先厘清数据库的概念。

1.2.1 数据和信息

1. 数据和信息的概念

日常生活中，大家将数据和信息混为一谈，认为数据就是信息，信息就是数据。这个观点是错误的，信息和数据根本不是一回事。数据和信息的区别，可以用一句话来概括：数据是信息的形式，信息是数据的内容。

（1）数据的概念

如果将客观存在并且可以相互区分的事物称为实体，那么数据是对实体特性的一种记载，这种记载通常表现为符号的记录。

纯粹的数据没有任何意义，需要经过解释才能明确其表达的含义。数据的解释必须针对数据的上下文。例如，"某人21了"，基于21的上下文，21代表的应该是人的年龄，21应该解释为21岁；又如"该商品卖21"，基于上下文，21代表的应该是商品的价格，因此21可以解释为21元。

（2）信息的概念

将从数据中获得的有意义的内容称为信息。信息和数据的解释不可分。数据的解释是对数据含义的说明，数据的含义称为数据的语义，也就是数据的信息。

例如，对于（姜笑枫，197101，1989，计算机系）这样一个数据集合，其语义可以解释为"姜笑枫，1971年1月生，1989年考入计算机系"；还可以解释为"姜笑枫，工号197101，1989年任职于计算机系"。

2. 数据的静态特征

数据的静态特征指的是数据的基本结构、数据间的关联以及数据的约束。对于"学生成绩"这一数据而言，可以用这三个特征来描述。

（1）数据的基本结构

对于每一个学生的成绩，既可以用{学号、姓名、性别、专业、班级、数学、外语、计算机}这样的一个集合结构来描述；也可以用{学号、姓名、性别、专业、班级}以及{学号、数学、外语、计算机}这样的两个集合结构来描述；还可以用{学号、姓名、性别、专业、班级}、{课程号、课程名}以及{学号、课程号、课程成绩}这样的三个集合结构来描述。

（2）数据间的关联

如果用{学号、姓名、性别、专业、班级}以及{学号、数学、外语、计算机}这样的两个集合结构来描述同一个学校所有班级学生的数学、外语和计算机成绩，那么第一个集合结构与第二个集合结构必然基于"学号"这一数据项发生关联。如果用{学号、姓名、性别、专业、班级}、{课程号、课程名}以及{学号、课程号、课程成绩}这样的三个集合结构来描述同一个学校所有班级学生的数学、外语和计算机成绩，那么第一个集合结构与第三个集合结构必然基于"学号"这一数据项发生关联，而第二个集合结构与第三个集合结构必然基于"课程号"这一数据项发生关联。

（3）数据的约束

数据反映的是客观对象的信息，必然要遵循某些约束。例如，对于百分制的课程成绩，学生的成绩必然是0～100分；又如，学生的性别只能取"男"或"女"这两个值。

3. 数据的动态特征

数据的动态特征包括对数据可以进行的操作以及操作规则。对数据库技术而言，数据的操作主要有数据查询和数据操作两大类。查询最常用，例如，查询成绩不及格的学生名单；操作又包括插入、删除和修改三项操作，对于一般的数据库应用而言，也是必不可少的。

1.2.2　数据库

数据库（Database），顾名思义，就是存放数据的仓库，只是这个仓库是在计算机存储器上开辟的一个空间，而且仓库中的数据按一定的模式组织和管理，提供给用户共同使用。

1. 数据库的学术概念

严格地讲，数据库是长期存储在计算机外部存储器上的有组织且可管理的数据对象集合。有组织的数据集合意味着数据的结构化和关联化：结构化表现为数据打包成一个个既定结构的数据对象；关联化表现在数据对象之间的互联性。可管理的数据集合意味着数据的可应用性和可共享性，不可管理的数据显然是不可应用的，当然更不可共享应用。

基于数据库的学术概念可知：第一，数据库是数据对象的集合；第二，数据对象是有结构的；第三，数据对象是相互关联的；第四，数据对象是可管理的；第五，数据库是可共享使用的；第六，数据库是存储在计算机外部存储器中的。

2. 数据库的论域

数据库组织和管理的数据不是包罗万象的，总是面向特定论域的。论域与应用密切相关，是当前应用中所涉及的对象实体和事务实体的总和。实体是论域中客观存在并可相互区别的事物。实体可以是现实世界中客观存在的对象，如一个销售员，这样的实体称为对象实体。实体也可以是对象实体发生的事务，如销售员的销售业务，这样的实体称为事务实体。

假设当前应用是"进销存"型零售企业的业务数据管理，那么论域涉及商品的采购（进）到入库（存）到销售（销）整个购销链，涵盖了供货商、商品、采购员、库存管理员、仓库、销售员、顾客等对象实体，还包括采购、入库、出库、销售等事务实体。

论域确定后，数据库中数据对象类型就基本敲定了。例如，刚刚提到的"进销存"型零售企业的业务数据管理论域包括供货商、商品、采购员、库存管理员、仓库、销售员、顾客、采购、入库、出库、销售等实体；相应的，数据库就应该包括供货商、商品、采购员、库存管理员、仓库、销售员、顾客、采购、入库、出库、销售等类型的数据对象。

需要提醒读者的是，根据数据库管理需求，数据库中的数据对象还可以细化。例如，为了管理方便，商品可以细分为在途商品、在库商品、在柜商品三种数据对象；又如，为了提高操作效率，销售信息又可以细分为概要销售信息、明细销售信息这两种数据对象。

3. 数据库概念的案例分析

为使读者对数据库的概念有一个感性认识，下面以Access数据库技术为例，以"进销存"型零售企业的销售信息管理为背景，建立一个商品销售数据库。

（1）数据库所包含的数据对象类型

根据"进销存"型零售企业的一般的销售需求，数据库至少应该包括销售员、顾客、商品以及销售信息四类数据对象。当然，实际上数据对象的种类还要多一些，为了降低学习的复杂度，这里就选取这四类数据对象。另外，前文说过，数据对象还可以细分，这里将销售数据对象细分为概要销售信息数据对象和明细销售信息数据对象。

（2）数据对象的命名

数据对象既可以用汉字命名，也可以用英文字符命名，还可以用中英文混合命名。虽然用户可以根据自己的习惯来自主决定数据对象的命名方法，但是建议用英文字符命名。

（3）数据对象的结构

数据对象的结构类型很多，最常用的是二维表结构。Access 数据库技术也是用规范的二维表来组织和管理数据的。数据对象的结构类型确定后，接下来就是定义数据对象的结构。就 Access 数据库技术而言，定义数据对象结构的最主要任务是确定二维表包含哪些列。

（4）数据对象的关联

前面说过，数据对象之间是有关联关系的，这是数据库技术与类 Excel 技术最大的区别。就 Access 数据库技术而言，两个二维表数据对象之间可以基于公共的关联列建立关联关系，关联关系通常用两个表之间的一条线表示。

（5）数据库的示意图

图 1-2 描述了"商品销售数据库"的数据对象集合及数据对象之间的关联关系，由图 1-2 可以得到"商品销售数据库"的以下三点结论。

①数据库包含 Sellers、Products、Customers、ProductSales 和 SaleDetails 5 个数据对象，分别反映了销售业务中的销售员信息、商品信息、顾客信息、概要销售信息和明细销售信息。

②每个数据对象都有很多列，每一列描述了数据对象的一个属性，例如，数据对象 Products 包括商品编号、商品名称、商品价格、商品库存、商品简介和畅销否 6 个属性。

③这 5 个数据对象之间都通过公共的关联属性相互关联，例如，数据对象 Sellers 和数据对象 ProductSales 通过"销售员编号"这个公共的关联属性相互关联的。

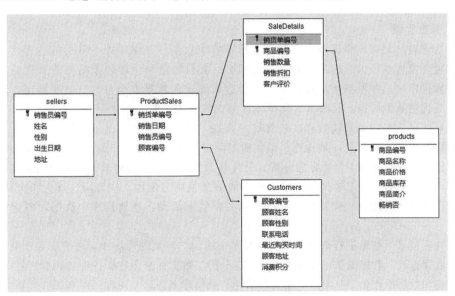

图 1-2　数据库的数据模式

上述三点结论刻画了"商品销售数据库"的数据库模式。实际上，任何一个数据库的数据库模式，都与"商品销售数据库"的数据库模式一样，描述了数据库的以下三个特征。

①数据库包含的数据对象有哪些。

②数据对象之间的关联关系有哪些。

③每一个数据对象的内部组成结构是怎样的。

数据库模式的定义将在本章 1.7 节中展开介绍。

数据库的设计和创建总是基于特定的数据库技术的，创建完成的数据库就进入运行和维护阶段，通过向用户提供数据服务发挥数据库的价值，向用户提供数据服务仍然要基于数据库技术。

1.2.3　数据库技术

数据库技术是随着信息技术的发展和人们对信息需求的增加发展起来的，它主要研究如何科学地组织和管理数据，以便高效率地向用户提供安全、可靠和可共享的数据服务。数据库的建设规模、信息容量和使用频度已成为衡量一个国家信息化程度的重要标志。

数据组织和数据管理这两个概念，专家和学者各有各的解读，主要存在两种观点：一种观点认为数据管理包括数据组织；另外一种观点认为数据组织是数据管理的前提。本书采用第二种观点，将数据组织和数据管理进行下述的严格界定。

1. 数据组织

数据组织指的是采用什么结构的数据对象来存储论域中实体的数据信息，如何将论域中的数据对象按照某种逻辑关系集成为一个有机体，如何按照一定的存储模式将这个有机体配置在计算机的存储器中。数据组织这一活动主要发生在数据库设计的过程中，目的是使论域数据在目标数据库中实现数据集成化、存储结构化、共享最大化、访问高效化。

数据组织最重要的任务就是数据建模，数据建模总是基于某种数据模型的，科学组织的数据可以极大地提高数据的访问速度、共享程度和应用效率。数据模型这一内容将在本章 1.5 节中介绍。

2. 数据管理

数据管理是利用计算机技术对数据进行有效地收集、存储和处理分析的过程。数据管理的活动主要发生在数据库的运行和维护过程中，其目的是将论域的数据按照数据的组织架构加载到数据库中，并根据用户的应用需求使数据库中的数据安全可靠、有序易用，以便为用户提供最优的数据服务，最终最大化地发挥数据的应用价值。

数据的科学组织是实现数据高效管理的前提，没有科学的数据组织架构，就不可能有高效率的数据管理，不可能向用户提供最优质的数据服务，更不可能最大化的发挥数据的价值。

数据处理分析又称为信息处理分析，是将数据加工成信息的过程，其主要目的是按照用户的需求，从数据库的数据中抽取或导出有用的信息供用户使用，作为用户行为和决策的依据。数据处理分析是向用户按需提供目标数据的数据管理活动，是数据库中数据发挥价值的必要手段。

计算机技术对数据进行管理是基于数据库系统的，涉及的管理活动主要有数据收集、数据加载、数据查询、数据操作、数据加工、数据分析、数据加密、数据备份和数据恢复等。其中，数据查询和数据操作是最基本的数据管理活动。数据库系统这一内容将在本章 1.4 节中介绍。

1.3　数据库技术组织数据的基本原理

数据库技术基于数据模型理论组织数据，是数据库技术组织数据的基本原理，因此数据库技术的发展是沿着数据模型的发展中线展开的。基于数据库技术组织数据的过程实际上就是在数据模型理论的指导下对数据库进行建模的过程，数据库建模的结果就是数据库模式。

1.3.1 基于数据模型理论组织数据的背景

1. 基于模型研究目标对象的意义

模型是对现实世界中研究对象的模拟和抽象，它们与所模拟的真实事物在特征上是可比的，用以模拟真实事物的结构、功能和性能。

模型的一个重要作用是在制造真实事物之前，低成本地对目标研究对象的结构、功能和性能等进行实验和评估，以发现设计缺陷，从而将问题消除在设计阶段，降低真实对象的制造风险。

例如，某企业要开发制造新产品——智能汽车。假设该企业已经设计出了智能汽车的图纸，那么，是不是就可以基于图纸制造汽车产品呢？答案是否定的。真实情况是，该企业往往要基于图纸制造汽车模型，该模型与产品级的汽车具有可比的结构、功能和性能，用以测试发现设计图纸的缺陷。当模型测试后没有发现图纸的设计缺陷时，才能基于图纸制造真实的智能汽车。

2. 基于数据模型研究目标数据库的意义

在数据库科学与技术中，数据模型是对现实世界中数据特征的抽象和模拟，其功能是将现实世界论域中的数据对象、数据对象的联系以及数据对象特征抽象出来，并用一种规范的、形象化的方式进行模拟和表达。

在数据库设计阶段，要得到论域中的全部真实数据往往是不可能的。在这种情况下，要设计开发目标数据库来组织和管理论域中的真实数据必须依赖数据模型理论。

基于目标数据库的需求建立数据模型的目的有两个：一是基于数据模型研究目标数据库中的数据对象、数据对象的联系以及数据对象的特征，效率高、操作性强；二是基于数据模型的模拟分析，可以尽早发现目标数据库设计蓝图中的问题，以便及时纠正、规避风险。

1.3.2 数据模型理论

前面说过，数据呈现结构、约束和操作三类特征，相应地，在计算机中表示数据库的数据模型应该能够全面地描述数据库的数据结构、数据约束和数据操作。尽管数据模型具有结构、约束和操作三方面的要素，但数据模型的结构是最基本的，也是最核心的。

1. 数据模型的层次

数据描述涉及三个世界：一是现实世界，这是存在于人们头脑之外的客观世界；二是信息世界，这是现实世界在人们头脑中的反映形式；三是机器世界，这是信息世界的信息在机器世界中的数据组织形式。

数据模型既要面向现实世界，又要面向信息世界，还要面向机器世界，因此数据模型需满足三个要求：一是能够真实地模拟现实世界；二是容易被人们理解；三是能够方便地在计算机上实现。

为满足人们对数据模型的三个要求，数据库技术将数据模型分为三个层面：第一层面是概念层数据模型，第二层面是逻辑层数据模型，第三层面是物理层数据模型。

(1)概念层数据模型

概念层数据模型，又称为概念模型，它按用户的观点对现实世界的论域建立模型。概念模型更关注数据的语义，是现实世界的论域在人脑中的模型，属于信息世界的建模。概念模型是面向用户和现实世界的模型，与机器世界无关，即与计算机无关。

常用的概念层数据模型有实体-联系模型、语义对象模型等。本书主要基于实体-联系模型进行概念层次的数据建模。

（2）逻辑层数据模型

数据库中的数据是按一定的逻辑结构存放的，这种结构是用逻辑层数据模型来表示的。逻辑层数据模型是基于机器世界视角来建模的，因此与基于计算机的数据库理论和技术有很大关系。逻辑层数据模型，在数据库的设计中，有着非常重要的作用，直接影响数据库中数据的质量和效率。注意，如果没有特别声明，下文提到数据模型，指的都是逻辑层数据模型。

（3）物理层数据模型

物理层数据模型是对数据最底层的抽象，用以描述数据在计算机系统内部的表示方式和存取方法，以及数据在计算机外部存储设备上的存储方式和存取方法。物理层数据模型与计算机系统，尤其是计算机系统中的数据库管理系统，有很大关系。

2. 逻辑层数据模型

任何一个数据库都是基于逻辑层次的某种数据模型实现的，数据库技术的发展就是沿着逻辑层数据模型的发展主线展开的。迄今为止，比较流行的逻辑层数据模型有三种：层次数据模型、网状数据模型以及关系数据模型。尽管数据模型具有结构、约束和操作三方面的要素，但鉴于数据结构的核心作用，各种文献一般都重点描述各种数据模型在数据结构方面的特点。

（1）层次数据模型

在层次数据模型（Hierarchical Data Model）中，数据实体组成一个数据实体集合，各数据实体之间是一对一联系，或者是一对多联系。在层次数据模型中，各数据实体之间的层次非常清楚，用户可沿层次路径存取和访问各个数据实体。层次结构犹如一棵倒置的树，因此也称为树形结构。

图 1-3 是层次数据模型组织数据的一个例子。实际上，基于层次数据模型组织的数据结构都跟图 1-3 类似。层次数据模型组织数据的特点如下。

①每一个数据实体都用一个结点表示。

②数据实体的联系用结点之间的连线表示。

③有且仅有一个根结点，它是一个无父结点的结点。

④除根结点以外，所有其他结点有且仅有一个父结点。

⑤同层次的结点之间没有联系。

层次数据模型的优点是结构简单、层次清晰，并且易于实现。层次数据模型适宜描述类似于行政编制、家族关系及书目章节等类型数据的数据结构。由于用层次模型不能直接表示多对多的联系，因此难以对具有复杂数据关系的数据进行建模。

（2）网状数据模型

在网状数据模型（Network Data Model）中，数据实体组成一个数据实体集合，各数据实体之间既可以建立一对一和一对多联系，也可以建立多对多联系，因此基于网状数据模型可以建模具有复杂数据关系的数据。

图 1-3　层次数据模型举例

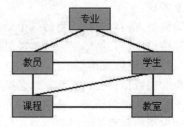

图 1-4　网状数据模型举例

图1-4是网状数据模型组织数据的一个例子。实际上，基于网状数据模型组织的数据结构都跟图1-4类似。网状数据模型组织数据的特点如下。

①每一个数据实体都用一个结点表示。

②数据实体的联系用结点之间的连线表示。

③一个结点可以有多个父结点。

④可以有一个以上的结点无父结点。

⑤两个结点之间可以有多个联系。

网状数据模型的主要优点是支持数据实体之间的多对多联系，但这种支持是以数据结构的复杂化为代价的。

事实上，网状数据模型和层次数据模型在本质上是类似的，它们都是用结点表示实体，用连线表示实体之间的联系。计算机实现网状数据模型和层次数据模型时，每一个结点都基于一个数据记录表示，每一个联系都基于数据记录之间的链接指针表示。这种基于指针实现数据记录联系的方法，使整个数据对象集合的修改和扩充，没有效率。

(3)关系数据模型

关系数据模型(Relational Data Model)用二维表表示数据实体以及数据实体之间的联系，每一个二维表都必须满足严格的规范，满足严格规范的二维表被称为一个关系。至于二维表需要满足哪些规范，请读者参阅本章1.5.1节。表1-7就是一个基于关系数据模型组织数据的例子。

关系数据模型与层次数据模型、网状数据模型的主要区别在于：关系数据模型表示数据实体和表示数据实体之间联系的一致性。关系数据模型既用关系表示每一个数据实体，也用关系表示数据实体之间的每一个联系。关系数据模型的数据实体之间彼此相对独立，而层次数据模型和网状数据模型要求用户事先规定数据实体之间的先后顺序，以表示实体之间的从属或层次关系。

最终，关系数据模型(关系模型)成了计算机工作者的选择。其主要原因是关系模型具有结构简单、数据独立性高以及提供标准的数据库操作语言等。

表1-7 关系数据模型的数据结构

sno	sname	sex	major	birthday	department	levels
201917171039	郑博程	男	国贸	1996/1/25	国贸系	本科
201917170906	姚凤秋	男	国贸	1996/1/9	国贸系	专科
201917121001	宋子仪	女	金融学	1995/12/27	金融系	本科
201917121003	张小玉	女	金融学	1996/11/15	金融系	本科
201917072119	刘笑月	男	大数据	1996/12/26	计算机	本科
201917072121	池宁	男	大数据	1996/5/14	计算机	研究生
201917072122	訾鹏飞	男	大数据	1997/5/11	计算机	本科

1.3.3 数据库模式

数据库模式有三个层面：第一层面是逻辑层面的数据库模式，又称为逻辑模式；第二层面是用户层面的数据库模式，又称为用户模式；第三层面是物理层面的数据库模式，又称为存储模式。

1. 数据库模式

逻辑层面的数据库模式是基于特定数据模型描述的数据库中全体数据的逻辑结构、数据操作和完整性约束。如果上下文没有明示的话，数据库模式默认指的都是逻辑层面的数据库模式。

关于数据库模式，在特定的上下文，还有狭义、广义和一般意义之分。狭义的数据库模式，仅仅指数据库中数据的逻辑结构；一般意义的数据库模式，指数据库的逻辑结构和完整性约束。而广义的数据库模式，除了数据库的逻辑结构、完整性约束以外，还包括数据库的数据操作。

2. 用户模式

就狭义的数据库模式而言，用户模式一般是数据库模式的一个子集，是用户能够看到和使用的数据库中的局部数据的逻辑结构；就一般意义的数据库模式而言，用户模式指的是用户能够看到和使用的数据库的局部数据的逻辑结构和完整性约束；就广义的数据库模式而言，用户模式除了包括用户可以看到和使用的数据库的局部数据的逻辑结构、完整性约束以外，还包括用户可以执行的数据操作。

3. 存储模式

存储模式指的是数据库在计算机外部存储器中的存储方式、存储结构以及存储方法。常见的存储方式有分布式存储方式和单点存储方式；常见的存储结构有顺序存储结构和链式存储结构；常见的存储方法是用外部存储器上的一个或多个数据库文件来存放数据库。

尽管一个数据库只能有一个数据库模式，但基于数据库模式可以定义数据库的多个用户模式，以满足不同用户的需求。另外，数据库只能有一个存储模式。下文将基于关系数据模型构建关系数据库的数据库模式，相关内容将在本章 1.6 节和 1.7 节中展开介绍。

1.4 数据库技术管理数据的基本原理

基于数据库系统管理数据，是数据库技术管理数据的基本原理。一般的，基于数据库系统管理数据有直接管理和间接管理两种模式。

1.4.1 数据库系统的组成

数据库系统是在计算机平台上引入数据库后的系统。一般而言，数据库系统包括计算机平台、用户、数据库管理程序、数据库管理系统和数据库五个部分，这五个部分集成为一个有机整体，共同协作完成论域数据的管理功能。

数据库系统的组成如图 1-5 所示。计算机平台大家已经很熟悉了，数据库也在本章 1.2 节介绍过了，下面将重点介绍数据库管理系统、数据库管理程序和用户。

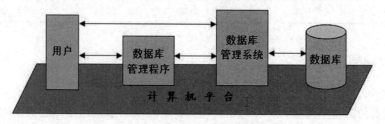

图 1-5　数据库系统的组成

1.4.1.1 数据库管理系统

1. 数据库管理系统的概念

数据库管理系统的英文全称为 DataBase Management System，英文缩略词为 DBMS。DBMS 是一种管理数据库的软件，其主要功能是科学的组织和管理数据库中的数据，为用户提供高效的数据访问服务。数据库管理系统在数据库系统中起核心作用，是用户与数据库的桥梁和接口。

由于 DBMS 功能复杂，一般由软件供应商开发并授权用户使用。比较著名的关系型数据库管理系统有 Microsoft 公司的 Access、Microsoft 公司的 SQL Server、MySQL AB 公司的 MySQL、Oracle 公司的 Oracle 和 IBM 公司的 DB2 等。尽管还有其他 DBMS 产品，但这 6 种 DBMS 几乎囊括了所有的市场份额。

2. 数据库管理系统的功能

为了进行科学的数据组织、有序的数据管理和高效的数据服务，数据库管理系统应该支持的功能包括：数据库的建模，主要是数据库文件的定义、数据表模式的定义、数据表之间联系的定义；数据库的操作，主要是数据表数据的插入、修改和删除；数据库数据的查询；数据库的安全控制，主要是用户身份鉴定、用户操作控制以及数据库的备份和恢复等；数据库的运行和维护，主要是数据访问服务的实施、数据约束的实施和并发控制等。

①DBMS 的第一功能是数据库的建模，主要是定义存储数据库的数据库文件、定义数据表的模式、定义数据表之间的联系，其中定义数据表的模式是最重要的功能，它包括定义数据表结构和定义数据表约束两个维度。数据库模式的定义应该基于论域的业务需求，当业务需求发生变化时，还应该对数据库模式动态地进行修改和完善。DBMS 需要先接收用户或管理程序的数据库建模请求，然后将这些请求转化为对数据库模式的定义操作。

②DBMS 的第二个功能是数据库的数据操作，主要包括插入、修改和删除三种操作。DBMS 需要先接收用户或管理程序的数据操作请求，然后将这些请求转化为对数据库的数据操作。

③DBMS 的第三个功能是数据库的数据查询，这是数据库中应用最频繁的功能。由于数据库中的数据通常按主题组织在相互关联的不同数据表中，因此数据库的数据查询，既要支持单表查询，也要支持多表查询。

④DBMS 的第四个功能是数据库的安全控制。为了保证只有授权用户才能对数据库进行访问，DBMS 必须对用户进行身份鉴定；另外，为了使授权用户在自己允许的权限内对数据库进行操作，DBMS 必须对用户的操作权限进行控制；还有，DBMS 应该支持定期地对数据库中的数据进行备份，以确保在软硬件故障或自然灾害等事件中，数据库中的数据能够被正确恢复，以使数据库中数据资源损失降到最低。

⑤DBMS 的第五个功能是数据库的约束检查和并发控制。在用户对数据库访问时，DBMS 必须对数据的完整性约束进行检查，以防止非法数据进入数据库；另外，为了保证一个用户的工作不会干扰另一个用户的工作，必须对用户的并发访问进行并发控制。

3. 数据库管理系统的访问接口

为了向用户提供科学的数据组织、有序的数据管理和高效的数据服务，每一个数据库管理系统都要向用户提供访问接口。一般来说，DBMS 要向用户提供各种类型的接口，以满足不同用户的需求。例如，为了满足管理员对数据库的日常管理需求，DBMS 提供的接口有交互式的图形界面接口、交互式的 SQL 命令接口等；又如，为了满足开发者的开发需求，DBMS 向用户提供了嵌入式的 SQL 命令接口。

1.4.1.2 数据库管理程序

尽管对数据库的访问和管理可以基于 DBMS 接口实现，但由于 DBMS 接口命令比较专业，因此，非专业用户对数据库的访问和管理一般都由数据库管理程序代理实施。典型的数据库管理程序都为用户提供简单易用的窗口界面，用户只需要单击窗口中的控件，就可以完成大多数的数据库访问和管理任务。需要注意的是，数据库管理程序对数据库的访问和管理也是基于 DBMS 接口命令实现的，它不过是把用户对界面控件的单击流翻译成了 DBMS 接口命令。

数据库管理程序既可以基于面向对象技术开发，也可以基于面向过程技术开发，因此数据库管理程序既可以是对象程序形式，也可以是过程程序形式。现在大多数高级语言都既支持面向过程的程序设计，也支持面向对象的程序设计。在第 11 章和第 12 章，本书基于学习者容易上手的 VBA 讲解数据库管理程序的开发。

另外，为了提高数据库管理程序的开发效率，现在的 DBMS 都为用户提供了很多开发工具。以 Access 为例，该 DBMS 提供了窗体设计器、查询设计器、宏设计器以及报表设计器等工具，为功能较为简单的数据库管理程序的开发提供了平台，可提高生产率 20～100 倍。但对于功能较为复杂的数据库管理程序的开发，这些工具就无能为力了，还是依靠 VBA 等高级语言。

1.4.1.3 数据库用户

数据库系统中的用户可以分为三类：管理员、开发者和最终用户。

第一类是管理员，它是数据库系统的管理者。管理员既可以通过 DBMS 对数据库进行直接访问和管理，也可以通过数据库管理程序对数据库进行间接访问和管理。由于管理员大都经过数据库技术的专业学习和训练，所以经常采用直接模式对数据库进行访问和管理。

第二类是开发者，它是数据库管理程序的开发者。开发者根据用户对数据库的访问和管理需求开发数据库管理程序，进而由数据库管理程序代理用户对数据库进行访问和管理。

第三类是最终用户，它是数据库数据资源的使用者。最终用户一般通过数据库管理程序访问数据库中的数据资源，当然最终用户也可以通过 DBMS 直接访问数据库的数据资源。由于最终用户大都没有经过数据库技术的专业学习和训练，所以经常采用间接模式对数据库进行访问。

1.4.2 数据库系统管理数据的模式

基于数据库系统管理数据的模式一般有两种：第一种是直接管理模式，如图 1-6 所示；第二种是间接管理模式，如图 1-7 所示。这两种模式的区别在于：用户是否借助数据库管理程序这一中介对数据库进行访问和管理。

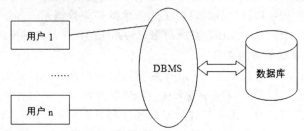

图 1-6 用户访问和管理数据库的直接模式

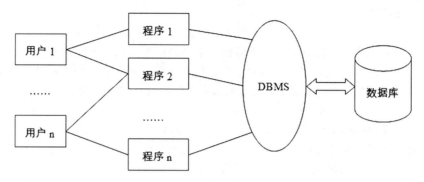

图 1-7 用户访问和管理数据库的间接模式

1. 直接管理模式

用户基于直接管理模式访问数据库时，撇开了数据库管理程序，直接基于 DBMS 提供的接口对数据库进行访问和管理，因此效率较高，但用户需要学习 DBMS 的理论、技术和操作。

如果用户基于直接管理模式对数据库中的数据进行访问和管理，需要学习的知识包括：理论部分，主要包括关系数据模型和关系数据库语言等；技术部分，主要包括数据库建模技术、数据库操作技术以及数据库查询技术等；操作部分，主要包括 DBMS 工作环境的设置，基于图形命令的数据库建模、操作以及查询等操作，以及基于 SQL 命令的数据库建模、操作以及查询等操作。

由于直接管理模式需要一定的理论知识和管理技术，所以一般由经过专业学习的数据库管理员使用。为了满足非专业人士对数据库访问和管理的需求，数据库系统也支持间接管理模式。

2. 间接管理模式

用户基于间接管理模式访问和管理数据库，需要借助数据库管理程序的代理功能。由于数据库管理程序的代理，使得用户访问和管理数据库变得非常简单，但灵活性受到了一定的影响。

1.5 关系数据库的数据模型

关系数据库是以关系数据模型为基础的数据库，基于关系组织和管理数据。关系数据库的数据模型通常涉及数据结构、数据操作和数据完整性约束这三个维度的内容。

①数据结构：关系数据库用关系这一数据结构描述数据库的数据对象以及数据对象间的联系，它描述了数据库的静态特性，是数据模型中最基本的部分。

②数据操作：数据操作是指对数据库中的关系允许执行的操作集合，包括操作及相应的操作规则，它描述了数据库的动态特性，其中最重要的操作有查询和操作两大类。

③数据完整性约束：数据完整性约束是为了保证数据库中的数据处于正确状态而强制实施的一组约束规则，它们是数据库中的数据所必须遵循的制约规则和依存法则，用于保证数据库中的数据的正确、有效和相容。

1.5.1 关系数据库的数据结构

关系数据库基于关系组织和管理数据。那么什么是关系呢？关系的数据结构是怎样的？在实际应用中关系又有哪些应用类型？下面将详细解答这三个问题。

1. 关系的概念

通俗地讲，关系是一张满足六条规范的二维表，这六个规范条件如下。

①表的每一列表示数据对象的一个属性，不同的属性要给予不同的属性名。例如，在表1-11所示的 Sellers 关系中，一共有五列，它们的名字各不相同，分别表示销售员编号、销售员姓名、销售员性别、销售员出生日期、销售员地址这五个不同的属性。

②表中每一列必须是同质的，即同一列的所有单元格的数据类型必须相同。例如，表1-11所示的 Sellers 关系的第1行第4列是一个日期值，则该表其他行中的第4列也必须是日期值。

③表中列的顺序是任意的，即列的次序可以随便交换。由于列的次序是无所谓的，因此许多 DBMS 在表中增加新属性时，永远是插至最后一列。

④表中任意两行不能有完全相同的数据值。一般来说，表中总有一个关键字，对于表中任意的两行，关键字的值都不同。关键字可以是单独的一个属性，也可以是多个属性的组合。

⑤表中行的顺序是任意的，即行的次序可以任意交换。

⑥表中每个单元格的值都必须是原子的，只能存储一个不可再分的数据项。

上面六条规范中，最基本的一条规范是二维表的每一个单元格的值都不可再分，即不允许表中还有表。表1-8就是不满足这一基本规范的示例表，对于单元格"姓名"又分成了"姓"和"名"两个数据项；对于"出生日期"又分成了"年""月""日"三个数据项。

表1-8　表中有表的示例

销售员编号	姓名		性别	出生日期			地址
	姓	名		年	月	日	

2. 关系数据结构的形式化定义

数据结构是计算机组织数据的方式。关系数据结构指的是关系如何用二维表来组织数据。由于二维表是一种集合数据结构，因此必须基于集合论形式化地定义关系数据结构。

【定义 1-1】域：域是一组具有相同数据类型的值的集合。

例如，自然数、整数、小数、{"男"，"女"}，{"张颖"，"王伟"，"李芳"，"郑建杰"，"赵军"，"孙林"，"金士鹏"，"刘英玫"，"张雪眉"}、大于0且小于150的实数等，都是域。

【定义 1-2】域的基数：一个域中可能取得的不同值的个数称为这个域的基数。

如果域是有限集，那么域的基数是一个常数，如{"男"，"女"}这个域的基数是2。相反，如果域是无限集，那么域的基数是一个未知数，如自然数这个域的基数是一个未知数。

【定义 1-3】笛卡尔积：笛卡尔积是定义在域上的一种集合运算。

给定一组域 D_1，D_2，$\cdots$，D_n，那么 D_1，D_2，$\cdots$，D_n 的笛卡尔积为

$$D_1 \times D_2 \times \cdots \times D_n = \{(d_1, d_2, \cdots, d_n) \mid d_i \in D_i, i = 1, 2, \cdots, n\}$$

其中，每一个元素 $(d_1, d_2, \cdots, d_n)$ 叫作一个 n 元组，简称为元组。元组中的每一个量 d_i 称为一个分量。注意，笛卡尔积中的域是可以相同的。

基于笛卡尔积的定义可知，每一个笛卡尔积的结果可以表示为一张二维表，表的每一行对应一个元组，表的每一列来自一个域。

【例 1-1】给定如下三个域：

$$D_1 = \{"张颖"，"王伟"，"李芳"\}$$
$$D_2 = \{"男"，"女"\}$$
$$D_3 = \{19\}$$

请制表表示 D_1，D_2，D_3 的笛卡尔积的结果。

基于笛卡尔积的定义，基于 D_1，D_2，D_3 的笛卡尔积的计算结果为

$D_1 \times D_2 \times D_3 = \{$

（"张颖"，"男"，19）

（"张颖"，"女"，19）

（"王伟"，"男"，19）

（"王伟"，"女"，19）

（"李芳"，"男"，19）

（"李芳"，"女"，19）

$\}$

因此，上述笛卡尔积的结果可以制成表 1-9 所示的二维表。

表 1-9　$D_1 \times D_2 \times D_3$ 的结果

D_1（姓名）	D_2（性别）	D_3（年龄）
张颖	男	19
张颖	女	19
王伟	男	19
王伟	女	19
李芳	男	19
李芳	女	19

【定义 1-4】笛卡尔积的基数：如果各个域都是有限集，那么笛卡尔积的基数是一个常数。

给定一组域 D_1，D_2，$\cdots$，D_n，D_i 的基数为 m_i，则 D_1，D_2，$\cdots$，D_n 的笛卡尔积的基数 M 为

$$M = m_1 \times m_2 \times \cdots \times m_n$$

在例 1-1 中，笛卡尔积的基数为 $3 \times 2 \times 1 = 6$。

【定义 1-5】关系：关系是笛卡尔积的有限子集。

给定一组域 D_1，D_2，$\cdots$，D_n

域 D_1，D_2，$\cdots$，D_n 上的关系是 $D_1 \times D_2 \times \cdots \times D_n$ 的有限子集，记作 $R(D_1$，D_2，$\cdots$，$D_n)$。

其中，R 为关系的名字；n 称为关系的目或度。

由于关系是笛卡尔积的有限子集，所以关系必然是一张二维表。由于每一个关系都可以用唯一的一张二维表来描述，因此关系可以简称为表。

注意：尽管关系是笛卡尔积的有限子集，但是在实际应用中，并非每一个子集都是合乎逻辑的。例如，就 $D_1 \times D_2 \times D_3$ 笛卡尔积而言，表 1-10 所示的子集 R_1，就可能是不符合应用逻辑的笛卡尔积的子集，除非表中的张颖是两个人，存在重名。

表 1-10　基于 $D_1 \times D_2 \times D_3$ 的子集 R_1

D_1（姓名）	D_2（性别）	D_3（年龄）
张颖	男	19
张颖	女	19

【定义1-6】元组：对于一个关系，通常将其中的每一行称为一个元组，或称为一个记录。在表1-11、表1-12和表1-13附近，对元组和记录这两个概念进行了标注。

【定义1-7】属性：将关系中的每一列称为一个属性，或称为一个字段。在表1-11、表1-12和表1-13附近，对属性和字段这两个概念都进行了标注。

关系中的每一字段有一个取值范围，称为字段的域。域是一组具有相同数据类型的值的集合。例如，商品库存的域是(0，999)；又如，学生性别的域为(男，女)。

【定义1-8】关键字：在一个关系中，如果有一组属性的值可以唯一标识一个记录，而其子集不能，那么该属性组称为关键字。关键字简称为键。

关键字又可以分为候选关键字和主关键字：候选关键字是未被用户选用的关键字，在关系中不发挥标识记录的作用；而主关键字是被用户选用的关键字，在关系中发挥标识记录的作用。一个关系中可以有多个候选关键字，但只能有一个主关键字。候选关键字简称为候选键。主关键字简称为主键。例如，就销售员这个关系而言，销售员的居民身份证号码、手机号码、销售员编号都可以作为销售员的关键字，如果用户选择销售员编号作为主关键字，那么居民身份证号码、手机号码就是候选关键字。主关键字的选择，原则上应该根据应用需求而定。例如，表1-11所示的关系Sellers选择销售员编号作为主关键字，原因之一就是销售员编号中蕴含了公司员工的岗位信息(S代表销售岗)，便于进行销售业务管理。

注意：在最简单的情况下，关键字就是一个字段。在最复杂的情况下，关键字是该关系的所有字段。

【定义1-9】外部关键字。假设有两个甲和乙两个关系。如果乙关系中的一个属性或属性组虽然不是乙关系的关键字或只是关键字的一部分，但却是甲关系的关键字，那么对于乙关系而言，这个属性或属性组称为乙关系的外部关键字，简称为外键。

例如，在表1-13所示的ProductSales关系中，"销售员编号"和"商品编号"都不是ProductSales关系的关键字，但却分别是表1-11所示的Sellers关系和表1-12所示的Products关系的关键字，因此"销售员编号"和"商品编号"都是ProductSales关系的外部关键字。

基于外部关键字的定义可知，一个关系表的外部关键字必然是另外一个关系表的关键字，因此外部关键字必然是两个关系表的公共字段。由于外部关键字反映了两个关系表之间的公共属性，因此，外部关键字又称为关联字段。在建立两个关系之间的联系时，关联字段发挥着重要作用。

3. 关系的应用类型

上面介绍了关系的概念以及关系数据结构的形式化定义，下面介绍关系这一数据结构在实际应用中的类型。一般来说，关系有三种类型的应用：一是用关系组织论域中实体对象的数据信息；二是用关系组织论域中的实体对象所执行事务的数据信息；三是用关系组织实体对象之间的关联数据信息。根据关系数据结构这三种类型的应用，本书将关系分为实体型关系、事务型关系以及关联型关系三种。

假设一家零售型销售公司要建立数据库来组织和记录销售员的商品销售信息，如果不考虑顾客这一数据实体的话，那么数据库论域主要包括三个数据实体：销售员信息、商品信息、销售信息。其中，销售员和商品这两个数据实体应该用实体型关系来组织它们的数据信息，而销售员的商品销售信息应该用事务型关系来组织。不妨将这三个关系分别命名为Sellers、Products和ProductSales。这三个关系的数据结构分别如表1-11、表1-12和表1-13所示。

表 1-11　实体关系 Sellers

销售员编号	销售员姓名	销售员性别	销售员出生日期	销售员地址
S01	张颖	女	1999/12/8	齐鲁大道 265 号
S02	王伟	男	1997/2/19	大明湖路 89 号
S03	李芳	女	1999/8/30	兴隆小区 78 号
S04	郑建杰	男	1998/9/19	山东大街 789 号
S05	赵军	男	1995/3/15	学院路 78 号
S06	孙林	男	1997/7/12	金融街 110 号
S07	金士鹏	男	1990/5/29	学府路 119 号
S08	刘英玫	女	1999/1/29	建校门 76 号
S09	张雪眉	女	1969/7/21	黄河路 678 号

 元组

主键　　　属性

表 1-12　实体关系 Products

商品编号	商品名称	商品价格	商品库存
P01001	啤酒	42.52	111
P01002	牛奶	10.63	170
P01003	矿泉水	17.72	520
P02001	花生油	134.64	270
P02002	盐	7.09	530
P02003	酱油	31.89	120
P02004	味精	14.17	390
P03001	蛋糕	67.32	360
P03002	饼干	41.10	290

 记录

主键　　　字段

表 1-13　事务关系 ProductSales

销售单编号	销售日期	销售员编号	商品编号	销量
SP0105001	2019-1-5	S05	P03001	2
SP0105002	2019-1-5	S06	P02003	5
SP0108001	2019-1-8	S01	P01001	3
SP0108002	2019-1-8	S02	P01002	2
SP0109001	2019-1-9	S01	P01003	7

续表

销售单编号	销售日期	销售员编号	商品编号	销量
SP0110001	2019-1-10	S02	P02001	1
SP0111001	2019-1-11	S05	P02004	1
SP0112001	2019-1-12	S09	P02002	3

字段

外键

外键

观察表 1-11、表 1-12 和表 1-13 可以发现：Sellers 关系中只有销售员实体的属性信息；Products 关系只有商品实体的属性信息，而 ProductSales 关系中除了包括销售员的属性信息、商品的属性信息以外，还包含反映销售事务的属性信息。结合这三个表，分析一下实体型关系、事务型关系以及关联型关系组织数据的特点。

（1）实体型关系组织数据的特点

实体型关系是最常见的关系类型。从理论上讲，实体型关系中的每一行只保存与该实体相关的属性信息，不能保存其他实体的属性信息。

也就是说，表 1-11 描述的关系 Sellers 只包含销售员实体的属性信息，不能包含商品实体的属性信息，而表 1-12 描述的关系 Products 只能包含商品实体的属性信息，不能包含销售员实体的属性信息。

（2）事务型关系组织数据的特点

事务型关系也是常见的关系类型。从理论上讲，事务型关系中的每一行除了要保存与该事务相关的实体的相关属性信息外，还要包含事务发生的时间属性、特征属性等。

表 1-13 描述的关系 ProductSales 就是一个事务型关系，该关系包含的属性信息有三类：一是关系 Sellers 的属性信息，如销售员编号；二是关系 Products 的属性信息，如商品编号；三是包含销售事务的属性信息，如销售单编号、销售日期、销量等，其中销售日期是销售事务发生的时间属性，而销售单编号和销量是销售事务发生的特征属性。

注意：在事务型关系中，几乎总是包含日期时间型数据，它记录了事务发生的时间。从本质上讲，事务的时间属性也是事务的特征属性之一。另外，在事务型关系中，几乎总是包含执行事务的实体对象的主关键字属性。

（3）关联型关系组织数据的特点

关联型关系一般用来表示两个实体型关系之间的关联。假设有两个实体关系，一个是甲实体关系，一个是乙实体关系，那么关联型关系一般只包含三列：一列来自甲实体关系；一列来自乙实体关系；第三列一般是关联型关系的主键。

例如，在表 1-14 中，关系 R_SellersProducts 就是一个关联型关系，它包含三个属性：一个属性是"销售员编号"，它来自实体型关系 Sellers；另外一个属性是"商品编号"，它来自实体型关系 Products；第三个属性是"销售记录序列号"，它是关联型关系 R_SellersProducts 自己定义的属性，该属性作为关系 R_SellersProducts 的主键。

那么为什么要在关系 R_SellersProducts 中定义一个主键呢？这是因为在 R_SellersProducts 中，每一行都记录了销售员的一次商品销售信息，对于每一次商品销售，销售员编号是可以重复的，商品编号也是可以重复的；另外，"销售员编号＋商品编号"这一组合也是可以重复的。也就是说，在关联型关系 R_SellersProducts 中，找不到一个属性或属性组合可以作为关键字，所以只能定义一个新的属性"销售记录序列号"，作为该关系的主键。

对于关联型关系而言，主键一般是代理主键。主键有两类：一类是自然主键，另一类是代理主键。充当主键的属性，如果本身有一定的业务意义，那么该主键就是自然主键。相反，如果充当主键的属性本身不具有业务意义，只具有主键的唯一性作用，那么它就是代理主键。

表 1-14　关联关系 R _ SellersProducts

销售记录序列号	销售员编号	商品编号
1	S05	P03001
2	S06	P02003
3	S01	P01001
4	S02	P01002
5	S01	P01003
6	S02	P02001
7	S05	P02004
8	S09	P02002
主键	外键	外键

最常充当代理主键的属性一般是自动编号类型的，作为自动编号类型的属性，它的值是一个自动增长的 ID，可以由系统自动管理。

1.5.2　关系数据库的数据操作

由于关系模型借助集合代数对关系进行操作，因此关系数据库的数据操作是集合操作，即操作的对象和结果都是集合，这种操作称为一次一个集合的方式。

关系模型既支持并、差、交等传统集合运算操作，又支持选择、投影和连接等专门关系运算操作。另外关系模型还支持积运算操作。

1. 传统的集合操作

传统的集合操作包括并、差、交等集合运算，它们都是二目运算，而且要求参与运算的运算对象都是关系。注意参与并、差、交三种运算的关系必须是相容的。

【定义 1-10】相容关系：如果关系 R 和关系 S 都具有 n 个属性，对于 n 个属性中的任意一个属性 i，关系 R 中的属性 i 的属性值和关系 S 的属性 i 的属性值都取自同一个值域，那么关系 R 和关系 S 是相容关系。

例如，表 1-15 所示的关系 R 和表 1-16 所示的关系 S，都有 4 个属性，每个属性的值域都相同，因此 R 和 S 是相容关系。

表 1-15　关系 R

商品编号	商品名称	价格/元	库存
P01001	啤酒	42.52	111
P03001	蛋糕	67.32	360

表 1-16 关系 S

商品编号	商品名称	价格/元	库存
P02001	花生油	134.64	270
P03001	蛋糕	67.32	360

(1)并运算

已知两个相容关系分别是 R 和 S，R 和 S 的并运算记作"R∪S"。R∪S 的运算结果，是一个包含 R、S 中所有不同元组的新关系。

例如，假设关系 R 如表 1-15 所示，关系 S 如表 1-16 所示，那么 R∪S 的结果如表 1-17 所示。

表 1-17 R∪S 的操作结果

商品编号	商品名称	价格/元	库存
P01001	啤酒	42.52	111
P02001	花生油	134.64	270
P03001	蛋糕	67.32	360

(2)差运算

已知两个相容关系分别是 R 和 S，R 和 S 的差运算记作"R−S"。R−S 的运算结果，是所有属于 R 但不属于 S 的元组组成的新关系。

例如，假设关系 R 如表 1-15 所示，关系 S 如表 1-16 所示，那么 R−S 的结果如表 1-18 所示。

表 1-18 R−S 的操作结果

商品编号	商品名称	价格/元	库存
P01001	啤酒	42.52	111

(3)交运算

已知两个相容关系分别是 R 和 S，R 和 S 的交运算记作"R∩S"。R∩S 的运算结果，是所有既属于 R 也属于 S 的元组组成的新关系。

例如，假设关系 R 如表 1-15 所示，关系 S 如表 1-16 所示，那么 R∩S 的结果如表 1-19 所示。

表 1-19 R∩S 的操作结果

商品编号	商品名称	价格/元	库存
P03001	蛋糕	67.32	360

2. 专门的关系操作

专门的关系操作主要包括选择、投影和连接三种关系运算。选择运算的操作对象通常是一个关系，该运算对一个关系中的数据元组进行横向的抽取并组成新的关系；投影运算的操作对象通常也是一个关系，该运算对一个关系中的数据进行纵向的抽取并组成新的关系；而连接运算则是对两个关系进行关联操作，该运算从两个关系中抽取数据组成新的关系。

（1）选择运算

从一个关系中筛选出满足给定条件的元组集的操作称为选择运算。选择运算是从行的角度对关系中的元组进行的筛选操作，经过选择操作后得到的结果形成新的关系，其关系模式不变，其元组集是原关系的一个子集。

例如，从表 1-11 所示的 Sellers 表中筛选出所有的女销售员，就是一种选择运算结果如表 1-20 所示。

表 1-20　选择操作举例——筛选所有的女销售员

销售员编号	姓名	性别	出生日期	地址
s01	张颖	女	1968/12/8	齐鲁大道 265 号
s03	李芳	女	1973/8/30	兴隆小区 78 号
s08	刘英玫	女	1969/1/9	建校门 76 号
s09	张雪眉	女	1969/7/2	黄河路 678 号

（2）投影运算

从一个关系中筛选出若干个属性组成新关系的操作称为投影运算。投影运算是从列的角度对关系进行的筛选操作，经过投影运算后得到的结果也形成新的关系。新关系的关系模式所包含的属性个数一般比原关系少，新关系模式是原关系模式的一个子集。

例如，从表 1-11 所示的 Sellers 表中抽取"姓名""性别"两个属性构成一个新表的运算，就是一种投影运算。其结果如表 1-21 所示。

表 1-21　投影操作举例——显示销售员的姓名和性别

姓名	性别
张颖	女
王伟	男
李芳	女
郑建杰	男
赵军	男
孙林	男
金士鹏	男
刘英玫	女
张雪眉	女

（3）连接运算

连接运算是将两个关系中的元组按一定的条件横向组合，并将组合获得的新元组形成一个新关系的运算。不同关系中的公共属性或者具有相同语义的属性是实现连接操作的基础。

最常见的连接运算是自然连接，它是利用两个关系中共有的一个属性，将该属性值相等的两个关系中的元组连接起来，然后去掉其中的重复属性作为新关系中的一条元组。表 1-22 给出了 Products 关系和 ProductSales 关系按照商品编号进行自然连接的结果。

表 1-22　连接操作举例

商品编号	商品名称	价格	库存	销售单编号	销售日期	编号	销量
P01001	啤酒	42.52	111	SP0108001	2019-1-8	S01	3
P01002	牛奶	10.63	170	SP0108002	2019-1-8	S02	2
P01003	矿泉水	17.72	520	SP0109001	2019-1-9	S01	7
P02001	花生油	134.64	270	SP0110001	2019-1-10	S02	1
P02002	盐	7.09	530	SP0112001	2019-1-12	S09	3
P02003	酱油	31.89	120	SP0105002	2019-1-5	S06	5
P02004	味精	14.17	390	SP0111001	2019-1-11	S05	1
P03001	蛋糕	67.32	360	SP0105001	2019-1-5	S05	2

假设有两个关系 A 和 B，那么 A 和 B 的基于公共属性进行自然连接的过程如下。

步骤一：对 A 关系中的第一个元组(不妨设为 Record_1_A)进行自然连接操作：从 B 关系的第一个元组(不妨设为 Record_1_B)开始扫描 B 关系，逐一查找与 Record_1_A 公共属性等值的 B 关系元组，找到后(不妨设为 Record_x_B)，将 Record_x_B 和 A 关系中的 Record_1_A 进行拼接，形成查询结果中的一个元组；依次类推，直至 B 关系中的最后一条元组。

步骤二：对 A 关系中的第 2 个元组(不妨设为 Record_2_A)进行自然连接操作：从 B 关系的第一个元组开始扫描 B 关系，逐一查找 B 关系中与 Record_2_A 公共属性等值的元组，找到后(不妨设为 Record_y_B)，将 Record_y_B 和 A 关系中的 Record_2_A 进行拼接，形成查询结果中的一个元组；依次类推，直至 B 关系中的最后一条元组。

步骤三：重复 Step1 和 Step2 操作，直到 A 关系中的元组全部自然连接完毕。可见，连接运算是相当耗费计算资源的，应该慎重选择连接运算操作。

3. 积运算操作

已知两个关系分别是 R 和 S，那么 R 和 S 的积运算记作"$R×S$"。$R×S$ 的运算结果，是 R 中每个元组与 S 中每个元组连接组成的新关系。积运算又称为无条件连接。

显然，积运算是两个关系的笛卡尔积。虽然积运算也是二目运算，但是不要求参与运算的关系是相容关系。如果 R 有 m 个元组，S 有 n 个元组，那么 $R×S$ 中有 $m×n$ 个元组。

单纯积运算获得的结果一般没有实际意义，所以需要对积运算进行规范，以获得有意义的运算结果。上文介绍的连接运算就是规范以后的积运算，二者是特殊和一般的关系。

1.5.3　关系数据库的数据约束

数据完整性指的是数据库中数据的正确性与一致性，数据完整性是通过用户定义的数据完整性约束实现的。关系型数据库系统支持用户定义的数据完整性约束包括：实体完整性、域完整性和参照完整性。当用户在数据库中进行数据记录的插入、修改以及删除等操作时，数据库系统会基于用户定义的数据完整性约束自动实现数据库中数据的正确性和一致性。

(1)实体完整性约束

实体完整性约束用以保证关系中的每一个实体是可识别的和唯一的。实体完整性约束是通过在关系中定义主键来实现的，因此实体完整性约束又称为主键约束。在任何关系的任何一个元组中，主键的值既不能为空值，也不能取重复的值。

例如，在关系 Sellers 中，由于销售员编号对每一个销售员来说是唯一的，因此可以指定

"销售员编号"为主键，以指代不同的销售员实体，并对不同的销售员进行识别。又如，关系Products中每一个商品的商品编号都是不同的，显然可以指定"商品编号"为主键。

前文指出，主键是关系中一个属性或一组属性。如果关系中没有一个属性可以唯一的标识关系中的记录，那么可以考虑基于关系中的多个属性建立主键。

例如，表 1-13 所示的事务型关系 ProductSales，就没有一个属性可以唯一的标识关系中的记录。事务型关系 ProductSales 中包括"销售单编号""销售日期""销售员编号""商品编号"和"销量"五个属性。对于不同的销售记录单，销售日期可以相同，销售员可以相同，商品也可以相同，商品销量可以相同，同时对于相同的销售记录单，又可以有不同的商品，因此关系ProductSales 中没有一个属性可以唯一的标识关系中的记录。那么，关系 ProductSales 的主键应该包括哪几个属性呢？注意，当主键包括的属性太多时，可考虑引入代理主键。

（2）域完整性约束

域完整性约束用以保证关系中属性取值的正确性和有效性。域完整性约束可以通过在关系中定义属性的数据类型、设置属性的有效性规则等实现。

域完整性约束一般由用户定义。例如，用户可以在 Sellers 关系中指定属性"Sex"是文本型属性，它的宽度是 2，并且 Sex∈{男，女}；又如用户可以在 ProductSales 关系中指定属性"销量"是整型数据，并且"销量"的值要大于 1。

（3）参照完整性约束

参照完整性约束定义了一个关系相对于另外一个关系所应该遵循的约束规则，描述了两个关系应该共同遵循的业务规则。

例如，如果 ProductSales 关系中的某一元组出现了 Products 关系中不存在的"商品编号"，那么这一销售业务显然是错误的。为了防止此类错误的发生，可以定义一个参照完整性约束规则，要求 ProductSales 关系中出现的"商品编号"必须是 Products 关系中已经存在的"商品编号"。

又如，如果要求 ProductSales 关系中商品的"销量"低于 Products 关系中该商品的"库存"，那么可以定义一个参照完整性约束规则，要求 ProductSales 关系中商品的"销量"要低于Products 关系中该商品的"库存"。

由于参照完整性约束涉及两个关系，所以必须基于两个关系的公共属性（组）来建立联系，而且这个公共属性（组）在一个关系充当键，在另外一个关系中充当外键。公共属性（组）为键的关系，一般称为基本表，又称为基表、主表、父表、母表等；而公共属性（组）为外键的关系，一般称为关联表，也称为附表、从表、子表等。

1.6 关系数据库系统的定义

支持关系模型的数据库系统称为关系数据库系统，简称为关系系统。根据关系数据库系统支持关系模型的程度，可以把关系数据库系统分为最小关系数据库系统、关系完备数据库系统和全关系数据库系统。下面分类介绍关系数据库系统的定义。

1.6.1 最小关系数据库系统

一个数据库系统可以定义为最小关系数据库系统，当且仅当这个数据库系统满足以下两个条件：一是该系统支持关系数据库（从用户观点看，数据库由关系构成，并且数据库中只能有关系这一种数据结构）；二是该系统支持选择、投影和连接运算。

上述两个条件缺一不可：最小关系数据库系统除了要支持关系数据结构外，还必须支持选择、投影、连接运算。由于选择、投影和连接运算能够解决大部分的实际问题，所以要求最小关系数据库系统必须支持这三种最主要的运算，而不要求支持关系模型的全部运算。

基于上述分析，人们得到最小关系数据库系统的定义，如下所述。

【定义 1-11】最小关系数据库系统：如果一个数据库系统，既支持关系数据结构，同时也支持选择、投影、连接这 3 种关系运算，那么该数据库系统称为最小关系数据库系统。

1.6.2　关系完备的关系数据库系统

一个数据库系统可以定义为关系完备的关系数据库系统，当且仅当这个数据库系统满足以下三个条件：一是该系统支持关系数据结构，并且数据库系统中只能有关系这一种数据结构；二是该系统支持关系模型所支持的所有运算操作；三是该系统支持关系模型的实体完整性约束和参照完整性约束。

上述三个条件缺一不可。基于上述分析，得到关系完备的关系数据库系统的定义，如下所述。

【定义 1-12】关系完备的关系数据库系统：如果一个数据库系统，既支持关系数据结构，也支持所有的关系代数运算，还支持关系的实体完整性和参照完整性约束，那么该数据库系统称为关系完备的关系数据库系统。

1.6.3　全关系数据库系统

尽管最小关系数据库系统和关系完备的关系数据库系统都不支持关系模型的所有特征，但是都支持关系这一数据结构，同时也都支持最重要的选择、投影、连接这 3 种关系运算。对于数据组织和管理不是相当复杂的应用场景，这两种数据库系统有足够能力去完成任务。

但是当数据组织和管理的任务相当复杂的时候，就对关系数据库系统的能力提出了相当高的要求，这时候，就需要关系数据库系统支持关系模型的所有特征。

【定义 1-13】全关系数据库系统：如果一个数据库系统，支持关系模型的所有特征，那么该数据库系统称为全关系数据库系统。

全关系数据库系统不仅在关系上是完备的，而且全关系数据库系统支持域的概念。全关系数据库系统既支持实体完整约束和参照完整约束，也支持用户定义的域完整性约束。现在使用的关系数据库系统大都接近或达到了这个目标。

当然，上述的三种关系数据库系统的定义，是理论层面的。在实践层面中，关系数据库系统一般都不会严格地与理论接轨。例如，根据以上的定义，基于 Access 设计和实现的数据库系统，应该是比关系完备的数据库系统能力高，比全关系数据库系统的能力低。

注意：还有一种类关系数据库系统，称为表式系统。表式系统仅仅支持关系数据结构，不支持基于关系代数的集合操作。表式系统不能算关系数据库系统。

1.7　关系数据库的数据库模式

关系数据库模式是基于关系数据模型理论描述的特定关系数据库中全体数据的逻辑结构、完整性约束和数据操作。在实际应用中，数据库模式有三种类型：第一种数据库模式是一般意义上的数据库模式，将关系数据库模式定义为全体数据的逻辑结构和完整性约束；第二种数据库模式是一种简单意义上的数据库模式，仅仅将关系数据库模式定义为全体数据的逻辑结构；第三种数据库模式是完全意义上的数据库模式，在这种情况下，数据库模式除了包括数据库全体数据的逻辑结构和完整性约束外，还包括数据库的数据操作。

至于数据库模式到底是一般意义上数据库模式，还是简单意义的数据库模式，或是完全意义上的数据库模式，请读者结合上下文来确定。如果上下文不明示，本书提到的数据库模式，指的是一般意义上数据库模式。基于这一界定，下面定义三个概念。

【定义 1-14】关系模式：关系模式是对关系数据结构和数据约束的描述。

基于定义 1-14，关系模式可以表示如下。

关系名（属性 1 约束 1，属性 2 约束 2，……，属性 n 约束 n）

注意：如果一个属性或属性组合是主键，则该属性和属性组加粗、并用下划线标注。如果一个属性或属性组合是外键，则用该属性或属性组用斜体标注。

例如，学生的关系模式如下。

Student(**<u>学号</u>** 文本值，姓名 文本值，性别 取值男或女，出生日期 日期值)

又如，学生医保信息的关系模式如下。

StudentMedicalIinsurance(**<u>身份证号码</u>** 文本值，参保日期 日期值，学号 文本值)

【定义 1-15】简单关系模式：简单关系模式是对关系数据结构和关系的实体完整性约束的描述。简单关系模式不考虑域完整性约束和参照完整性约束。

基于定义 1-15，简单关系模式可以表示如下。

关系名（属性 1，属性 2，……，属性 n）

例如，学生的简单关系模式如下。

Student(**<u>学号</u>**，姓名，性别，出生日期)

又如，学生医保信息的简单关系模式如下。

StudentMedicalIinsurance(**<u>身份证号码</u>**，参保日期，学号)

【定义 1-16】关系数据库模式：关系数据库的数据模式是一系列关系的关系模式的集合。简记为

数据库名＝{关系 1 的关系模式，关系 2 的关系模式，…，关系 n 的关系模式}

【例 1-2】"销售业务"是一个关系数据库，包含"Sellers""Customers"和"Products"三个实体型关系和一个事务型关系"ProductSales"。下面简要地给出了这个数据库的数据库模式。

```
销售业务= {Sellers, Customers, Products, ProductSales}
Sellers(销售员编号，姓名，性别，出生日期，地址)
Customers(顾客编号，顾客姓名，性别，出生日期，联系电话，收货地址，积分)
Products(商品编号，商品名称，价格，库存)
ProductSales(销售单编号，销售日期，销售员编号，顾客编号，商品编号，商品销量)
```

篇幅原因，上述数据库模式既没有描述数据库的域完整性约束，也没有描述参照完整性约束。请读者结合自己的生活和工作经验，重写上述数据库模式，将域完整性约束补上。另外请读者回答以下几个问题：事务型关系 ProductSales 是否需要与实体型关系 Products 建立参照完整性约束？如果需要，请问有哪些典型的约束规则？另外，事务型关系 ProductSales 是

否需要与实体型关系 Sellers、Customers 建立参照完整性约束？如果需要，请问有哪些典型的约束规则？

有些读者可能会问：上述数据库模式是不是没有描述各个关系之间的联系？答案：上述数据库模式既描述了各个关系的数据模式，也描述了各个关系之间的联系。那么各个关系之间的联系是怎么描述的呢？主要有两种方法：第一种，对于两个关系之间的一对一联系或一对多联系，可以基于两个关系的主键和外键来反映；第二种，对于两个关系之间的多对多联系，可以建立关联型关系来反映。

思考：事务型关系 ProductSales 是否有关联型关系的功能？如果有的话，请问 ProductSales 是如何将"Sellers""Customers"和"Products"这三个实体型关系关联起来的？

综上，关系模式是表达关系数据库模式的基础。为了更容易让读者接受关系和关系模式的概念，图 1-8 对关系、关系模式、属性以及元组这四个概念进行了比较。

图 1-8　关系和关系模式的图解

由图 1-8 可知：关系就是一张二维表；二维表的表头描述了二维表的所有属性，这属于关系模式的范畴；二维表的每一列是关系模式的一个属性；二维表的每一行是关系的一个元组。

在研究关系数据库模式时，首先要界定关系数据库系统的类型。如果读者在最小关系数据库系统中研究关系数据库模式，那么只需考虑简单意义上的数据库模式即可，因为最小关系数据库系统根本不支持关系数据库的数据约束；如果读者在关系完备的数据库系统中研究关系数据库模式，那么需要考虑采用一般意义的关系数据库模式，因为关系完备的数据库系统既支持关系数据库的数据结构，也支持关系数据库的数据约束。

1.8　关系数据库的数据库语言

上节介绍了关系数据库模式，那么应该如何建立关系数据库模式呢？关系数据库模式建立以后，又如何组织数据入库，并对数据库中的数据进行查询和操作呢？这就需要开发一种语言，它至少要满足以下三个条件：首先，数据库语言必须支持关系数据模型；其次，数据库语言必须是易学易用的；最后，数据库语言必须是通用的。只有满足上述三个条件，数据库用户才能够接受这种语言，并使用该语言定义关系数据库、操作关系数据库、查询关系数据库。

对于数据库技术来说，开发这样一种语言，是一个至关重要的问题，说它关系到数据库技术的生死存亡也不为过，因此一度出现了很多种语言。

随着时间的流逝，其中一种语言——SQL，成为了数据库用户的选择。SQL，是 Structured Query Language 的简称，中文名称是结构化查询语言或结构查询语言，它最重要的功能包括关系数据库模式的定义、关系数据库数据的查询、关系数据库数据的操作。之所以关系数据库能够风靡一时，SQL 发挥了重要的作用。今天，SQL 已成为国际标准，几乎所有的关系数据库管理系统和程序设计语言都支持 SQL，具备一定计算机应用技术的人几乎都用过 SQL。

SQL 既是独立的语言，又是嵌入式语言。作为独立的语言，它以联机交互方式供用户独立地使用，用户只需要在计算机键盘上输入 SQL 命令就可以对数据库进行操作；作为嵌入式语言，它以 SQL 语句形式嵌入到高级语言（如 Python、Java、C、C++、VB、VBA 等）程序中，以高级语言程序的方式完成对数据库的相关操作。

尽管 SQL 有两种不同的使用方式，但是 SQL 的语法结构基本上是一致的。这种以统一的语法结构提供不同使用方式的做法，为用户提供了极大的灵活性与方便性，受到了广大的计算机用户的欢迎。那么，SQL 的语法是怎样的呢？SQL 又是如何定义关系数据库模式呢？又是如何灵活地查询和操作关系数据库中的数据呢？这部分内容将在第 7 章介绍。

1.9 技术拓展与理论升华

1.9.1 大数据

短短几年间，大数据就以一日千里的发展速度，快速实现了从概念到落地，直接带动了相关产业井喷式发展。全球多家研究机构统计数据显示，大数据产业将迎来发展黄金期：IDC 预计，大数据和分析市场将从 2016 年的 1 300 亿美元增长到 2020 年的 2 030 亿美元以上；中国报告大厅发布的大数据行业报告数据也说明，自 2017 年起，我国大数据产业将迎来发展黄金期，未来 2～3 年的市场规模增长率将保持在 35％左右。

伴随着大数据产业的迅猛发展以及大数据技术的广泛应用，随之而来的就是大数据知识的推广和普及问题。人人都要学习大数据，正在成为高校师生的共识。基于这一背景，编者建议读者利用各种资源和各种途径，了解大数据知识，尤其是与本书有关的大数据库知识。

1.9.2 大数据库

传统的关系数据库技术，面对大数据，遇到了前所未有的难题：第一，大数据包括结构化、半结构化和非结构化数据类型，非结构化数据越来越成为数据的主要部分，但是基于关系数据库技术对非结构化数据进行组织和管理，成本高、能力弱，无法满足用户需求；第二，大数据无时无刻不在产生，快速增加的海量数据对数据存储的弹性和灵活性提出了很高的要求，但是基于关系数据库技术组织和管理海量数据，缺乏弹性和灵活性；第三，大数据对数据处理的速度有非常严格的要求，但是在海量数据快速访问和及时处理的需求面前，关系数据库技术显得力不从心。

那么如何对海量数据进行组织和管理呢？答案就是大数据库技术。大数据库技术有以下三个特点：第一，大数据库技术擅长组织和管理非结构化数据；第二，大数据库技术对海量数据的组织和管理有足够的弹性和灵活性；第三，大数据库技术面对用户对海量数据的快速访问和及时处理需求，有足够的应对能力和处理智能。大数据库技术是大数据技术的核心技术之一，因此学习大数据理论和技术，必须要学习大数据库理论和技术。

大数据库理论与技术与传统的数据库理论与技术尽管有差异，但是在知识体系上是一脉相承的，因此读者在学习经典的数据库原理与应用技术的过程中，可以进行比较学习，将经典的数据库技术拓展为大数据库技术，将传统的数据库原理升华为大数据库原理。这种技术拓展和理论升华符合知识建构的学习理论，必将促进大数据库知识和小数据库知识的双丰收。

本章习题

第 2 章   数据库设计原理

本章导读

论域的数据存在三个范畴：现实世界、信息世界和计算机世界。数据库设计的过程是先厘清用户对现实世界中目标数据的组织和管理需求，然后基于用户需求将目标数据的表示从现实世界抽象到信息世界，再从信息世界转换到计算机世界。

就"社区便民超市"运营数据的组织和管理而言，数据库设计的任务就是用数据库模型对超市的"运营数据"进行建模。要实现这一任务，数据库设计的过程如下。

①基于超市的运营数据需求分析，厘清目标数据库需要提供的数据服务。由于超市的主营业务涉及商品的采购(进)到入库(存)再到销售(销)整个购销链，可以用"进销存"三个字涵盖，因此用户对目标数据库提供的主要数据服务需求是"进销存"数据的组织和管理。

②基于目标数据的概念建模，厘清论域的信息结构和信息约束。以"社区便民超市"的运营数据管理为例，概念设计要涵盖该超市"进销存"整个业务链。首先，概念模型要全面反映"进销存"全局业务的信息结构和信息约束：在结构上，论域全局信息由进货信息、存货信息和销售信息组成，这三部分信息不是彼此割裂的，它们基于超市所经销的商品联系在一起；在约束上，论域的进货信息、存货信息和销售信息之间必须遵循超市制定的"进销存"业务管理规则。其次，概念模型要分别反映进货信息、存货信息和销售信息三类局部信息的结构和约束。以销售信息的概念建模为例：概念模型的结构由反映销售信息的信息主体及其联系组成，如销售信息由销售员、商品和顾客等信息主体组成，它们之间通过商品的销售事务联系在一起；概念模型的约束要反映信息实体必须遵循的销售业务管理规则，如商品的销售折扣不能低于 5 折等。

③基于概念模型进行逻辑建模。逻辑建模既要反映概念模型中的信息结构，也要反映概念模型中的信息约束。基于关系模型理论的逻辑建模，就是用"一系列的关系模式"来映射概念模型中实体的信息结构及信息约束：对于概念模型中的每一个信息实体，用一个关系模式来映射；对于论域中信息实体之间的"一对一""一对多"和"多对多"三种联系，也用相应的关系模式来映射；对于概念模型中的信息约束，也映射在关系模式中。

④将逻辑模型转化为物理模型。数据库的物理设计与数据库管理系统(DBMS)息息相关，因此物理设计的第一个任务就是选择实施数据库的 DBMS。DBMS 敲定后，物理设计的第二个任务就是将面向理论层面的逻辑模型转换为面向 DBMS 技术层面的物理模型，主要任务包括：数据库物理存储区的设计、数据库物理存储结构的设计和数据库物理存取方法的设计等。

基于上述分析可知：数据库需求分析的主要任务是厘清用户对现实世界中目标数据的组织和管理需求，包括业务数据的内容需求、业务数据的完整性约束需求以及业务数据的处理需求；数据库概念设计的主要任务是将现实世界的数据抽象到信息世界，用信息世界的概念模型表示目标数据库的信息结构和信息约束；数据库逻辑设计的主要任务是用基于数据模型理论的数据库模式映射概念模型的信息结构和信息约束；数据库物理设计的主要任务是将面向理论层面的逻辑模型转换为面向 DBMS 技术层面的物理模型。

2.1　数据库设计概述

一个机构的数据通常是杂乱无章的，如果不进行合理、有效的组织，数据就很难发挥其资源性的作用。因此，基于数据模型理论科学的组织数据，建立高质量的数据库模式，使其可用、易用，是数据库设计的主要任务。

2.1.1　数据库设计的过程和内容

数据库设计的目的在于提供实际问题的计算机数据表示，其核心任务就是基于实际问题所需，建立高效、易用的数据库模式，以支持大量用户对数据库的高效存取和访问。

1. 数据库设计的过程

现实世界的实体是客观存在的，其属性的值也是客观存在的，属于现实世界的范畴。实体的属性反映到人的大脑里，在人脑中形成的属性值是主观的，属于信息世界的范畴。要让计算机表示现实世界实体的属性，必须将信息世界的属性值转换到计算机世界。

因此，数据存在三个范畴：现实世界、信息世界和计算机世界。数据库设计的过程就是将数据的表示从现实世界抽象到信息世界，再从信息世界转换到计算机世界。

2. 数据库设计的内容

将现实世界的数据抽象到信息世界，数据库设计需要考虑的内容如下。

①基于用户需求，综合、归纳和抽象出论域的信息结构，这包括信息实体组成以及信息实体联系两方面的内容。

②基于用户需求，综合、归纳和抽象出论域的信息约束，确定实体应该遵循的业务规则。

将信息世界的数据抽象到计算机世界，数据库设计需要考虑的内容如下。

①如何将面向用户的概念模型用面向理论层面的逻辑模式来描述。

②如何将理论层面的逻辑模式用特定DBMS技术层面的物理模式来实现。

2.1.2　数据库设计的理论和方法

数据库设计的过程是一个数据建模的过程，其核心任务是在数据库设计理论的指导下，将目标数据库的数据库模式设计出来，并进行形式化描述。

1. 数据库设计的理论基础

就数据库设计而言，其应该遵循的基本理论是数据库生命周期理论。除此之外，在数据库设计的过程中，还要遵循数据模型理论以及数据库规范化理论等。

（1）生命周期理论

数据库生命周期又称为数据库生存周期，是数据库从产生直到停止使用的生命周期。数据库的整个生存周期可以划分为若干阶段，每个阶段都有自己鲜明的特征和明确的任务，用户应该基于各个阶段的特征对特定阶段的任务进行科学的控制和管理。

尽管学者们对数据库生命周期理论有一定的争议，但就其阶段划分基本达成一致，普遍认为数据库的生命周期包括数据库设计、数据库实施、数据库运行和维护三个阶段，如图2-1所示。

图 2-1　数据库的生命周期

数据库生命周期的每一个阶段，又可以根据实际情况将其划分为若干个子阶段。例如，数据库设计阶段可以划分为需求分析、概念设计、逻辑设计和物理设计四个子阶段；又如，数据库实施阶段可以划分为数据库建模和数据入库两个子阶段；再如，数据库运行和维护阶段可以划分为试运行、运行、升级等子阶段。

（2）数据模型理论

就数据库生命周期的数据库设计、数据库实施、数据库运行和维护这三个阶段而言，数据库设计无疑是最重要的，它描绘了目标数据库的设计蓝图，是目标数据库的实现根基。

就数据库设计而言，其核心问题是数据的组织。由于数据库技术是基于数据模型组织数据的，因此数据模型理论是数据库设计过程中应该遵循的基本理论。

注意：数据模型理论除了在数据库设计阶段发挥核心作用外，它在数据库实施以及数据库运行和维护这两个阶段也发挥着重要的指引作用。

（3）规范化理论

就数据库生命周期的数据库设计阶段而言，它又可以划分为需求分析、概念设计、逻辑设计和物理设计四个子阶段。其中，逻辑设计阶段是最重要的。

为了保证数据库逻辑设计结果的科学性，必须在数据库的逻辑设计中遵循数据库的规范化理论。所谓的规范化理论，就是指导用户建立正确、合理、有效的数据库模式的一组规则。

数据库规范化理论源于关系数据库的规范化理论。由于关系模型有着严格的数据理论基础，并且可以向其他的数据模型转换，因此人们就以关系数据库为背景来讨论数据库规范化理论。

注意：数据库规范化理论虽然以关系数据库的逻辑设计为背景，但它对于一般数据库的逻辑设计同样具有理论上的指导意义。关系数据库规范化理论的核心是范式规则，它在关系数据库的逻辑设计过程中发挥着重要作用。规范化理论将在本章2.5节展开介绍。

2. 数据库设计的方法

在过去的一段时间中，数据库设计大都采用手工试凑法。基于手工试凑法设计数据库与设计人员的经验和水平有直接关系，它更像一种手工技艺而不是工程方法。由于手工试凑法缺乏科学的理论和工程方法支持，所以数据库的设计质量很难得到保证，导致数据库在投入运行后常常会出现很多问题，不得不对数据库模式进行修改和完善。当数据库规模很大时，数据库模式维护的代价是非常高的。

为了提高数据库的设计质量，降低数据库的维护成本，人们认识到必须在科学理论的指导下基于规范的工程方法对数据库进行设计，渐渐的，认识变成了现实，工程设计法诞生了。

数据库工程设计法，是数据库设计者为满足人们对目标数据库的数据服务需求，运用数据库基础理论、专业技术、实践经验、系统方法和工程管理手段，对目标数据库的数据库模式进行设想和构思、抽象和模拟，最后以形式化的形式，提供目标数据库实现依据的全过程工作。简言之，数据库工程设计法是人们进行目标数据库设计时应该遵循的工程级别的理论、技术、方法、准则和规程。经过一代又一代数据库工作者的研究和探索，涌现出各种各样的工程设计方法，其中新奥尔良方法是具有里程碑意义的一种数据库工程设计方法，得到了业界的广泛接受和应用。

新奥尔良方法将数据库设计的任务分为需求分析、概念设计、逻辑设计和物理设计四个子任务，这四个任务相互衔接，依次进行。新奥尔良方法的四大任务如图2-2所示。

图2-2　新奥尔良设计法的四大任务

2.1.3 数据库设计的步骤和任务

基于新奥尔良方法的四大任务，本书将数据库设计分为以下 4 个步骤：需求分析、概念设计、逻辑设计和物理设计。下面对这 4 个步骤的主要任务分别进行介绍。

1. 需求分析

就数据库需求分析而言，有狭义和广义之分。狭义的数据库需求分析主要是厘清目标数据库需要提供哪些业务数据、目标数据库中的业务数据应该满足什么样的业务约束。广义的需求分析还需要厘清用户对目标数据库的业务处理需求。为了便于表达，下文将数据库的广义需求分析概括为以下三个维度的分析：业务数据分析、业务约束分析、业务处理分析。

（1）业务数据分析

业务数据分析主要是了解用户希望从目标数据库获得哪些方面的业务信息，进而厘清目标数据库应该组织和管理哪些方面的业务数据。

例如，如果一家"社区便民超市"想建立"购销链数据库"管理该超市的"购销链"数据，那么目标数据库的业务数据分析就是要厘清"购销链"中有哪些内容的业务数据。由于"社区便民超市"的"购销链"涵盖商品的采购、入库和销售，因此目标数据库需要组织和管理的业务数据主要包括进货、存货、销售这三个方面的内容。

再如，如果这家"社区便民超市"只是想建立"商品销售数据库"管理该超市的"销售"数据，那么目标数据库的业务数据分析就是要厘清"销售"业务中有哪些内容的业务数据。如果将这家公司的销售业务界定为"销售员将商品卖给顾客"，那么目标数据库中的业务数据主要包括以下几个方面的内容：销售员信息、商品信息、客户信息、销售单信息等。

（2）业务约束分析

业务约束分析主要是了解用户期望目标数据库中存放的各类数据应该满足什么样的约束条件，什么样的数据在目标数据库中才是正确的数据等。

以"社区便民超市"的"商品销售数据库"为例，企业的销售员数据、商品数据、客户数据以及销售单数据之间存在着先天的业务约束。例如，销售单中客户的收货地址必须与该客户在订单中填写的收货地址一致，否则该客户将无法收到其购买的商品。再如，销售单中商品的销量必须低于该商品在超市的库存量，否则顾客就无法按时买到其购买的商品。

（3）业务处理分析

业务处理分析主要是厘清用户需要目标数据库提供哪些类型的业务数据处理服务，对于每一种类型的业务数据处理服务用户期望达到的性能指标是什么水平等。

例如，对于"社区便民超市"的"商品销售数据库"，销售员和客户期望数据库能够提供的业务处理包括：记录客户基本信息、记录销售员基本信息、记录商品基本信息、记录订单基本信息、记录销售单基本信息、查询客户的订单信息、查询销售员的销售单信息、查询商品的基本信息、查询客户的基本信息、统计销售员的销售业绩、统计商品的销售数量和分析商品是否畅销等。对于上述每一类业务处理，用户期望数据库的响应时间平均在 1 秒以内。

再如，对于"社区便民超市"的"仓库商品管理"数据库，仓库管理员期望数据库能够提供的业务处理包括：记录商品的入库信息、记录商品的出库信息、查询商品的库存数量、查询商品的生产日期和保质期、查询商品的责任人等。对于上述每一类业务处理，仓库管理员期望数据库的响应时间平均在 1 秒左右，最大延迟不超过 5 秒。

总之，厘清目标数据库的需求分析，需要考虑的内容有三个维度：第一，目标数据库应该保存什么内容的业务数据；第二，目标数据库中的业务数据应该满足哪些类型的业务约束；第三，目标数据库提供的业务处理有哪些类型，每一种类型的业务处理应该达到的性能是什么水平。为了便于学习者循序渐进的学习，本章下文中关于需求分析的内容都是狭义层面的。

2. 概念设计

概念设计是在目标数据库需求分析的基础上，建立目标数据库的概念模型，用于描述目标数据库论域的信息结构以及信息约束。将需求分析得到的用户需求进行综合、归纳与抽象，得到独立于目标数据库的概念模型的过程，称为数据库的概念设计。经过概念设计得到的论域的信息结构和信息约束称为概念模型。建立概念模型的常用方法有 E-R 方法、UML 方法、EATI 方法等。由于 E-R 方法在概念设计中应用最广泛，本书也基于 E-R 方法对论域进行概念建模。基于 E-R 方法建立的概念模型又称为 E-R 模型。

例如，就"社区便民超市"的"购销链"数据而言，概念设计要涵盖该企业"进销存"整个业务链，概念模型要全面反映"进销存"业务的信息结构和信息约束。就论域的全局信息而言，在结构上，论域全局信息由进货信息、存货信息和销售信息组成，这三部分信息不是彼此割裂的，它们基于超市所经营的商品联系在一起；在约束上，论域的进货信息、存货信息和销售信息之间必须遵循超市制定的"进销存"业务管理规则。

又如，就"社区便民超市"的进货信息、存货信息和销售信息而言，概念设计要分别建立局部的概念模型，以分别反映进货信息、存货信息和销售信息的信息结构和信息约束。就进货信息的概念模型而言，在结构上，进货信息包括采购员、供货商、在途商品等信息实体，这些信息实体基于进货这个事务实体联系在一起；在约束上，采购员、供货商、在途商品、进货等实体必须遵循超市制定的采购业务管理规则。就存货信息的概念模型而言，在结构上，存货信息包括库存管理员、仓库、库存商品等信息实体，这些信息实体基于库存管理这个事务实体联系在一起；在约束上，库存管理员、仓库、库存商品、库存管理等实体必须遵循超市制定的库存业务管理规则。就销售信息的概念模型而言，在结构上，销售信息包括销售员、顾客、商品等信息实体，这些信息实体基于销售这个事务实体联系在一起；在约束上，销售员、顾客、商品、销售等实体必须遵循超市制定的销售业务管理规则。

如何建立概念模型来描绘"社区便民超市"的"购销链"信息的全局信息结构以及全局信息约束呢？又如何建立概念模型来分别描绘进货信息、存货信息以及销货信息的局部信息结构和局部信息约束呢？这一内容将在本章的 2.2 节中展开详细介绍。

3. 逻辑设计

数据库的逻辑设计就是将面向用户业务层面的概念模型转化为面向计算机理论层面的数据库模式。由于逻辑设计既要反映概念模型中的信息结构，也要反映概念模型的信息约束，因此逻辑设计的结果包括三方面：数据对象的结构、数据对象间的联系、数据对象应遵循的约束。

关系数据库的逻辑设计，就是将概念模型中的信息结构及信息约束转化为"一系列的关系模式"：概念模型中信息实体的结构转化为一个关系模式；信息实体遵循的信息约束转化为关系模式中的数据完整性约束；信息实体之间的联系也是通过关系模式来建模的，既可以建立独立的关系模式来表示信息实体之间的联系，也可以通过由信息实体所转化的两个关系模式的主键和外键来表示。那么如何进行关系数据库的逻辑设计呢？这一内容将在本章的 2.3 节中展开详细介绍。

4. 物理设计

数据库的物理设计与数据库管理系统(DBMS)息息相关，因此物理设计的第一个任务就是选择实施数据库的 DBMS。DBMS 选定后，物理设计的第二个任务就是将面向计算机理论层面的逻辑模型转换为面向 DBMS 技术层面的物理模型，主要任务包括：数据库物理存储区的设计、数据库物理存储结构的设计和数据库物理存取方法的设计等。这一内容将在本章的 2.4

节中展开详细介绍。

2.1.4 数据库的实施

　　数据库设计任务完成后，就可以基于数据库的设计蓝图对数据库进行实施。所谓的数据库实施，就是基于数据库设计获得的物理模型，以计算机系统为平台，运用DBMS所提供的接口建立数据库的一系列活动。实施数据库的工作包括三个环节：一是创建数据库存储空间；二是定义数据库模式；三是组织数据入库。数据库实施的内容将在第4章和第5章中展开详细介绍。

2.1.5 数据库的运行和维护

　　数据库实施成功后就可以投入运行，进入运行状态的数据库才能为最终用户提供数据服务，满足用户的数据应用需求，从而发挥其自身价值。

　　数据库的设计不可能是十全十美的。在运行中，总会发现各种各样的问题，这就需要对数据库进行修改和完善，以纠正运行中发现的问题，此为数据库维护的任务之一。

　　用户的需求是动态变化的。在数据库的运行过程中，会发现数据库的功能和性能不能完全满足用户需求的动态变化，这就需要对数据库的功能和性能进行升级维护，以满足用户的新需求。这是数据库维护的任务之二，也是数据库维护的主要驱动。

　　在数据库运行过程中，还要对数据库的运行状态进行监控、对数据库的数据进行备份和恢复等，此为数据库维护的任务之三。数据库维护的内容将在第5章中展开详细介绍。

2.2 数据库的概念设计

　　数据库的概念设计就是将现实世界的数据抽象到信息世界，从而得到论域的信息结构和信息约束。数据库概念设计需要考虑的内容包括五个方面：论域应该抽取哪些信息实体、每个信息实体有哪些属性、这些信息实体之间有怎样的联系、每个信息实体应该遵循哪些约束、信息实体之间应该遵循哪些约束。

2.2.1 概念设计的任务和策略

1. 概念设计的主要任务

　　通过需求分析，设计者理解了目标数据库组织和管理数据的用户需求，这些用户需求就是目标数据库的求解问题。

　　为便于建立目标数据库对问题求解，需要用一种形式化方法将用户需求综合、归纳和抽象为规范的信息模型，该信息模型既要反映论域的信息结构，也要反映论域的信息约束。形式化方法需要形式化说明语言的支持。形式化说明语言一般使用文本符号或图形符号对信息模型进行描述。之所以选择形式化方法描述论域的信息模型，是为了使信息模型的表达直观、单一、无歧义。

　　基于形式化方法将论域的用户需求归纳抽象为规范化信息模型的过程，称为数据库的概念设计。通过数据库的概念设计所得到的信息模型，是论域信息在人脑中的抽象，是基于用户视角对论域的信息结构和信息约束的归纳和抽象，因此数据库的概念设计又称为数据库的概念模型。

综上所述，数据库概念设计的主要任务是基于目标数据库的求解问题得到目标数据库的概念模型。概念模型是数据库设计人员和用户之间交流的基础。

2. 概念设计的策略

用户对数据库的需求往往很多，这使概念设计的任务很复杂，给设计者带来了繁重的工作量。为了解决这一问题，设计者们总结出很多设计策略，目的是将繁重的设计工作量化整为零。进行概念设计的策略很多，常用的有以下四种。

（1）自顶向下：首先基于"全局应用"设计概念模型的全局框架，然后基于全局框架中的"局部应用"分别设计局部概念模型；对于每一个"局部应用"，如果仍然很复杂，可以将这个"局部应用"视为一个相对的"局部顶"，继续基于自顶向下的思想进行概念设计；以此类推，逐步细化。

（2）自底向上：首先将"全局应用"分解为若干个"局部应用"，然后分别设计各个"局部应用"的局部概念模型，最后将它们集成，得到全局概念模型。如果"局部应用"仍然非常复杂，那么继续对这个"局部应用"进行分解，直至分解后的应用足够简单。

（3）由里向外：首先设计最"核心应用"的局部概念模型，然后以"核心应用"的局部概念模型为基础，逐步地向外扩充，直至完成全部概念模型的设计。

（4）混合策略：混合策略是自顶向下和自底向上两种策略的结合。首先基于自顶向下策略设计全局概念模型的框架，然后基于自底向上策略设计各局部概念模型，最后将各个局部概念模型集成到全局概念模型的框架中，进而得到全局概念模型。

3. 概念设计的几个术语

在数据库的概念设计中，设计者基于用户需求在人脑中勾勒出论域的信息模型，并将信息模型基于形式化方法进行规范化表达。在概念设计中，经常用到以下几个术语。

（1）实体

论域中客观存在并可相互区别的事物称为实体。实体可以是论域中客观存在的对象，例如，销售员、商品、顾客等；实体也可以是抽象的概念，例如，卖点、思想、方法等。

（2）属性

实体所具有的某一特性称为属性。例如，销售员这个实体可用编号、姓名、性别、岗位、聘用日期、累计销售额等属性来描述。再如，卖点这个实体可用编号、设计者、价值等属性来描述。注意，论域中的一个实体往往具有很多属性，但设计者只应该抽取用户关注的实体属性。

（3）域

属性的取值范围称为该属性的域。域实际上是属性的一种取值约束。例如，对于销售员这个实体的性别、岗位和累计销售额三个属性可以指定下列的取值范围：性别∈｛男，女｝；岗位∈｛主管，线上，线下｝；累计销售额＞＝0。

（4）码

在描述实体的所有属性中，可以唯一地标识每个实体的属性或属性组称为码。如果码是属性组，那么属性组中不能包含多余的属性。

有的实体，可以有多个码。例如，对于销售员来说，销售员的编号、销售员的身份证号码、销售员的手机号码都可以作为码。当实体有多个码时，通常选定其中的一个码作为主码，其他的码作为候选码。

主码是实体存在的最基本的前提，因此作为主码的属性或属性组，其取值必须是唯一的且不能"空置"。所谓的"空置"，就是码的值必须是确定的，不能是待定的或未知的。

如果乙实体中的一个属性或属性组不是乙实体的主码，但却是甲实体的主码，那么对于乙实体而言，这个属性或属性组称为乙实体的外码。

（5）实体型

实体型用于描述同类实体具有的属性，反映了同类实体的公共特征和性质。在构建实体型时，要保证每个实体型的主题是单一的，另外每个实体型都要有一个主码。

可以基于形式化方法对实体型进行表示。形式化表示的方法很多，E-R方法应用最为广泛，这种方法将在本章2.2.2节中介绍。为了便于读者理解实体型的概念，下面给出了实体型的一种简要的形式化表示方法。

实体名（属性1，属性2，…，属性 n）

如果一个属性或属性组合是主码，则该属性或属性组用下划线标注。如果一个属性或属性组是外码，则用该属性或属性组用斜体标注。例如，销售员实体型可以简记为

销售员（**编号**，姓名，性别，岗位，聘用日期，累计销售额）

（6）实体集

同一类型实体的集合称为实体集。下面给出了实体集示例，它包括两个销售员个体。

{（S01，张颖，女，线上，1999/12/8，666），（S02，王伟，男，线下，1997/2/19，999）}

（7）联系

联系反映了两个实体型之间的关联关系，它同时也反映了两个实体型之间存在的一种约束。之所以把联系视为约束，是因为联系描述了实体集之间的数量约束。实体型之间的联系有一对一联系、一对多联系和多对多联系。

例如，实体顾客和实体商品之间存在购货的联系。又如，实体销售员和实体商品之间存在销货的联系。再如，实体销售员和实体顾客之间存在服务的联系。那么上述联系是一对一？一对多？还是多对多？这个问题将在本章的2.2.3节中展开详细介绍。

2.2.2 概念设计的方法

对数据库进行概念设计的方法很多，比较有名的有E-R、EATI、Coad/Yourdon、OMT、Booch和UML等。由于E-R方法是最经典的概念建模方法，因此本章主要介绍如何基于E-R方法进行数据库的概念设计。另外，为了说明E-R方法的局限性，本章简要地介绍了EATI方法。

1. 概念设计方法

在数据库的概念设计中，最常用的形式化建模方法是E-R方法。基于E-R方法建立的概念模型又称为E-R模型。E-R方法主要用来建模论域的实体型结构和实体型之间的联系，它不考虑实体型的行为特征，特别适合静态模型的建立。

由于数据库通常具有行为特征，因此E-R建模方法存在局限性。于是以动态模型为设计目标的概念建模方法涌现出来，其中比较著名的方法有EATI。EATI以任务为中心，将论域信息分解为：实体（E）、活动（A）、任务（T）和交互（I）。

除了E-R方法和EATI方法以外，比较著名的建模方法还有Coad/Yourdon、OMT、Booch和UML等。

2. E-R方法

E-R方法是"实体-联系方法"（Entity-Relationship Approach）的简称，它是描述论域概念模型的有效方法。下面介绍E-R方法的特点和使用说明。

（1）E-R方法的特点

E-R方法以图形方式表示论域的信息结构及信息约束，不涉及计算机专业知识，所以E-R

方法易学、易懂、易用，在数据库概念设计中得到了广泛的应用。

(2)E-R 方法的使用说明

E-R 方法描述概念模型的图形元素如下：用矩形表示实体型，实体型的名字写在矩形框内；用椭圆表示实体型的属性，属性的名字写在椭圆框内，并用无向边将该属性与相应的实体型连接起来；用菱形表示实体型之间的联系，联系的名字写在菱形框内，并用无向边将菱形框与相关联的实体型连接起来。图 2-3 说明了如何基于 E-R 方法的图形元素描述概念数据模型。

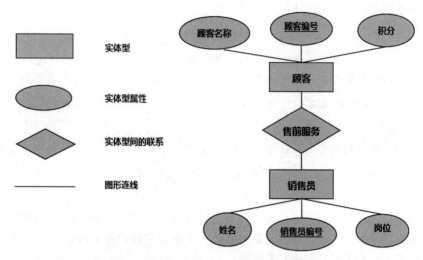

图 2-3　E-R 方法的图形元素

注意：由于实体型之间有一对一、一对多和多对多三种联系，因此在连接联系和实体型的无向边旁可以用专用符号进行"一"或者"多"的标注。本章的 2.2.3 节中有详细介绍。

2.2.3　基于 E-R 方法的概念设计

基于 E-R 方法对论域进行概念设计的主要任务有实体型的建模、实体间联系的建模。基于实体型的建模，信息实体从论域中抽象出来，并被赋予用户关注的信息属性和信息约束。基于实体间联系的建模，信息实体之间的关联被抽象出来，也可以被赋予相应的属性和约束。

1. 实体型的建模

基于 E-R 方法对论域中实体型的建模一般有以下三个步骤。

(1)抽取实体型：将论域中具有某些共同特性的一组对象归纳抽象为一个实体型。抽取实体型时，只需要在论域中抽取用户关注的实体型，即抽取目标数据库系统所聚焦的实体型。

(2)抽取实体型的属性：将实体型中用户关注的实体特征抽象为实体的属性。抽取实体型的属性要遵循三条原则：第一，属性必须是不可分的数据项；第二，属性不能与其他实体具有联系，联系只能发生在实体之间；第三，属性必须是用户所关注的实体特征。

(3)基于 E-R 方法对实体型建模：用矩形表示实体型，矩形框内写明实体名；用椭圆表示实体的属性，并用无向边将其与相应的实体型连接起来；在主码的属性名下面加下划线；将外码属性名设置为斜体。

注意：实体和实体的属性都是有粒度的。粒度越小，实体和实体的属性越细化；相反，粒度越大，实体和实体的属性越概括。要根据用户需求确定实体以及实体属性的粒度。

图 2-4 给出了基于 E-R 方法建模实体型的示例，矩形表示销售员这个实体型，椭圆表示销售员这个实体型的一系列属性。作为主码的属性"销售员编号"用加下划线的方式表示。

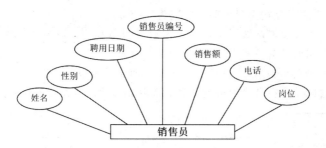

图2-4　E-R方法描述实体型及其属性的方法

2. 实体型间联系的建模

实体型之间的关联关系称为联系，它反映了客观事物之间相互依存的状态。实体型之间的联系可以归结为一对一、一对多和多对多三种类型。

（1）一对一联系（1∶1）

设有 A 和 B 两个实体型，如果 A 实体集中的一个实体最多与 B 实体集中的一个实体关联，并且 B 实体集中的一个实体最多与 A 实体集中的一个实体关联，那么实体型 A 与实体型 B 之间存在"一对一"联系，记作（1∶1）。

注意：如果上下文没有歧义，实体型之间的一对一联系，也可以称为实体之间的一对一联系，或实体集之间的一对一联系。

【例2-1】如果一个公司只有一个总经理，而一个总经理只能管理一家公司，那么公司和总经理这两个实体型之间就存在着一对一的联系，此联系的表示如图2-5所示。

图2-5　一对一联系示例：公司与总经理的联系

（2）一对多联系（1∶n）

设有 A 和 B 两个实体型，如果 A 实体集中的一个实体在 B 实体集中可以有多个实体关联，并且 B 实体集中的一个实体最多与 A 实体集中的一个实体关联，那么实体型 A 与实体型 B 之间存在"一对多"联系，记作（1∶n）。

注意：如果上下文没有歧义，实体型之间的一对多联系，也可以称为实体之间的一对多联系，或实体集之间的一对多联系。

【例2-2】如果一家总公司有多家子公司，而这些子公司都属于这家总公司，那么总公司与子公司两个实体型之间就存在着一对多的联系。一对多的联系是最普遍的联系，也可以将一对一的联系看作是一对多联系的特殊情况，此联系的表示如图2-6所示。

图2-6　一对多联系示例：总公司与分公司的联系

（3）多对多联系（m∶n）

设有 A 和 B 两个实体型，如果实体集 A 中的每一个实体在实体集 B 中有 n 个实体（$n \geqslant 0$）与之关联，并且实体集 B 中的每一个实体在实体集 A 中有 m 个实体（$m \geqslant 0$）与之关联，那么实

体型 A 与实体型 B 之间存在多对多联系，记为 $(m:n)$。

注意：如果上下文没有歧义，实体型之间的多对多联系，也可以称为实体之间的多对多联系，或实体集之间的多对多联系。

【例 2-3】如果一家公司经销多款商品，而每款商品又可以被多家公司所经销，那么公司与商品这两个实体之间就存在着多对多的联系，此联系的表示如图 2-7 所示。

图 2-7 多对多联系示例：公司与经销商品的联系

【例 2-4】有一家社区便民超市，其运营数据涵盖该超市"进销存"整个业务链，要求粗粒度地建立该超市的概念模型，反映该超市的"进销存"业务信息结构。

【分析】粗粒度地建立超市的概念模型，只需要建模论域的概念模型框架。在建立概念模型框架的时候，只需要考虑论域的核心实体型以及核心实体型之间的关键联系，不需要考虑非核心实体型及非关键联系，另外对于实体型和联系的属性，也无须考虑。就"进销存"运营数据而言，全局信息包括进货信息、存货信息和销货信息，它们基于该超市所经销的商品联系在一起，因此本例的粗粒度概念模型如图 2-8 所示。

图 2-8 粗粒度的概念设计示例：超市的"进销存"信息结构

【说明】图 2-8 所示的概念模型，概括程度很高，适合于论域信息结构的顶层设计，便于用户和设计者之间的交流。在实际设计工作中，还需要基于顶层设计进行细化设计，这是一种自顶向下的设计理念。对于图 2-8 所示的粗粒度概念模型，可以进行下述的细化设计：将"供应商的商品"细化为两个实体"供应商""源商品"；将实体型"在途的商品"细化为两个实体型"采购员""在途商品"；将实体型"库存的商品"细化为两个实体型"仓储员""库存商品"；将实体型"卖场的商品"细化为两个实体型"销售员""卖场商品"。相应的，图 2-8 所示的粗粒度概念模型中的联系也需要进行细化设计。

【例 2-5】在社区便民超市中，线上销售员通过互联网向顾客销售超市经销的商品。假设每一次商品销售业务，都生成一张销售单，请基于 E-R 方法对"销售员销售商品生成销售单"这一论域进行概念设计，概念设计的结果用 E-R 图表示。

【分析】由于每一位线上销售员都可以销售超市的多款商品，而每一款商品都可以由多位线上销售员销售，因此销售员和商品之间是多对多关系。由于销售员每销售一次商品，就生成一张销售单，因此，销售员和商品这两个实体型之间的多对多关系可以用销售单来反映。

图 2-9 描述了"销售员销售商品生成销售单"这一论域的 E-R 模型。由图可知，销售单将实体型销售员和实体型商品联系起来，销售员和商品之间是多对多关系。销售单，实际上反映了销售员销售商品的事务，所以销售单有很多事务属性，如销售日期、销量、折扣等。

思考：销售单的商品编号与商品的商品编号之间有约束吗？如果有约束，如何修改图 2-9 以表示约束？销售单的销售员编号与销售员的销售员编号有约束吗？如果有约束，应该如何修改图 2-9 以表示约束？

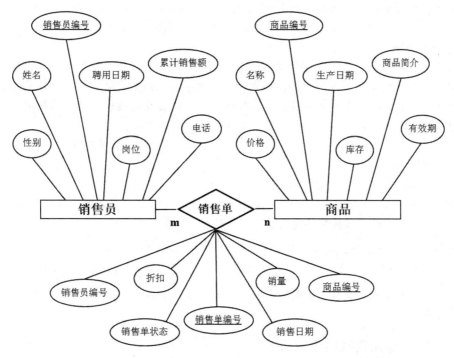

图 2-9　E-R 模型示例：销售员销售商品生成销售单

2.3　数据库的逻辑设计

数据库的逻辑设计就是基于用户层面的概念模型，建立面向计算机理论层面的数据库模式。数据库模式既要反映概念模型中的信息结构，也要反映概念模型中的信息约束。

2.3.1　逻辑设计的主要任务

数据库的逻辑设计的主要任务就是将概念模型映射为数据库模式。由于概念模型包括信息结构和信息约束两个维度，因此将概念模型映射为数据库模式包含两个任务。

由于概念模型中信息结构这一维度基于信息实体结构和信息实体联系这两个方面来表达，因此将概念模型中的信息结构映射为数据库模式又可以分为两个子任务。

综上，数据库的逻辑设计任务有三：如何用数据库模式来映射概念模型中的信息实体、如何用数据库模式来映射概念模型中的信息实体联系，以及如何用数据库模式来映射概念模型中的信息实体约束。

就关系数据库而言，数据库模式是"一系列的关系模式"的集合，关系模式既可建模实体结构，也可以建模实体间联系，还可以建模实体约束。因此，将概念模型映射为关系数据库模式就是用"一系列的关系模式"来映射概念模型中的实体结构、实体联系和实体约束。

2.3.2　实体型的逻辑设计

实体的逻辑设计就是将 E-R 模型中的信息实体转换为基于数据模型理论的数据对象。在关系数据库理论中，实体的逻辑设计的结果是关系模式，关系模式既可以表达实体的结构，也可以表达实体的约束。因此，实体的逻辑设计就是如何用关系模式建模实体结构和约束。

1. 设计方法

在 E-R 图，信息实体的实体型都是由实体名称、实体属性和实体约束三个要素表述。因此，将 E-R 图中的实体型转换为关系模式的方法如下：为每个实体定义一个关系，实体的名字就是关系的名字；实体的属性就是关系的属性；实体属性的域就是关系属性的域；实体的主码就是关系的主键，实体的外码就是关系的外键。

注意： 信息约束的转换表现在三个方面：一是域；二是码；三是外码。

2. 案例分析

【例 2-6】将图 2-9 所表示的 E-R 模型中的实体型转换为关系模式。

【分析】由图 2-9 可知，E-R 模型中有两个实体型，分别描述了销售员和商品的信息结构。将销售员和商品这两个实体型转化为关系后，其关系模式如下。

销售员(<u>销售员编号</u>，销售员姓名，性别，聘用日期，电话，岗位，累计销售额)
商品(<u>商品编号</u>，商品名称，价格，库存，生产日期，有效期，商品简介)

注意： 关系模式中带有下划线格式的属性是关系的主键；关系模式中带有倾斜格式的属性是关系的外键。

2.3.3 实体型间联系的逻辑设计

实体型间联系的逻辑设计，就是用数据库模式表示 E-R 模型中的联系。就关系数据库而言，由于关系数据库模式是"一系列的关系模式"的集合，因此实体型间联系的逻辑设计，就是用关系模式表示 E-R 模型中的联系。下面介绍将 E-R 模型中的联系转化为关系模式的策略。

1. 一对一联系的逻辑设计策略

基于关系模式表示实体型间的一对一联系，主要是通过关系模式的主键和外键来实现的。将 E-R 模型的一对一联系进行逻辑建模，一般有以下两种策略。

①隐式建模策略：首先将每个实体型转换为一个关系模式，然后将其中一个关系模式中的主键置于另一个关系模式中，使之成为另一个关系的外键。

②显式建模策略：首先将每个实体型转换为一个关系模式，然后单独建立一个关联关系，用来表示这两个实体型的联系。关联关系的关系模式中至少要包括被它所联系两个实体型的关系模式的主键。如果关联关系有属性，也要归入这个关系的关系模式中。

上述两种策略殊途同归，实际上都是基于关系模式来建模实体型间的一对一联系。显式建模策略专门建立了一个关联关系模式来表达实体型间的一对一联系，而隐式建模策略则在两个实体关系模式中选择其中的一个实体关系模式来表达实体型间之间的一对一联系。也就是说，对于隐式建模策略而言，其中一个实体关系模式要发挥两个作用：既建模 E-R 模型中的实体型，也建模 E-R 模型中的一对一联系。如果两个实体型之间的一对一联系没有属性，建议采用隐式建模策略。如果两个实体型之间的一对一联系有属性，建议采用显式建模策略。

【例 2-7】假设一家集团公司，下辖 39 家法人公司。如果每家法人公司只能由一位总经理管理，并且一位总经理只能管理一家法人公司，那么法人公司和总经理之间的联系是一对一联系。图 2-10 是对"总经理管理法人公司"这个论域进行的 E-R 建模。

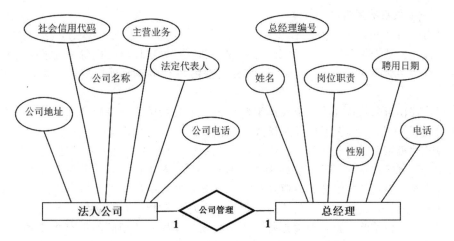

图 2-10　总经理管理法人公司的 E-R 模型

如果 E-R 模型中的两个实体型"法人公司"和"总经理"经过逻辑设计后，分别转换为法人公司和总经理这两个关系模式。

法人公司(<u>社会信用代码</u>，公司名称，公司地址，公司电话，主营业务，法定代表人)

总经理(<u>总经理编号</u>，姓名，性别，岗位职责，聘用日期，电话)

要求选择相应的建模策略，用关系模式建模法人公司和总经理之间的联系"公司管理"。

【分析】由题干可知，在"公司管理"这个联系中，没有用户关注的属性，因此该联系的建模策略选择隐式策略为宜。基于隐式策略建模"公司管理"这个联系，只需要重构公司和总经理的关系模式，而不必建立第三个关系：既可以把"法人公司"关系模式中的主键"社会信用代码"放入"总经理"关系模式中，使"社会信用代码"成为"总经理"关系的外键；也可以把"总经理"关系模式的主键"总经理编号"放入"法人公司"关系模式中，使"总经理编号"成为"法人公司"关系的外键。由此得到下面两种设计结果。

关系模式 1：

法人公司(<u>社会信用代码</u>，公司名称，公司地址，公司电话，主营业务，法定代表人)

总经理(<u>总经理编号</u>，姓名，性别，岗位职责，聘用日期，电话，社会信用代码)

关系模式 2：

法人公司(<u>社会信用代码</u>，公司名称，公司地址，公司电话，主营业务，法定代表人，总经理编号)

总经理(<u>总经理编号</u>，姓名，性别，岗位职责，聘用日期，电话)

【说明】如果要对总经理在任期间的累计实现利润进行考核，那么就需要给"公司管理"这个联系增加考核属性。如果给"公司管理"这个联系增加"累计管理时间""累计实现利润"这两个属性，那么"公司管理"这个联系最好基于显式建模策略进行逻辑建模，这就要求将"公司管理"这个联系转换为一个独立的关系模式。基于显式建模策略的逻辑设计结果如下。

法人公司(<u>社会信用代码</u>，公司名称，公司地址，公司电话，主营业务，法定代表人)

总经理(<u>总经理编号</u>，姓名，性别，岗位职责，聘用日期，电话)

公司管理(<u>总经理编号</u>，社会信用代码，累计管理时间，累计实现利润)

2. 一对多联系的逻辑设计策略

在具有一对多联系的两个实体型中，一方实体型称为"父"方实体型，多方实体型称为"子"方实体型。基于关系模式表示"父"方实体型和"子"方实体型之间的一对多联系，也是通过关系模式的主键和外键来实现的。将 E-R 模型的一对多联系进行逻辑建模，有以下两种策略。

①隐式建模策略：首先将每个实体型转换为一个关系模式，然后将"父"方实体关系模式中的主键置于"子"方实体关系的关系模式中，使其成为"子"方实体关系模式的外键。

②显式建模策略：首先将每个实体型转换为一个关系模式，然后单独建立一个关联关系，用来表示"父"方实体型和"子"方实体型的一对多联系。对于这个新建的关联关系而言，它的关系模式中至少要包括"父"方关系模式和"子"方关系模式中的主键。另外，如果 E-R 模型的一对多联系有属性，也要在这个新建的关联关系的关系模式中进行映射。

上述两种建模策略，实际上都是基于关系模式来建模实体型间的一对多联系。显式建模策略专门建立了一个关联关系模式来表达实体型间的一对多联系，而隐式建模策略借助于"子"方实体关系模式来表达实体型间的一对多联系。如果两个实体型之间的一对多联系没有属性，建议采用隐式建模策略。如果两个实体型之间的一对多联系有属性，建议采用显式建模策略。

【例 2-8】在"仓库管理员管理仓库"这个论域中包括仓库和仓库管理员两个实体，如果每个仓库可以有多位仓库管理员管理，但一位仓库管理员只能管理一个仓库，那么这两个实体之间具有一对多联系。基于 E-R 方法建模"仓库管理员管理仓库"这个论域，得到该论域的 E-R 模型，如图 2-11 所示。该模型包括实体型"仓库"、实体型"仓库管理员"、实体型之间的一对多联系"仓库管理"，要求将该 E-R 模型转化为关系数据库的关系模式。

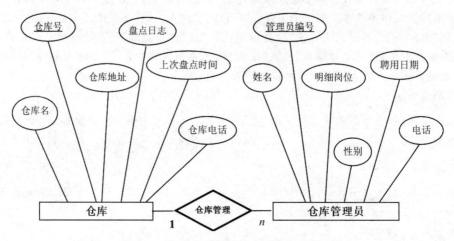

图 2-11 仓库管理员管理仓库的 E-R 模型

如果不考虑上述 E-R 模型中的联系，两个实体型"仓库"和"仓库管理员"分别转换为仓库和仓库管理员这两个关系的关系模式，其关系模式如下：

仓库(<u>仓库号</u>，仓库名，仓库地址，仓库电话，上次盘点日期，盘点日志)

仓库管理员(<u>管理员编号</u>，姓名，性别，明细岗位，聘用日期，电话)

为了建模上述 E-R 模型中的联系"仓库管理"，需要重构上述的两个关系模式，重构如下。

仓库(<u>仓库号</u>，仓库名，仓库地址，仓库电话，上次盘点日期，盘点日志)

仓库管理员(<u>管理员编号</u>，姓名，性别，明细岗位，聘用日期，电话，仓库号)

【说明】根据题干，一对多联系"仓库管理"没有用户关注的属性，因此本例采用隐式建模策略即可。隐式建模策略只需要重构仓库和仓库管理员的关系模式，而不需要建立第三个关系。根据一对多联系的转换策略，"一方"仓库与"多方"仓库管理员之间联系的建模，只需要把"一方"仓库关系模式的主键"仓库号"放入"多方"仓库管理员的关系模式中，使之成为仓库管理员关系模式的外键即可。

【例 2-9】根据毕业设计的具体需求，下面给出了指导教师和学生的关系模式。

教师(<u>教师号</u>，<u>姓名</u>，<u>院系</u>，电话)
学生(<u>学号</u>，姓名，性别，出生日期，所属院系)

如果一名教师可以指导多位学生，而每位学生有且只有一名教师指导其毕业设计，并且每次指导都要记录指导时间、指导地点、指导主题和学生表现。那么请思考建模教师和学生之间的联系。

【分析】根据题干，教师和学生之间存在的联系是一对多联系，其中教师是"一方"，学生是"多方"；另外这个一对多联系包括指导时间、指导地点、指导主题和学生表现四个属性。因此，必须基于显式建模策略建模这个一对多联系，不妨将该联系命名为"指导"。

基于显式建模策略建模的指导思想，联系"指导"需要单独用如下的关系模式表示。

指导(教师号，学号，指导日期，指导地点，指导主题，学生表现)

【思考】请读者思考，对于关系"指导"，它的主键应该如何设置？

注意：基于隐式策略建模一对多联系时，一定是将父方实体关系模式中的主键置于子方实体关系模式中，反之不可。

3. 多对多联系的逻辑设计策略

在关系数据库中，两个实体型之间的多对多联系，无法通过这两个实体的关系模式表达，必须建立第三个关系，通过第三个关系的关系模式来表达这两个实体型之间的多对多联系。第三个关系，又称为关联关系。关联关系表示两个实体型之间的多对多联系，是通过在关联关系的关系模式中加入实体关系模式的主键实现的。

建模 E-R 模型中的多对多联系的策略：将具有多对多联系的两个实体型分别映射为两个独立的实体关系模式，作为两个"父"方关系模式；建立一个关联关系模式，作为"子"方关系模式；将两个"父"方实体关系模式中的主键都置于"子"方关联关系的关系模式中，使其成为"子"方关联关系模式的外键。

基于多对多联系的建模策略，图 2-9 所表示的 E-R 模型可以建模如下。

①将实体型"销售员"和"商品"转化为如下的关系模式。

销售员(<u>销售员编号</u>，销售员姓名，性别，聘用日期，电话，岗位，累计销售额)
商品(<u>商品编号</u>，商品名称，价格，库存，生产日期，有效期，商品简介)

②将多对多联系"销售单"转化为如下的关系模式。

销售单(<u>销售单编号</u>，销售日期，销售单状态，销量，折扣，销售员编号，商品编号)

关系模式"销售单"之所以能够反映"销售员"关系和"商品"关系之间的多对多联系，是因为"销售单"这个关系模式中有"销售员"的主键"销售员编号"和"商品"的主键"商品编号"。

【例 2-10】假设：顾客在一家无人超市购买商品；每位顾客一次可以购买多款商品；每一款商品都可以被多位顾客购买。图 2-12 描述了"顾客购物"这一论域的 E-R 模型。请基于关系数据库的逻辑设计，将图 2-12 所描述的 E-R 模型转换为关系模式。

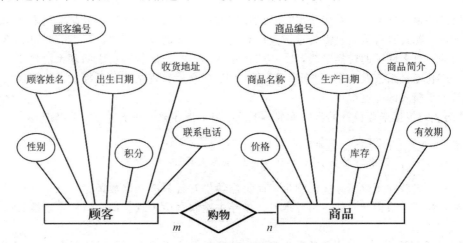

图 2-12 "顾客购物"的 E-R 模型

图 2-12 中的实体型"顾客"和"商品"，转换的关系模式如下。

顾客(顾客编号，顾客姓名，性别，出生日期，联系电话，收货地址，积分)

商品(商品编号，商品名称，价格，库存，生产日期，有效期，商品简介)

图 2-12 中的联系"购物"，转换为如下的关系模式：

购物(顾客编号，商品编号)

【说明】仔细思考，可以发现联系"购物"的关系模式有问题：存在重复的记录行。导致这一问题的原因是同一位顾客可以多次购买同一款商品。因此，必须对上述的关系模式进行修改。对"购物"关系模式修改的方法很多，如引入代理主键、加入属性"购物时间"等。引入代理主键或加入属性"购物时间"后，联系"购物"的关系模式如下。

购物(购物 ID，顾客编号，商品编号)

购物(购物时间，顾客编号，商品编号)

【结论】关系数据库对多对多联系的建模，必须引入一个关联关系，基于关联关系的中介，将多对多关系分解为两个一对多关系。

【例 2-11】假设顾客在一家无人超市购买商品，每位顾客一次可以购买多款商品，每一款商品都可以被多位顾客购买，每位顾客的一次购物都需要自己填写一张订单。如果要创建关系数据库对上述论域的"顾客基于订单购物"进行组织和管理，请写出关系数据库的数据库模式。

【分析】由于顾客每次购物都需要填写一张订单，因此"订单"反映了商品和顾客之间的联系。根据题干，商品和顾客之间的联系是多对多，因此订单需要建模为一个独立的关系模式。"订单"关系实际上是一个事务型关系，它包含两类属性：顾客购物的事务属性(如"购物时间""订单金额"等)和多对多联系的表达属性(包括顾客的主键"顾客编号"、商品的主键"商品编号")。基于上述分析，"顾客基于订单购物"数据库的数据库模式如下。

顾客基于订单购物＝{顾客，商品，订单}

顾客(顾客编号，顾客姓名，性别，出生日期，联系电话，收货地址，积分)

商品(商品编号，商品名称，价格，库存，生产日期，有效期，商品简介)

订单(订单编号，购物时间，订单金额，顾客编号，商品编号)

【说明】上述的数据库模式中表达了以下联系：第一，顾客与商品之间的多对多关系，通过顾客与商品两个关系模式中的主键"顾客编号"和"商品编号"与订单关系模式中的外键"顾客编号"和"商品编号"表达；第二，顾客与订单之间的一对多联系，通过顾客关系模式中的主键"顾客编号"和订单关系模式中的外键"顾客编号"表达；第三，商品与订单之间的一对多联系，通过商品关系模式中的主键"商品编号"与订单关系模式中的外键"商品编号"表达。

【讨论】在"顾客基于订单购物"数据库的上述数据库模式中，将商品关系模式中的主键"商品编号"放入到订单关系模式中作为外键，目的是要表达商品与订单之间的一对多联系。那么商品与订单之间是一对多联系吗？

显然不是，其实商品与订单之间是多对多关系。原因很简单：每一款商品可以被任何一个顾客购买，所以每一款商品都可以出现在多张顾客订单中；每一个顾客都可以购买多款商品，所以每一张顾客订单都可以包含多款商品。这样看来，上述的数据库模式没有反映商品与订单之间真实的联系，应该对该数据库模式进行修正。

那么，如何修正上述的数据库模式呢？答案只有一个，再次引入一个关联关系，基于关联关系的中介建模商品与订单之间的多对多联系。

假设引入的关联关系是"订单商品明细"，修正后的数据库模式如下。

顾客基于订单购物＝{顾客，商品，订单，订单商品明细}
顾客(顾客编号，顾客姓名，性别，出生日期，联系电话，收货地址，积分)
商品(商品编号，商品名称，价格，库存，生产日期，有效期，商品简介)
订单(订单编号，购物时间，订单金额，顾客编号)
订单商品明细(订单编号，商品编号)

在修正后的上述数据库模式中，"商品"与"订单"之间的多对多联系通过两个一对多联系得到了完整的描述：第一个，"订单"和"订单商品明细"之间的一对多联系；第二个，"商品"与"订单商品明细"之间的一对多联系。请思考订单商品明细需要定义代理主键吗？

【拓展】为了更深入地理解"顾客基于订单购物"数据库的数据库模式，下面粗粒度地给出"顾客购物"这一论域的概念模型，如图 2-13 所示。

图 2-13 "顾客基于订单购物"的粗粒度 E-R 模型

综上所述，基于关系模式建模 E-R 模型中实体联系的方法如表 2-1 所示。

表 2-1 E-R 模型中实体型之间的联系转换为关系模式的方法

联系类型	方法
一对一	一个实体关系模式中的主键置于另一个实体关系的关系模式中
一对多	父实体关系模式(一方)中的主键置于子实体关系模式(多方)中
多对多	建立"关联关系"，两个父实体关系模式中的主键置于关联关系的关系模式中，关联关系是两个父关系的子关系。多对多联系实际上分解成两个一对多联系

2.4 数据库的物理设计

数据库的物理设计有两个关键任务：一是选择实施数据库的 DBMS；二是将面向计算机理论层面的逻辑模型转换为面向 DBMS 技术层面的物理模型。下面仍以关系型数据库为背景，围绕着上述两个任务介绍关系数据库的物理设计。

2.4.1 DBMS 的选择

物理设计的主要任务就是将面向计算机理论层面的逻辑模型转换为面向 DBMS 技术层面的物理模型，因此 DBMS 的选择至关重要。

1. 主流 DBMS 的概况

根据 DBMS 的综合能力，主流 DBMS 分为小型、中型和大型三类。判断 DBMS 综合能力的指标很多，常见的有数据规模、并发用户数和安全性能等。就小型、中型和大型这三类 DBMS 而言，它们所能组织和管理的数据规模逐类增大；所支持的并发用户数逐类增加；所支持的安全性能逐类提高。当然综合能力的提高，也意味着 DBMS 投资成本的提高。

在关系型数据库管理系统中，比较著名的小型 DBMS 有 Access、Visual FoxPro 等；比较著名的中型 DBMS 有 MySQL、SQL Server、Informix 等；比较著名的大型 DBMS 有 Sybase、Oracle、DB2 等。需要说明的是，对于同类的 DBMS，它们综合能力也是不同的。例如，对于大型 DBMS，就综合能力而言，Sybase＜Oracle＜DB2。

2. 选择 DBMS 的原则

选择 DBMS 的时候一般要考虑三个因素：第一，项目规模，既要考虑数据量的负载规模，也要考虑并发用户的负载数量；第二，安全需求程度的高低；第三，项目成本，就是目标数据库的建设、运行和维护的成本。

例如，对于留言板、主题新闻等数据库，数据量一般较小，并发用户访问一般在百人级别，对安全性要求也不高，这类数据库可以考虑小型 DBMS，投资成本是千元级别。

又如，对于并发用户数量在千人级别的商务网站，数据规模一般较大，对数据库的安全性也有较高的要求，此时应该考虑中型 DBMS，投资一般在万元级别。

再如，对于海量的数据负载、万人级别的并发用户访问、极高的安全性需求，必须考虑大型 DBMS，用户投资应该在十万元以上。

2.4.2 基于 DBMS 的物理设计

DBMS 敲定后，就是基于数据库的逻辑模型建立数据库的物理模型，其主要任务有数据库物理存储区的设计、数据库物理存储结构的设计和数据库物理存取方法的设计。

物理模型的设计既要考虑数据库的功能需求，也要综合考虑数据库的性能需求，这主要包括响应时间、存储空间以及可靠性等方面的因素。

1. 物理存储区的设计

数据库物理存储区的设计与 DBMS 的工作机制密切相关。尽管不同 DBMS 所支持的数据库物理存储区的设计内容不同，但都包括存储方式的设计和存取路径的设计。

（1）存储方式的设计

常见的数据库存储方式包括分布式存储和集中式存储。分布式存储将数据库存储在多台计算机上，而集中式存储将数据库存储在一台计算机上。

对于集中式存储的数据库而言，数据库的存储方式又包括单点存储和多点存储两种类型。如果数据库中的数据只用一个数据库文件存放，则该数据库存储方式的类型为单点存储；如果数据库中的数据存放在不同的数据库文件中，则该数据库存储方式的类型为多点存储。

基于多点存储的数据库，可以实现高效率的数据库并发访问，数据库的可靠性也较高。基于单点存储的数据库，数据库的存储结构较简单，数据库的管理和维护也较容易。

(2)存取路径的设计

数据库的存取路径分为主存取路径与辅存取路径。对每一主题的数据，都应该设计一个主存取路径和多个辅存取路径，前者用于主信息检索，后者用于辅助信息检索。

不管物理存储区的设计模式如何优秀，如果 DBMS 和宿主计算机不支持，那也是纸上谈兵。数据库物理存储区的设计，将在第 4 章展开详细介绍。

2. 物理存储结构的设计

数据库物理存储结构设计与特定的 DBMS 相关。假设用户选择的 DBMS 是 Access，那么数据库物理存储结构设计的主要任务是将关系数据库中的每一个关系映射为 Access 中的一个表对象。这一映射过程就是物理存储结构的设计过程。

基于 Access 的物理存储结构设计主要包括：将关系名映射为表对象名、将关系的数据结构映射为表对象的数据结构、将关系的数据约束映射为表对象的数据约束。

将关系的数据结构映射为 Access 表对象的数据结构主要内容包括：将关系的属性名映射为表对象的字段名、基于属性的语义确定各个字段的数据类型、基于性能和空间的需求确定各个字段的存储大小、基于用户的功能需求确定各个字段的应用特征。

将关系的数据约束映射为表对象的数据约束主要内容包括：将关系的内部数据约束映射为表对象的内部数据约束、将关系之间的数据约束映射为表对象之间的数据约束。

由于数据库物理存储结构的设计与特定的 DBMS 密切相关，所以这一内容将在第 5 章展开详细介绍。注意：设计数据库物理存储结构时，既要考虑功能，又考虑性能。

3. 物理存取方法的设计

为了提高数据库系统对用户访问的响应速度，提高用户共享服务的满意度，数据库必须提供高效的物理存取方法，这样才能满足多用户快速共享数据的需求。

在关系数据库中，常用的数据存取方法有索引存取方法和聚簇存取方法。索引存取方法的设计就是根据应用需求确定对关系的哪些属性建立单索引、哪些属性建立组合索引；聚簇存取方法的设计就是把经常一起访问的数据集中存放在一个连续存储区域，从而显著地减少磁盘访问的次数。

由于数据库物理存取方法的设计与特定 DBMS 的工作机制密切相关，因此这一内容将在第 5 章和第 14 章中展开详细介绍。

2.5 技术拓展与理论升华

本章重点介绍了数据库的概念设计、逻辑设计和物理设计，其中逻辑设计是重中之重，它承前启后，对目标数据库的功能和性能都有重大的影响。为保证逻辑设计取得更优的数据库模式，专家和学者提出了很多优化理论，其中影响最大的就是关系数据库规范化理论。由于关系数据模型可以向其他数据模型转换，因此关系数据库规范化理论对所有类型的数据库逻辑设计都具有指导意义。本节以关系数据库逻辑模型的优化为目标，重点介绍关系数据库规范化理论的应用背景、理论内涵、规范化方法、规范化等级等。

2.5.1　关系规范化理论的背景

第1章指出，类Excel技术组织和管理数据时，数据冗余是个不可避免的问题。数据冗余不但浪费资源，而且会导致一系列的操作异常，例如，修改异常、插入异常、删除异常等。导致数据冗余和数据操作异常问题的根源是，类Excel技术用一个大表组织和管理所有实体的数据。

为了解决数据冗余和数据操作异常等问题，数据库技术诞生了。数据库技术将大表按照主题分解为两个或多个小表，并建立这些小表之间的联系。此方案既能减小数据的冗余度，又能保证数据的关联访问，还能杜绝操作异常问题。

那么如何将大表分解为两个或多个小表呢？这就是关系规范化理论要回答的问题。为了便于读者对关系规范化理论有直观认识，下面对上述问题做一个形式化的描述。

类Excel技术组织和管理数据遇到的数据冗余问题和数据操作异常问题，源于将所有实体的数据放在一个大表中。这个问题也可以移植到关系数据库技术中，如果将所有实体的数据组织在一个关系中，那么也会遇到数据冗余问题和数据操作异常问题。

【定义2-1】泛关系假设论域中所有实体的数据可以用一个关系来组织和管理。基于泛关系假设的单一关系被称为泛关系，泛关系的关系模式称为泛关系模式。

基于泛关系假设，泛关系将包含论域中所有实体的数据，泛关系必然遇到数据冗余问题和数据操作异常问题。为了解决上述问题，必须对泛关系模式进行规范化。

【定义2-2】关系规范化是解决关系中数据冗余、数据操作异常等问题的一组规则和方法。关系规范化的基本方法是关系模式的分解。关系规范化的基本规则是模式等价原则。

对泛关系模式进行规范化后，必然生成一组关系模式。如果一个数据库原来是基于泛关系假设的，那么泛关系模式分解后的得到的关系模式集合必然是这个数据库的数据库模式。

泛关系模式的分解不是随意的，必须保证泛关系模式与分解后的数据库模式等价。如何保证等价呢？必须遵循等价分解的规则：无损分解和保持依赖分解。

关系规范化理论中的分解就是关系模式分解。如果是无损分解，数据库模式与泛关系模式的信息是等价的，不丢失任何的信息，否则为损失分解。

关系规范化理论中的依赖反映了关系中属性间的相互联系。如果是保持依赖分解，则泛关系模式反映的数据语义将在数据库模式中得到保留，不会出差错。

违反无损分解和保持依赖分解这两个原则的分解不是关系规范化。但是无损分解和保持依赖分解不一定能同时满足。因此关系模式的分解就有了三个标准：满足无损分解、满足保持依赖分解，以及同时满足无损分解和保持依赖分解。

2.5.2　关系规范化理论的内涵

关系规范化(Normal Form)的主要任务是关系模式的优化。每个关系模式的优化，都要基于数据库模式的全局视角进行，从而在数据库这个层面使得数据冗余度尽量低，操作异常尽量少。关系规范化的主要方法是关系模式的分解，特殊场景下，关系规范化的方法是关系模式的综合。关系规范化要在关系规范化理论的指导下进行。关系规范化理论能够帮助设计者预测数据库模式可能出现的问题，并提供解决问题的策略、方法和规则。

1. 关系数据库规范化理论的基本内容

关系数据库规范化理论围绕范式规则建立，是研究关系数据库模式优化的理论。关系数据库规范化理论认为，一个关系数据库中所有的关系，都应满足一定的规范(约束条件)，如果所有的关系都是规范的，则这个数据库模式就是规范的。

根据关系模式满足的规范条件，规范化理论把关系模式分为各种不同等级的范式。范式的等级越高，关系应满足的约束条件也越严格。满足最低一级要求的规范称作第一范式(1NF)，在第一范式的基础上提出了第二范式(2NF)，在第二范式的基础上又提出了第三范式(3NF)，以后又提出了 BCNF 范式，4NF，5NF。

规范的每一级别都依赖于它的前一级别，例如，若一个关系模式满足 2NF，则一定满足1NF。即 BCNF 包含于 3NF，3NF 包含于 2NF，2NF 包含于 1NF。在实际工程中 3NF、BCNF应用得最广泛，一般场景下，推荐采用 3NF 作为关系模式设计的标准。

2. 关系规范化的基本方法

关系规范化的基本方法是逐步消除关系模式中不合适的数据依赖，使关系模式达到某种程度的分离，也就是说，不要将若干个对象实体或事务实体的数据组织在一个关系中，要彼此分开，一个关系只表示一个实体或一个事务。

关系规范化是以函数相关性理论为基础的，其中，最重要的函数相关性理论是函数(数据)依赖。与函数依赖相关的几个术语定义如下。

【定义 2-3】函数依赖：给定一个关系模式 R，有属性(属性组)X 和 Y，如果 X 的每个值都与 Y 的唯一确定值对应，则称 Y 函数依赖于 X，又称为 X 确定 Y。记作：$X->Y$。

【定义 2-4】完全函数依赖：给定一个关系模式 R，有属性(属性组)X 和 Y，如果 Y 函数依赖于 X，并且 Y 不依赖于 X 的任意真子集，则称 Y 完全函数依赖于 X。记作：$X->(F)Y$。

【定义 2-5】部分函数依赖：给定一个关系模式 R，有属性(属性组)X 和 Y，如果 Y 函数依赖于 X，并且 Y 依赖于 X 的某真子集，则称 Y 部分函数依赖于 X。记作：$X->(P)Y$

【定义 2-6】传递函数依赖：给定一个关系模式 R，有属性(属性组)X、Y、Z，如果 Y 函数依赖于 X，Z 函数依赖于 Y，并且 X 不包含 Y、Y 不确定 X，那么 Z 传递函数依赖于 X。记作：$X->(T)Z$。

【定义 2-7】主属性和非主属性：包含在键中的各个属性称为主属性；不包含在任何键中的属性称为非主属性。

实际上，并非所有的应用场景都要求对关系模式进行分解，以达到某一范式。有些应用，需要故意保留部分冗余数据，以便于用户进行数据查询，在这种场景下，设计者需要对关系模式进行某种程度的综合，尤其对于那些修改频度不高，查询频度极高的关系更是如此。因此，分解和综合是关系数据库模式设计中的两个主要的方法。

3. 关系规范化的基本原则

关系规范化是基于关系数据库规范化理论将满足低级范式的关系转换为满足高级范式关系的过程。在关系规范化的过程中，要遵循以下 3 条原则。

(1)单一化原则

单一化原则指的是一个关系模式只描述一个对象实体或事务实体。如果一个关系模式不满足单一化原则，则就应该对该关系模式进行规范化，规范化的方法就是将关系模式分解成两个或两个以上的关系模式。

(2)等价原则

关系模式分解后，所得到的关系模式集合应当与原关系模式"等价"，即经过自然连接可以恢复原关系而不丢失信息，并保持属性间合理的依赖。如果分解后得到的关系模式集合经过自然连接可以恢复原关系的数据信息，那么称这个分解满足无损连接性。

一个关系分解成多个关系，要使分解有意义，要求分解后不丢失原来的信息。这些信息不仅包括数据本身，而且包括由函数依赖所表示的数据之间的相互制约。进行分解的目标是达到更高一级的规范化程度，但是分解的同时必须考虑两个问题：无损连接性和保持函数依赖。它们是从两个不同的方面——数据等价和依赖等价来保证等价分解的。往往不可能做到既有无损连接性，又完全保持函数依赖，这时就必须根据需要进行取舍了。

(3)需求驱动原则

一个关系模式的分解可以得到不同的关系模式集合，也就是说分解方法不是唯一的。那么应该采取哪种分解方法呢？这需要基于应用需求来确定。

例如，针对要求最小冗余度的用户需求而言，就需要对数据库模式进行彻底的规范化，在保证能够表达原来数据库所有信息的前提下，其根本目标是节省存储空间，避免数据不一致性。

又如，对只有数据查询而没有数据操作的用户需求而言，则不必对数据库模式进行彻底规范化(分解)，这是因为：第一，没有数据操作，就不用担心数据操作异常问题；第二，分解会导致数据查询需要频繁进行自然连接，从而降低查询效率。

4. 关系规范化的具体步骤

关系数据库的规范化理论是数据库逻辑设计的指南和工具。基于关系数据库的规范化理论，关系规范化的具体步骤如下。

步骤一：确定需要进行规范的关系集合。将数据库中的所有的关系分成一个或多个关系集合。关系集合划分的基本依据是各个关系之间的应用联系。

步骤二：考察每一个关系集合中所有关系模式的函数依赖关系，确定范式等级。逐一分析每一个关系集合中各关系的关系模式，考察它们是否存在部分函数依赖、传递函数依赖等，确定各个关系模式分别属于第几范式。

步骤三：对每一个关系集合中的关系模式进行合并或分解。根据应用要求，逐个考察每一个关系集合中的这些关系模式是否符合要求，从而确定是否要对这些关系模式进行合并或分解。例如，对于具有相同主键的关系模式一般可以合并；又如，对于那些需要分解的关系模式，可以基于规范化方法和理论进行关系模式的分解。

步骤四：对规范化后产生的各关系模式集合进行评价，确定出不合适的关系模式集合。

步骤五：对于不合适的关系模式集合，转步骤二，重新进行规范化，直至合理。合理不合理的重要评判依据是关系模式集合是否满足应用需求。

5. 泛关系模式的规范化

泛关系模式作为关系数据库模式的一种特例，其规范化方法和原则也遵循关系规范化的一般理论，其中无损分解和保持依赖是将泛关系模式规范为等价数据库模式的两个最重要的准则。在泛关系模式分解的过程中，要注意以下问题。

(1)同时满足无损分解和保持依赖分解这两个标准的泛关系模式分解，才可以称得上是一个好的泛关系模式设计。

(2)无损分解和保持依赖分解之间没有必然的联系，两者可能不一定同时成立。

(3)同一个泛关系模式按照无损分解的标准进行分解的时候，分解的结果不是唯一的。同理也适用于保持依赖分解。

(4)对于同一个泛关系模式而言，其分解后得到的数据库模式包括的关系模式越多，对用户的压力就越大。因此在泛关系模式的规范化中，除了保证泛关系模式与数据库模式的等价性以外，还要尽量减少数据库模式中的关系模式数。这样既减轻了用户的压力，又使计算机在操作数据库时能够减少关系连接的时间，以提高操作效率。

2.5.3 关系规范化的理论范式

为了区分关系模式的类型，规范化理论把关系模式分为各种不同等级的范式。当前在关系数据库系统中存在六种范式，其中最常用的范式有三种，分别是：第一范式、第二范式、第三范式。除此之外，比较常用的范式还有 BCNF，它是修正的第三范式，有时也称之为扩充的第三范式。

1. 第一范式(1NF)

第一范式(1NF)，要求关系模式符合以下规范条件：关系中的每个属性不可再分，且每个属性只能存储单个值。例如，如果"销售员"的关系模式中有一个"工作岗位"属性，它包含"电商销售"与"门店销售"两个值，那么"销售员"这个关系就不满足 1NF。第一范式(1NF)是最基本的范式，所有关系模式都必须满足这一条。

(1)第一范式的定义

【定义 2-6】第一范式(1NF)：在关系模式 R 中，如果 R 的每个属性都是不可分解的原子属性，则称 R 是第一范式的关系模式，也可称 R 是第一范式的关系。1NF 是对关系的最低要求。

例如：在关系 R(销售员编号，姓名，电话号码)中，如果每个销售员的"电话号码"属性都用来存放办公电话号码和住宅电话号码，那么，关系 R 就不满足 1NF。

将 R 规范成为 1NF 的方法一般是将"电话号码"分为"单位电话"和"住宅电话"两个属性。分解后，R 的关系模式为 R(销售员编号，姓名，办公电话，住宅电话)。

【例 2-12】基于 1NF 的定义，判断图 2-14 的左表和右表是否满足关系的 1NF 要求。

【分析】在图 2-14 左表所示的学生课程表实体中，实体的课程属性都包括 2 个以上的值，基于 1NF 的定义，左表不满足 1NF。在图 2-14 右表所示的学生课程表实体中，每一个属性都是原子的，只包含一个值，由 1NF 的定义可知，右表满足关系的 1NF 要求。

学号	课程
QLU2019gm001	电子商务
QLU2019gm001	数学科学
QLU2019gm001	国际贸易
QLU2019gm001	互联网金融
QLU2019gm002	数学科学
QLU2019gm002	国际贸易
QLU2019gm002	互联网金融

学号	课程
QLU2019gm001	电子商务、数据科学、国际贸易、互联网金融
QLU2019gm002	数据科学、国际贸易、互联网金融

图 2-14 学生课程表

(2)非 1NF 数据表的规范化

对于关系而言，满足 1NF 是最低要求，因此任何一个关系的关系模式都是第一范式。对于普通的二维数据表而言，要使其满足 1NF，必须基于如下的标准进行规范化。

①表的每一行只存储一个实体的数据。

②表的每一列只存储实体某个属性的数据。

③表中的每个单元格都不能再分，只能存储一个值。

④表中每一列所有单元格的数据类型必须一致。

⑤每列都必须有唯一的名称，但表中列的顺序任意。

⑥行的顺序任意，但表中任意两行不能有完全相同的数据值。

上面六条规范标准中，最基本的一条是，二维表的每一个单元格不可再分，即不允许表中还有表。这就是说，二维表中的数据要在语义上保证二维表的二维结构特征。

在关系模式的设计中，有的设计者经常在关系中包含重复的属性组。所谓的重复属性组，指的是关系模式中有两个或两个以上语义和域都相似的属性组。

例如，下列关系模式中存在两个重复的属性组："课程1，成绩1"和"课程2，成绩2"。

学生成绩（序号，姓名，课程1，成绩1，课程2，成绩2）

从形式上看，重复的属性组并没有违反二维表的二维结构特征，但从语义上看，重复属性组意味着二维表中的第三维特征。

（3）第一范式的案例分析

下面首先通过案例分析一下不满足第一范式的数据表有哪些典型的组织形式，接着深入地分析这些不满足 1NF 的数据表组织和处理数据的缺点，然后说明将这些不满足 1NF 范式的数据表规范化为满足 1NF 数据表的方法。

①非 1NF 数据表的典型表现形式：对于不满足 1NF 的数据表而言，最典型的数据组织形式如表 2-2 所示。

观察表 2-2 发现，销售单_1 的"商品"字段存在"商品名称"和"销售数量"这两个属性的值，这显然不满足 1NF 的规范。就数据语义而言，如果在一个字段中存储多个值，那么意味着数据表的第三个数据维度，这显然违反了关系的二维结构特征。

表 2-2　销售单_1

销售单 ID	销售日期	销售员	商品
1	2019-1-5	赵军	蛋糕，2；牛奶，1
2	2019-1-5	孙林	饼干，1
3	2019-1-8	张颖	啤酒，2；烤鸭，1
4	2019-1-8	王伟	牛奶，1；蛋糕，1
5	2019-1-9	张颖	矿泉水，6
6	2019-1-10	王伟	面包，1
7	2019-1-11	赵军	烤鸭，2；啤酒，1

除了表 2-2 所示的销售单_1 以外，不满足 1NF 的典型数据表组织形式如表 2-3 所示。数据表"销售单_2"对数据表"销售单_1"进行了修改。与销售单_1 相比，销售单_2 的字段中不再包含多个值，似乎满足了 1NF 的规范条件。但是，观察表 2-3 发现，该表存在着两个重复的属性组：商品1和销量1；商品2和销量2。虽然从形式上看，销售单_2 符合 1NF 的定义，但是从语义上看，重复的字段组意味着数据表的第三个数据维度，也违反了关系的二维结构特征。

表 2-3　销售单_2

销售单 ID	销售日期	销售员	商品1	销量1	商品2	销量2
1	2019-1-5	赵军	蛋糕	2	牛奶	1
2	2019-1-5	孙林	饼干	1		

续表

销售单 ID	销售日期	销售员	商品1	销量1	商品2	销量2
3	2019-1-8	张颖	啤酒	2	烤鸭	1
4	2019-1-8	王伟	牛奶	1	蛋糕	1
5	2019-1-9	张颖	矿泉水	6		
6	2019-1-10	王伟	面包	1		
7	2019-1-11	赵军	烤鸭	2	啤酒	1

②非1NF数据表的缺点：就销售单_1这类非1NF数据表而言，它在数据组织和数据处理中缺点如下。

a. 存储空间不确定。由于销售单所包括的销售商品种类往往是不确定的，所以商品字段的存储空间就不确定，最大时可能需要存储所有种类的销售商品，最小时只存储1个商品。

b. 数据处理效率低。由于销售单_1商品字段的单元格中包含多个值，不经过解释，无法确定该单元格包含哪些商品，各自的销量是多少，因此基于销售单_1的数据处理效率很低。

就销售单_2这个非1NF数据表而言，它在数据组织和数据处理中的缺点如下。

a. 浪费存储空间。由于销售单所包含的商品种类不确定，因此在设计销售单_2的字段数量时，只能基于销售单所能包含的商品种类最大值来设计。这就是说，如果超市经销50种商品，那么销售单_2就需要设计100个字段来分别记录商品名和商品销量。销售单_2的这种结构会导致存储空间的大量浪费：1个顾客购买了50种商品，那么这个销售单的确需要100个字段来存放商品名和商品销量；但是，如果有的顾客只购买了1种商品，那么该销售单也要包含100个字段，显然其中98个字段将为空值。一般来说，相对于超市经销的商品种类而言，用户购买商品的种类较少，这必然会导致存储空间的严重浪费。

b. 处理效率低。就销售单_2而言，其销售数据的存放结构是没有规律的，它们可能分布在不同的行和不同的列。无规律的数据分布使得数据处理难度加大，必然会导致处理效率的降低。例如，由于每位销售员的销售数据都可能位于不同的行和不同的列，当计算这个销售员的销售总量时，首先要获得该销售员销售数据的行列位置，这是比较困难的，因此也是没有效率的。

c. 关系的结构不确定。就销售单_2而言，其结构是不确定的。当公司要增加经销商品的种类时，就需要修改数据表的结构，增加新的字段。这既给数据组织带来了困难，也给数据处理带来了困难。

③非1NF数据表的规范化。基于1NF设计的数据表如表2-4所示。

观察销售单_1NF发现：第一，销售单_1NF存储的数据信息与销售单_1、销售单_2等价；第二，销售单_1NF表中所包含的属性是固定的，既没有重复的属性组，也没有存储多个值的属性，因此克服了非1NF数据表的缺点，使其数据存储有规律，数据处理效率高（如要计算商品的销售总量，只需要对商品和销量两个属性进行分类汇总即可）；第三，销售单_1NF存储的数据记录数增加了，另外销售单ID有重复值。

表2-4 销售单_1NF

销售单 ID	销售日期	销售员	商品名	销量
1	2019-1-5	赵军	蛋糕	2

销售单 ID	销售日期	销售员	商品名	销量
1	2019-1-5	赵军	牛奶	1
2	2019-1-5	孙林	饼干	1
3	2019-1-8	张颖	啤酒	2
3	2019-1-8	张颖	烤鸭	1
4	2019-1-8	王伟	蛋糕	1
4	2019-1-8	王伟	牛奶	1
5	2019-1-9	张颖	矿泉水	6
6	2019-1-10	王伟	面包	1
7	2019-1-11	赵军	烤鸭	2
7	2019-1-11	赵军	啤酒	1

基于上述观察结论可知，尽管销售单 _ 1NF 数据表克服了非 1NF 数据表的缺点，但是表 2-4 所示的销售单 _ 1NF 仍然存在以下缺点。

第一，包含冗余数据。销售员销售商品时，销售员名字会重复，商品名会重复，销售日期也会重复。如果再增加销售员和商品的其他信息，冗余数据会更多。

第二，销售单 ID 不能再用作该表的主键。这是因为同一个销售单中，会包含不同的销售商品，所以销售单 ID 有重复值，不能再用来标识销售单 _ 1NF 数据表中的各个记录。

关系规范化的下一个任务，就是克服上述缺点。方法是关系模式分解，通过将销售单 _ 1NF 中的属性拆分到多个关系表中以实现第二范式（2NF），可以有效地克服上述缺点。

2. 第二范式(2NF)

第二范式(2NF)，要求关系模式符合以下规范条件：关系是第一范式；如果关系中的键为复合键，则非主属性不能存在对复合键中的主属性或主属性真子集的部分依赖。

(1)第二范式的定义

【定义 2-7】第二范式(2NF)：如果关系模式 R 为第一范式，且 R 中每个非主属性完全函数依赖于 R 的任何一个键，则称关系 R 是属于第二范式的关系。

基于第二范式的定义可知，一个关系要满足 2NF，其关系模式必须满足两个标准：关系是 1NF、非主属性对任何一个键都不存在部分依赖问题。

第一个标准已经介绍过了，下面分析一下第二个标准。假设关系"消费信息"包括"会员""店铺""会员电话""店铺地址""消费金额"等属性，如果"会员"和"店铺"是关系"消费信息"的复合键，则该关系不符合 2NF 的要求。原因很简单，"消费信息"关系模式中的非主属性存在对键的部分依赖：非主属性"会员电话"依赖于复合键的主属性"会员"，非主属性"店铺地址"依赖于复合键的主属性"店铺"。

(2)非 2NF 关系的规范化

基于 2NF 的定义可知，导致关系不满足 2NF 的主要原因是关系中存在部分函数依赖问题。因此，非 2NF 关系的规范化策略是消除关系中的部分函数依赖。具体方法是，将非 2NF 关系的关系模式分解为若干个满足 2NF 的关系模式，分解步骤如下。

①把关系模式中对键完全函数依赖的非主属性与决定它们的键放在一个关系模式中。

②将对键部分函数依赖的非主属性和决定它们的主属性放在另外一个关系模式中。

③检查分解后的关系模式集合，如果仍不满足 2NF，则继续按照前面的步骤进行分解，直至达到 2NF 要求。

【例 2-13】假设关系 PersonBankAccount 的关系模式如下。

PersonBankAccount(**开户银行**，开户行地址，**开户人账号**，开户人姓名，开户人电话，账户余额)

请问：该关系模式是第二范式吗？如果不是，请问应该如何规范化？

【分析】观察关系 PersonBankAccount 的关系模式发现，该关系的键是复合键，包括"开户银行""开户人账号"两个主属性。显然，PersonBankAccount 关系模式中的非主属性部分函数依赖于该关系的键："开户人姓名""开户人电话"，这两个非主属性部分函数依赖于键中的主属性"开户人账号"；非主属性"开户行地址"部分函数依赖键中的主属性"开户银行"。因此得到结论：关系 PersonBankAccount 不属于 2NF。

【规范化方法】把 PersonBankAccount 关系模式中对键完全函数依赖的非主属性"账户余额"与键放在一个关系模式，并命名为 PersonAccount；把 PersonBankAccount 关系模式中对键部分函数依赖的非主属性"开户人电话""开户人姓名"和决定它们的主属性"开户人账号"放在一个关系模式中，并命名为 PersonInformation；把 PersonBankAccount 关系模式中对键部分函数依赖的非主属性"开户行地址"和决定它的主属性"开户银行"放在一个关系模式中，并命名为 BankInformation；检查分解后的关系模式集合，发现各个关系模式已经满足 2NF，因此停止关系模式的继续分解。关系模式 PersonBankAccount 的分解结果如下。

PersonInformation(**开户人账号**，开户人姓名，开户人电话)
PersonAccount(**开户银行，开户人账号**，账户余额)
BankInformation(**开户银行**，开户行地址)

注意：部分函数依赖是造成数据冗余和插入异常的原因之一。在第二范式中，不存在非主属性对主属性的部分函数依赖关系，因此第二范式在一定程度上解决了这两个问题。

（3）第二范式的案例分析

二维表"销售单＿1"和"销售单＿2"经过 1NF 规范化后，得到了表 2-4 所示的关系"销售单＿1NF"。观察表 2-4，得到的关系"销售单＿1NF"的关系模式如下。

销售单＿1NF(**销售单 ID**，销售日期，销售员，商品名，销量)

在"销售单＿1NF"这一关系模式中，由于非主属性"销售日期"和"销售员"部分依赖于键中的主属性"销售单 ID"，因此关系"销售单＿1NF"不属于 2NF。不满足 2NF 的关系一般有两个缺点：数据冗余度比较大、存在插入异常问题。为解决这两个问题，需要对关系"销售单＿1NF"基于 2NF 标准进行规范化。

下面将实体关系"销售单＿1NF"基于 2NF 的标准进行规范化，具体方法：将不完全依赖于关系"销售单＿1NF"键的非主属性"销售日期""销售员"与键中的主属性"销售单 ID"组成一个关系，并命名为"销售单＿Seller"；将完全依赖于关系"销售单＿1NF"键的非主属性"销量"与键组成一个关系，并命名为"销售单＿Product"。表 2-4 所示的关系"销售单＿1NF"进行规范化后，拆分形成两个表：表 2-5 所示的"销售单＿Seller"和表 2-6 所示的"销售单＿Product"。下面分析一下这两个关系是否满足 2NF。

表 2-5　销售单 _ Seller

销售单 ID	销售日期	销售员
1	2019-1-5	赵军
2	2019-1-5	孙林
3	2019-1-8	张颖
4	2019-1-8	王伟
5	2019-1-9	张颖
6	2019-1-10	王伟
7	2019-1-11	赵军

表 2-6　销售单 _ Product

销售单 ID	商品名	销量
1	蛋糕	2
1	牛奶	1
2	饼干	1
3	啤酒	2
3	烤鸭	1
4	蛋糕	1
4	牛奶	1
5	矿泉水	6
6	面包	1
7	烤鸭	2
7	啤酒	1

观察表 2-5 和表 2-6，得到关系"销售单 _ Seller"和关系"销售单 _ Product"的关系模式如下。

销售单 _ Seller(**销售单 ID**，销售日期，销售员)

销售单 _ Product(**销售单 ID**，**商品名**，销量)

对于关系"销售单 _ Seller"而言：键是单一键，只包括一个主属性"销售单 ID"，它作为唯一标识将关系中的不同记录区分开；非主属性"销售日期""销售员"对键完全函数依赖。因此"销售单 _ Seller"是第二范式(2NF)。

对于"销售单 _ Product"这个关系而言：由于同一张销售单可以包含不同的商品，因此关系"销售单 _ Product"的键是复合键，它包括"销售单 ID""商品名"这两个主属性。对于"销售单 ID＋商品名"这一复合键，非主属性"销量"显然既不部分依赖于主属性"销售单 ID"，也不部分依赖主属性"商品名"，因此"销售单 _ Product"这个关系也满足 2NF。

综上所述，经过上述规范化工作以后，表 2-5 所示的关系"销售单 _ Seller"和表 2-6 所示的关系"销售单 _ Product"都满足了 2NF 的标准。

请读者对关系集合"销售单 _ Seller"＋"销售单 _ Product"与单一关系"销售单 _ 1NF"进行

比较，然后回答问题：满足2NF的关系集合是否彻底解决了数据冗余和操作异常问题？

注意：在关系数据库的数据库模式设计中，实体型"商品"一般都单独建模为一个关系模式。如果"商品"单独建模，那么"销售单_Product(**销售单ID**，**商品名**，销量)"关系模式中的主属性"商品名"，应该用"商品编号"代替。原因很简单："商品编号"是超市内部编码的，具有可控性，而且具有唯一性；相反，"商品名"是通用的，超市不可控，而且不具有唯一性。同理，如果将实体型"销售员"单独建模为一个关系，那么"销售单_Seller"关系模式中的"销售员"也应该用"销售员编号"代替。

3. 第三范式(3NF)

第三范式(3NF)要求关系模式符合以下规范条件：第一，关系必须属于2NF；第二，关系模式中的非主属性之间不能存在传递函数依赖。第三范式解决的是非主属性的互相依赖问题。

(1)第三范式的定义

【定义2-8】第三范式(3NF)：如果关系模式 R 为第二范式，且 R 中每个非主属性都不传递函数依赖于 R 的任何一个键，则称 R 是属于第三范式的关系。

例如，如果一个关系中有如下属性："职工号""职工姓名""所属部门""部门办公电话"和"部门经理"。那么该关系不属于3NF，原因是非主属性"部门办公电话""部门经理"和"所属部门"三者间存在互相依赖关系，"所属部门"属性可直接决定"部门办公电话"与"部门经理"这两个属性。

(2)非3NF关系模式的规范化

基于3NF的定义可知，导致关系不满足3NF的主要原因是关系中存在传递函数依赖。因此，非3NF关系的规范化策略是消除关系中的传递函数依赖。具体方法是，将非3NF关系的关系模式分解为若干个满足3NF的独立关系模式。其分解步骤如下。

①把直接对键函数依赖的非主属性与决定它们的键放在一个关系模式中。

②把造成传递函数依赖的决定因素连同被它们决定的属性放在一个关系模式中。

③检查分解后的新关系模式集合，如果不是3NF，则继续按照前面的步骤进行分解，直到达到3NF要求为止。

【例2-14】假设关系 StudentDepartment 的关系模式如下。

StudentDepartment(**学号**，姓名，系名，系主任)

问：该关系模式是第三范式吗？如果不是，请问应该如何规范化？

【分析】由于关系模式 StudentDepartment 中存在传递依赖"学号→系名，系名→系主任"，因此关系 StudentDepartment 不属于3NF。

【规范化方法】把 StudentDepartment 关系模式中对键完全函数依赖的非主属性"姓名""系名"与键放在一个关系模式，如命名为 StudentInformation；把 StudentDepartment 关系模式中造成传递函数依赖的非主属性"系名"和被"系名"决定的非主属性"系主任"放在一个关系模式中，如命名为 DepartmentInformation；检查分解后的关系模式集合，发现各个关系模式已经满足3NF，因此停止关系模式的继续分解。关系模式 StudentDepartment 的分解结果如下。

StudentInformation(**学号**，姓名，系名)
DepartmentInformation(**系名**，系主任)

注意：如果关系不满足第三范式，那么该关系也存在一定程度的数据冗余和插入异常问题。消除了关系模式中的传递函数依赖后，数据冗余和插入异常问题就基本解决了。

(3)第三范式的案例分析

假设对表2-5所示的"销售单_Seller"关系加上一个属性"销售员电话"，形成表2-7所示的新关系"销售单 _ SellerDetail"。那么"销售单 _ SellerDetail"是否属于 3NF 的关系呢？

表 2-7　销售单 _ SellerDetail

销售单 ID	销售日期	销售员	销售员电话
1	2019-1-5	赵军	Tel601295
2	2019-1-5	孙林	Tel601299
3	2019-1-8	张颖	Tel601297
4	2019-1-8	王伟	Tel601296
5	2019-1-9	张颖	Tel601297
6	2019-1-10	王伟	Tel601296
7	2019-1-11	赵军	Tel601295

观察关系"销售单 _ SellerDetail"可知，其关系模式如下。

销售单 _ SellerDetail(**销售单** ID，销售日期，销售员，销售员电话)

在"销售单 _ SellerDetail"的关系模式中，由于属性"销售员"的值可直接决定属性"销售员电话"的值，因此"销售员电话"与"销售员"之间存在依赖关系。这就使得"销售单 _ SellerDetail"的关系模式中，存在"销售单 ID→销售员，销售员→销售员电话"这样的传递函数依赖。因此，表 2-7 所示的关系"销售单 _ SellerDetail"不满足 3NF。

一个关系如果不属于 3NF，也会导致一定程度的数据冗余和操作异常问题，因此一般会对不属于 3NF 的关系模式进行分解。基于 3NF 的规范化方法，对"销售单 _ SellerDetail"关系模式进行规范化以后，得到如下的关系模式集合。

销售单 _ SellerDetail(**销售员**，销售员电话)

销售单 _ Seller(**销售单** ID，销售日期，销售员)

请读者对关系集合"销售单 _ Seller"+"销售单 _ Seller Detail"进行分析，然后回答这样一个问题：满足 3NF 的关系集合是否彻底解决了数据冗余和操作异常问题？

4. Boyce-Codd 范式（BCNF）

当满足 1NF 的关系消除了非主属性对键的部分函数依赖，就得到一组满足 2NF 的关系。当满足 2NF 的关系消除了非主属性对键的传递函数依赖，就得到一组满足 3NF 的关系。当对满足 3NF 的关系模式进行投影，消除该关系中主属性对键的部分函数依赖与传递函数依赖，就得到一组 BCNF 关系。与 3NF 相比，BCNF 又进了一步，但通常认为 BCNF 是修正的第三范式，有时也称为扩充的第三范式。在数据库设计中，有些应用场景需要关系模式能达到 BCNF，但达到 BCNF 有时会破坏原来关系模式的一些固有特点，因此在数据库设计中，数据库模式以达到 3NF 为主要目标。

（1）Boyce-Codd 范式的定义

【定义 2-9】BCNF 范式：如果关系模式 R 中的所有决定因素都是键，则称 R 是 BCNF 范式。BCNF 范式消除了关系模式中冗余的键。由 BCNF 范式的定义，可以得到如下结论。

①所有非主属性对每一个键都是完全函数依赖。

②所有主属性对每一个不包含它的键也是完全函数依赖。

③没有任何属性完全函数依赖于非键的任何一组属性。

可以证明：若 R 是 BCNF 范式，则肯定是 3NF；但若 R 是 3NF，则不一定是 BCNF 范式。关于该结论的严格证明，读者可查阅相关文献。

【**例 2-15**】假设关系 Student 的关系模式为 Student(学号，姓名，系名)。请问关系 Student 是不是 BCNF 范式？请说明原因。

【**分析**】关系 Student 是 BCNF 范式。根据 Student 的语义，属性"学号"肯定可以作为键，属性"姓名"如果没有重复值，那么它也可以作为键。由于属性"姓名"可能是键，所以下面分两种情况来分析关系 Student 是 BCNF 范式的原因：第一种情况，如果"姓名"有重复值，那么"学号"是 Student 关系的唯一决定因素，同时"学号"也是该关系的键，因此 Student 是 BCNF 范式；第二种情况，如果"姓名"没有重复值，那么"学号"和"姓名"都是 Student 关系的决定因素，同时它们也都是该关系的键，另外除了"学号"和"姓名"这两个键以外，Student 关系模式中再没有其他的决定因素了，因此 Student 是 BCNF 范式。

(2)非 BCNF 关系的规范化

基于 BCNF 的定义可知，导致关系不满足 BCNF 的主要原因是关系中存在主属性对键的部分函数依赖或传递函数依赖。因此，将 3NF 关系规范化为 BCNF 的策略是消除关系中主属性对键的部分函数依赖与传递函数依赖。其具体的方法是：将非 BCNF 关系的关系模式分解为若干个满足 BCNF 的独立关系模式。将 3NF 分解为 BCNF 范式的步骤如下。

①在 3NF 关系模式中，去掉一些主属性，只保留主键，使该关系只有唯一的键。

②把去掉的主属性，分别会同各自的非主属性组成新的关系模式。

③检查分解后的新关系模式集合，如果仍不满足 BCNF 的要求，则继续按照前面的步骤进行分解，直到达到 BCNF 的要求。

【**例 2-16**】假设有关系 StudentCourse，其关系模式为 StudentCourse(学生，教师，课程)。假设每位教师只教一门课程；一门课程由多位教师讲授；对于每门课程，每个学生的讲授教师只有一位。请问：关系 StudentCourse 是 3NF 范式吗？是 BCNF 范式吗？如果不是，请将 StudentCourse 的关系模式规范化为 BCNF。

【**分析**】分析关系 StudentCourse 的语义，发现该关系存在如下的函数依赖：(学生，课程)→教师；(学生，教师)→课程；教师→课程。因此，关系 StudentCourse 有两个键：(学生，课程)和(学生，教师)。显然，关系 StudentCourse 中不存在任何非主属性对该关系键的部分函数依赖和传递函数依赖，因此该关系模式是 3NF。但关系 StudentCourse 不是 BCNF 范式，因为"教师"是"课程"的决定因素，但"教师"这个属性不是键。将关系 StudentCourse 规范化为 BCNF 的方法是模式分解，分解后的关系模式集合如下。

StudentGrade(学生，教师)
TeacherCouse(教师，课程)

【**拓展**】设有关系 StudentCourseGrade，其关系模式为 StudentCourseGrade(学生，教师，课程，学生课程成绩)。假设每位教师只教一门课程；一门课程由多位教师讲授；对于每门课程，每个学生的讲授教师只有一位；对于每门课程，每个学生都有一个成绩。请问：StudentCourseGrade 的关系模式是 3NF 范式吗？是 BCNF 范式吗？如果不是，请将 StudentCourseGrade 的关系模式规范化为 BCNF。

(3)Boyce-Codd 范式的案例分析

有一家销售型公司，经销多种商品，商品存放在多个仓库中，并由多个仓库管理员管理。公司规定：每个仓库只有一个仓库管理员，一个仓库管理员只管理一个仓库，一个仓库可以存储多种商品。如果公司建立了表 2-8 所示的关系 WarehouseManagement 来组织和管理公司的商品库存。那么，试分析下面三个问题。

①该关系为什么满足 3NF 范式而不满足 BCNF 范式？

②该关系会出现操作异常吗？

③如何规范化，可以使该关系满足 BCNF 范式的要求？

表 2-8　WarehouseManagement

仓库 ID	管理员 ID	存储商品 ID	数量
WH1	K01	P01001	95
WH1	K01	P01002	99
WH2	K02	P01003	97
WH2	K02	P02001	96
WH 5	K05	P02002	197
WH 6	K06	P02003	96
WH6	K06	P02001	95

【分析-1】WarehouseManagement 关系为什么满足 3NF 范式而不满足 BCNF 范式？

观察表 2-8，可知关系 WarehouseManagement 的关系模式如下。

WarehouseManagement(仓库 ID，存储商品 ID，管理员 ID，数量)

分析上述关系模式，发现该关系中存在如下的函数依赖。

(仓库 ID，存储商品 ID)→(管理员 ID，数量)

(管理员 ID，存储商品 ID)→(仓库 ID，数量)

因此，关系 WarehouseManagement 的关系模式中存在的两个键如下。

(仓库 ID，存储商品 ID)

(管理员 ID，存储商品 ID)

这就使 WarehouseManagement 关系模式中的"数量"成为该关系的唯一非主属性。显然，非主属性"数量"对 WarehouseManagement 关系模式中的键既不部分函数依赖，也不传递函数依赖，因此关系 WarehouseManagement 的关系模式满足 3NF 范式要求。

由于 WarehouseManagement 关系中存在的函数依赖如下。

(仓库 ID)→(管理员 ID)

(管理员 ID)→(仓库 ID)

上述函数依赖使得关系 WarehouseManagement 的关系模式中存在一个主属性决定另外一个主属性的情况，所以该关系的关系模式不满足 BCNF 范式的要求。

【分析-2】不满足 BCNF 范式的 WarehouseManagement 关系是否会出现操作异常？

仔细观察和分析关系 WarehouseManagement，可以发现该关系仍然会出现一定程度的操作异常情况。例如，当仓库商品被清空后，所有的"存储商品 ID"信息和"数量"信息被删除，同时"仓库 ID"和"管理员 ID"信息也被同时删除，这就说明 WarehouseManagement 关系存在删除异常问题。又如，当仓库中没有存储任何商品时，公司也无法给该仓库分配仓库管理员，这就说明 WarehouseManagement 关系存在插入异常问题。再如，如果某仓库更换了仓库管理员，则 WarehouseManagement 关系中所有元组的管理员 ID 都要修改，因此存在修改异常的问题。

【分析-3】如何将 WarehouseManagement 关系分解为满足 BCNF 的关系模式集合？

既然不满足 BCNF 范式的关系存在操作异常，那就需要对 WarehouseManagement 关系进行规范化。在本例中，可以将 WarehouseManagement 分解为如下的两个关系模式集合。

仓库管理员（管理员 ID，仓库 ID）
仓库存储商品（仓库 ID，存储商品 ID，数量）

基于 BCNF 范式的定义可知，上述的两个关系模式都是符合 BCNF 范式的，因此消除了 WarehouseManagement 关系中存在的删除异常、插入异常和修改异常问题。

2.5.4 理论范式与性能需求的平衡准则

关系规范化理论中提出的各级理论范式，对于建立科学规范的数据库模式具有重大意义。不过，在数据库的逻辑设计中，既要考虑数据库模式的理论范式，也要考虑数据库模式的性能需求，只有将二者结合，才能设计出有价值的数据库模式。也就是说，设计者在对目标数据库逻辑建模时，一定要先考虑自己设计的数据库模式是否能满足用户对目标数据库的性能需求，这包括但不限于目标数据库的数据维度、数据负载、数据存储量、数据安全、数据并发数以及响应时间等。在数据库模式能够满足用户性能需求的前提下，设计者再统筹考虑数据库模式的理论范式。当用户性能需求和理论范式二者冲突时，以满足用户的性能需求为先。

数据库领域有两个重要的岗位：一个是数据库管理岗，另一个是数据库开发岗。作为数据库管理员，希望数据库模式的设计方案能尽可能满足范式原则，以方便日后的数据库维护；而作为数据库开发人员，在设计数据库模式时，总是希望尽可能地提高数据库模式的性能与效率，但在提高性能与效率的同时，总是不可避免地要违反理论范式。

众所周知，在程序设计时，如果一味地提高应用程序的实时并发数，那么应用程序的可靠性和精准度就得不到保障。反之，如果一味地提升应用程序的可靠性和精准度，那么就不得不降低应用程序的实时并发数。究竟是应用程序的实时并发数量级重要，还是应用程序的可靠性和精准度重要呢，标准只有一个，那就是一切根据用户的实际需求来取舍。

同理，在进行数据库逻辑设计时，也不能一概而论。究竟是提升数据库模式的性能优先，还是保证数据库模式的理论范式重要，也要根据客户需求而定。例如，在进行关系模式设计时，为提升关系操作的响应速度，就要避免频繁的关系连接操作，这时一般会考虑在关系中适当增加其他关系的冗余数据，以降低关系连接操作对系统性能所造成的额外开销。这虽然在一定程度上破坏了关系的范式原则，但却是允许和可接受的，特别是当数据规模较大时，这对于满足用户的实时响应需求意义重大。

当然，在进行数据库模式设计时，必须以理论范式为基础，这样才能保证数据库模式的科学性和合理性，从而为满足用户性能需求奠定基础。如果为了提高性能，就盲目地抛开理论范式，结果只会适得其反，不仅不会提高性能，还会大大降低性能。例如，如果为了追求性能，而在数据库的关系中堆积过度的冗余数据，常常会导致数据库的操作性能变得极差。

本章习题

第3章 数据库管理系统概论

本章导读

第1章指出，对于一个特定的数据库管理系统而言，它表现为一个具体的软件。那么这一软件到底是什么样子的呢？本章将重点以 Access 和 SQL Server 为例回答这一问题。

尽管市场上有众多的关系型 DBMS，但是在教学领域应用最多的是 Access、SQL Server以及 MySQL。本书主要基于 Access 学习数据库的原理和技术，主要原因如下：第一，Access与大家熟悉的 Word、Excel、PowerPoint 等软件具有类似的操作界面和使用环境，因此易学易用，容易上手，可以帮助读者快速建立数据库思维；第二，Access 虽然"小"，但"麻雀虽小，五脏俱全"，学习它，几乎会体验数据库所有的基本原理和应用技术；第三，Access 应用成本低、发展趋势好，正在成为桌面数据库管理系统的主流产品。但是 Access 毕竟是桌面级的DBMS，与 SQL Server、MySQL、Oracle、DB2 等 DBMS 相比，其数据组织和管理能力较低。因此本书也用了不少篇幅介绍 SQL Server，这样读者就可以基于 Access 与 SQL Server 的比较学习，来掌握数据库的应用技术，升华数据库的原理。

本章重点以 Access 为例对数据库管理系统这类软件的用户界面、工作环境、设计工具、操作方式、数据库所包含的对象、数据库所管理的原子层面的数据及其基本操作进行了讲解。

在 Access 数据库所包含的各类对象中，表无疑是最重要的对象，它是数据组织和存储的基本单元，也是其他数据库组成对象的数据源对象。为了搞清楚表对象，必须首先厘清表对象所支持的各种类型的数据，就 Microsoft Access 所支持的数据类型而言，可以分为"小"数据类型和"大"数据类型。"小"数据类型包括短文本、数值、日期/时间、货币、自动编号、是/否、超链接、计算和查阅向导等。"大"数据类型包括长文本、OLE 对象、附件等。

本章最后还对 SQL Server 数据库管理系统的体系结构、并发机制、数据库所包含的对象、数据库所管理的原子层面的数据及其基本操作进行了简单介绍，以引导读者进行比较学习，进而实现数据库技术拓展和理论升华。

注意：本书中的 Access 指的都是 Microsoft Access 2016；本书中的 SQL Server 指的都是Microsoft SQL Server 2008 R2。

3.1 Access 的用户界面

3.1.1 Access 的门户界面

启动 Microsoft Access 2016 后，首先看到的是 Microsoft Access 的门户界面，如图 3-1 所示。用户可以从该界面获取最近使用的文档信息，也可以打开一个数据库，新建一个数据库或者登录官网查看来自 Office 的特色内容。

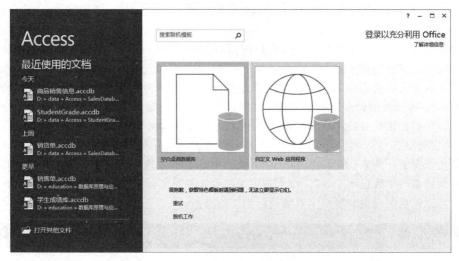

图 3-1　Access 的门户界面

3.1.2　Access 的主界面

打开一个数据库后，Access 用户界面如图 3-2 所示。这个界面是用户的主要工作窗口，即 Access 的主工作界面，简称为主界面。Access 的主界面包括标题栏、快速访问工具栏、功能区、导航窗格、对象工作区及状态栏六个部分。

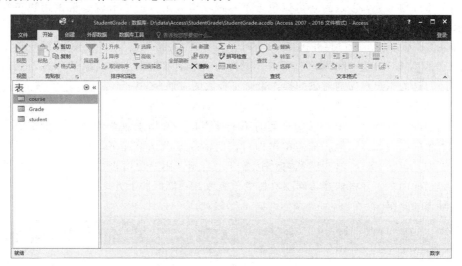

图 3-2　Access 的主界面

1. 标题栏

标题栏位于 Access 工作界面的最上端，用于显示当前打开的数据库文件名称。在标题栏的右侧有三个小图标，从左到右分别是"最小化""最大化(向下还原)"和"关闭"。这三个小图标是 Windows 应用程序窗口的标配命令，在 Access 中用以对 Access 的窗口进行控制。

右击标题栏的空白处，弹出如图 3-3 所示的控制菜单。通过该菜单可以控制 Access 窗口的还原、移动、大小、最小化、最大化和关闭等。双

图 3-3　控制菜单

击标题栏的空白处，可以将 Access 窗口最大化或还原。

2. 功能区

功能区是一个包含多组命令且横跨程序窗口顶部的带状区域，它位于标题栏的下方，以选项卡的形式将功能相关的各组命令组合在一起，从而大大方便了用户的使用。

功能区上有两类命令选项卡：一类是主选项卡，又称为标准选项卡、标准命令选项卡，它包括 Access 的常用命令，始终出现在功能区上；第二类是工具选项卡，又称为上下文命令选项卡，它只在用户对特定 Access 数据库对象进行设计和操作时才出现。

(1)主选项卡

默认情况下，图 3-4 所示的 Access 功能区中有 5 个主选项卡，分别是"文件""开始""创建""外部数据"和"数据库工具"。每个选项卡都包含不同主题的多组操作命令，用户通过这些命令，可以对数据库中的数据库对象进行相应的操作。

图 3-4　功能区的主选项卡

注意：在功能区的选项卡上，包括命令和控件两种按钮。单击命令按钮后，将启动相应的操作命令。单击控件按钮后，将打开该控件所包含的命令按钮列表框或选项列表框。

(2)工具选项卡

除了主选项卡外，Access 还可以包含工具选项卡。工具选项卡就是根据用户正在使用的对象或正在执行的任务而激活的选项卡，所以又称为上下文选项卡。

如图 3-5 所示，当用户打开表 Course 时，会出现"表格工具"这个主题的两个上下文选项卡，分别是"字段"选项卡和"表"选项卡。工具选项卡能够根据当前对象的状态不同而自动显示或关闭，这为用户对当前对象的操作带来了极大的方便。

3. 快速访问工具栏

快速访问工具栏是一个可以自定义的小工具栏，一般用来放置用户常用的命令。快速访问工具栏中的命令始终可见，只需单击即可访问命令。默认情况下，快速访问工具栏位于功能区的上方，包括"保存""恢复"和"撤销"命令。当然，用户也可以根据需要自定义快速访问工具栏包括的命令，并将快速访问工具栏的位置放在功能区的下方。这一内容将在本章 3.2.3 节中展开详细介绍。

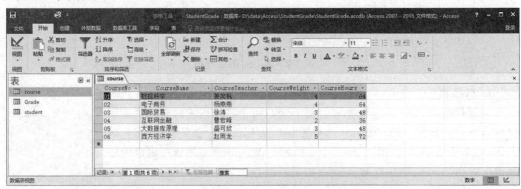

图 3-5　功能区的工具选项卡

4. 导航窗格

导航窗格位于 Access 窗口的左下方，用于显示和组织当前数据库的所有对象。导航窗格有折叠和展开两种状态。通过单击"百叶窗开/关"按钮可以在折叠状态和展开状态之间进行切换。

5. 对象工作区

对象工作区位于 Access 窗口的右下方、导航窗格的右侧，它是用来对数据库的当前对象进行设计、编辑以及显示的区域。

6. 状态栏

状态栏是位于 Access 窗口底部的条形区域，它用来显示当前对象的有关状态。状态栏中显示的状态信息与当前对象的类型和模式有关。例如，如果在 Access 中打开了一个表对象，那么状态栏的右侧显示的是该对象的各种视图切换按钮，单击各个按钮可以快速切换视图状态，左侧显示了当前视图状态。

3.1.3 Access 的 Backstage 界面

Backstage 界面，又称为 Backstage 视图。在 Backstage 界面中，用户可以对数据库或数据库对象进行全局操作或顶层设置。选择 Access 主界面功能区中的"文件"选项卡，Backstage 界面就呈现在用户面前。图 3-6 就是 Access 的 Backstage 工作界面。

在 Backstage 界面中，用户可以对数据库或数据库对象进行全局操作。例如，对数据库进行的全局操作包括：创建数据库、打开数据库、保存数据库、关闭数据库，数据库的压缩和修复，数据库的密码设置等。又如，对数据库的表对象可以进行全局操作包括：表对象的保存、表对象的打印预览和表对象的打印等。

在 Backstage 界面中，可以对数据库或数据库对象进行顶层设置。例如，对数据库进行的顶层设置包括：设置用户界面、设置空白数据库的默认文件格式、设置默认数据库文件夹等。又如，对数据库的表对象可以进行的顶层设置包括：设置数据表视图的外观、设置表对象设计视图的设计项默认值等；对数据库的查询对象可以进行的顶层设置包括：设置查询设计器的界面、设置查询设计器所兼容的 SQL 版本等。

图 3-6 Access 的 Backstage 工作界面

3.2　Access 的工作环境

　　Access 启动后，提供的工作环境是默认工作环境。如果默认工作环境不能满足用户的需求，那么用户可以重新设置 Access 的工作环境。例如，设置数据库的默认保存文件夹、设置 Access 功能区包括的标准选项卡、设置快速访问工具栏的组成命令等。

　　Access 工作环境的设置可以在"Access 选项"对话框中进行，具体操作方法如下。

　　①选择功能区的"文件"选项卡，打开 Backstage 视图。

　　②单击 Backstage 视图的左侧的"选项"按钮，弹出如图 3-7 所示的"Access 选项"对话框。

图 3-7　"Access 选项"对话框

　　③在"Access 选项"对话框的左窗格中，单击相应的"设置主题"，打开用户期望的"主题窗格"，然后进行相关环境的设置。例如，使用"常规"主题窗格自定义用户界面、创建数据库的默认文件格式以及默认数据库文件夹；使用"自定义功能区"主题窗格设置 Access 功能区的标准选项卡组合；使用"快速访问工具栏"主题窗格设置工具栏所包含的命令组合以及位置。

　　下面分别介绍默认数据库文件夹的设置、功能区的设置以及快速访问工具栏的设置。

3.2.1　数据库默认文件夹的设置

　　打开"Access 选项"对话框的"常规"主题窗格后，有两种方法可以设置数据库的默认文件夹。

　　①直接输入默认数据库文件夹。在图 3-8 所示的"默认数据库文件夹"右侧的文本框中直接输入默认的数据库文件存储路径，如输入"D:\education\StudentGrade"。

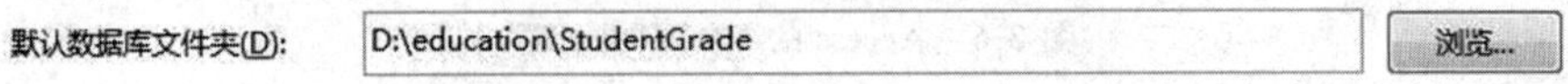

默认数据库文件夹(D):　D:\education\StudentGrade　　　　　　　　　　　浏览...

图 3-8　默认数据库文件夹的设置

②浏览设定默认数据库文件夹。单击图 3-8 右侧的"浏览"按钮，弹出如图 3-9 所示的"默认的数据库路径"对话框，用户可以通过文件夹的浏览指定默认数据库文件夹。

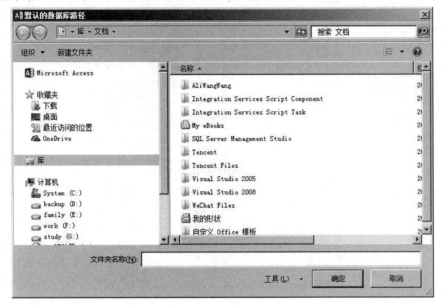

图 3-9　浏览设定默认的数据库路径

3.2.2　功能区的设置

功能区的设置主要包括：功能区的折叠和展开以及定制功能区的标准选项卡组合。

(1)功能区的折叠和展开

为了扩大数据库对象的工作区，Access 2016 允许用户把功能区折叠。把功能区折叠的最简单方法就是单击功能区右端的"折叠功能区"按钮，也可以使用快捷键"Ctrl＋F1"。功能区折叠后，选项卡中的命令就隐藏起来，只保留各个选项卡的名称。

功能区折叠后，右击功能区的任意区域，就会弹出快捷菜单，取消"折叠功能区"复选框的勾选，功能区就还原为展开状态了。当然，功能区的展开也可以使用快捷键"Ctrl＋F1"。

除了上述方法以外，功能区的折叠和展开还可以通过双击活动选项卡的标签来实现。所谓的活动选项卡，就是当前突出显示的选项卡。双击活动命令选项卡的标签，展开的功能区将变成折叠，再次双击活动命令选项卡的标签，折叠的功能区将还原为展开的功能区。

(2)功能区选项卡的定义

Access 2016 允许用户对主界面的功能区进行个性化设置。例如，用户可以在功能区选择自己需要的主选项卡；又如，用户可以在功能区创建自定义选项卡。

单击"Access 选项"对话框左侧窗格中"自定义功能区"主题，打开如图 3-10 所示的"自定义功能区"主题窗格。通过"自定义功能区"主题窗格的相关操作，可以完成主选项卡的选择、改变主选项卡的显示位置、建立新的标准选项卡。

图 3-11 中新建了一个"师生"选项卡，它包括"Teacher"和"Student"两个命令组，其中"Teacher"命令组包括三个命令，而"Student"命令组包括两个命令。

设置完成后，返回 Access 的主界面，就会看到功能区已经增加了刚刚创建的"师生"选项卡，如图 3-12 所示。另外，"自定义功能区"主题窗格除了可以选择功能区中的主选项卡以外，还可以改变主选项卡的在功能区中的布局位置，读者可以自主手动完成。

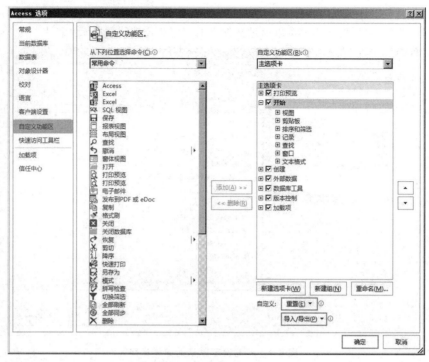

图 3-10　自定义功能区

除了可以对功能区的主选项卡进行重新定义以外，还可以在"自定义功能区"主题窗格中对工具选项卡进行查看。

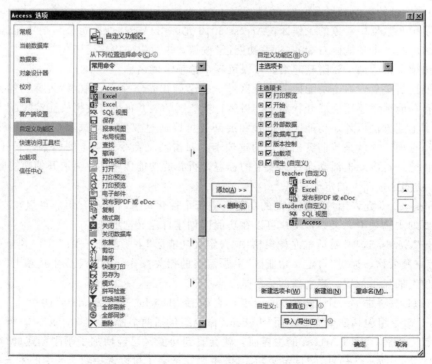

图 3-11　在 Access 选项对话框新建"师生"选项卡

图 3-12　功能区中的"师生"选项卡

3.2.3　快速访问工具栏的设置

快速访问工具栏在功能区中的位置是可以修改的，快速访问工具栏所包括的命令也是可以修改的，方法主要有两种：基于自定义快速访问工具栏设置和基于"Access 选项"对话框进行设置。

1. 基于自定义快速访问工具栏设置

基于如图 3-13 所示的"自定义快速访问工具栏"列表框，用户可以定义工具栏包含的命令。

①单击快速访问工具栏最右侧的下拉按钮。

②在"自定义快速访问工具栏"列表框中，勾选要添加的命令，则该命令添加到"快速访问工具栏"中。

③在"自定义快速访问工具栏"列表框中，取消勾选的命令，则该命令从"快速访问工具栏"中就去掉了。

默认情况下，快速访问工具栏位于功能区的上方。勾选图 3-13 所示的"自定义快速访问工具栏"列表框中的"在功能区下方显示"命令，可以将工具栏置于功能区的下方。如果快速访问工具栏位于功能区的下方，那么右击快速访问工具栏的任一位置，在弹出的快捷菜单中执行"在功能区上方显示快速访问工具栏"命令即可将工具栏置于功能区的上方。

图 3-13

注意：如果要添加的命令在"自定义快速访问工具栏"列表框中未列出，那么勾选"自定义快速访问工具栏"列表框中的"其他命令"，弹出如图 3-14 所示的"Access 选项"对话框，在该对话框的"自定义快速访问工具栏"窗格中即可添加列表框中没有的命令。

图 3-14　基于"Access 选项"对话框定义"快速访问工具栏"

2. 基于"Access 选项"对话框设置

如果要添加的命令在"自定义快速访问工具栏"列表框中未列出，那么在"Access 选项"对话框中，就可以完成列表框中未列出命令的添加或删除。具体步骤如下。

①打开"Access 选项"对话框的"快速访问工具栏"主题窗格。

②在主题窗格左侧列表框中选择要添加到"快速访问工具栏"中的命令，然后单击"添加"命令按钮；或者，直接在左侧列表框中双击要添加的命令。

③若要删除"快速访问工具栏"中的命令，请在右侧列表框中选择该命令，然后单击"删除"按钮；或者，直接在右侧列表框中双击该命令。

3.3　Access 支持的数据库对象

在 Access 中，数据库是一个容器，可存储以下类型的数据库对象：表、查询、窗体、报表、宏和模块。表对象是数据库的核心与基础，组织和存放着数据库中的全部数据；报表、查询都是从表对象中获得信息提供给用户，以满足用户的数据服务需求；窗体可以提供友好的用户操作界面，通过它既可以直接或间接地访问表对象或查询对象，也可以直接或间接地调用宏对象或模块对象的功能，以实现对数据的综合处理。

3.3.1　表对象

表对象简称为表，又称为数据表。表对象是数据库中存储数据的唯一对象，是整个数据库的数据源，是创建其他数据库对象的基础，是整个数据库的核心。

创建数据库，首先要做的工作就是建立各种数据表。Access 允许一个数据库中包含多个数据表，用户可以在不同的数据表中存储不同主题的数据。通过数据表中的关联字段，用户可以在数据表之间建立联系，以将不同主题的数据表联系起来，向用户提供多表中的关联数据。

3.3.2　查询对象

查询是数据库中应用得最多的对象之一。查询对象的功能很多，概括起来包括数据查询和数据操作，其中最常用的功能是数据查询。

（1）数据查询功能

查询对象可以按照一定的条件从一个或多个数据表中筛选出用户需要的数据信息，并将它们集中起来，形成动态数据集，这个动态数据集就是用户想得到的来自一个表或多个表的结果数据。

动态数据集可以显示在一个虚拟的数据表窗口中，供用户浏览、查询和打印。如果需要，用户甚至可以修改这个动态数据集中的数据，Access 会自动将用户所做的修改更新到相应的表中。

作为结果数据的动态数据集还可以保存到一个表对象中，供用户作为其他应用的数据源。

（2）数据操作功能

Access 的查询对象还支持数据操作，这包括记录的插入、修改和删除。

注意：查询的数据来源既可以是表对象，也可以是其他查询对象；另外查询对象又可以作为宏对象、窗体对象、报表对象、模块对象的数据来源。

3.3.3 窗体对象

窗体是数据库和用户联系的界面，它是 Access 数据库对象中最具灵活性的一个对象。

1. 窗体的功能

窗体的最常用的功能有以下两个。

（1）提供数据查询和数据操作的界面。窗体对象可以将窗体与数据库中的数据表链接，使用户在窗口这个友好的界面中，对数据库中的数据进行查询和浏览，并允许用户在窗口界面中对数据表中的数据进行插入、修改和删除。

（2）提供数据库对象组织和控制的方法。在窗体对象中可以将表、查询、宏、模块以及报表等对象有机的组织在一起，由窗体对象统一控制，各个对象分工协作完成数据库的目标业务。

2. 窗体的类型

窗体的类型大致可以分为以下三类。

①数据型窗体：该类型窗体主要给用户提供友好的界面，让用户基于控件的操作就可以对数据库中的数据进行查询和操作。这是 Access 数据库系统中使用最多的窗体类型。

②提示型窗体：该类型主要用于向用户显示一些提示型文字和图片信息，一般不访问数据库中的数据，因此没有什么数据组织和管理功能。例如，数据库系统的欢迎界面一般就是提示型窗体。

③控制型窗体：该类型窗体主要用来对窗体中嵌入的功能模块和功能对象进行调度。

3.3.4 报表对象

报表是基于打印格式展示数据的一种有效方式。在 Access 中，如果要打印数据库中的数据或打印以图表呈现的数据库数据，可以使用报表对象。利用报表可以将用户需要打印的数据从数据库中提取出来，并在进行数据处理和统计分析的基础上，将结果数据以格式化的方式打印。

注意：报表的数据源是数据表和查询，可以在一个数据表或查询的基础上创建报表，也可以在多个数据表或查询的基础上创建报表。

3.3.5 宏对象

宏对象是一个或多个宏操作的集合，它可以实现批操作。宏操作是实现特定功能的操作命令。利用宏对象可以使大量的重复性操作自动完成，以简化用户对数据库的管理和维护。

尽管宏对象的功能很强大，但用户不必编写任何程序代码，只需要基于工作流的思想将宏操作封装到宏对象中，就可以实现较为复杂的批操作，从而在一定程度上取代程序的功能。

3.3.6 模块对象

模块对象是用户基于 VBA 语言所编写的过程集合。由于每一个模块对象都由若干个过程组成，因此创建模块对象的主要任务就是基于 VBA 编写过程代码。

使用模块对象可以完成宏对象不能完成的复杂任务。要基于 Access 开发复杂的数据库系统，系统中必然包括 VBA 模块对象。

上面讲述了 Access 数据库所包含的各类对象的概念和功能，Access 数据库对象之间的关系，如图 3-15 所示。

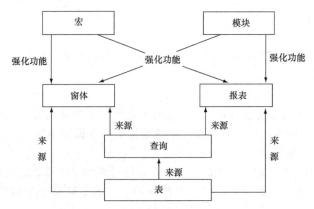

图 3-15　各数据库对象之间的关系

3.4　Access 支持的数据库原子数据

基于 Access 数据库对数据进行组织和管理时，最常用到的原子数据有两种形式：字段形式的数据和常量形式的数据。字段是表对象组织数据的最小的不可分割的单元，常量是查询、宏、窗体、报表以及模块等对象所处理的最小的不可分割的基础数据。不管是常量还是字段，总会属于某种数据类型。数据类型决定了数据的值域和相关的操作。

3.4.1　常量形式的原子数据

常量用于表示一个具体的、不变的数据。在 Access 中，常用的常量类型包括：文本型、数值型、日期型、逻辑型和空值型。

1. 文本型常量

文本型常量是用定界符界定起来的字符串，简称为字符串。定义文本型常量时需要使用定界符，定界符通常有单引号('')、双引号(" ")两种形式。注意，定界符必须配对使用。

例如：'销售量'、"Customer"、"12345"、"顾客，OK"等都是文本型常量。

如果单引号是字符串的一个普通字符，那么定界符必须使用双引号。例如，下列字符串的定界符必须用双引号："She's my customer. "。如果双引号是字符串的一个普通字符，那么定界符必须使用单引号。例如，下列字符串的定界符必须用单引号：'She is my most "honest" customer. '。

某个文本型常量所含字符的个数被称为该文本型常量的长度。Access 允许文本型常量的最大长度为 255。例如，字符串"顾客，OK"的长度是 5。又如，字符串"Customer"的长度是 8。

注意：只有定界符而不含任何字符的字符串也是一个文本型常量，用来表示一个长度为零的空字符串；空字符串和包含空格的字符串是不同的。

2. 数字型常量

数字型常量包括整数和实数。整数用来表示不包含小数的数，例如，123、−123 等；实数用来表示包含小数的数，例如，9.167、−17.56 等。

实数既可用小数格式来表示，也可用指数格式表示。例如，13.9 是小数格式的数值型常量；而 1.257E－6 是指数格式的数值型常量，1.257E－6 代表 1.257×10^{-6}，即 0.000 001 257。

注意：实数表示数的范围远远超过整数，当一个数很大，超过整数所能表示的范围时，只能用实数表示。另外，在 Access 中，分数（包括百分数）并不是一个数值型常量。还有，指数格式的实数通常用科学计数法表示。

3. 日期型常量

日期型常量用来表示日期型数据。日期型常量用"♯"作为定界符，例如，2019 年 7 月 19 日，可以表示为以下的常量形式：♯2019－7－19♯ 或 ♯2019－07－19♯。在年、月、日之间也可采用"/"作为分隔符，例如，2020 年 7 月 19 日，可以表示为以下的常量形式：♯2020/7/19♯ 或 ♯2020/07/19♯。

对于日期型常量，年份为 2 位时，如果年份在 00～29 内，系统默认为 2000～2029 年；如果年份在 30～99，则系统默认为 1930～1999 年。如果要日期常量的年份数据不在默认的范围内，则应输入 4 位年份数据。

4. 逻辑型常量

逻辑型常量有两个值：真值和假值。真值可以用标识符 True 或 Yes 表示，假值可以用标识符 False 或 No 表示。Access 系统不区分 True、False、Yes、No 的字母大小写。Access 将逻辑真值存为－1；将逻辑假值存为 0。如果用户需要在数据表中输入逻辑值时，应输入－1 表示真、0 表示假，不能输入表示逻辑值的以下标识符：True、False、Yes、No。

5. 空值常量

空值常量用标识符 NULL 表示，空值表示待定值，或者不知道的值。空值与数值零、空格串以及不含任何符号的空串是不同的，它们表示的语义不同。例如，对于一个表示商品价格的数据表字段，空值的语义可以是该商品暂未定价，而数值零则表示该商品免费。

实体的属性是否允许为空值，与实际应用有关。例如，作为关键字的实体属性，是不允许为空值的；对于暂时无法知道其具体数据的属性，可设定该属性的值为空值。

3.4.2 变量形式的原子数据

变量有两个特点：一是变量有自己的存储空间；二是变量的值允许变化。字段是一种特殊的变量：字段都分配一定的存储空间；字段的值允许变化，即对于不同的记录，相同字段的值是可以变化的。在 Access 数据库中，表对象的同一个字段必须具有相同的数据类型。Access 数据库支持的数据类型主要有短文本、数字、日期/时间、货币、自动编号、是/否、长文本、OLE 对象、超链接、附件、计算和查阅向导等。

1. 短文本

短文本数据类型用于表示字符、数字和其他可显示的符号及其组合。例如，顾客的地址、姓名、性别等属性都是短文本；又如，学生的邮政编码、学号、身份证号等属性虽然是数字组合，但这些数字组合不具备数学计算特征，因此也是短文本数据类型。

短文本数据类型是 Access 系统默认的数据类型，默认的字段大小是 255，最多可以容纳 255 个字符。如果文本型数据包含的字符个数超过了 255，可使用长文本型。

注意：在数据表中不区分中西文符号，即一个西文字符和一个中文字符都占一个字符长度。例如，如果定义一个文本型字段的字段大小为 10，则在该字段最多可输入的汉字个数和英文字符个数都是 10 个。

2. 数字

数字型字段用来存储进行算术运算的数字数据。数字型字段又可以细分为字节、整型、长整型、单精度型和双精度型子类型，它们分别占据1、2、4、4和8字节。数字型字段的子类型如表3-1所示。

表 3-1　数字型字段的子类型

子类型	值范围	小数位数
字节	$0 \sim 255$	无
整型	$-32768 \sim 32767$	无
长整型	$-2147483648 \sim 2147483647$	无
单精度	$-3.4 \times 10^{38} \sim 3.4 \times 10^{38}$	7
双精度	$-1.79734 \times 10^{308} \sim 1.79734 \times 10^{308}$	15
小数	有效数值位为18位	自定义

3. 货币

货币型字段是一种特殊的数字型数据，占8字节，可精确到小数点左边15位和小数点右边4位，在计算时禁止四舍五入。货币型字段所占字节数和双精度数字型字段类似。

货币数据类型是用于存储货币值的。在数据表的货币类型字段中输入值时，不需要输入货币符号和千分位分隔符，Access会自动添加相应的符号。

4. 自动编号

自动编号型的字段，由Access自动管理，用户可以直接引用该字段的值。当用户数据表插入一条新记录时，Access会自动给自动编号型的字段插入一个唯一编号。最常使用的唯一编号模式有两种：一种是每次增加1的顺序编号；另一种是随机编号。

自动编号类型字段的长度为4个字节，Access系统保存的是一个长整型数据。每个数据表中只能有一个自动编号型字段，该字段的值一旦插入到表中，就不能被修改。

注意： 自动编号类型字段的值一旦生成，就会永久地与记录绑定在一起。如果删除数据表中含有自动编号字段的一条记录，Access不会对表中其他记录的自动编号型字段进行重新编号。当插入一条新记录时，被删除的编号也不会被重新使用。

5. 日期/时间

日期/时间型字段用来存储日期、时间或日期时间的组合，占8字节。在Access 2016中，数据表的"日期/时间"型字段中附有内置日历控件，可供用户在字段中输入日期值。

根据不同的需求，用户可以在数据表中指定日期/时间类型字段的格式。可设置的格式类型有常规日期、长日期、中日期、短日期、长时间、中时间和短时间等。

6. 是/否

"是/否"型字段占1字节，常用来存放只有两种不同取值的实体属性，如销售员的婚姻情况、性别情况、在岗情况等。在Access数据表中，"是/否"型字段有三种格式：Yes/No、True/False、On/Off。用户可以根据自己的需要，选择相应的格式。

7. 长文本

短文本型字段的长度最大是255，当字符串的长度超过255时，短文本型字段就不能满足用户的需求。长文本型字段可以解决这一问题。

在Access数据表中，长文本型字段允许用户直接输入的字符个数最多为65 536。当用户以编程方式在长文本型字段中输入数据时，该字段最大可容纳2GB的字符数。由于Access不允许数据表基于长文本型字段进行排序和索引，所以在长文本型字段中搜索数据时往往比较慢。

8. OLE 型对象

在 Access 数据表中，OLE 型字段允许插入 OLE 对象的链接，也允许直接插入 OLE 对象。如果在字段中插入 OLE 对象的链接，那么该字段保存的是链接对象的访问路径，链接的对象依然保存在原文件中；如果在字段中直接插入 OLE 对象，那么该对象将存储在该字段中。

可以链接或嵌入到 OLE 型字段中的 OLE 对象是基于 OLE 协议程序创建的对象，如 Word 文档、Excel 电子表格、Windows 画图文件等。在 OLE 型字段中插入的 OLE 对象最大为 1GB。如果以编程方式在 OLE 型字段中插入 OLE 对象，那么 OLE 对象最大为 2GB。

9. 超链接

超链接型字段用于存放超链接地址，该字段可存储的超链接最多有 64 KB 个字符。

超链接地址的一般格式：DisplayText # Address。其中，DisplayText 表示超链接在数据表字段中显示的文本，Address 表示链接地址。

10. 附件

附件型字段可以将以文件形式存储的实体属性以附件形式嵌入到字段中。使用附件型字段可以将一个或多个相同类型的文件存储在单个字段之中，也可以将多个不同类型的文件存储在单个字段之中。

附件型字段为用户将同一个实体的各种以文件形式存储的属性信息组织在同一记录中提供了手段。附件型字段是用于存放二进制类型文件的首选数据类型。

11. 计算

在数据表中，计算型字段存放的是一个表达式，该字段的值是通过这个表达式的计算而获得。计算型字段中的表达式必须引用当前表的其他字段。计算字段的字段长度为 8 字节。

12. 查阅向导

查阅向导型字段的值是通过查阅数据源获得的，其数据类型取决于数据源。查阅向导型字段可以指定如下两种数据来源：一种数据源是表或查询，该字段通过查阅表对象或查询对象获得数据，当表对象或查询对象中的数据发生变化时，所有变化均会反映到查阅向导型字段中；第二种数据源是固定不变的列表值，该字段通过查阅列表框或组合框获得数据。

综上所述：上述数据类型可以分为"小"数据类型和"大"数据类型，"小"和"大"划分的依据是数据类型所允许存储的数据量。"小"数据类型包括短文本、数值、日期/时间、货币、自动编号、是/否、超链接、计算和查阅向导等。"大"数据类型包括长文本、OLE 对象、附件等。一般说来，"小"数据类型存储的数据量少，但数据处理速度快；而"大"数据类型存储的数据量大，但数据处理速度慢。

最后简单介绍下字段变量的引用。引用字段变量一般通过该字段的名称，其格式为[字段名]。当需要指明引用字段所属的数据源时，其格式为[数据源名]! [字段名]。

3.5 Access 处理数据库原子数据的方法

Access 对数据库原子数据进行处理的基本方法有两种：一种是函数，另一种是表达式。当然，从广义上讲，函数也是表达式的一种特殊形式。这就是说，常量和字段是数据处理的原子数据对象，而函数和表达式是对这两种原子数据对象进行处理的方法。

3.5.1　Access 处理原子数据的模拟方法

在 Access 中，每一个数据库对象都要对原子数据进行处理，但本节基于数据库对象学习原子数据的处理方法显然是不符合学习规律的，因为迄今为止读者对这些对象都是陌生的。为了避开陌生数据库对象对读者的困扰，便于读者快速掌握函数和表达式的语法和功能，本节建议读者基于 VBA 的"立即窗口"及两个简单命令模拟学习 Access 处理数据库原子数据的方法。

1. VBA 的"立即窗口"

图 3-16 就是 VBA 的"立即窗口"，窗口中还图解了"定义 VBA 变量"和"计算输出 VBA 表达式值"的两条命令。这里的变量和表达式，读者可以基于数学常识来解读。

在"立即窗口"执行一条命令，一般需要以下两个步骤。

步骤一：在"立即窗口"中输入一行命令代码。

步骤二：按 Enter 键执行代码。

注意：在立即窗口中执行的前后命令是在一个会话中的，所以命令是相关的。例如，"x＝999"这条命令，与"? x/y"这条命令是相关的，它们的关联通过 x 发生。

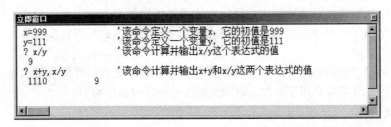

图 3-16　VBA 的"立即窗口"及两条命令的图解

2. 内存变量的定义命令

该命令用来创建内存变量并为其赋值。该命令的格式、功能及使用说明如下。

【格式】＜内存变量＞＝＜表达式＞

【功能】建立内存变量；计算表达式的值，并将表达式的值赋给内存变量。

【说明】内存变量是在内存中开辟的存放数据的临时工作单元，它独立于数据表而存在。内存变量的数据类型由表达式的数据类型决定。

3. 表达式的计算输出命令

在后面的例题中将经常用到以"?"开头的命令，这条命令可用来完成表达式的计算并将其结果在立即窗口上输出。该命令的格式、功能及使用方法如下。

【格式】? ［＜表达式表＞]

【说明】表达式表是以逗号分隔的表达式序列：表达式 1，表达式 2，……，表达式 N。

【功能】该命令的功能是计算＜表达式表＞中各表达式的值，并在立即窗口的下一行输出各个表达式的计算结果。

【示例】基于 VBA 的"立即窗口"来模拟变量的建立和表达式的计算输出。其代码如下。

```
myname= "秋雨枫"
?"姓名：",myname
? myname+ "先生"
```

其运行结果为如下。

姓名：秋雨枫

秋雨枫先生

注意：对于"?"命令，其后的表达式表可以省略，省略时，将输出一个空行。

3.5.2 Access 函数

Access 内置了大量函数，每个函数执行后都可以完成一个特定的数据处理任务。与数学中的函数类似，Access 的函数也有其自变量及其对应的函数返回值。函数经过调用后，会返回给调用者一个结果，即该函数计算的结果值。

Access 函数调用的格式：函数名([参数1],[参数2],[参数3],…)。函数名之后紧跟一对圆括号，括号内可以根据需要指定一个或多个参数作为函数的自变量，当然有的函数没有参数。各种函数对其参数的个数、排列顺序、值域和数据类型等都有相应的规定和要求，用户必须严格遵守。

有的函数允许嵌套，这样的函数允许它的自变量是一个函数。有的函数允许它的自变量仍然是本函数，有的函数不允许它的自变量是本函数，这要视函数的具体情况而定。

根据函数的数据处理功能，Access 的内置函数可以分为数字、文本、日期、时间、转换以及条件等多种类型。下面将介绍这几类函数的语法、功能和使用方法。

1. 数字函数

(1)绝对值函数

【格式】ABS(< expN>)

【功能】求＜expN＞的绝对值。

【说明】函数参数如果嵌入到符号"＜ ＞"中，表示该参数不能省略；expN代表一个数字型表达式。注意：本说明适应于本章介绍的所有函数。

(2)求整数函数

【格式】INT(< expN>)

【功能】返回不大于＜expN＞值的最大整数。

【示例】函数 INT(−9.6)的返回值是−10；函数 INT(9.6)的返回值是9。

(3)取整数函数

【格式】FIX(< expN>)

【功能】去除＜expN＞值的小数，取整数部分。

【示例】函数 FIX(−9.6)的返回值是−9；函数 FIX(9.6)的返回值是9。

(4)平方根函数

【格式】SQR(< expN>)

【功能】求＜expN＞的平方根。

【说明】＜expN＞的值必须大于等于零。

(5)四舍五入函数

【格式】ROUND(< expN1> , [< expN2>])

【功能】对＜expN1＞四舍五入到由＜expN2＞指定的小数位数。

【说明】该函数的第一个参数不能缺省；第二个参数是非负整数，可以缺省，缺省时，该值默认为0，即四舍五入时不保留小数位数。

注意：函数参数如果嵌入到符号"[]"中，表示该参数可以缺省，缺省时，该参数的默认值由该函数规定。本注意适应于本章中介绍的所有函数。

【示例】ROUND(15.567，2)的返回值为15.57；ROUND(15.557)的返回值为16。

(6)求随机数函数

【格式】RND([< expN>])

【功能】产生 0～1 之间的随机数，该随机数为单精度类型。

【说明】<expN>的值是产生随机数的种子，可以省略；如果<expN>的值小于等于 0，该函数每次产生相同的随机数；如果<expN>的值大于 0，则每次产生新的随机数；如果省略<expN>，则该参数的值默认大于 0。

【例 2-1】数字型函数综合应用举例。其代码如下。

```
X= - 10
Y= 3
? X+ Y, ABS(X+ Y)
- 7   7
? INT(X/Y)
- 4
? ROUND(123. 5567, 3)
 123. 557
? ROUND(123. 5567)
 124
? SQR(6- X)
 4
```

2. 文本函数

(1)求字符串长度函数

【格式】LEN(< expC>)

【功能】返回<expC>中所包含字符的个数。

【说明】expC 代表一个文本型表达式；本说明适应于本章介绍的所有函数。

【示例】函数 LEN("QLU 是齐鲁工业大学")的返回值为 10。

(2)取左子串函数

【格式】LEFT(< expC> , < expN>)

【功能】截取<expC>左面的<expN>个字符。

【示例】函数 LEFT("齐鲁大学"，2)的返回值为齐鲁。

(3)取右子串函数

【格式】RIGHT(< expC> , < expN>)

【功能】截取<expC>右面的<expN>个字符。

【示例】函数 RIGHT("齐鲁大学"，2)的返回值为大学。

(4)取子串函数

【格式】MID(< expC> , < expN1> [, < expN2>])

【功能】截取<expC>中第<expN1>个字符开始的共<expN2>个字符；<expN2>省略时，则从第<expN1>个字符开始截取，直至该字符串的尾部。

【示例】函数 MID("齐鲁大学"，1，2)的返回值为齐鲁。

(5)小写转换为大写函数

【格式】UCASE(< expC>)

【功能】将<expC>中的小写字母转换成大写字母。

(6)大写转换为小写函数

【格式】LCASE(< expC>)

【功能】将＜expC＞中的大写字母转换成小写字母。

(7)删除两端空格函数

【格式】TRIM(< expC>)

【功能】删除＜expC＞左端和右端的所有空格。

(8)删除左端空格函数

【格式】LTRIM(< expC>)

【功能】删除＜expC＞左端的所有空格。

(9)删除右端空格函数

【格式】RTRIM(< expC>)

【功能】删除＜expC＞右端的所有空格。

(10)生成空格字符串函数

【格式】SPACE(< expN>)

【功能】产生＜expN＞个空格字符。

(11)子串搜索函数

【格式】INSTR(< expC1> , < expC2>)

【功能】如果＜expC2＞存在于＜expC1＞中，则返回其起始位置值；否则，返回零。

【说明】该函数对参数不区分大小写。

【示例】函数 INSTR("I am a Chinese. ","Chinese")的返回值为 8。

(12)字符重复函数

【格式】STRING(< expN> ,< expC>)

【功能】取＜expC＞中的第一个字符并复制＜expN＞次，将复制结果生成一个新的字符串。

【示例】函数 STRING(9,"boy")的返回值为 bbbbbbbbb。

下面举例说明这些函数的功能与用法。

【例 2-2】字符型函数综合应用举例。其代码如下。

```
? InStr("This IS a boy","IS")
3
hisname= "孙皓"
孙皓 = "老顾客"
顾客姓名 = hisname+ SPACE(2)
? 顾客姓名+ "先生"
孙皓   先生
? TRIM(顾客姓名)+ "先生"
孙皓先生
? LEN(顾客姓名)
4
ThisString= "你好！孙皓先生。"
? InStr("孙皓",ThisString)
0
? InStr(ThisString,"孙皓")
4
```

? LEFT(ThisString,5)

你好！孙皓

? RIGHT(ThisString,8)

你好！孙皓先生。

? Mid(ThisString,6,4)

先生。

? Mid(ThisString,6)

先生。

? UCase("This IS a boy ")

THIS IS A BOY

? String(3,"this")

ttt

3. 日期/时间函数

(1)日期函数

【格式】DATE()

【功能】返回当前系统日期。

【说明】本函数没有参数。

(2)时间函数

【格式】TIME()

【功能】返回当前系统时间。

【说明】本函数没有参数。

(3)日期时间函数

【格式】NOW()

【功能】返回当前系统日期和时间。

【说明】本函数没有参数。

(4)取年份函数

【格式】YEAR(< expD>)

【功能】返回<expD>中的年份数(用四位整数表示)。

【说明】expD 代表一个日期型表达式。本说明适应于本章所介绍的所有函数。

【示例】函数 YEAR(♯2019－9－16♯)的返回值为 2019。

(5)取月份函数

【格式】MONTH(< expD>)

【功能】返回<expD>中的月份数。

【示例】函数 MONTH(♯2019－9－16♯)的返回值为 9。

(6)取自然日函数

【格式】DAY(< expD>)

【功能】返回<expD>中的日值。

【示例】函数 DAY(♯2019－9－16♯)的返回值为 16。

(7)取工作日函数

【格式】WEEKDAY(< expD>)

【功能】返回<expD>的这一天是一周中的第几天。

【说明】函数的返回值范围为 1～7，系统默认星期日为一周的第一天。

【示例】函数 WEEKDAY(♯2019－9－16♯)的返回值为2。

(8)取小时函数

【格式】HOUR(< expT>)

【功能】返回＜expT＞中的小时值。

【说明】expT 代表一个时间型表达式。本说明适应于本章所介绍的所有函数。

(9)取分钟函数

【格式】Minute(< expT>)

【功能】返回＜expT＞中的小时值。

(10)取秒函数

【格式】Second(< expT>)

【功能】返回＜expD＞中的小时值。

【例 2-3】日期时间函数应用举例。其代码如下。

```
? DATE()
2016/7/25
? TIME()
20:56:55
? DAY(DATE())
25
? MONTH(DATE())
7
? YEAR(DATE())
2016
? WeekDay(DATE())
2
? WeekDay(DATE()+ 20)
1
```

4. 转换函数

(1)将字符串的首字符转化为 ASCII 码的函数

【格式】ASC(< expC>)

【功能】返回＜expC＞中首字符的 ASCII 码值。

(2)将 ASCII 码转换为字符的函数

【格式】CHR(< expN>)

【功能】返回 ASCII 码值为＜expN＞的对应字符或控制码。

(3)将数值转换为字符串的函数

【格式】STR(< expN>)

【功能】将＜expN＞的计算结果转换成字符串返回。

【说明】如果转换结果是正数，则字符串前添加一个空格。

(4)将字符串转换为数值的函数

【格式】VAL(< expC>)

【功能】将＜expC＞的计算结果转换成数值型数据返回。

【注意】当＜expC＞的计算结果能解释为数字型数据时，该函数才有意义。

【例 2-4】转换函数应用举例。其代码如下。

```
? ASC("abc")
97
? CHR(65)
A
TheValue= 1234.567
? STR(TheValue)
1234.567
? str(3.65)
3.65
? str(3.65E2)
365
? VAL("1234.56789")
1234.56789
? VAL("This")
0
? val("3.65E2")
365
```

5. 条件函数

(1)IIF 函数

【格式】IIF(< if_exp> ,< result_true> ,< result_false>)

【说明】if _ exp 是表示条件的表达式；result _ true 和 result _ false 是表示结果的表达式。

【功能】首先计算<if _ exp>、<result_true>和<result_false>的值，然后根据<if_exp>的值，返回< result_true>或< result_false>的计算结果。当<if_exp>为 True 时，返回< result _true>的计算结果；当<if_exp>为 False 时，返回< result_false>的计算结果。

注意：尽管 IIf 函数只返回<result_true>和<result_false>中的一个值，但该函数始终会对这两个表达式都进行计算。因此，应当注意这两个表达式的正确性，否则可能出现无谓的副作用。例如，如果计算<result_false>时发生除数为零错误，那么即使<if_exp>为 True，整个函数也会产生错误。

【示例】函数 IIF(16＞17,"条件真的函数值","条件假的函数值")的返回值为条件假的函数值。

(2)SWITCH 函数

【格式】SWITCH(< case_exp> ,< result_exp> [,…])

【说明】该函数的参数 case_exp 和参数 result_exp 是成对出现的；case_exp 是一个表示条件的表达式，result_exp 是一个表示结果的表达式。

【功能】该函数从左到右依次计算每一个参数对，当遇到第一个<case_exp>为真的参数对时，停止计算该参数对后面的其他参数对，并返回这个<case_exp>相配对的<result_exp>的值。

【示例】下面函数有五个参数对，如果现在是六月，那么该函数的返回结果为五月之后。

SWITCH(MONTH(DATE())= 1,"一月",MONTH(DATE())= 2,"二月",MONTH(DATE())= 3,"三月",MONTH(DATE())= 4,"四月",MONTH(DATE())= 5,"五月",TRUE,"五月之后")

【拓展】请问：如果现在是七月，那么该函数的返回值是什么？最后一个参数对的 case _ exp 值为什么是 True？该函数最多可以有多少参数对？

3.5.3 Access 表达式

表达式是由运算符和括号将运算对象连接起来的式子。在 Access 数据库中，最常用的运算对象有常量、字段以及函数等。注意，常量、字段和函数都可以看成是最简单的表达式。

1. 表达式的运算法则

表达式经过运算，将得到一个结果，该结果称为表达式的值。根据数据运算的类型，Access 将表达式分为数字、文本、日期、关系和逻辑等类型。

（1）数字表达式

数字表达式是由算术运算符和括号将各类数值型运算对象连接而成，其运算结果为一个数字型数据。Access 的各种算术运算符及其功能如表 3-2 所示。

算术运算符的优先级顺序如下：先括号；在同一括号内，单目运算的优先级最高，其次是双目运算符；双目运算符的优先级依次是幂运算、乘除、整数除、求余运算、加减。

注意：①在进行整数除运算时，Access 基于"四舍六入五成双"的原则对整数进行舍入。舍入结果始终是最接近的偶数值。例如，6.5 舍入为 6，而 7.5 舍入为 8。

②当参与算术运算的运算对象有一个是空值时，数字表达式的结果也是空值。

【例 2-5】求下列表达式的值。

?　6 ^ 2+ 5- null

其运算结果为 Null。

? 15 Mod 4,15 Mod - 4,- 15 Mod 4,- 15 Mod - 4

其运算结果为

3 3 - 3 - 3

表 3-2　算术运算符

运算符	功能	例子
—	取负值，单目运算	—(2+9)结果为—11
^	乘方运算	4^2 结果为 16
* 和/	分别为乘、除运算	1/2 * 3 结果为 1.5
\	整数除运算	16 * 2 \ 5 结果为 6
Mod	求余运算（取模运算）	87 Mod 9 结果为 6
＋和—	分别为加、减运算	2—4＋5 结果为 3

（2）文本表达式

文本表达式是由文本运算符和括号将相容的运算对象连接而成的式子，其运算结果为一个字符串。文本运算符及其功能如表 3-3 所示。

表 3-3　文本运算符及其功能

运算符	功能	例子
＋	将两个运算对象的字符串相连。返回值为文本型数据	"购物车"＋" 商品"＝"购物车 商品"
＆	将两个运算对象的值进行首尾相接。返回值为文本型数据	"购物车" ＆ " 商品"＝"购物车商品" "出版日期" ＆ Date()＝"出版日期 2020/11/19"

由表 3-3 可知，"＋"和"＆"这两个运算符的功能有较大的差别：参与"＋"运算的两个运算对象必须都是文本类型，否则不能进行连接运算；而参与"＆"运算的两个运算对象无须都是文本类型，这是因为"＆"运算首先将两个运算对象的值转换为文本值，然后再对转换得到的文本值进行首尾相接。参与"＆"运算的运算对象可以是文本、数值、日期或逻辑型数据。

注意：

①文本运算符的优先级相同。

②参与"＋"运算的运算对象有一个是 Null，则运算结果为 Null。

③参与"＆"运算的运算对象有一个是 Null，其运算结果仍然是文本。

【例 2-6】求下列表达式的值。

?　"出版日期" & Date()

其运算结果为"出版日期 2019/7/11"。

?　"出版日期"+ Date()

其运算结果为"运行时错误，类型不匹配"。

（3）日期表达式

日期表达式是由日期运算符和括号将相容的运算对象连接而成的式子，其运算结果为表示日期语义的日期值或数字值。日期表达式的运算符包括：＋和－，其功能既与数学运算符不同，也与字符运算符不同。日期运算符及其功能如表 3-4 所示。

表 3-4　日期运算符及其功能

运算符	功能	例子
＋	加法运算	＃2019－07－15＃＋10 运算结果为 2019/7/25
－	减法运算	＃2019－07－15＃ － 10 运算结果为 2019/7/5

注意：

①一个日期型数据加上或减去一个整型数据 N 时，整型数据 N 被作为天数，得到的是这个日期加上或减去 N 天后的日期。

②两个日期数据可以相减，结果是这两个日期相差的天数，因此两个日期型表达式相减的结果是一个整型数据。

③两个日期型数据相加是无意义的。

④当参与日期运算的运算对象有一个是空值时，日期表达式的结果也是 Null。

【例 2-7】求下列表达式的值。

?　# 2019- 9- 9# - # 2016- 6- 6#

其运算结果为

1190

? # 2019- 9- 9# - NULL

其运算结果为

Null

（4）关系表达式

关系表达式是用关系运算符和括号把两个相容的运算对象连接起来的式子。关系表达式对运算符两边的相容运算对象进行比较。当比较关系成立时，表达式的值为真（True）；当比较关系不成立时，表达式的值为假（False）。关系表达式常在各种命令中充当"条件"。

如果参与关系运算的运算对象是空值（Null），那么关系表达式的运算结果除了真（True）、假（False）以外，还可能是空值（Null）。例如，等于、不等于、小于、小于等于、大于、大于等于这几个比较运算，如果运算符的一侧为 Null，那么比较运算的结果为 Null。

Access 支持"Is Null"和"Is Not Null"这两种专门的空值关系运算，其使用方法将在第 7 章详细介绍。如果不考虑空值问题，那么 Access 支持的关系运算符及其功能如表 3-5 所示。

表 3-5　关系运算符及其功能

运算符	功能	例子
＜	小于	33＜44　结果为 True
＞	大于	"A"＞"a"　结果为 False
＝	等于	11＝12　结果为 False
＞＝	大于等于	"孙"＞＝"刘"　结果为 True
＜＝	小于等于	#2019－6－6# ＜＝#2019－9－9#　结果为 True
＜＞	不等于	4 ＜＞－6 结果为 True
In	判断运算符左侧表达式的值是否在运算符右侧的值列表中	商品名称 In("蛋糕","面包","包子")　结果视商品名称的值而定
Between… And …	判断运算符左侧表达式的值是否在该运算符指定的闭区间范围内	商品价格 Between 9 And 99　结果视商品价格的值而定
Like	判断运算符左侧表达式的值是否符合该运算符右侧指定的匹配模式。如果符合,返回值为真,否则为假	"我们" like "我和你" 运算结果为 False 姓名 Like "我和你"运算结果视姓名的值而定

注意：

①不同关系运算对运算对象的类型是有要求的，后续章节会有说明。

②日期型数据比较时，日期在前者为小，日期在后者为大。

③文本型数据比较时，Access 只对两个文本的字符串从左至右进行逐字符的比较，一旦进行比较的这个字符可以区分不同，那么比较停止；第一个可以区分不同的字符的大小决定了两个文本数据的大小；

④字符的大小是由字符在字符集中的排列顺序决定的，排列在前者为小，排列在后者为

大；Access 对字母的比较，不区分大小写。

⑤运算符 Like 仅能用于文本型数据之间的比较，其用法将在第 7 章展开详细介绍。

（5）逻辑表达式

逻辑运算式是用逻辑运算符和括号将相容的运算对象连接起来的式子。如果参与逻辑运算的运算对象不是空值，那么逻辑运算的结果是真值和假值。逻辑运算符及其功能如表 3-6 所示。

表 3-6　逻辑运算符及其功能

运算符	功能	例子
NOT	非	NOT(3<6)　运算结果为 False
AND	与	(3>6)AND(4 * 5=20)　运算结果为 False
OR	或	(3>6)OR(4 * 5=20)　运算结果为 True
XOR	异或	"A">"a" Xor 1+3 * 6>15　运算结果为 True
EQV	逻辑等价	"A">"a" Eqv 1+3 * 6>15　运算结果为 False

如果参与逻辑运算的运算对象不可能是空值，那么逻辑运算的规则如表 3-7 所示，其中的 A 与 B 分别代表两个逻辑型运算对象。

表 3-7　逻辑运算规则表

运算	运算规则
NOT　A	当 NOT 后的运算对象 A 为假时，表达式的值为真，否则为假
A AND B	当 AND 前后的运算对象 A 和 B 均为真时，表达式的值为真，否则为假
A OR B	当 OR 前后的运算对象 A 和 B 均为假时，表达式的值为假，否则为真
A XOR B	当 XOR 前后的运算对象 A 和 B 均为假或均为真时，表达式的值为假，否则为真
A EQV B	当 EQV 前后的运算对象 A 和 B 均为假或均为真时，表达式的值为真，否则为假

如果参与逻辑运算的运算对象可能是空值，那么逻辑运算的结果除了真（True）、假（False）以外，还可能是空值（Null）。

如果运算对象 A 是 Null，则 NOTA 将返回 Null；如果参与 AND 运算的两个运算对象一个是空值，一个是真值，则运算结果是 Null；如果参与 AND 运算的两个运算对象都是空值，则运算结果是 Null。如果参与 OR 运算的两个运算对象一个是空值，一个是假值，则运算结果是 Null；如果参与 OR 运算的两个运算对象都是空值，则运算结果是 Null。

如果参与 AND 运算的两个运算对象一个是空值，一个是假值，那么运算结果是 False；如果参与 OR 运算的两个运算对象一个是空值，一个是真值，那么运算结果是 True。

2. 表达式的使用规则

表达式是构建 Access 对象的一个重要元素，正确使用表达式是学好 Access 的一个基本要求。读者在各个对象使用表达式时，需要遵循的规则如下。

①每个字符都应该占同样大小的一个字符位，所有字符都应写在同一行上。

②数值表达式中有相乘关系的地方，一律采用" * "号表示，不能省略。

③算术运算符乘方^的前后应用空格与其他内容分开。

④在需要括号的地方，一律采用圆括号"()"，且左右括号必须配对。

⑤不得使用罗马字符、希腊字符等特殊字符。

⑥字段名与函数名中的字母，既可以大写也可以小写，其效果是相同的。

⑦逻辑运算符 NOT、AND、OR、XOR、EQV 的前后应用空格与其他内容分开。

⑧表达式中对运算对象的数据类型都有要求，类型不相容时，将出现错误警告。

⑨在构建表达式的时候，一定要考虑运算对象为空值的情况。

3. 运算符的优先级

当不同运算符出现在同一表达式中时，Access 基于预先确定的运算符优先顺序对表达式进行运算，除非使用括号改变其默认的运算顺序。括号内的运算始终会先于括号外的运算。

对于同一个括号内的表达式，Access 会基于默认的运算符优先顺序对表达式进行运算。各类运算符默认的优先顺序如下。

(1)文本运算符

文本运算符的优先级都是相同的，按照运算符在表达式时中的位置，自左向右地进行运算。

(2)关系运算符

关系运算符的优先级都是相同的，按照运算符在表达式时中的位置，自左向右地进行运算。

(3)日期运算符

日期运算符的优先级都是相同的，按照运算符在表达式时中的位置，自左向右地进行运算。

(4)算术运算符

算术运算符遵循的优先顺序如下。

①乘方运算符。

②求反运算符。

③乘除运算符。

④整数除运算符。

⑤求余运算符。

⑥加减运算符。

(5)逻辑运算符

逻辑运算符遵循的优先顺序如下。

①NOT 运算符。

②AND 运算符。

③OR 运算符。

如果表达式中包含上述的各类运算符，那么 Access 默认的运算符优先顺序如下：首先，算术运算符或日期运算符；其次，文本运算符；再次，关系运算符；最后，逻辑运算符。对于相同优先级的运算，则从左到右按顺序进行。

3.6 Access 的设计工具

Access 提供了一整套可视化设计工具，这些工具可以帮助用户轻松地完成数据库及其对象的设计任务，把用户的设计工作规范化、可视化和简单化，从而提高了用户基于数据库技术组织和管理数据的效率。Access 的设计工具包括模板、向导、设计器和生成器四大类。

1. 模板

为了帮助用户快速创建数据库和数据库对象，Access 提供了一些标准的数据库框架和数据库对象框架，又称为模板。尽管这些模板不一定完全符合用户的实际需求，但在模板的基础上，对它们稍加修改，即可快速地建立一个新的数据库或新的数据库对象。如何基于模板设计数据库和数据库对象，这一内容将在相关的章节中展开详细介绍。

2. 向导

向导是一种交互式的快速设计工具，用户在向导这个智能工具的引导和帮助下，不用复杂的设计就能快速地建立高质量的数据库对象，完成许多数据库的管理功能。

Access 为用户提供了许多功能强大的向导，几乎涉及所有的数据库对象。最常用的向导工具有查询向导、报表向导和窗体向导。这一内容将在相关章节中展开详细介绍。

3. 设计器

设计器是用户创建和修改数据库对象的一种可视化工具。在 Access 中，所有的数据库对象都有相应的对象设计器，后续相关章节将分别介绍表设计器、查询设计器、窗体设计器、报表设计器、宏设计器和模块设计器的使用方法。与向导相比，设计器具有更强的设计功能，适宜专业人员设计较为复杂的数据库对象。

4. 生成器

生成器是一个生成对象组件的对话框，它包含很多控件，用户通过对控件属性的设置，就可以生成用户需要的对象组件。生成器简化了对象组件的设计过程，从而提高了数据库对象的设计质量和效率。生成器一般嵌入在各个数据库对象设计器中，在数据库对象的设计中有广泛的应用，其中应用最广泛的生成器是表达式生成器。生成器的使用方法将在后续的相关章节中展开详细介绍。

3.7　Access 的操作方式

DBMS 是用户和数据库之间的接口，它必须向用户提供数据库的操作方式。作为桌面级应用的 Access，它向用户提供了两种友好的操作方式：交互方式和批处理方式。

3.7.1　交互方式

交互方式是指用户利用 Access 提供的接口命令向 Access 发出操作请求，Access 接受请求后，在后台完成用户要求的操作，并向用户返回操作结果。

1. 图形控件交互方式

图形控件交互方式是指用户基于 Access 提供的各种图形控件，向 Access 发出操作请求，由 Access 完成用户要求的操作并以图形控件的形式返回操作结果的操作方式。常用图形控件有窗口、对话框、选项卡、快速工具栏、快捷键和菜单等。

图形控件交互方式的特点：用户可以通过图形化界面与 Access 进行人机对话。该方式的优点是操作简单，易于学习；缺点是操作效率低，原因是用户一次只能执行一项操作。

2. 文本命令交互方式

Access 支持用户直接使用 SQL 命令对数据库及其对象进行交互式的定义、操作、查询和控制。该方式的优点是操作灵活，功能强大；缺点是需要学习数据库语言 SQL。

3.7.2 批处理方式

交互方式虽然给用户带来了方便，但却降低了执行效率。在实际工作中，常常需要一次执行一批操作，从而提高执行效率，这就需要将一批操作命令按照业务规则和系统约定封装到一个对象中。Access提供了宏对象和模块对象来封装批操作。

1. 宏方式

宏方式指的是将一批操作命令封装到宏对象中，宏对象的一次执行，就可以批量完成很多项操作的方式。与交互方式相比，宏方式的效率较高。

但宏对象只能完成逻辑较为简单的批操作。如果用户的业务逻辑非常复杂，就需要基于模块对象对复杂的业务逻辑进行建模。

2. 模块方式

对于复杂的数据管理问题，通常采用模块方式来完成的。模块也是一批操作命令的集合，相对于宏而言，模块允许用户设计逻辑关系复杂的批操作。

Access支持的面向过程的程序设计方法和面向对象程序设计方法，开发人员可以基于这两种方法并根据所要解决问题的具体要求，设计出相应的模块对象。

模块实际上就是大家平常所说的程序，它是Access提供的程序编写单元，也是Access提供的程序封装对象，因此模块方式又称为程序方式。

3.8 技术拓展与理论升华

尽管市场上有众多的关系型DBMS，但是在教学领域应用最多的是Access、SQL Server以及MySQL。本书主要基于Access学习数据库的原理和技术，主要原因如下。

①Access与大家熟悉的Word、Excel、PowerPoint等软件具有类似的操作界面和使用环境，因此易学易用，容易上手。

②Access应用成本低、发展趋势好，正在成为桌面数据库管理系统的主流产品。

但是Access毕竟是桌面级的DBMS，与SQL Server、MySQL、Oracle、DB2等DBMS相比，其数据组织和管理能力较低。因此，本书也用了不少篇幅介绍SQL Server，这样读者就可以基于Access与SQL Server的比较学习，来掌握数据库的应用技术，升华数据库的原理。

3.8.1 数据库管理系统 SQL Server

SQL Server是Microsoft公司推出的DBMS。与桌面级的Access相比，SQL Server提供了企业级的数据管理架构、高性能的并发数据服务、更安全和更可靠的数据存储服务，可以适合大容量数据的应用，使"永远在线，永远可用"的业务目标得到保证。因此SQL Server是目前各类院校的大学生学习大型数据库管理系统的首选数据库产品之一。

1. SQL Server 的体系结构

体系结构是对系统组成部分及其关系的描述。SQL Server是典型的客户机/服务器结构的系统。从顶层来看，SQL Server包括客户机和服务器两部分，它们分工协作，共同完成数据库的组织和管理功能。客户机接受用户的请求，并把请求提交给服务器；服务器解释客户机的请求，然后基于客户机的请求对数据库进行查询和操作，并将查询和操作的结果数据反馈给客户机；客户机将结果数据进行处理后，以相应的形式呈现给用户。

（1）SQL Server 支持的客户机

不同用户有不同的操作习惯和使用偏好，为此 SQL Server 提供了多种类型的客户机，以供用户选择使用。最重要的客户机有管理控制台、配置管理器以及 SQLcmd 等。

1）SQL Server Management Studio

SQL Server Management Studio，又称为 SQL Server 管理控制台。这是一个集成环境，可以用来访问和管理 SQL Server 的所有服务器，其中最重要的就是数据库引擎服务器。SQL Server Management Studio 既支持简单易用的图形操作方式，也支持功能强大的脚本程序操作方式，从而使得专业级用户和非专业级用户都能访问和管理 SQL Server 的服务器，进而使用服务器所提供的各种形式的数据服务。

2）SQL Server Configuration Manager

SQL Server Configuration Manager，又称为 SQL Server 配置管理器。SQL Server 配置管理器是一种配置软件，它既可以配置 SQL Server 后台服务的运行参数，又可以配置 SQL Server 客户机和服务器的通信协议；还可以对系统的网络连接进行配置。

3）SQLcmd

SQLcmd 支持用户通过 SQL 文本命令与后台服务器进行交互，从而实现数据库的创建、管理和运行维护等任务。用户在 SQLcmd 提供的文本界面中，通过输入 SQL 命令，向后台服务器发出请求，后台服务器完成用户的请求后，将执行结果反馈到 SQLcmd 的文本界面。与 SQL Server Management Studio 相比，SQLcmd 更快，更灵活。对具有一定 SQL 基础的用户，SQLcmd 不失为一种好的选择。

（2）SQL Server 支持的服务器

为了满足用户不同的需求，SQL Server 提供了不同的服务器，最主要的服务器有如下四类：数据库引擎、集成服务、报表服务和分析服务。

1）数据库引擎

数据库引擎（SQL Server Database Engine，SSDE）是 SQL Server 系统的核心服务器，主要用以组织和管理二维结构的数据，向用户提供数据查询和操作服务。

2）集成服务

集成服务（SQL Server Integration Services，SSIS），是一个数据集成平台，它可以将不同数据源的数据提取出来，然后按照目标数据库的格式进行转换，进而加载到目标数据库中。

3）报表服务

报表服务（SQL Server Reporting Services，SSRS），为用户提供企业级的报表设计和管理工具。基于 SSRS 提供的设计工具，用户可以有效率地创建报表。基于 SSRS 提供的管理工具，用户可以快捷的管理和发布报表。

4）分析服务

分析服务（SQL Server Analysis Services，SSAS），既可以处理二维数据结构，也可以处理多维数据结构，因此 SSAS 支持用户建立数据仓库，用以对多维数据进行多角度分析，从而为用户提供 OLAP 和数据挖掘服务。

2. SQL Server 的并发机制

SQL Server 是基于分布式应用架构的 DBMS，它支持多实例并发和多用户并发。

（1）多实例并发

SQL Server 允许在一台计算机安装一个或多个独立实例。每个实例的安装都需要执行 SQL Server 的一次安装任务，每一次安装任务都会生成一个"SQL Server 实例"。

SQL Server 实例即 SQL Server 数据库实例，它实质上是一整套 SQL Server 服务程序。

SQL Server 实例与数据库之间是一对多的关系，即一个 SQL Server 实例可以包括多个数据库。除了数据库之外，SQL Server 实例还可以包含其他的服务体。

基于多实例机制，SQL Server 可以为不同的项目分配不同的实例服务。不同的实例之间没有联系，它们组织和管理的数据库是相对独立的，可以同时并发运行。当某个实例发生故障时，只影响本实例分配的项目，其他实例的服务项目可正常运行。

(2)多用户并发

SQL Server 是基于客户机/服务器模式的 DBMS，这种模式先天支持多用户并发性。客户机/服务器模式在实际工作中，有广泛的应用场景。例如，银行的存储款处理系统，全部储户的数据集中存放在银行的中心服务器上，而客户在营业所每个营业柜台前看到的处理程序就是"客户端程序"。由于银行有多个营业所，每个营业所又有多个柜台，因此银行的存储款处理系统需要有多个"客户端程序"。也就是说，系统必须支持多用户并发性。

3. SQL Server 数据库支持的数据对象

虽然 SQL Server 实例最多能容纳 32 767 个数据库，但是在典型的应用中，一个实例 SQL Server 只有少量的数据库。对于每一个数据库，又包括多个数据对象。

SQL Server 数据库包含的重要数据对象如下：数据表是最重要的数据对象，它是数据库组织和管理数据的核心对象；视图是数据库数据的导出定义，基于视图，数据库系统可以向不同用户提供不同数据，以满足用户需求，并保证数据库的数据安全；索引可以使得数据库中的数据逻辑有序，以实现快速检索；存储过程用以实现用户对数据库的复杂数据管理和维护任务。

4. SQL Server 数据库支持的原子数据类型

与 Access 相比，SQL Server 数据库支持的原子数据类型更多。同时 SQL Server 支持用户自定义数据类型。用户自定义数据类型使得数据库组织和管理数据的能力更加强大。

5. SQL Server 支持的常量

Microsoft SQL Server 2008 R2 支持的常量主要包括整数、小数、浮点数、ANSI 字符串、Unicode 字符串、逻辑常量、日期时间常量、二进制常量以及 UniqueIdentifier 常量。显然，与 Access 相比，SQL Server 数据库支持的常量类型更丰富。

6. SQL Serve 支持的原子数据运算

SQL Server 支持的原子数据运算有算术运算、字符串运算、日期时间运算、位运算、关系运算和逻辑运算等。显然，与 Access 相比，SQL Server 数据库支持的原子数据运算更复杂。

3.8.2 数据库管理系统 MySQL

MySQL 是一个开放源代码的跨平台的数据库管理系统，它是由 MySQL AB 公司开发、发布并支持的。MySQL 作为开源软件的代表，已经成为世界上最受欢迎的数据库管理系统之一。全球最大的网络搜索引擎公司 Google 使用的数据库就是 MySQL 数据库。国内很多大型的网络公司也选择 MySQL 数据库，如网易、新浪等。

MySQL 越来越受欢迎原因是：性能原因、成本原因和可靠性原因。

(1)MySQL 的主要优势在于其优秀的性能

事实证明，MySQL 特别适合开发后台依托于数据库的应用系统。从普通的 PC 硬件环境到企业级的服务器硬件环境，MySQL 都可以顺畅地运行，其性能不亚于市场上任何一个主流数据库系统，并且它还能够处理拥有数十亿行的大型数据库。

(2)MySQL 的第二个优势在于系统开发和运维成本低

MySQL 能够满足各种企业级数据库应用的需求，且企业付出的商业许可和支持成本仅仅是商业数据库的一小部分。

（3）MySQL 的第三个优势在于系统的可靠性

MySQL 数据库系统基于稳定的架构，实现了可靠的数据库访问服务。谷歌、网易、新浪等网络公司给用户提供的可靠服务，都离不开 MySQL 的支持。

3.8.3 Access、SQL Server、MySQL 的比较

Access、SQL Server 以及 MySQL，各有各的特点，各有各的优势，用户应该如何选择呢？下面对三者做一个综合比较，作为用户选择的基础。

①Access 功能最不全面，它是最轻量的 DBMS，适于组织和管理的数据规模较小的数据库。但是，Access 是最容易学习，也最容易上手的 DBMS，是用户学习数据库原理和应用技术的首选。Access 一般运行在 Windows 平台之上，跨平台性较差。作为 Office 的一个套装软件，Access 数据库系统的开发和运维成本相对都比较低。

②MySQL 功能比 Access 全面，其性能也表现优秀，适于组织和管理数据规模较大的数据库。但是，MySQL 的学习成本比 Access 高的多，不经过专业学习，很难上手。MySQL 虽然可以运行于 Windows 平台之上，但在类 Linux 的系统平台上运行更好。作为一个开源软件，MySQL 数据库系统的开发和运维成本相对都很低。

③与 MySQL 相比，SQL Server 功能更强大，可以支持大规模的数据仓库，在海量数据下，SQL Server 的运行速度明显高。SQL Server 的学习成本虽然比 MySQL 低，但是比 Access 高得多。虽然 SQL Server 可以在类 Linux 的系统平台上运行，但 SQL Server 与 Windows 平台可以进行无缝集成，运行于 Windows 平台之上的 SQL Server 性能表现更优秀。作为一个商业软件，企业级的 SQL Server 数据库系统的开发和运维成本都很高，但 SQL Server 也提供了轻量版的免费软件，供数据库规模较小的数据库用户使用。

注意：在选择数据库管理系统的时候，有一个总的原则：没有最好的，只有最适合的，最适合的往往是最实用的。

笔者建议：学习者应该先基于 Access 入门数据库，然后再基于 Access 的学习体验和学习基础，深入学习和掌握 SQL Server 以及 MySQL 等 DBMS 基本理论、技术和操作，从而提升自己 DBMS 范畴的理论水平。

本书建议学习者选择 SQL Server 的原因：第一，SQL Server 与 Access 一脉相承，便于知识的建构；第二，在上述三个 DBMS 中，SQL Server 功能最强大，便于读者拓展技术，提升理论水平。

本章习题

第 4 章　数据库的创建与管理

本章以"StudentGrade"数据库为例，重点介绍数据库的创建和日常管理，下一章以"销售单"数据库为例，重点介绍数据中表对象的创建和运维。通过这两章的学习，读者就可以对数据库这一抽象的概念建立起直观的认识。

4.1　数据库实施的主要任务

在前 3 章中，完成了数据库的概念设计、逻辑设计和物理设计，设计者对目标系统的结构和功能已经分析的较为清楚了，要得到一个稳定、高效的数据库系统，还要进行数据库的实施、运行和维护。数据库的生命周期如图 4-1 所示。

图 4-1　数据库的生命周期

数据库实施阶段的主要任务是运用数据库管理系统提供的语言、工具，根据逻辑设计和物理设计的结果建立数据库，组织数据入库并进行数据对象的测试。

数据库系统实施的根本目的，是提供一个能够实际运行的系统，并保证该系统的稳定和高效。不同的用户对数据库系统实施的需求会有所不同。

4.1.1　工程层面

在实际应用中，设计和创建数据库时会从三个方面考虑用户的需求：一是项目规模，包括数据量的负载规模和并发用户的负载数量；二是安全性的高低；三是项目成本，即目标数据库的建设、运行和维护的成本。在按照设计好的物理模型创建数据库时，也要考虑数据库的功能需求和数据库的性能需求，包括响应时间、存储空间以及可靠性等方面的因素。

4.1.2　教学层面

用于教学的数据库系统，主要考虑是否适合教师教、学生学，对于响应时间、可靠性这些因素可以暂时不必考虑。

一般来说，用具体的数据库管理系统(DBMS)提供的数据定义语言，把数据库的逻辑结构设计和物理结构设计的结果转化为程序语句，然后经 DBMS 编译处理和运行后，实际的数据库便建立起来了。目前的很多 DBMS 除了提供传统的命令行方式外，还提供了数据库结构的图形化定义方式，极大地提高了工作的效率。Access 就是这样一个 DBMS，也就是说通过 Access 这个数据库平台，用户可以像操作 Office 其他软件一样简单创建一个数据库。

4.2　数据库的创建

在 Access 2016 中，数据库是一个逻辑上的概念和手段，用于将相互联系的表对象及其相关的数据库对象(查询、窗体、报表、宏、模块等)统一管理和组织。在物理上，创建数据库表现为建立了一个用来存放数据库的定义信息的扩展名为 .accdb 的文件。

Access 2016 提供了以下两种创建数据库的方法。

①使用模板创建。模板是预设的数据库，含有已定义好的数据模式，甚至数据。如果能找到与需求接近的模板，使用模板是创建数据库的最快方式，但使用模板创建的数据库往往不能满足用户需求，还需要对数据库进行修改。

②从空数据库开始创建。

4.2.1　使用模板创建数据库

Access 2016 提供了 9 个数据库模板，可以从这些模板中找出与所要创建的数据库相似的模板，所选的模板不一定完全符合用户的要求，可以在建立数据库后再进行修改，使其符合要求。

【例 4-1】使用"销售渠道"模板创建"销售"数据库。

①启动 Access 2016，在启动窗口右侧窗格的中间位置，单击"销售渠道"按钮，如图 4-2 所示，弹出一个对话框，如图 4-3 所示。

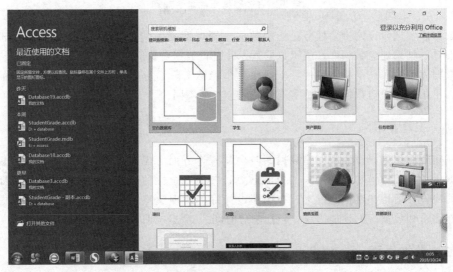

图 4-2　新建文件窗口

②在对话框中单击文件名右侧的"打开" 按钮，在弹出的"文件新建数据库"对话框中，选择保存该数据库文件的文件夹，如 D:\DATABASE，把默认的文件名"Database1.accdb"修改为"销售 .accdb"，单击"确定"按钮，如图 4-4 所示。

③单击"确定"按钮后，返回如图 4-3 所示的对话框，显示将要创建的数据库名称和保存位置，单击"创建"按钮，就创建了数据库"销售 .accdb"，如图 4-5 所示。新创建的数据库名称会出现在标题栏上。

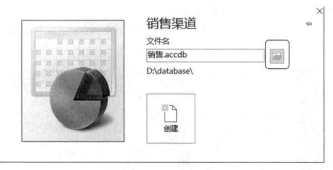

图 4-3　新建文件对话框

④打开"导航窗格"，可以查看该数据库包含的数据库对象，如图 4-4 所示。

图 4-4　"文件新建数据库"对话框

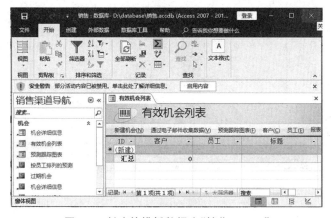

图 4-5　创建的模板数据库"销售.accdb"

4.2.2　空数据库的创建

如果找不到需要的数据库模板，或者需要导入数据，可以创建空数据库，空数据库中不包含任何数据库对象，用户可根据需要在其中创建或添加表、查询、窗体、报表等对象，并建立表对象之间的关系和参照完整性等。

【例4-2】创建"StudentGrade"空数据库。

①执行"文件"选项卡中的"新建"命令，在打开的 Backstage 窗格左上方，单击"空数据库"按钮，如图4-6所示。

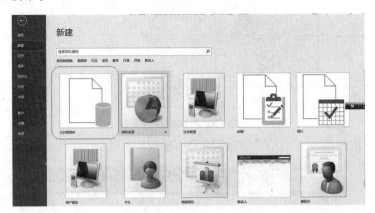

图4-6 新建文件窗口

②在弹出的对话框中，如图4-7所示，单击文件名右侧的 📂 按钮，在弹出的"文件新建数据库"对话框中，选定保存该数据库文件的文件夹，如 D:\DATABASE，把默认的文件名"Database2. accdb"修改为"StudentGrade. accdb"，单击"确定"按钮。

③单击"确定"按钮后，返回如图4-7所示的对话框，显示将要创建的数据库名称和保存位置，单击"创建"按钮，就创建了空白数据库"StudentGrade. accdb"，如图4-8所示。

创建空数据库时，系统会自动为数据库添加一个名为"表1"的表对象。如果不想创建表，可以直接关闭表或数据库，系统会自动删除此表，退出创建。

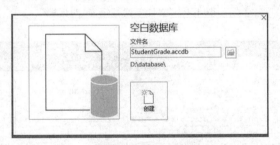

图4-7 "新建空白数据库"对话框

图4-8 创建的空数据库"StudentGrade. accdb"

注意：Access 2016 使用的是 Access 2007 文件库，新建的数据库文件都是 .accdb 格式。

4.2.3 简单数据表的创建

刚刚创建的 StudentGrade 数据库自动为当前数据库，并且自动创建一个对象名为"表1"的数据表。用户可以利用"表1"快速地创建一个数据表，"表1"第一个字段是"ID"，默认类型为自动编号，可以通过"表格工具｜字段"选项卡中的"名称和标题"更改"ID"的名称和标题。

【例4-3】 在新建的 StudentGrade.accdb 数据库中建立数据表 Student。

①在"表1"中选中"ID"列，在"表格工具｜字段"选项卡中的"属性"选项组中单击"名称与标题"按钮，或直接双击"ID"列，将名称改为"StudentNo"，如图4-9和图4-10所示。

图 4-9 新建数据表

②选中"StudentNo"列，在"表格工具｜字段"选项卡"格式"选项组中的"数据类型"下拉列表框中，将该列数据类型改为"短文本"，如图4-11所示。单击"StudentNo"下面的单元格，输入学号"201917111001"。

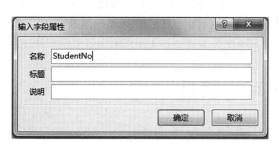

图 4-10 修改字段名

图 4-11 设置字段"数据类型"

③再"单击以添加"下面的单元格中输入"隋玉婷"，这时 Access 自动为新字段命名为"字段1"，双击"字段1"把名称修改为"StudentName"，如图4-12所示。

④重复步骤③添加所需字段的字段名，然后输入记录数据，Access 会自动根据输入的值为字段分配数据类型。继续输入第2～第8条记录的数据，结果如图4-13所示。

图 4-12 输入数据和字段名

StudentNo	StudentName	StudentSex	StudentBirthday	StudentMajor	StudentClass	StudentDepartment	ExaminationRoom
201917111001	隋玉婷	女	2000/3/30	国际经济与贸易	2019级国贸1班	国贸系	4
201917111002	卢月	女	1999/4/5	国际经济与贸易	2019级国贸1班	国贸系	1
201917111003	葛菲	女	1999/9/25	国际经济与贸易	2019级国贸1班	国贸系	4
201917111004	明晓	女	2000/1/13	国际经济与贸易	2019级国贸1班	国贸系	5
201917111005	王钰婷	女	1999/1/13	国际经济与贸易	2019级国贸1班	国贸系	2
201917111006	何方敬	女	2000/2/5	国际经济与贸易	2019级国贸1班	国贸系	6
201917111007	苏华	女	1999/11/12	国际经济与贸易	2019级国贸1班	国贸系	5
201917111008	张文汶	女	1999/3/19	国际经济与贸易	2019级国贸1班	国贸系	6

图 4-13　student 表结果

⑤执行"文件"选项卡中的"保存"命令，如图 4-14 所示，在弹出的"另存为"对话框中输入表名称"student"，单击"确定"按钮，如图 4-15 所示，简单数据表就创建好了。

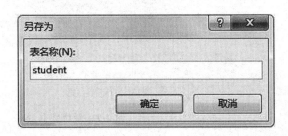

图 4-14　"保存"命令　　　　　　**图 4-15　"另存为"对话框**

简单数据表的创建方法非常方便快捷，用户只要输入数据，系统会根据输入数据的值自动分配数据类型，创建表结构，不需要用户定义表的模式，表对象中也不包含约束。简单数据表结构不一定完全符合用户需求，用户可以使用表设计视图对表进行修改，并添加约束。用户还可以在表的基础上根据需要添加其他数据库对象。这一内容将在第 5 章中展开详细介绍。

4.3　数据库的管理

4.3.1　数据库的日常管理

数据库的日常管理主要包括：数据库的打开与关闭、数据库对象的组织、数据库的保存、不同版本数据库文件之间的转换、删除数据库等操作。要使用已经建立好的数据库时，首先要打开它，然后才能进行各种操作。当完成对数据库的操作不再使用时，应将其关闭。

1. 数据库的打开

要查看或编辑已有数据库，必须先将其打开。

(1)打开数据库的方法

有 3 种方法可以打开数据库。

方法一：双击数据库文件图标。

方法二：快速打开：启动 Access 2016 后，在 Backstage 视图的左侧列出了最近打开的数据库文件，可以直接单击打开，如图 4-16 所示，或执行"打开其他文件"命令，在右侧窗格中列出更多的最近使用过的数据库文件，选择需要的数据库打开。

方法三：执行"文件"选项卡中的"打开"命令，在右侧窗格中单击"浏览"按钮，在弹出的"打开"对话框中，选中要打开的文件。例如，选中"StudentGrade.accdb"文件，然后单击"打开"按钮，如图 4-17 所示。

图 4-16　打开最近
使用的数据库文件

图 4-17　"打开"窗格

(2)打开数据库的模式

打开数据库有 4 种模式，单击"打开"按钮右侧的下拉按钮可进行选择，如图 4-18 所示。

图 4-18　"打开"对话框

①打开：默认的打开方式，是以共享方式打开数据库。

②以只读方式打开：此方式打开的数据库只能查看不能编辑修改。

③以独占方式打开：此方式打开数据库时，其他用户试图打开该数据库时，会收到"文件已在使用中"的消息，不能再打开，如图 4-19 所示。

图 4-19　"以独占方式打开"打开据库时

④以独占只读方式打开：此方式打开数据库时，其他用户仍能打开该数据库，但只能以只读方式打开该数据库，如图 4-20 所示。

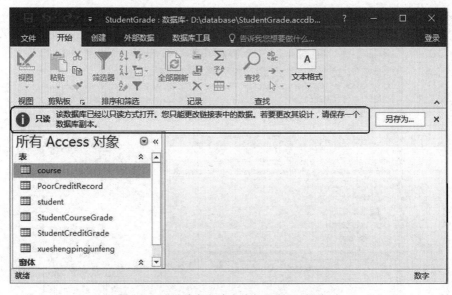

图 4-20　"以独占只读方式打开"打开据库时

2. 数据库对象的视图

对数据库的操作实际上是对数据库中各个对象的操作，视图是操作数据库对象的界面。不同的对象有不同的视图模式。以表对象为例，表有两种视图：数据表视图和设计视图，两种视图的用法会在第 5 章展开详细介绍。

有 3 种切换不同视图的方法。以 StudentGrade. accdb 为例，首先打开数据库，在左侧的导航窗格中双击表"Student"，将其打开。

方法一：单击"开始"选项卡中最左侧的"视图"▼下拉按钮，如图 4-21 所示，从中选择所需视图。

方法二：在表名称选项卡上（把光标移到右侧表窗口上方表名称"Student"上）右击，在弹出的快捷菜单中选择需要的视图，如图 4-22 所示。

方法三：单击状态栏最右侧（右下角）的"⊞ ✕ 视图切换"按钮，选择不同的视图。

图 4-23 是数据表的设计视图。数据库对象的性质不同，视图模式和操作方法也有所不同，这是后续的章节要进一步介绍的内容。但是不同的数据库对象，其视图的切换方式与表对象是类似的。

图 4-21 "视图"菜单

图 4-22 "视图"快捷菜单

图 4-23 数据表设计视图

3. 数据库对象的组织

数据库对象主要有表、查询、窗体、报表、宏和模块等，可以分为两类：数据源对象和数据操作对象。数据源对象主要存放着数据库的全部原始数据，给其他数据库对象提供数据进行处理，如表对象。数据操作对象从数据源对象中获得信息进行处理，以满足用户特定的需求或提供友好的用户界面，如窗体、报表、宏、模块等。查询可以是数据源对象，也可以是数据操作对象。

Access 提供了导航窗格对数据库对象进行组织和管理，导航窗格是对 Access 中的表、查询、窗体、报表、宏和模块等对象进行管理的工具。

在 Access 2007 以前的 Access 版本中，都是通过数据库窗口来使用数据库中的对象。例如，使用数据库窗口打开要使用的对象，修改对象设计时也使用该窗口。Access 2016 可以利用导航窗格对数据库对象进行组织，以便更高效地管理数据库对象，如图 4-24 所示，在导航窗格中可以很方便地打开或关闭、添加或复制数据库对象，还可以删除或重命名对象以及查看对象的属性。

单击"所有 Access 对象"右侧的"百叶窗开/关"《 按钮或按 F11 快捷键，可以打开或收起导航窗格。单击"所有 Access 对象"右侧的 下拉按钮，即可打开导航窗格菜单，如图 4-25 所示，从中可以查看正在使用的类别和展开的对象。可以采用多种方式对数据库对象进行组织管理，这些组织方式包括对象类型、表和相关视图、创建日期、修改日期、按组筛选、按对象类别以及自定义。

（1）对象类型

对象类型就是按照表、查询、窗体、报表、宏和模块等对象组织数据。"表"组仅显示表对象，"查询"组仅显示查询对象。在对象类别中，如果只选择"表"对象，导航窗格将只显示数据库中所有的表。

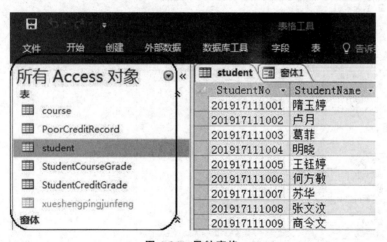

图 4-24 导航窗格

图 4-25 导航窗格菜单

（2）表和相关视图

表和相关视图是一种基于数据库对象的逻辑关系的组织方式。在 Access 数据库中，数据表是最基本的对象，其他对象都是基于表作为数据源而创建的。因此，某个表和其相关对象就构成了某种逻辑关系。通过这种组织方式，可以比较容易了解数据库相关对象之间的关系。

（3）自定义

自定义是一种灵活的组织方式，Access 允许用户根据需要组织数据库中的对象。

如果需要通过自定义方式组织数据库对象，可以右击导航窗格，在弹出的快捷菜单中执行

"导航选项"命令，如图 4-26 所示，弹出"导航选项"对话框，如图 4-27 所示。通过单击"添加项目""删除项目""重命名项目""添加组""删除组"和"重命名组"按钮，可自定义所需的类别及组。

在导航窗格中，选择任何对象，都可以通过右击，在弹出的快捷菜单中选择并执行某项操作。选择不同的对象弹出的快捷菜单会有所不同。

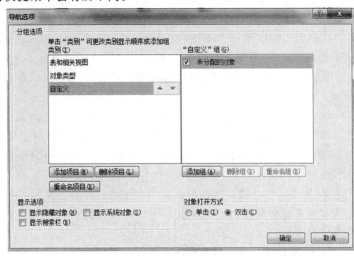

图 4-26　导航窗格快捷菜单　　　　　　图 4-27　"导航选项"窗口

还可以把一些不想让别的用户看到的数据库对象隐藏起来，例如，隐藏和显示数据库 StudentGrade 中的表对象 Course。

①隐藏对象：选中要隐藏的表对象"Course"，右击，在弹出的快捷菜单中选择"在此组中隐藏"命令，如图 4-28 所示。

②取消隐藏的方法如下。

• 在导航窗格中的空白处右击，在弹出的快捷菜单中选择"导航选项"命令。

• 在弹出的"导航选项"对话框中，勾选左下角的"显示隐藏对象"复选框，如图 4-29 所示，然后单击"确定"按钮。这时可以看到被隐藏的对象"Course"（灰色，处于隐藏的状态）了。

• 右击"Course"，在弹出的快捷菜单中执行"取消在此组中隐藏"命令，如图 4-30 所示，就可以把被隐藏的对象取消隐藏。

图 4-28　隐藏数据库对象　　　图 4-29　导航选项中的"显示选项"　　　图 4-30　取消隐藏

4. 数据库的属性管理

如果要了解一个新打开的数据库，可以通过查看数据库的属性，了解数据库的文件名、文件类型、大小、存放位置以及数据库中包含了哪些对象等相关信息。数据库属性分为常规、摘要、统计、内容和自定义五类。

【例4-4】查看数据库StudentGrade的属性。

①执行"文件"选项卡中的"信息"命令，在打开的Backstage视图右侧窗格中单击"查看和编辑数据库属性"按钮，如图4-31所示。

②在弹出的"数据库属性"对话框中选择各个选项卡，查看数据库的相关信息，如图4-32所示。

• 常规和统计属性：都属于Access 2016的自动更新属性，用户不能指定或更改这些属性。常规属性包括文件名、类型、位置、大小、创建时间、修改时间和访问时间。统计属性包括创建时间、修改时间和访问时间等。查找文件时可以使用这些属性，例如，可以搜索昨天修改的所有文件。

• 摘要属性：摘要属性包括标题、主题、作者、类别、关键词等数据库的说明信息，可以为这些属性指定自己的文本值以便更容易地组织和标识文档。可以通过主题、作者、关键词等信息来检索文件。

• 内容属性：内容属性列出了按对象类型分组的所有数据库对象的名称，可以看到当前数据库中包含了哪些表、查询、窗体、报表、宏和模块等。

图4-31　数据库"信息"选项卡

图4-32　数据库属性对话框

• 自定义：可以设置自定义属性，并把这些属性作为高级搜索的条件。设置自定义属性时，用户只需要输入或选择属性的名称、类型和取值，然后单击"添加"按钮即可。

5. 数据库的保存与关闭

对数据库的操作结束后，要保存和关闭数据库，以释放内存空间。另外，为了在早期版本的Access中打开和使用数据库，可以在保存时把文件转成早期版本的数据库格式。

（1）数据库的保存

对数据库做了修改以后，需要及时保存。

①"保存"命令：以下三种方法均可保存对当前数据库的修改。

- 单击快速访问工具栏中的"保存" 按钮（窗口左上角）。
- 执行"文件"选项卡中的"保存"命令。
- 按 Ctrl＋S 快捷键。

②"另存为"命令。

使用该命令可更改数据库的保存位置和文件名，对原数据库进行备份。

- 执行"文件"选项卡中的"数据库另存为"命令（Access 会弹出"保存数据库前必须关闭所有打开的对象"的提示对话框，单击"是"按钮即可，如图 4-33 所示）。

图 4-33 提示对话框

- 在弹出的"另存为"对话框中，选择文件的保存位置，然后在"文件名"文本框中输入文件名称。
- 单击"保存"按钮。

③保存并转换成早期版本格式。Access 具有不同的版本，可以将 Microsoft Office Access 2003、Access 2002、Access 2000 或 Access 97 创建的数据库转换成 Access 2016 文件格式 .accdb。也可以将 Access 2016 文件格式 .accdb 转换成早期版本。因为 Access 2016 数据库文件格式（.accdb）不能用早期版本的 Access 打开，如果需要在早期版本的 Access 中使用 .accdb 格式的数据库，则必须将其转换为早期版本的文件格式。

其转换方法如下。

- 打开要转换的数据库。
- 执行"文件"选项卡中的"另存为"命令，在打开 Backstage 视图中单击"文件类型"组中的"数据库另存为"按钮，显示信息如图 4-34 所示。

图 4-34 "数据库另存为"按钮

- 在右侧窗格"数据库文件类型"组中有 4 个选项，选择所需版本，然后单击"另存为"按钮。
- 在弹出的"另存为"对话框中，选择保存文件的位置，输入数据库名称，单击"保存"按钮。当 Access 2016 数据库中使用的某些功能在早期版本中没有时，不能将 Access 2016 数据库转换为早期版本的格式。

（2）数据库的关闭

当数据库不再使用或要打开另一个数据库时，就要关闭当前数据库，有以下几种方式。

①关闭打开的数据库而不退出 Access：执行"文件"选项卡中的"关闭"命令。

②先关闭打开的数据库，然后退出 Access。

· 单击标题栏右侧的"关闭"按钮。

· 单击控制图标（窗口左上角）或按 Alt＋Space 快捷键，在弹出的菜单中执行"关闭"命令，或双击控制图标。

· 按 Alt＋F4 快捷键。

6. 数据库的删除

有两种方式可以删除数据库文件。

①在"Windows 资源管理器"或"计算机"中对数据库文件进行删除。

②执行"文件"选项卡中的"打开"命令，在弹出的"打开"对话框中右击要删除的数据库文件，在弹出的快捷菜单中选择"删除"命令，如图 4-35 所示。

图 4-35 "打开"对话框和快捷菜单

注意：删除数据库后，数据库中包含的对象也都一并删除了。

4.3.2 数据库的安全管理

数据库担负着存储和管理数据信息的任务，在使用过程中，如何保证数据库系统能安全可靠地运行是一个十分重要的问题。数据库的安全管理是指保护数据库数据安全的方法、技术和操作，以防止不合法的使用所造成的数据泄露、更改或破坏。

不同 DBMS 所提供的的安全管理功能是不同的。Access 2016 是桌面版的数据库管理系统，它提供的安全管理功能较弱，主要包括信任中心的设置、对数据库加密和解密、备份和恢复数据库以及对数据库进行压缩和修复等。本书配套的电子版教学资源给出了 Access 2016 实现安全管理的方法和技术，感兴趣的读者可以借助该资源进行自主学习。

4.4 技术拓展与理论升华

基于 Access 创建的数据库，映射为一个数据库文件，这种单文件存储的数据库，性能和空间都受到制约，当数据规模比较大时，基于 Access 创建的数据库就无法满足用户的性能和空间需求。

当数据规模较大时，更多的是用 SQL Server、MySQL 等中大型 DBMS 创建数据库。上述 DBMS 创建的数据库，都可以映射为存储在多个存储器上的多个数据库文件，从而便于数据库存储空间的拓展，也有利于用户的并发访问。

本书配套的电子版教学资源给出了基于 SQL Server 2008 R2 创建大规模数据库的方法和技术，感兴趣的读者可以借助该资源进行自主学习。

本章习题

第 5 章　表对象的创建与运维

本章导读

本章将学习如何在数据库容器中创建数据表对象，以及如何对部署应用的表对象进行运维。为使得知识结构无缝衔接，本章继续以社区便利店的"商品销售信息"数据库为背景学习表对象的创建和运维。

本章首先对"商品销售信息"数据库中的表对象进行物理设计，得到该数据库细化的物理模型；其次以"商品销售信息"数据库的物理模型为基础，全面介绍表对象的创建和运维；最后还指出了拓展大学生的理论素养和应用能力的路径。

表对象设计的主要工作有三：一是设计表对象的存储结构；二是设计表对象的物理约束；三是设计表对象的索引存取方法。表对象设计的成果是表对象的物理模式，它是表对象创建的基础，也是表对象运行服务效率高低的决定性因素。

创建表对象的主要工作有二：一是表对象的建模；二是组织数据入表。表对象的建模，可以基于 DBMS 提供的表设计器完成，其主要工作是定义表的存储结构、物理约束和索引存取方法。表对象模式定义好以后，接下来的工作就是按照表的模式组织数据入表，主要方法有表数据的导入和表数据的手工插入等。

运维阶段有两项工作：一是表对象的运行和监控；二是表对象的维护。表对象的运行主要是为用户提供数据服务，最重要的运行性操作有表对象的操作、表对象的排序和筛选、表对象的运行监控等。如果监控到表对象存在功能、性能或安全等问题时，这就需要对表对象进行维护，最主要的维护性任务有表模式的维护、表数据的维护等。

综上所述，本章的任务如下：以"商品销售信息"数据库的物理模型为蓝图，建立一系列的表对象，并将这些表对象部署运行；为了提高表对象的运行服务质量，必须对表对象运行质量指标进行全面监控，对于监控发现的功能、性能和安全问题，必须在第一时间对进行动态维护。

5.1　表对象物理模式的设计

表是数据库中最基本的对象，主要用来组织和存储原始数据，是整个数据库系统的基础。表对象的创建涉及模式和数据两个方面的内容。要在数据库中创建一个表，必须先根据用户需求定义表的模式，这包括表的存储结构、表的内部约束、表的索引、表间联系以及表间约束；然后再按照表的模式组织数据入表，这包括在表中插入数据或导入数据。

5.1.1　表对象的物理模式

尽管表对象的创建涉及模式和数据两个方面的内容，但表模式的创建是关键。表模式的质量决定了这个表对象是否能够有效率地组织和管理数据，进而提供高质量的数据服务，因此创建表对象之前，必须对表对象的模式进行科学的设计。一般讲来，表对象的物理模式包括：存储结构、数据约束和索引访问方法三个维度。

1. 表对象的存储结构

定义表对象的存储结构实际上就是定义表对象所包含字段的存储属性。字段的存储属性主要有三：一是表对象所包含的各个字段的字段名；二是各个字段的数据类型；三是各个字段的存储大小。不同 DBMS 定义存储属性的规则是不同的，下面介绍一下 Access 定义字段存储属性的规则。

（1）定义字段的名称

字段名称是字段在表对象中各个列的标识，最长可以包含 64 个字符。表中每一列都应有一个唯一的字段名。为字段命名时的注意事项如下。

①字段名通常由英文字母、汉字、数字和下划线等符号组成，建议以字母开头。

②字段名中不区分字母的大小写。

③由于 Access 采用 Unicode 编码，所以汉字同字母、数字以及其他英文符号一样，作为一个字符处理。

④字段名不宜太长，最好具有一定的语义，以便用户见名知义。

⑤尽管 Access 不限制在字段名称中使用系统的关键字，例如，Integer、Select、Insert等，但请尽量避免使用，以避免意外错误的发生。

⑥尽管 Access 不限制在字段名称中使用特殊字符，例如，空格、运算符、句号、单引号、双引号等，但特殊字符的存在可能会导致应用中的意外错误，所以应尽量避免。

（2）定义字段的数据类型

字段的数据类型决定了该字段的值集以及定义在这个值集上的操作。Access 中经常使用的数据类型有短文本、数字、日期/时间、货币、自动编号、是/否、长文本、OLE 对象、超级链接、附件、计算和查阅向导等。

（3）定义字段的大小

字段大小又称为字段宽度，只有数字型和文本型字段需要定义字段大小，其他类型字段无须指定大小，它们由系统统一规定，占用固定长度的存储空间。数字型字段的大小指该字段的取值范围；文本型字段的大小指该字段的最大长度，即该字段可存储的最多字符个数。在定义字段的大小时应注意以下几点。

①字段大小应能容纳所要存储在该字段中的数据。

②短文本型字段的大小范围为 1～255 个字符，超过时应作为长文本存储。

③由于数字型字段又细分为字节、整型、长整型、单精度型、双精度型和小数型等子类型，因此定义数字类型字段的大小，首先应该指定该字段的子类型，然后再根据该字段的子类型特点定义该数字型字段的大小。例如，如果指定数字型字段的子类型是小数型，那么还需要定义该字段小数点前后的总位数、小数点左边的位数、小数点右边的位数。

④对每一种类型的字段而言，它的大小都有一个默认值，对数字型和文本型字段而言，这个默认值可以更改，对于其他类型的字段而言，这个值不能改变。例如，短文本类型的字段宽度默认值为 255，用户根据实际情况可以将字段的宽度修改为 1～255 中的一个值；又如，逻辑型、日期型、货币型等类型的字段，其字段大小是固定的，不能修改。

2. 表对象的数据约束

定义表对象的数据约束包括三类：一是定义表的实体完整性约束；二是定义表的域完整性约束；三是定义表的参照完整性约束。其中，实体完整性约束和域完整性约束属于表对象的内部约束，而参照完整性约束属于表对象之间的约束。

3. 表对象的索引访问方法

为了提高表对象数据的访问速度，可以通过索引定义表对象的数据访问方法。索引可以使得数据表有序，从而提高数据表的存取速度，尤其是读取速度。对于 Access 而言，选择索引定义表对象的存取方法实际上就是根据应用需求确定对表对象的哪些字段建立索引、哪些字段建立组合索引、哪些索引定义为唯一索引、哪个索引定义为主索引等。

【例 5-1】已知某社区便利店的"商品销售信息"数据库的逻辑模式如下。

商品销售信息={商品,销售员,顾客,销售单,销售单商品}
商品(**编号**,名称,生产日期,有效期,价格,存量,畅销否,商品详情,商品照片)
销售员(**编号**,姓名,性别,出生日期,聘用日期,明细岗位,电话,邮箱,通信地址)
顾客(**编号**,姓名,性别,出生日期,联系电话,顾客地址,最近购买时间,消费积分)
销售单(**销售单编号**,创建时间,销售状态,顾客编号,销售员编号)
销售单商品(**销售单编号**,**商品编号**,销售折扣,销售数量)

请设计表对象的物理模式。

【分析】对于数据库的这五个表而言，销售员、商品和顾客这三个表是实体表，而销售单和销售单商品这两个表是事务表。销售单反映了销售事务发生的时间、当前的状态、参加销售事务的销售员和顾客，它将销售员和顾客这两个表的数据联系起来。销售单商品反映了每一张销售单所销售的商品，它将销售单和商品这两个表关联起来。为了便于读者学习，表 5-1、表 5-2、表 5-3、表 5-4 和表 5-5 分别设计了这五个表的物理模式，设计方法不再赘述。

表 5-1 Product 表的物理模式

字段名称	数据类型	字段大小	约束	索引
商品编号	短文本	6	主键	主索引
商品名称	短文本	19	非空、唯一键	唯一索引
生产日期	日期/时间	系统默认	非空	普通索引
有效期	长整型	系统默认	0<有效期<6 000	
价格	货币	系统默认	0<价格<10 000	普通索引
存量	整型	系统默认	5<存量<1000	
畅销否	是/否	系统默认	默认值：否	
商品详情	长文本	系统默认		
商品照片	OLE 对象	系统默认		

表 5-2 Seller 表的物理模式

字段名称	数据类型	字段大小	约束	索引
销售员编号	短文本	3	主键	主索引
销售员名称	短文本	9	非空	普通索引
性别	短文本	1	男或女	
出生日期	日期/时间	系统默认	非空	普通索引
明细岗位	短文本	16	非空	
聘用日期	日期/时间	系统默认	非空	普通索引

续表

字段名称	数据类型	字段大小	约束	索引
电话	短文本	16	非空	
邮箱	短文本	29		
通信地址	短文本	29		

表 5-3　Customer 表的物理模式

字段名称	数据类型	字段大小	约束	索引
顾客编号	短文本	9	主键	主索引
顾客姓名	短文本	9	非空	普通索引
性别	短文本	1	男或女	
出生日期	日期/时间	系统默认		
联系电话	短文本	16	非空	普通索引
顾客地址	短文本	29		
最近购买时间	日期/时间	系统默认		
消费积分	长整型	系统默认	消费积分＞0	

表 5-4　SalesOrder 表的物理模式

字段名称	数据类型	字段大小	约束	索引
销售单编号	短文本	11	主键	主索引
创建时间	日期/时间	系统默认	非空	普通索引
顾客编号	短文本	9	外键、非空	普通索引
销售员编号	短文本	3	外键、非空	普通索引
销售单状态	短文本	3	非空	

表 5-5　ProductOfSalesOrder 表的物理模式

字段名称	数据类型	字段大小	约束		索引
销售单编号	短文本	11	主键	外键	主索引
商品编号	短文本	6		外键	
销售折扣	小数	(3，2)	0＜销售折扣＜1		
销售数量	整型	系统默认	0＜销售数量＜存量		
备注	文本	255			

5.1.2　表对象物理模式的设计点

既然表对象的物理模式包括存储结构、数据约束和索引三个维度，那么表对象的物理设计就要围绕这三个维度展开。如果数据库中只有一个孤立的表对象，那么表模式的设计内容主要包括表的存储结构、表内部的约束规则以及表的索引；如果数据库中包括若干个相互关联的表对象，那么表模式的设计还必须考虑表对象之间的关联关系以及表对象之间应该遵循的约束规则。为了便于学习者理解，本书将表对象的设计分解为以下 5 个设计点。

1. 表对象的设计一（设计点：表结构）

表对象结构的设计是表对象设计任务中最基础的设计点。表对象结构设计完成后，需要在表对象中插入数据，以验证表对象结构是否满足用户的需求。

①定义表的结构：主要定义表中各个字段的名称、数据类型以及字段大小等存储属性。

②测试表的结构：为了测试表对象的结构是否合理，一般需要在表中插入数据，从而对表结构的科学性进行测试。在表中插入数据的方法主要包括手工插入数据和批量导入数据两种。如果有可用的数据源，可以采用批量导入数据的方法，否则只能采用手工插入数据的方法。

表 5-1 至表 5-5 的前三列，分别设计了 Product、Seller、Customer、SalesOrder 以及 ProductOfSalesOrder 这 5 个表的存储结构。

这 5 个表存储结构设计是否合理，靠目测和经验是不可能给出答案的，需要在表中插入数据以验证它们的合理性。

为了便于初学者体验，本书采用手工插入数据的方法对表的存储结构进行测试。表 5-6 给出了 Product 表对象的测试数据，篇幅原因，"商品详情"和"商品照片"这两个字段的数据都为空值。在设计表对象的测试数据时，数据样本要有代表性，另外数据样本的量不能太小。

表 5-6 Product 表的测试数据

商品编号	商品名称	生产日期	有效期	价格	存量	畅销否	商品详情	商品照片
P01001	有机韭菜	2019/1/16	3	2.59	119	是	Null	Null
P01002	阳光大白菜	2019/1/16	5	2.60	118	是	Null	Null
P01003	生态西红柿	2019/1/15	1	1.90	89	否	Null	Null
P01004	南海菠萝	2019/1/16	5	6.90	91	是	Null	Null
P01005	胶东苹果	2019/1/11	30	5.60	138	是	Null	Null
P01006	东北鲜菇	2019/1/16	7	7.10	62	否	Null	Null
P02001	南山里脊	2019/1/17	7	12.60	137	是	Null	Null
P02002	渤海腿肉	2019/1/17	7	15.90	92	否	Null	Null
P02003	中华牛肉	2019/1/17	7	91.00	131	否	Null	Null
P03001	东海带鱼	2019/1/16	60	65.00	65	是	Null	Null
P03002	生态鲤鱼	2019/1/16	3	168.50	102	否	Null	Null
P03003	南海鲳鱼	2019/1/16	60	65.00	167	否	Null	Null
P04001	生态鸽子蛋	2019/1/17	7	29.00	110	是	Null	Null
P04002	家常鸡蛋	2019/1/17	7	5.10	98	是	Null	Null
P05001	鲜牛奶	2019/1/17	3	3.60	157	是	Null	Null
P05002	花生蛋白乳	2019/1/17	6	7.50	108	否	Null	Null
P06001	有机花生油	2019/1/11	365	160.00	66	否	Null	Null
P06002	好吃面包	2019/1/17	5	6.90	155	是	Null	Null
P06003	方便面	2019/1/11	365	6.00	97	是	Null	Null

商品编号	商品名称	生产日期	有效期	价格	存量	畅销否	商品详情	商品照片
P06004	龙须面条	2019/1/11	180	9.00	113	否	Null	Null
P06005	生态瓜子	2019/1/11	365	5.50	137	否	Null	Null
P06006	速冻水饺	2019/1/11	90	26.00	66	否	Null	Null
P07001	绿色大米	2019/1/11	365	69.00	120	是	Null	Null
P07002	生态红豆	2019/1/11	365	21.00	107	是	Null	Null
P08001	齐鲁啤酒	2019/1/11	365	6.00	90	否	Null	Null
P08002	可口苹果汁	2019/1/11	180	16.00	123	否	Null	Null
P09001	盒装抽纸	2019/1/11	700	7.00	125	否	Null	Null
P09002	高级香皂	2019/1/11	700	12.00	87	是	Null	Null
P09003	安心插排	2019/1/11	3650	29.00	88	否	Null	Null

2. 表对象的设计二（设计点：表内约束）

科学的设计表对象内部的约束规则是保证表中数据正确的重要手段，因此表内约束是表对象重要的设计点之一。表对象内部约束的设计主要包括两方面的内容：一是定义表的实体完整性约束，主要定义表的主键和唯一键；二是定义表的域完整性约束，主要定义表中字段是否可以为空值、是否需要满足某一特定的验证规则，以及是否有默认值等。

例如，表5-1的第4列定义了表对象 Product 的表内约束："商品编号"是主键；"商品名称"和"生产日期"不能为空值；0＜有效期＜6 000；0＜价格＜10 000；5＜存量＜1 000；是否畅销的默认值为"否"。

又如，表5-3的第四列定义了表对象 Customer 的表内约束："顾客编号"是主键；"顾客姓名"及"联系电话"不能为空值；"顾客性别"只能从"男"或"女"这两个值中选取一个；消费积分＞0。

3. 表对象的设计三（设计点：表索引）

科学的设计表索引，是提高表数据的访问速度的重要方法。不同的 DBMS，所支持的索引类型是不同的，就 Access 而言，它仅仅支持用户定义下面三类索引：一是主索引；二是唯一索引；三是普通索引。注意：主索引和主键是相关的；唯一索引和唯一键是相关的。下文有详细介绍。

例如，表5-1的第5列定义了表对象 Product 的索引：基于"商品编号"字段建立主索引（由于"商品编号"是主键，所以 Access 一定会基于"商品编号"字段建立主索引）；基于"商品名称"建立唯一索引（由于"商品名称"是唯一键，所以 Access 一定会基于"商品名称"建立唯一索引）；基于"生产日期"字段建立普通索引；基于"价格"字段建立普通索引。

4. 表对象的设计四（设计点：表间联系）

由于便利店的商品销售数据按照主题分别保存在 Product、Seller、Customer、SalesOrder 以及 ProductOfSalesOrder 这5个表对象中，所以必须基于关联字段建立这5个表之间的联系，这样才能够对这5个表的数据进行关联访问。

就商品销售信息数据库而言，可以建立如下的联系：基于"销售员编号"建立 Seller 表和 SalesOrder 表之间的一对多联系；基于"顾客编号"建立 Customer 表和 SalesOrder 表之间的一对多联系；基于"销售单编号"建立 SalesOrder 表和 ProductOfSalesOrder 表之间的一对多联系；基于"商品编号"建立 ProductOfSalesOrder 表和 Product 表之间的一对多联系。

由于 Access 不支持多对多联系，所以 SalesOrder 表和 Product 表之间的多对多联系需要间接的通过下面的两个一对多联系来表示：一是 SalesOrder 表与 ProductOfSalesOrder 表之间的一对多联系；二是 ProductOfSalesOrder 表和 Product 表之间的一对多联系。

表间联系是通过公共字段实现的，而且这个公共字段必然是一个表的主键（唯一键）、另外一个表的外键。例如，如果要在 Seller 表和 SalesOrder 表之间建立关联，那么就要将"销售员编号"这个公共字段定义为 Seller 表的主键（唯一键）、SalesOrder 表的外键。

5. 表对象的设计五（设计点：表间约束）

表对象之间建立联系后，就可以基于联系定义表间约束。Access 支持用户基于一对一联系或一对多联系建立下列两类表间约束：一是定义表间的级联更新约束；二是定义表间的级联删除约束。

例如，如果修改了 Seller 表中某个销售员的"销售员编号"，那么 SalesOrder 表中该销售员的"销售员编号"也必须进行同步修改，否则会导致数据错误。为了强制 Seller 表和 SalesOrder 表中的"销售员编号"能够同步修改，可以基于这两个表的联系建立级联更新约束。

又如，如果删除了 SalesOrder 表中一条销售单记录，那么 ProductOfSalesOrder 表中与 SalesOrder 表中"销售单编号"相同的记录也应该同步删除，这样才能保证数据的正确性。为了强制 SalesOrder 表和 ProductOfSalesOrder 表"销售单编号"相同的记录能够同步修改，可以基于这两个表的联系建立级联删除约束。

5.2 表对象物理模式的创建

创建表对象的主要任务是基于表对象的物理模式定义表的存储结构、表的约束以及表的索引；如果表对象与其他表对象之间存在关联，还需要定义表对象之间的联系和参照完整性约束。鉴于表对象物理模式的创建很复杂，下文将按照表的存储结构、表的内部约束、表的索引、表间关联以及表约束这一顺序由浅入深地学习表对象物理模式的创建，以便于读者理解和掌握。

在 Access 中，创建表对象物理模式主要有以下两种方法：一是基于表对象设计器创建表对象的物理模式；二是基于"SQL 命令"创建表对象的物理模式。本节主要介绍第一种方法，第二种方法将在第 7 章展开介绍。基于表对象设计器创建表对象的物理模式常常要用到两种视图：设计视图和数据表视图。

5.2.1 存储结构的创建

创建表的存储结构是创建表对象最基础和最重要的工作。创建表存储结构的第一个任务是定义字段的存储属性，主要是定义所有字段的名称、类型和大小。创建存储结构的第二个任务是在表对象中插入数据，以验证字段存储属性的合理性。

1. 定义表对象的存储结构

就 Access 表对象而言，定义表对象的存储结构就是完成下面三个任务：一是定义表对象所包含的各个字段的字段名；二是定义各个字段的数据类型；三是定义各个字段的存储大小。

【例 5-2】观察表 5-1 所示的 Product 表的物理模式，基于表对象设计器的"设计视图"，在"商品销售信息"数据库中创建 Product 表对象的存储结构，并插入表 5-6 所示的数据对 Product 表对象的存储结构进行测试。

基于表设计器的"设计视图"创建表对象存储结构的方法和步骤如下。

①启动 Access 2016，打开"商品销售信息"数据库，如图 5-1 所示。

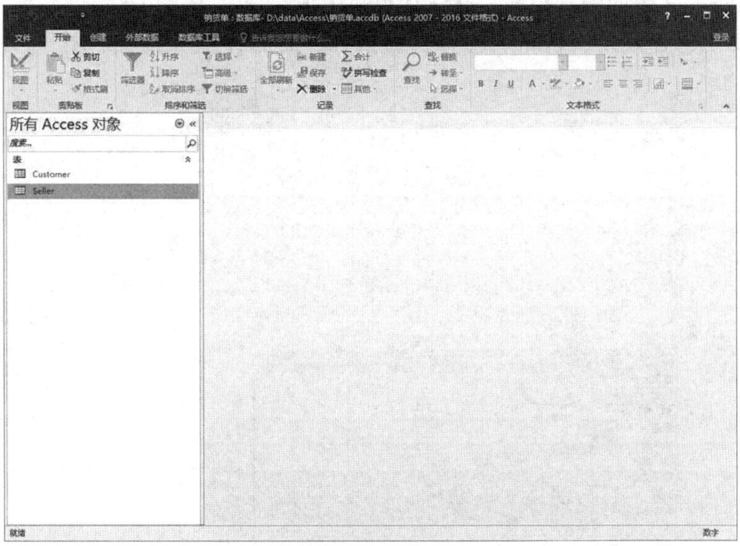

图 5-1 "商品销售信息"数据库

②如图 5-2 所示，执行"创建"选项卡"表格"选项组中的"表设计"命令，打开如图 5-3 所示的表对象设计器的"设计视图"。

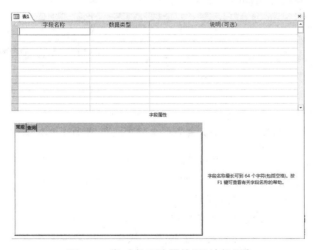

图 5-2 "表格"选项组中的"表设计"命令

图 5-3 表对象设计器的"设计视图"

③在设计视图中定义"商品编号"字段的名称、类型和字段大小。如图 5-4 所示，在该行的"字段名称"列中输入商品编号；在"数据类型"下拉列表中选择"短文本"，在设计视图下方"字

段属性"区的"字段大小"文本框中输入"6"。

④基于 Product 表的物理模式，在设计视图中依次定义 Product 表的其他字段，包括商品名称、生产日期、有效期、价格、存量、畅销否、商品详情和商品照片 8 个字段，如图 5-5 所示。

图 5-4　在设计视图中定义"商品编号"字段

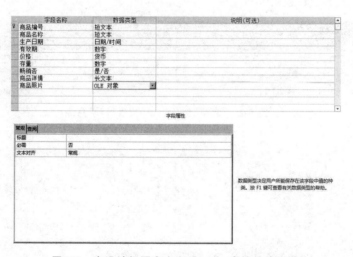

图 5-5　在设计视图中定义 Product 表的其他字段

(5)单击快速访问工具栏中的"保存"按钮，弹出如图 5-6 所示的"另存为"对话框，在文本框中输入 Product，单击"确定"按钮。如果 Product 表保存成功，数据库导航窗格中会出现 Product 表对象的图标标识，如图 5-7 所示。

提示：如果在定义表结构的时候没有定义主键，Access 将弹出图 5-8 所示的对话框，警示用户当前表尚未定义主键。一般来说，主键是必须定义的，否则数据表的语义不完整。由于主键的内容将在本章 5.2.2 节中展开介绍，因此这里单击对话框的"否"按钮即可。

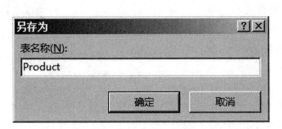

图 5-6 "另存为"对话框

图 5-7 导航窗格中的 Product 表对象

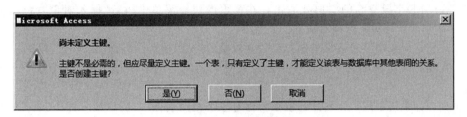

图 5-8 尚未创建主键的警示对话框

2. 测试表对象的存储结构

设计好表对象的存储结构后，就可以在表对象中插入数据对表的存储结构进行测试。对于有可用数据源的表，可以采用批量导入的方法，否则只能采用手工插入的方法。

Access 表数据的手工插入是在"数据表视图"中完成的。在视图窗口中可按顺序逐条记录地输入记录的字段值。在字段中输入数据时，要注意与字段的数据类型和存储大小一致。

（1）短文本和数字型字段数据的输入

对于短文本和数字型字段，通常在字段的编辑区直接输入字段值即可。对于短文本型字段，字段中输入的字符个数不能超过该字段所定义的存储大小。对于数字型字段，字段中输入的数据与其子类型密切相关，因此要与字段的子类型一致。

在表对象中插入新记录时，新记录行的前面会显示" * "标记。向新记录输入数据时，此标记会高亮显示，表示此记录处于输入状态。带" * "标记的行不计入记录总数。

（2）日期型字段数据的输入

当光标定位到日期型字段的编辑区时，字段编辑区右侧出现一个"日期选择器"图标。单击该图标可以打开日历控件，如图 5-9 所示。用户可以基于日历控件将日期数据插入到日期型字段中。日期型数据也可以手工方式输入，数据格式必须符合日期型字段"格式"约束的要求。字段的"格式"约束将在 5.2.2 节中展开介绍。最常使用的日期格式为"2016-8-31"或"2016/8/31"。

图 5-9 日历控件

（3）长文本型字段数据的输入

长文本型字段也可以像短文本字段那样，直接在该字段的文本框空间中输入文本。不过长文本字段的文本框编辑区空间有限，如果长文本内容很多，在文本框中直接输入就比较困难。

按 Shift＋F2 快捷键，弹出长文本字段的"缩放"对话框，在空间较大的对话框中输入长文本的文字数据，会使数据输入比较方便。"缩放"对话框如图 5-10 所示。

（4）OLE 字段数据的输入

Access 中的"OLE 对象"字段可以用来存储文本、图形、图片、音频、视频以及其他类型的二进制文件数据。在 OLE 字段中输入数据有两种方式：新建和由文件创建。

图 5-10 "缩放"对话框

1）新建方式

如果插入到 OLE 字段的对象文件不存在，那么需要基于对象的注册程序创建。基于"新建"方式可以打开对象的注册程序，进而在字段中输入对象文件的数据。其具体操作步骤如下。

①在 OLE 字段空间的空白处右击，在弹出的快捷菜单中执行"插入对象"命令，打开如图 5-11 所示的新建对象类型对话框。

②在新建对象类型对话框中选择要建立对象的类型，单击对话框的"确定"按钮。

③在随后启动的对象注册程序中，完成对象的实际创建工作，然后关闭对象注册程序即可。

例如，如果想创建一张图片，就在新建对象类型对话框中选择"Bitmap Image"对象类型，单击对话框的"确定"按钮后，用户需要在随之启动的"画图"程序中，创建需要的图片，然后关闭画图窗口，位图图片会自动存入 OLE 字段中。

2）由文件创建方式

如果要将现有文件作为对象插入到表对象的 OLE 字段中，那么应该基于"由文件创建"的方式输入 OLE 字段的数据。

其关键步骤如下：打开"由文件创建对象"对话框，然后单击"浏览"按钮，在弹出的"浏览"对话框中选择并打开要插入的文件即可。打开"由文件创建对象"对话框的步骤与插入新对象的步骤类似。"由文件创建对象"的对话框如图 5-12 所示。

图 5-11 新建对象的对象类型

图 5-12 由文件创建对象对话框

（5）查询列表字段的创建

如果某字段的取值是一组固定数据，例如，销售员的"明细岗位"字段的值为"经理""时令果蔬""海鲜水产""肉蛋奶""粮油副食"和"日用百货"6 个固定的值，那么可以将这个字段的类型定义为查询列表字段。当查询列表字段获得输入焦点时，该字段会打开一个列表，用户可以从列表的各项列表值中选择一项，作为该字段的值。合理的设计查询列表字段，可以提高用户的输入效率，减少用户的输入错误。

【例 5-3】将 Seller 表对象的"明细岗位"字段定义为查阅列表类型，该字段的取值范围为"经理""时令果蔬""海鲜水产""肉蛋奶""粮油副食"和"日用百货"6个固定值。

【说明】将 Seller 表对象的"明细岗位"字段定义为查阅列表类型的操作步骤如下。

步骤一：打开 Seller 表对象的"设计视图"，选择"明细岗位"字段列。

步骤二：在"数据类型"字段列的下拉列表中选择"查阅向导"，弹出"查阅向导"第 1 个对话框，如图 5-13 所示。在该对话框中选中"自行键入所需的值"单选按钮，然后单击"下一步"按钮，弹出如图 5-14 所示的"查阅向导"的第 2 个对话框。

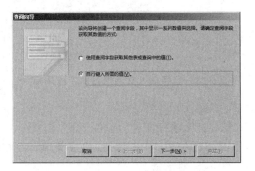

图 5-13　查询向导—第 1 个对话框

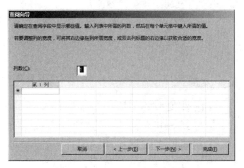

图 5-14　查询向导—第 2 个对话框

步骤三：在"查阅向导"第 2 个对话框的"第 1 列"中，依次输入"经理""时令果蔬""海鲜水产""肉蛋奶""粮油副食"和"日用百货"6 个值，结果如图 5-15 所示。

步骤四：输入完成后，单击"完成"按钮。单击快速访问工具栏中的"保存"按钮，保存定义。

步骤五：切换到 Seller 表对象的"数据表视图"，然后让"明细岗位"字段获得输入焦点，此时可以看到"明细岗位"字段右侧出现 ▼ 按钮，单击下拉按钮，会弹出一个下拉列表，列出了"经理""时令果蔬""海鲜水产""肉蛋奶""粮油副食"和"日用百货"6 个值，如图 5-16 所示。

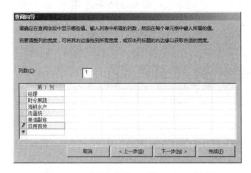

图 5-15　查询向导—第 3 个对话框

图 5-16　查询列表字段的下拉列表

（6）附件字段的输入

如果要将一个或多个 BMP 文件、Excel 文件、Word 文件、PPT 文件以及其他类型的二进制文件插入到表对象的字段中，那么可以在表对象中创建一个附件字段。

例如，如图 5-17 所示的表对象包含销售员编号、销售员姓名和个人档案三个字段，其中"个人档案"是附件类型的字段。由于表对象中所有销售员的附件字段都没有插入数据，所以各个销售员记录的个人档案字段的值都用图标 $\textcircled{U}(0)$ 表示。

如果在销售员 S00 的个人档案字段中添加 3 个文件，那么该记录的个人档案字段的图标就自动修改为 $\textcircled{U}(3)$ ，如图 5-18 所示。在附件类型的字段中每添加或删除一个文件，附件型字段的图标都会变化，以表示该字段中所插入的附件文件数的增加或减少。

销售员编号	销售员姓名	附件
S00	步步高	(0)
S01	张水果	(0)
S02	王蔬菜	(0)
S03	郑海鲜	(0)
S04	赵水产	(0)
S05	小鲜肉	(0)
S06	金鸽子	(0)
S07	刘小象	(0)
S08	张企鹅	(0)
S09	李百货	(0)
*		(0)

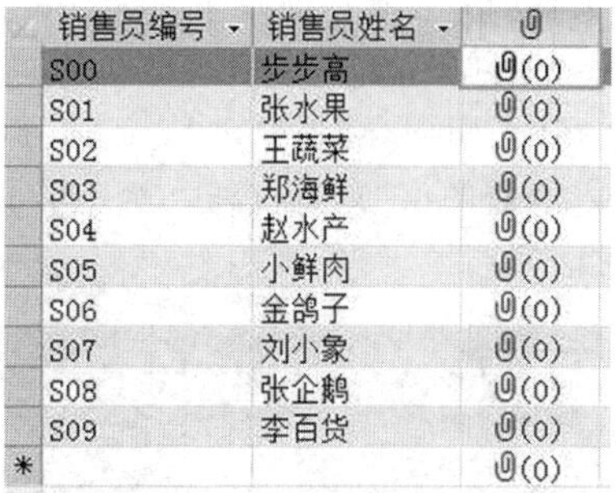

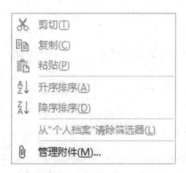

图 5-17　没有插入文件的附件字段图标

销售员编号	销售员姓名	附件
S00	步步高	(3)
S01	张水果	(0)
S02	王蔬菜	(0)
S03	郑海鲜	(0)
S04	赵水产	(0)
S05	小鲜肉	(0)
S06	金鸽子	(0)
S07	刘小象	(0)
S08	张企鹅	(0)
S09	李百货	(0)
*		(0)

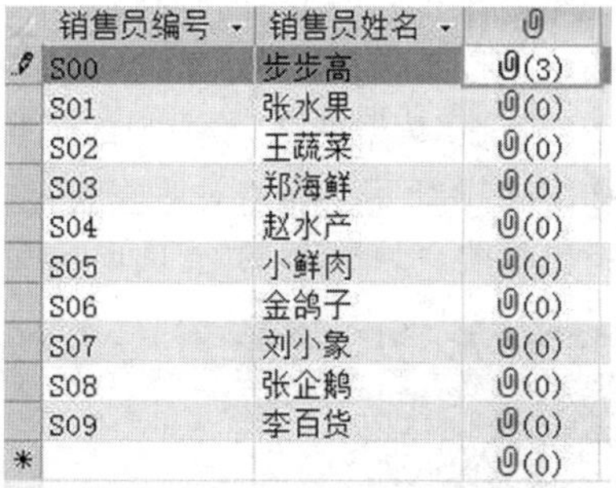

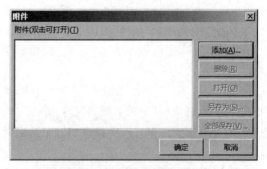

图 5-18　已经插入文件的附件字段图标

在附件类型的字段中添加附件文件的方法如下。

①打开 Seller 表对象的“数据表视图”窗口，选择要插入附件文件的附件字段。

②在要插入附件文件的附件字段空间中，右击，弹出如图 5-19 所示的快捷菜单，在快捷菜单中执行“管理附件”命令，弹出如图 5-20 所示的“附件”对话框。

③单击“附件”对话框的“添加”按钮，弹出“选择文件”对话框，如图 5-21 所示。

图 5-19　附件字段的快捷菜单

图 5-20　“附件”对话框

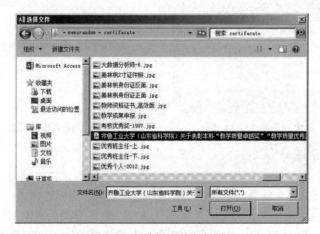

图 5-21　“选择文件”对话框

④基于“选择文件”对话框将用户选择的文件添加到“附件”对话框。

⑤单击“附件”对话框的“确定”按钮，就完成了在附件类型的字段中添加文件的任务。

插入附件字段中的文件还可以查看和编辑。双击附件型字段的图标，即可弹出如图 5-22 所

示的"附件"对话框。在"附件"对话框中,用
户可以添加或删除附件文件,也可以打开
附件文件查看,还可以将选定的附件文件
保存到指定的文件夹中。

对于附件类型的字段,尽管可以添加
多个文件,但是随着文件的增多,数据库会
迅速膨胀。因此,在表对象中使用附件类型
的字段时,应该权衡利弊,仅仅在利大于弊
时使用。

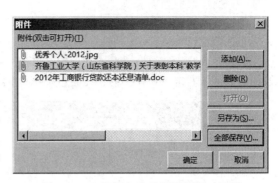

图 5-22 已经插入文件的"附件"对话框

(7)自动编号字段的输入

对于"自动编号"类型的字段,系统会自动在字段中插入值,用户无需也无法手动输入。
每当向表对象中插入一条新记录,Access 都会自动向"自动编号"类型的字段插入一个唯一的
整数,这个整数可以是顺序递增的,也可以是随机数。

对于顺序递增的自动编号字段,其值是一直增加的(每次都加 1 或其他递增值),每当插
入一条新记录,该记录自动编号字段的值会在前面记录字段值的基础上加 1 或其他递增值。

自动编号类型字段的值一旦插入,就不能修改。当表对象中发生记录的删除操作时,顺
序递增的自动编号字段的编号值就不连续了。如果想让自动编号字段的值重新连续编号,可
以执行以下操作:首先,删除表对象中原来的自动编号字段;然后,对数据库进行压缩和修
复;最后,在表对象中插入新的顺序递增的自动编号字段。

注意:一个表对象中只能创建一个"自动编号"类型的字段。自动编号类型字段的初始值
和递增值都默认是 1。基于 SQL 命令可以修改自动编号字段的初始值和递增值,其命令格式为:
ALTER TABLE 表名称 ALTER COLUMN 自动编号字段名称 COUNTER(初始值,递增值)。

5.2.2 表内约束的创建

表对象的约束分为表内约束和表间约束。上一小节学习了表对象存储结构的定义,本小
节学习表对象内部约束的定义,表间约束将在 5.2.5 节中学习。

就关系数据库理论而言,表内约束包括实体完整性约束和域完整性约束。Access 定义表
内约束的方法主要有二种:一是定义表对象的主键,实现表对象的实体完整性约束;二是定
义表对象的验证规则,实现表对象的域完整性约束。

除此之外,Access 还支持定义字段的输入约束和显示约束,以屏蔽存储结构对用户操作
的困扰,提高用户的使用体验,并使表对象的数据输入规范、显示美观、布局统一。上述约
束实际上是特殊的域完整性约束,它们大多与用户的输入/输出有关,本书统称为界面约束。

1.主键的创建

Access 既支持用户将一个字段定义为主键,也支持用户将多个字段定义为主键。如果一个
字段是主键或主键的一部分,则该字段称为主键字段。例如,在表对象 ProductOfSalesOrder 中,
主键基于"销售单编号"和"商品编号"这两个字段定义,因此"销售单编号"和"商品编号"这两个
字段都是主键字段。

如果将一个字段定义为主键,那么该主键字段的值必须是唯一的,而且不能是空值;如
果将多个字段定义为主键,那么组成主键的多个字段的组合值必须是唯一的,而且不能是
空值。

将一个字段或多个字段定义为主键的方法如下。

①打开表对象的"设计视图"窗口。

②选择主键字段。

③切换到"表格工具 | 设计"选项卡，单击"主键"按钮，如图 5-23 所示。也可以在主键字段的选取区域右击，在弹出的快捷菜单中执行"主键"命令。

图 5-23　表格工具 1"设计"选项卡的"主键"命令

④主键创建成功后，在表对象设计视图的主键字段左侧，将添加主键图标 ，如图 5-24 所示。表对象的主键也可以删除，方法是选择主键字段，重新选择并执行"主键"命令。

字段名称	数据类型	说明(可选)
销售单编号	短文本	
商品编号	短文本	
商品名称	短文本	
销售折扣	数字	
实际销售价格	货币	
销售数量	数字	
实际销售金额	计算	

图 5-24　主键字段"销售单编号"和"商品编号"的主键图标

2. 验证规则的创建

在 Access 中，验证规则包括字段和记录两个层面。字段层面的验证规则仅仅对表对象的某一个字段实施约束规则检查；而记录层面的验证规则负责对表对象中的 2 个或 2 个以上的字段实施约束规则检查。验证规则的创建既可以使用表对象的设计视图，也可以使用表对象的数据表视图。由于基于设计视图创建验证规则更灵活，因此本小节基于表对象的设计视图创建验证规则。

(1)字段层面的验证规则

字段层面的验证规则基于"字段属性"区的"验证规则"框和"验证文本"框进行定义。"验证规则"的定义实际上就是设置一个条件，对用户输入到该字段的数据进行检查，只有满足设定条件的数据才能被 Access 接受并存储到该字段中。"验证文本"是用户定义的警示信息，当用户在字段中的输入不满足字段的"验证规则"时，Access 将打开警示对话框并显示"验证文本"。

例如，为保证 Seller 表对象的"性别"字段的数据只能是"男"或"女"，可以在"性别"字段的"验证规则"框中输入下列条件表达式：[性别]="男" Or[性别]="女"。如果上述"性别"字段的"验证规则"设置成功，那么当用户在"性别"字段中输入"楠"字，Access 经验证会发现"楠"不满足"性别"字段的验证规则，于是 Access 会弹出图 5-25 所示的警示对话框。警示对话框中警示的信息可以采用默认值，也可以自定义。自定义警示信息的方法是在该字段的"验证文本"框内输入警示信息。如果用户没有自定义警示信息，那么 Access 将采用默认信息警示用户。默认的警示信息如图 5-25 所示，该信息与用户定义的验证规则密切相关。

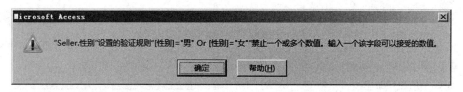

图 5-25　基于默认的验证文本显示警示信息

【例5-4】为 Product 表对象的"价格"字段定义一个验证规则，确保"价格"字段可输入和接受的数据区间是(0，10000)，当用户输入的数据位于(0，10000)之外时，Access 弹出对话框警示用户"您的输入非法，价格必须大于 0 且小于 10000"。

【说明】根据题意，本例需要设定一个验证规则和一个验证文本。验证规则一般用条件表达式表示，本例设定为 0<[价格] And [价格]<10000；验证文本一般用文本字符串表示，本例设定为"您的输入非法，价格必须大于 0 且小于 10000"。当用户的输入满足验证规则时，用户的输入被 Access 接受；否则，用户的输入将被视为非法数据，不予接收并弹出警示对话框，通知用户："您的输入非法，价格必须大于 0 且小于 10000"。

本例设定验证规则的方法和步骤如下。

①打开"商品销售信息"数据库，在导航窗格中右击 Product 表对象，在弹出的快捷菜单中执行"设计视图"命令，打开 Product 表对象的"设计视图"窗口。

②在设计视图中，选择"价格"字段。

③如图 5-26 所示，在"价格"字段"字段属性"区的"验证规则"文本框中输入："0<[价格] And [价格]<10000"；在"验证文本"文本框中输入："您的输入非法，价格必须大于 0 且小于 10000"。

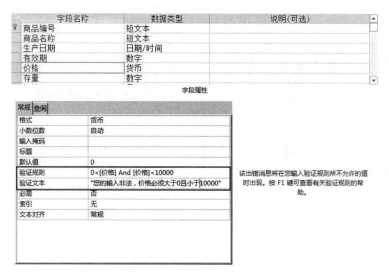

图 5-26　设置"价格"字段的验证规则和验证文本

④单击快速访问工具栏的"保存"按钮，保存验证规则和验证文本的定义。

⑤测试验证规则和验证文本的有效性。切换到 Product 表对象的"数据表视图"，在"价格"字段的编辑区输入 99999 后，单击数据表视图的其他区域，此时，Access 弹出图 5-27 所示的警示对话框。

⑥单击"确定"按钮，返回表对象的"数据表视图"，继续其余的工作或关闭表对象。

如果定义验证规则的条件表达式比较复杂，那么可以单击"验证规则"文本框右边的"表达式生成器"按钮，启动"表达式生成器"来定义条件表达式。

（2）记录层面的验证规则

记录层面的验证规则基于"属性表"窗格中的"验证规则"框和"验证文本"框进行定义。切换到表对象的设计视图，选择"表格工具｜设计"选项卡，单击"属性表"按钮，即可打开如图 5-28 所示的"属性表"窗格。

图 5-27　基于用户自定义的
"验证文本"显示警示信息

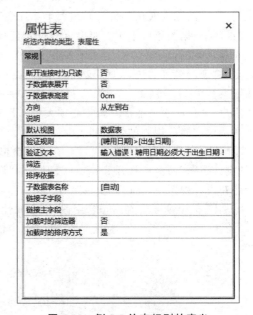

图 5-28　"属性表"窗格　　　　图 5-29　例 5-5 约束规则的定义

在"属性表"窗格中定义记录层面的验证规则就是在该窗格的"验证规则"文本框和"验证文本"文本框定义一个"条件表达式"和一个"文本串"，定义方法与字段层面的验证规则类似。

【例 5-5】为 Seller 表对象定义一条记录层面的验证规则。该规则的验证表达式为"[聘用日期]＞[出生日期]"；该规则的警示信息是"输入错误！聘用日期必须大于出生日期！"。

【说明】根据题意，本例需要基于属性表窗格给 Seller 表对象的"聘用日期"和"出生日期"两个字段定义一个验证规则和一个验证文本。验证规则是"[聘用日期]＞[出生日期]"。验证文本是"输入错误！聘用日期必须大于出生日期！"。验证规则和验证文本的定义如图 5-29 所示。

3. 界面约束的创建

除了支持关系数据库理论范畴的主键、验证规则、默认值等约束外，Access 还支持创建理论范畴之外的某些约束，主要包括定义字段的输入约束和显示约束，本书统称为界面约束。Access 支持的界面约束包括：字段的输入掩码、显示格式、默认值、界面标题以及是否允许空值等，它们用来屏蔽表对象存储结构对用户的操作困扰，规范和方便用户的输入。

（1）定义字段的界面标题

字段的"标题"是字段在界面中显示的标签。在表对象的数据表视图中，标题是字段在数据表视图列标题处显示的标签。如果没有设置字段标题，那么字段标题默认就是字段名称。

为兼容各类程序对表对象字段的访问，表对象的字段名一般采用英文缩略词。基于英文缩略词的字段名对最终用户来说,语义不清晰。为了兼顾程序和用户需求,可以为字段设置标题属性。

注意:字段标题不是字段名称,程序不能用字段标题访问表对象字段。

(2)定义字段的显示格式

字段的显示"格式"属性,可以在不改变字段内部存储的前提下,改变字段数据在界面上的显示格式,从而使表对象数据的输出有一定的规范,方便浏览和使用。字段的显示格式用"格式"属性定义,不同的数据类型有不同的"格式"属性和"格式"设置方法。

注意:格式设置只改变数据输出的样式,对数据的输入没有影响,也不影响数据的存储格式。若要让数据按输入时的格式显示,则不要设置"格式"属性。

1)定义文本型字段的显示格式

文本型字段的"格式"属性可以通过"格式符号串"来定义。格式符号串由一个或多个格式控制符号组成,每个格式控制符可以作为占位符,也可以作为分隔符。表5-7列出了格式符号串经常使用的格式控制符号。

表 5-7 文本型字段的格式控制符号

符号	说明
@	该位置显示一个字符;不足规定长度,自动在数据前补空格,右对齐
&	该位置显示一个字符;不足规定长度,自动在数据后补空格,左对齐
<	强制将所有字符转换为小写;一般在格式字符串的开头使用此字符
>	强制将所有字符转换为大写;一般在格式字符串的开头使用此字符
—	该符号一般充当分隔符;该位置显示一个分隔符
"文字文本"	显示使用双引号括起来的任何文字文本;与转义符号的功能类同
\	强制显示该符号后面紧跟的字符;这与使用双引号括起的字符相同
!	强制从左到右填充占位符字符;必须在任何格式字符串的开头使用此字符

"格式符号串"包括三部分:第一部分指定文本字段不是空串和空值时的显示格式;第二部分指定文本字段是空串时的显示格式;第三部分指定文本字段是空值时的显示格式。如果格式符号串只定义了前两部分,那么第二部分定义的格式符号串既适用于空字符串,也适用于空值。

【例5-6】如果某个文本型字段的格式符号串设置为@;"None";"Unknown",请说明这个文本型字段在表对象的数据表视图中如何显示?

【说明】由于文本型字段的格式符号串设置为@;"None";"Unknown",所以当文本型字段是空字符串时,该字段在数据表视图中显示 None;当文本型字段是空值时,该字段显示 Unknown;如果不是上述两种情况,那么该字段在数据表视图中显示文本型字段的文字文本。

为进一步说明格式符号串的使用方法,表5-8给出了更多的示例。

表 5-8 文本型字段的格式符号应用示例

格式符号串	文本型字段的值	文本型字段值的显示
	任何文本	显示字段的文本值
@;"未知"	Null	未知
"S"@@@@@@@@	1	S 1

格式符号串	文本型字段的值	文本型字段值的显示
"S"@@@@@@@@@	19	S 19
\ S@@@@@@@@@	1	S 1
\ S@@@@@@@@@	19	S 19
"S"@@@@@@@@@	123456789	S123456789
\ S@@@@@@@@@	123456789	S123456789
@@@-@@-@@@@	165017799	165-01-7799
@@@-@@-@@@@	5017799	5-01-7799
@@@@@@@@@	165-01-3799	165-01-3799
@@@@@@@@@	165017799	165017799
@@@@@@@@@	5017799	5017799
&&&-&&-&&&&	165017799	165-01-7799
&&&-&&-&&&&	5017799	5-01-7799
&&&-&&-&&&&	165-01-99	165-01-99
&&&&&&&&&	165017799	165017799
&&&&&&&&&	5017799	5017799
<	linfeng	linfeng
<	LINFENG	linfeng
>	linfeng	LINFENG

【例 5-7】对 Seller 表对象"邮箱"字段的显示格式进行设置,使得 Seller 表对象"邮箱"字段数据在数据表视图中全部显示为大写。

【说明】Seller 表对象"邮箱"字段显示格式的设置方法和步骤如下。

步骤一:启动 Access 2016,打开"商品销售信息"数据库。

步骤二:右击导航窗格中的 Seller 表对象,在弹出的快捷菜单中执行"设计视图"命令。

步骤三:在 Seller 表对象的"设计视图"中,选择"邮箱"字段所在的行,在该字段"字段属性"区中,选择"常规"选项卡,在"格式"文本框中输入">",如图 5-30 所示。

图 5-30 设置 Seller 表的"邮箱"字段的显示格式

④切换到 Seller 表对象的"数据表视图",Seller 表对象"邮箱"字段数据的显示格式如图 5-31 所示。可以发现,数据表视图窗口中"邮箱"字段的所有数据均以大写方式显示。

销售员编号	销售员姓名	性别	出生日期	明细岗位	聘用日期	电话	邮箱	通讯地址
S00	步步高	男	1999/1/9	经理	2017/12/1	19999999999	BBG@QLU.COM	登山路516号
S01	张水果	女	1997/6/6	时令果蔬	2018/12/1	15588816831	ZHSHG@QLU.COM	信息学院路6号
S02	王蔬菜	男	1999/9/16	时令果蔬	2018/12/1	18105318732	WSHC@QLU.COM	金融学院路9号
S03	郑海鲜	男	1996/5/16	海鲜水产	2018/11/1	18766166311	ZHHX@QLU.COM	大数据小区119号
S04	赵水产	女	1991/12/12	海鲜水产	2018/11/1	18573211233	ZHSHC@QLU.COM	黄河大街789号
S05	小鲜肉	女	1995/11/17	肉蛋奶	2018/10/1	16666666666	XXR@QLU.COM	管理学院路78号
S06	金鸽子	男	1996/12/25	肉蛋奶	2018/10/1	13333333333	JGZ@QLU.COM	风华路110号
S07	刘小象	女	1998/8/8	粮油副食	2018/9/1	15588876321	LXX@QLU.COM	泰山小街119号
S08	张企鹅	女	1991/1/1	粮油副食	2018/9/1	15505312796	ZHQE@QLU.COM	清水河路7711号
S09	李百货	女	1995/5/5	日用百货	2018/7/1	18766166319	LBH@QLU.COM	智能公社6789号

图 5-31 Seller 表"邮箱"字段在数据表视图下的显示格式

2)定义数字型(货币型)字段的显示格式

对于数字型和货币型字段,既可以基于系统预定义的格式直接设置字段的显示格式,也可以基于格式符号串自定义字段的显示格式。篇幅原因,本书只介绍系统预定义的显示格式。

系统预定义的数字型(货币型)字段显示格式有"常规数字""货币""欧元""固定""标准""百分比"和"科学记数"7 种,这 7 种预定义格式的显示特点如表 5-9 所示。

表 5-9 数字型/货币型字段的预定义格式

格式名称	说明
常规数字	3456.789
货币	￥3457
欧元	€ 3456.79
固定	3456.79
标准	3456.79
百分比	123.00%
科学计数	3.46E+03

3)定义日期/时间型字段的显示格式

对于日期/时间型字段,用户既可以基于系统预定义的格式直接设置字段的显示格式,也可以基于格式符号串自定义字段的显示格式。篇幅原因,本书只介绍系统预定义的显示格式。

系统预定义的日期/时间型字段的显示格式与控制面板中"区域和语言"的设置有密切关系。如果"区域和语言"设置为"中文(简体,中国)"的话,那么预定义显示格式有"常规日期""长日期""中日期""短日期""长时间""中时间"和"短时间"7 种。这 7 种预定义格式的显示特点如表 5-10 所示。

表 5-10 日期/时间型字段的预定义格式

格式名称	说明
常规日期	2015/11/12 17:34:23
长日期	2015 年 11 月 12 日
中日期	15-11-12
短日期	2015/11/12
长时间	17:34:23
中时间	下午 5:34
短时间	17:34

4）定义逻辑型字段的显示格式

对于逻辑型字段，用户既可以基于系统预定义的格式直接设置字段的显示格式，也可以基于格式符号串自定义字段的显示格式。篇幅原因，本书只介绍系统预定义的显示格式。

逻辑型字段的显示格式有"真/假""是/否""开/关"3 种。这 3 种预定义格式的显示特点如表 5-11 所示。

表 5-11　逻辑型字段的预定义格式

格式名称	说明
真/假	True
是/否	Yes
开/关	On

（3）定义字段的输入掩码

字段的输入掩码主要用来设置字段的数据输入格式，可以限制不符合规格的数据输入到字段中。输入掩码尤其适用于具有固定数据模式的字段。例如，对于"邮政编码"这个字段，通过设置相应的输入掩码属性，可以使用户给该字段输入数据时既保证字段内容是数字，又保证数据长度固定为 6 位。数据模式固定的字段有电话号码、日期、邮政编码、身份证号码、员工编码等。

字段的输入掩码是基于"输入掩码字符串"来定义的。可以在字段的"输入掩码"文本框中直接输入"输入掩码字符串"来定义该字段的"输入掩码"属性。在"输入掩码字符串"中可以使用的符号及其代表的含义如表 5-12 所示。

表 5-12　输入掩码符号及其含义

符号	说明
0	必须输入数字(0~9)，不允许使用加号和减号
9	可以选择输入数字(0~9)或空格，不允许使用加号和减号
♯	可以选择输入数字(0~9)或空格，允许使用加号和减号
L	必须输入字母(A~Z，a~z)
?	可以选择输入字母或数字
A	必须在该位置上输入一个字母或数字
a	可以在该位置上选择输入一个字母或数字
&.	必须输入任意字符或一个空格
C	可以选择输入任意一个字符或一个空格
.	小数分隔符
,	千位分隔符
:;－/	日期和时间分隔符
<	将其后全部字符转换为小写
>	将其后全部字符转换为大写
密码	输入的字符显示为"＊"，个数与输入字符的个数一致

Access 提供了两种设定义字段输入掩码的方法：一种是基于表 5-12 的格式符，自行定义字段的"输入掩码字符串"；第二种是基于系统预定义的输入掩码模板，定义字段的输入掩码。

基于"输入掩码字符串"自定义字段的输入掩码，对于一些格式不规范的数据或者格式个性化很强的数据，效果比较好。

例如，如果用户要求"手机号码"字段的输入数据必须是11个数字，而且这11个数字用分隔符分割，形如×××－××××－××××，则该字段的输入格式可以基于下列"输入掩码字符串"来实现：999－9999－9999。

基于系统预定义的输入掩码模板定义字段的输入掩码，对于一些格式规范的数据，例如，邮政编码、身份证号码和日期等，效率特别高。

【例5-8】基于系统预定义的输入掩码模板，定义 Customer 表"邮政编码"字段的输入掩码，保证该字段的数据必须是6位，且6个字符必须是数字。

【分析】由于 Customer 表的"邮政编码"字段的格式是规范的，因此可以直接基于系统预定义的输入掩码模板定义该字段的输入属性。其具体方法和操作步骤如下。

①打开 Customer 表对象的"设计视图"窗口，选择"邮政编码"字段，在"字段属性"区中单击"输入掩码"文本框右侧的 ... 按钮，弹出如图5-32所示的"输入掩码向导"对话框。

②在"输入掩码向导"对话框的"输入掩码"列表框中，选择"邮政编码"选项，其他内容保持系统默认设置，单击"完成"按钮，就得到如图5-33所示的系统预定义的"输入掩码"属性值。

③单击快速访问工具栏中的"保存"按钮，保存"输入掩码"的定义。

图 5-32　"输入掩码向导"对话框

字段大小	6
格式	
输入掩码	000000;0;_
标题	
默认值	
验证规则	
验证文本	
必需	否
允许空字符串	是
索引	无
Unicode 压缩	是
输入法模式	开启
输入法语句模式	无转化
文本对齐	常规

图 5-33　系统预定义的"邮政编码"字段的"输入掩码"属性值

【说明】如图5-33所示，字段输入掩码属性值由三部分组成，其完整格式为"掩码字符串；存储方式；占位符"。第一部分的掩码字符串，是由表5-12中的符号定义的符号串。第二部分的存储方式用空、0、1表示：1或者空表示部分存储方式，即系统只保存输入的字符数据；0表示完整保存方式，即系统既保存输入的字符数据，也保存掩码字符串中的分隔符。掩码属性值的第三部分是占位符，显示在字段的输入区域，提示该字段预期包括的字符个数。尽管输入掩码表达式包括三部分，但通常只设置掩码字符串，后面取系统默认值。

【例5-9】基于输入掩码格式符，定义 Product 表的"商品编号"字段的输入掩码，保证数据必须是6位，且首字符必须是字母，其余5个字符必须是数字。

【分析】由于 Product 表的"商品编号"字段的格式是不规范的，因此基于系统预定义的输入掩码模板无法实现"商品编号"字段的输入属性。基于输入掩码格式符，定义 Product 表的"商品编号"字段的输入掩码的方法和步骤如下。

①在"设计视图"中打开 Product 表对象。选择"商品编号"字段，在该字段的"字段属性"区中，选中"输入掩码"文本框，再单击其右侧的 ... 按钮，弹出"输入掩码向导"对话框。

②在"输入掩码向导"对话框中，保持系统默认设置，单击"下一步"按钮。

③在弹出的"输入掩码向导"对话框的"输入掩码"文本框中输入"L00000"，在"占位符"的下拉列表中选择"空字符"，如图 5-34 所示，输入完成后单击"下一步"按钮。

④在弹出的"输入掩码向导"对话框中保持系统默认设置，单击"完成"按钮，"输入掩码向导"关闭，返回"设计视图"。"输入掩码"文本框中的表达式如图 5-35 所示。

⑤单击快速访问工具栏中的"保存"按钮，保存输入掩码的定义。

【说明】对于高级用户，也可以在"商品编号"字段的"输入掩码"文本框中直接输入该字段的输入掩码属性值："L00000;;"。该属性的值包括三部分：第一部分是掩码字符串"L00000"；第二部分是存储方式，本例为空，取部分存储方式；第三部分是占位符，本例取空字符串。

图 5-34 "输入掩码向导"对话框

图 5-35 "输入掩码"属性值

注意：如果某个字段既设置了"格式"约束，又设置了"输入掩码"约束，那么，在显示该字段的值时，会忽略"输入掩码"的约束，因为"格式"约束优先于"输入掩码"约束。若要让字段按输入时的格式显示，则不要设置"格式"约束。

(4)定义字段显示的小数位数

"小数位数"约束主要用于定义数字型字段和货币型字段在用户界面所显示的小数位数。该约束仅仅影响字段数据的显示方式，对字段存储和计算时的精度没有影响。

(5)定义字段的默认值

字段的"默认值"是在表对象中插入新记录时，自动出现在字段输入界面中的值。如果数据表中每一条记录在一个字段中的数据内容完全相同或者部分相同，那么就应该将频繁出现的数据内容作为该字段的默认值。默认值的设置可以减少输入数据时的重复操作。

(6)定义字段是否必需

字段的"必需"约束用来限定字段值是否可以为空值。字段是否允许为空，可以基于"字段属性"区中"必需"列表框选择。"必需"列表框中只有"是"或"否"两个选项，如果字段的"必需"约束设置为"是"，那么当该字段获得输入焦点时，该字段的值必需输入，不允许为空。

(7)定义字段的输入法模式

"输入法模式"约束用于文本型字段。设置字段的"输入法模式"，可以基于"字段属性"区中"输入法模式"列表框选择。"输入法模式"列表框中包括"随意""开启"以及"关闭"等多个选项。如果字段的输入法模式选定"开启"，那么在字段获得输入焦点时，会自动切换到中文输入模式；如果输入法模式选定"关闭"，那么在字段获得输入焦点时，会自动切换到英文输入模式；如果输入法模式选择"随意"，那么在字段获得输入焦点时，会保留焦点切换之前的输入模式。

5.2.3 表索引的创建

索引也是表物理模式的一部分内容,它定义了表对象的存取方法。可以根据需要在表中建立一个或多个索引,从而提供多种记录的存取路径,以提高记录在不同路径的查找速度。本节将介绍索引的应用背景、基本概念、数据结构、基本类型和创建方法。

1. 表索引概述

索引是使表对象中的数据记录逻辑有序的技术和方法,基于索引进行检索可以大大提高表对象的数据检索速度。下面介绍索引的应用背景和功能。

(1)索引的应用背景

通常情况下,记录会按照随机顺序添加到表中。一般来说,表中记录的自然顺序就是记录插入的顺序。按照自然顺序排列记录的数据表往往不符合用户的应用需求。

例如,如果用户以"商品名称"作为关键字查询数据表中的商品信息,而表中记录没有按照"商品名称"排序,那么 Access 只能采取表扫描的方法进行查询,也就是按照表对象中记录的自然顺序从上到下逐个的搜索和匹配数据表中的每一条记录,直至查找到与用户查询的"商品名称"相匹配的记录为止。这种方法的速度很慢,必然导致产生非常差的用户体验。

之所以采用表扫描的方法,原因就在数据表中的数据没有按照查询关键字进行排序。如果数据表中的记录是基于检索关键字有序的,那么 DBMS 就可以采用快速检索的方法,从而摆脱表扫描方法的束缚,提高查询速度。

如何使数据表记录基于某一关键字有序呢? DBMS 给出了多种解决方法,其中索引是使用最广泛的方法之一。

(2)索引的基本概念

新华字典中的索引,大家都很熟悉,它是字典正文内容之间的一个独立信息结构。基于字典索引,大家可以快速地得到每一个字在正文中的页码。就索引的结构和作用而言,数据库技术中索引与新华字典里面的索引是类似的。

首先,索引自身是按照关键字进行有序组织的独立结构,用户在索引中可以快速找到关键字的任何一个值;其次,索引中关键字的每一个值都映射着数据表中的一条匹配记录的地址,用户基于索引中每一个关键字的值所映射的记录地址可以迅速找到数据表中的匹配记录。

因此,索引实际上是一个数据表记录的排序映射,基于索引可以使数据表记录在逻辑上有序,从而可以提高数据表记录的检索速度。DBMS 支持给一个数据表创建多个索引,不同的索引对应不同的排序映射。

(3)索引的数据结构

一般情况下,创建索引并不会改变数据表中记录的物理组织结构,它只是创建了一个新的数据结构指向这个数据表。像字典中的索引一样,数据库技术中的索引也是一个独立的数据结构。

最简单的索引包括两部分内容:表记录的索引字段值、表记录的存储地址。索引字段是表对象中的一个字段或多个字段组合,所有表记录的索引字段值构成了索引结构中关键字的值。表记录的存储地址是索引结构中的另外一项重要信息,所有表记录的存储地址值都与索引结构中相应的索引字段值进行映射。

索引的这种结构使用户可以基于索引字段值快速得到与索引字段值相匹配的数据记录的存储地址,从而快速定位和获得该数据记录的信息。

2. 表索引的基本类型

尽管不同 DBMS 所支持的索引类型不同,但基本划分原则是相似的。在 Access 中,有两种划分表索引类型的原则：按索引字段的个数和按索引字段值是否允许重复。

（1）根据索引字段的个数划分索引类型

表对象的索引总是基于表对象的一个或多个字段来创建的。建立索引所依靠的数据表字段，被称为索引字段。

根据索引中索引字段的个数，Access 将索引类型分为两种：单索引和复合索引。单索引只包含一个索引字段，又称为单字段索引；复合索引包含多个索引字段，又称为多字段索引。

（2）根据索引字段是否允许重复值划分索引类型

根据索引字段是否允许有重复值，Access 将索引分为三种类型：普通索引、唯一索引和主索引。普通索引的索引字段允许有重复值，而唯一索引和主索引的索引字段不允许有重复值。

主索引是一种特殊的唯一索引。对于索引字段而言，唯一索引中的索引字段可以取空值，而主索引的索引字段不能为空值。一个表对象只能创建一个主索引，而唯一索引可以创建多个。

对于一个表对象而言，一般来说主索引是必须创建的，它既可以提高查询速度，又可以实施表对象的实体完整性。对于普通索引和唯一索引来说，要根据用户需求来创建，没有需求可以不创建。普通索引主要用来满足用户的查询性能需求，而唯一索引既能满足用户的查询性能需求，还能够满足用户的数据唯一性约束需求。

注意：在 Access 中，主索引和主键是等价的。一旦定义主键，系统就会基于主键字段建立主索引，反之，一旦建立主索引，系统就会基于相应的索引字段建立主键。另外，Access 基于唯一索引定义表对象的候选键（唯一键）。

3. 表索引的创建方法

表索引的创建既可以使用 SQL 命令，也可以使用表对象设计器。基于表对象设计器创建表索引的方法通常有两种：一种是基于表对象设计视图的"字段属性"区的"索引"列表框创建；另一种是基于表对象设计视图的"索引"对话框创建。另外，基于表对象的数据表视图也可以创建索引，但由于数据表视图创建索引的能力先天不足，因此本小节默认基于设计视图创建索引。

（1）基于"索引"列表框创建索引

基于"索引"列表框创建索引的方法如下。

①打开表对象的设计视图。

②选择一个字段作为当前字段，方法是选中字段的"字段名称"文本框或者"数据类型"文本框。

③如图 5-36 所示，在"字段属性"区的"索引"列表框中指定当前字段的索引类型。

- 选择"无"，则该字段不建立索引。
- 选择"有（有重复）"，则该字段建立普通索引。
- 选择"有（无重复）"，则该建立唯一索引。

基于"字段属性"区"索引"列表框创建当前字段的索引，方法虽然简单，但存在以下三个问题：第一，该方法只能基于当前字段定义单字段索引；第二，该方法创建的索引名称以及排序方向都是默认的，在列表框中无法选择；第三，该方法无法建立主索引。

（2）基于"索引"对话框创建索引

基于"索引"对话框创建索引的方法如下。

①打开表对象的"设计视图"窗口。

②执行"设计"选项卡的"索引"命令，弹出如图 5-37 所示的"索引"对话框。

③在"索引"对话框中定义索引的名称、索引字段以及排序方向。

字段大小	19
格式	
输入掩码	
标题	
默认值	
验证规则	
验证文本	
必需	否
允许空字符串	是
索引	有(无重复)
Unicode 压缩	无
输入法模式	有(有重复)
输入法语句模式	有(无重复)
文本对齐	常规

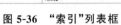

图 5-36 "索引"列表框

图 5-37 "索引"对话框

基于"索引"对话框创建表对象的索引，方法虽然复杂一点，但有三个优点：第一，该方法既可以一次创建一个索引，也可以一次创建多个索引；第二，该方法既可以创建单字段索引，也可以创建多字段索引；第三，该方法既可以创建普通索引、唯一索引，也可以创建主索引。

另外，与"索引"列表框相比，基于"索引"对话框创建索引时，用户可以个性化地定义索引名称、索引字段以及排序方向。因此，基于"索引"对话框创建索引是索引创建的主要方法。

4. 表索引的正作用和副作用

表索引是一把双刃剑，它具有正反两方面的作用。

表索引的正作用如下。

①数据表的记录基于索引字段有序。

②基于索引字段查询时，检索速度能显著地提高。

③建立主索引和唯一索引可以实施数据完整性约束。

索引的副作用如下。

①创建索引要花费额外时间，这种时间代价随着数据量的增加而增加。

②虽然索引加快了检索速度，但减慢了数据操作的速度，这是因为每执行一次数据操作，就需要对索引进行重新维护，以更新索引结构。

③每一个索引要占用一定的物理存储空间。

5. 表索引的创建原则

既然表索引既具有正作用，又具有副作用，那么在创建索引的时候，应该考虑清楚哪些字段需要创建索引，哪些字段不能创建索引。

(1)应该建立索引的场景

一般来说，在以下场景中，应该对相关字段上创建索引。

①在经常需要检索的字段上，索引可以加快检索的速度。

②在作为主键的字段上，索引可以强制该字段的唯一性。

③在经常连接的字段上，索引可以加快连接的速度。

④在经常根据范围进行检索的字段上，索引使得范围在逻辑上是连续的。

⑤在经常需要有序化应用的字段上，索引意味着数据表的逻辑排序。

(2)不应该建立索引的场景

一般来说，在以下场景中，不应该对相关字段创建索引。

①对于在查询中很少作为关键字检索的字段上不应该创建索引。

②当修改性能的需求远远大于检索性能的需求时，不应该基于该字段创建索引。

③对于取值个数很少的字段也不应该建立索引，例如，Customer 表的"顾客性别"字段。

当字段的取值个数很少时，建立索引，并不能明显加快检索速度，这是因为索引字段的重复值太多，检索时需要对表中的数据记录进行大比例的搜索。

6. 表索引的创建示例

下面通过两个示例深入地介绍一下单索引和复合索引的创建方法。

（1）单索引的建立

【例 5-10】基于"字段属性"区的"索引"列表框为 Product 表对象的"价格"字段建立单索引，然后打开表对象设计器的"索引"对话框查看该索引的名称、类型和排序方向。

【说明】通过"索引"列表框创建索引，通过"索引"对话框查看索引的方法和步骤如下。

①打开表对象 Product 的"设计视图"窗口。

②选择"价格"字段为当前字段。

③选中"字段属性"区的"索引"文本框右侧的框，在文本框右侧的下拉列表中选择"有（有重复）"选项，如图 5-38 所示。

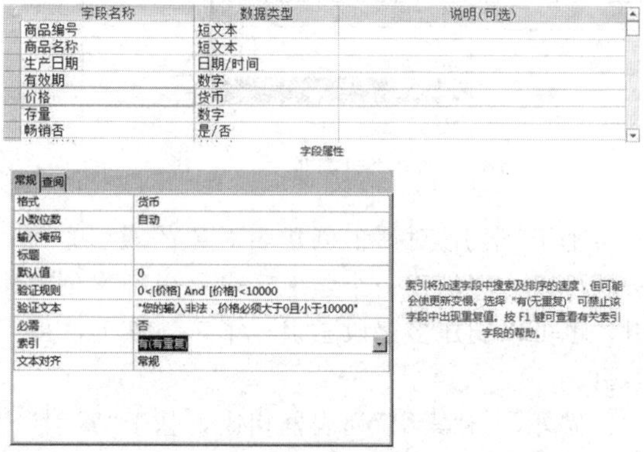

图 5-38　基于"索引"文本框定义价格字段的普通索引

④ 执行"设计"选项卡的"索引"命令，弹出如图 5-39 所示的"索引"对话框。

⑤在"索引"对话框中发现"索引名称""字段名称""排序次序"分别为"价格""价格""升序"。

【思考】基于"存量"字段，建立索引，是否科学？

（2）复合索引的建立

【例 5-11】打开 Seller 表对象的数据表视图，观察记录的先后次序；打开 Seller 表对象的设计视图，以"性别"升序、"出生日期"降序建立复合索引，索引名称为"Seller_xb_csrq"；重新打开 Seller 表对象的数据表视图，观察记录的先后次序，分析说明索引前后记录次序的变化。

图 5-39　基于"索引"对话框查看"价格"字段的索引

【说明】复合索引的创建可以基于 Seller 表对象设计视图的"索引"对话框创建，"Seller_xb_csrq"索引的创建方法和步骤如下。

①打开 Seller 表对象的"设计视图"窗口。

②执行"表格工具｜设计"选项卡中的"索引"命令，如图 5-40 所示。

③弹出 Seller 表对象的"索引"对话框，如图 5-41 所示。

④在如图 5-41 所示的"索引"对话框定义复合索引"Seller_xb_csrq"：在第一行的"索引名称"列、"字段名称"列和"排序次序"列分别选择或输入：Seller_xb_csrq、性别、升序；在对话框第二行的"字段名称"列和"排序次序"列分别选择或输入：出生日期、降序。

⑤单击快速访问工具栏"保存"按钮，关闭"索引"对话框，保存索引的定义。

【分析】观察 Seller 表对象的数据表视图，发现创建索引之前 Seller 表的记录次序如图 5-42 所示，记录是无序的；而创建索引之后 Seller 表的记录次序如图 5-43 所示，记录是基于索引的两个索引字段排序的：首先按照"性别"升序排列；"性别"相同再按照"出生日期"排列。

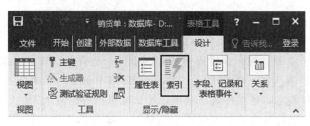

图 5-40 "索引"命令　　　　　　　图 5-41 复合索引的定义方法

销售员编号	销售员姓名	性别	出生日期
S00	步步高	男	1999/1/9
S01	张水果	女	1997/6/6
S02	王蔬菜	男	1999/9/16
S03	郑海鲜	男	1996/5/16
S04	赵水产	女	1991/12/12
S05	小鲜肉	女	1995/11/17
S06	金鸽子	男	1996/12/25
S07	刘小象	女	1998/8/8
S08	张企鹅	女	1991/1/1
S09	李百货	女	1995/5/5

图 5-42 创建索引之前 Seller 表的记录次序

销售员编号	销售员姓名	性别	出生日期	单击以添
S02	王蔬菜	男	1999/9/16	
S00	步步高	男	1999/1/9	
S06	金鸽子	男	1996/12/25	
S03	郑海鲜	男	1996/5/16	
S07	刘小象	女	1998/8/8	
S01	张水果	女	1997/6/6	
S05	小鲜肉	女	1995/11/17	
S09	李百货	女	1995/5/5	
S04	赵水产	女	1991/12/12	
S08	张企鹅	女	1991/1/1	

图 5-43 创建索引之后 Seller 表的记录次序

注意：在 Access 中复合索引最多可以包括 10 个字段。如果复合索引不是表的主键，那么复合索引中的任何字段都可以为空。

5.2.4　表间联系的创建

数据库中一般包含多个表对象，这些表对象之间往往具有某种联系，并且表对象之间需要遵守某些约束规则。那么 Access 如何在表对象之间建立联系呢？又是如何定义表对象之间的约束规则呢？本小节将介绍表对象间联系的创建，表对象间约束的创建将在 5.2.5 节中展开介绍。

1. 表间联系的应用背景

前面的内容都是基于一个假设展开的：数据库中只包括孤立的一个表对象。在数据库技术的实际应用中，这个假设成立的概率很低，也就是说数据库中一般包含多个表对象，而且这些表对象都不是完全孤立的，它们之间往往具有某种联系，用户的大多数据需求都需要对数据库的各个表对象进行关联查询和协同操作。

如果能够在数据库的各个表对象之间建立一对一或一对多联系，那么表对象之间的关联记录就可以实现联动，从而使用户在相互联系的表对象之间开展关联查询和协同操作，这样才能充分体现数据库技术的先进性。

例如，每个销售员都有很多次销售业务，每一次销售业务都产生一个销售单，因此 Seller 表对象和 SalesOrder 表对象之间存在着先天的一对多联系。如果基于"销售员编号"这个关联字段将 Seller 表对象和 SalesOrder 表对象之间建立一对多联系，那么就可以对这两个表的数据记录进行如下的关联查询：当在 Seller 表对象的数据表视图中选择某一编号的销售员记录时，可以马上在视图中查询到该销售员在 SalesOrder 表对象中的销售单记录信息；基于某一特定的销售员编号信息，可以查询该销售员的姓名以及他所有销售单中的顾客编号信息。

又如，每张销售单上都记录着社区便利店一次销售业务所销售的一个或多个商品的信息，因此 SalesOrder 表对象和 ProductOfSalesOrder 表对象之间存在着一对多联系。如果基于"销售员编号"这个关联字段将 SalesOrder 表对象和 ProductOfSalesOrder 表对象之间建立一对多联系，那么就可以对这两表的数据记录进行如下的协同操作：当删除 SalesOrder 表对象某一编号的销售单记录时，ProductOfSalesOrder 表对象中该编号的记录将同步删除；当修改 SalesOrder 表对象中某销售单记录的销售单编号时，ProductOfSalesOrder 表对象中编号相同的所有记录的销售单编号将同步修改。

2. 表间联系的类型

表对象之间存在着一对一联系、一对多联系和多对多联系。其中，一对多联系是表对象之间最常见的联系，一对一联系是一种特殊的一对多联系，而多对多联系可以分解为两个一对多联系。

（1）一对一联系

表之间的一对一联系意味着，对于第一个表中的每一条记录，第二个表中最多有一条对应的记录，反之亦然。纯粹的一对一联系并不常用，在绝大多数情况下，第二个表中包含的数据也应该包括在第一个表中。一般情况下，应该避免使用一对一联系，因为它违反了数据库规范化理论。但在特殊情况下，将同一个实体的特定数据存储在单独的一个表对象中，是一个好的方法。

例如，为了避免侵犯销售员的个人隐私，将销售员的隐私信息从 Seller 表对象中分离出来，而存储在另外一个表对象 Seller _ Private 中。这样，存储在 Seller 表对象中的销售员非隐私信息可以在便利店的职员中公开使用，而存储在 Seller _ Private 表对象中的隐私信息就可以保护起来，不面向便利店的所有职员公开。

如果两个表对象要建立一对一联系，那么这两个表对象必须具有公共的关联字段，并且这个关联字段在这两个表对象中都是键。

例如，如果 Seller 表对象和 Seller _ Private 表对象要建立一对一联系，那么这两个表对象必须满足以下两个条件：第一，两个表对象具有公共的关联字段，这里假设为"销售员编号"字段；第二，基于"销售员编号"这个字段在两个表中分别建立主键或唯一键。

（2）一对多联系

在一对多联系中，第一个表对象中的每一条记录，在第二个表对象中都可以有一条或多条对应的记录；而对于第二个表对象中的每一条记录，在第一个表对象中最多只能有一条对应的记录。第一个表对象称为父表，又称为主表、基本表；第二表对象称为子表，又称为从表、参照表。

例如，一个客户会多次购买便利店的商品，对于每次购买行为，便利店都会产生一张销售单，每一张销售单都只包含一个客户，因此 Customer 表对象与 SalesOrder 表对象之间是一对多联系，将它们联系在一起的关联字段是客户编号。

如果两个表对象要建立一对多联系，那么这两个表对象必须具有公共的关联字段，并且这个关联字段在父表中是主键，而在子表中是外键。

例如，如果 Customer 表对象与 SalesOrder 表对象之间要建立一对多联系，那么这两个表对象必须满足以下两个条件：第一，两个表对象具有公共的关联字段，这里假设为"顾客编号"字段；第二，基于"顾客编号"这个字段在父表 Customer 建立键，基于"顾客编号"这个字段在子表 SalesOrder 建立外键。

（3）多对多联系

在对多联系中，第一个表对象中的每一条记录，在第二个表对象中都可以有一条或多条对应的记录；第二个表对象中的每一条记录，在第一个表对象中也都可以有一条或多条对应的记录。

例如，便利店的每次销售业务，都会销售多款商品，因此每张销售单都可以包含多款商品；另外，每次销售业务都可以销售同一款商品，同一款商品可以记录在多张销售单上。可见 Product 表对象与 SalesOrder 表对象之间是多对多联系。

对于多对多联系，Access 不能直接建模。一般情况下，用户需要将多对多联系拆分为两个单独的一对多联系，并通过关联表将这两个一对多联系连接在一起。关联表和多对多联系中涉及的两个表均建立一对多联系。

Product 表对象与 SalesOrder 表对象之间是多对多联系，它们通过 ProductOfSalesOrder 表对象这个关联表进行连接：SalesOrder 表对象与 ProductOfSalesOrder 表对象基于关联字段"商品编号"建立一对多联系；Product 表对象与 ProductOfSalesOrder 表对象基于关联字段"商品编号"建立一对多联系。

一般的，如果甲表要与乙表建立多对多联系，则必须建立第三个表作为关联表，关联表中包括甲表和乙表的主键字段。基于关联表的连接，甲表和乙表之间的多对多联系分解为如下的两个一对多联系：基于甲表的主键字段，甲表与关联表建立一对多联系；基于乙表的主键字段，乙表与关联表建立一对多联系。

例如，如果 Product 表对象要与 SalesOrder 表对象要建立多对多联系，则必须建立第三个表作为关联对象，这里假设是 ProductOfSalesOrder，另外这三个表对象必须满足以下三个条件：第一，将 Product 表对象的主键字段置于 ProductOfSalesOrder 表对象中，这里假设为"商品编号"字段；第二，将 SalesOrder 表对象的主键字段置于 ProductOfSalesOrder 表对象中，这里假设为"销售单编号"字段；第三，将 ProductOfSalesOrder 表对象中的"商品编号"字段定义为 Product 表对象的外键，将 ProductOfSalesOrder 表对象中的"销售单编号"字段定义为 SalesOrder 表对象的外键。

3. 表间联系的创建

尽管表间联系有一对一、一对多和多对多三种类型，但 Access 只支持一对一和一对多这两种类型联系的建模。鉴于一对一和一对多这两种联系的创建方法和技术相似，下面以一对多联系为例介绍一下表间联系的创建方法和步骤。

【例 5-12】在 Seller 表对象和 SalesOrder 表对象之间建立一对多联系，并打开 Seller 表对象的"数据表视图"窗口，测试一对多联系的作用。

【说明】在表对象之间建立一对多联系，主要任务有 6 项：一是确定父表和子表；二是指定父表和子表之间的关联字段；三是基于关联字段建立主表的键；四是基于关联字段建立子表的普通索引(本项任务为选做)；五是基于关联字段建立主表和子表之间的联系；六是打开父表的"数据表视图"窗口，测试一对多联系的作用。为了完成上述任务，本例的实施步骤如下。

①准备工作。打开"商品销售信息"数据库，观察和分析 Seller 表对象和 SalesOrder 表对象的模式，做出如下决策：选择 Seller 表对象作为父表；选择 SalesOrder 表对象作为子表；选择"销售员编号"字段作为两个表对象之间的关联字段。

②建立主键和外键。打开 Seller 表对象的设计视图，基于"销售员编号"字段建立 Seller 表对象的主键；打开 SalesOrder 表对象的设计视图，指定"销售员编号"字段不能为空值，另外最好基于"销售员编号"字段建立普通索引。

③关闭 Seller 表对象和 SalesOrder 表对象的所有视图。

④打开数据库的"关系"设计窗格。执行"数据库工具"选项卡的"关系"选项组中的"关系"命令，打开数据库的"关系"设计窗格。

⑤打开"显示表"对话框。执行"设计"选项卡中的"显示表"命令，弹出如图 5-44 所示的"显示表"对话框。

⑥基于"显示表"对话框向"关系"设计窗格中添加表对象。在"显示表"对话框的"表"选项卡中，选择相应的表对象标识，然后单击"显示表"对话框的"添加"按钮，即可将表对象添加到"关系"设计窗格中。也可以双击"显示表"对话框的"表"选项卡中选定的表对象图标，将表对象添加到"关系"设计窗格中。基于上述方法，本例将 Seller 表对象和 SalesOrder 表对象添加到"关系"设计窗格中，然后单击"关闭"按钮完成表对象的添加任务，如图 5-45 所示。

图 5-44　"显示表"对话框

图 5-45　建立联系之前的"关系"设计窗格

⑦基于"销售员编号"关联字段的拖动，打开 Seller 表对象和 SalesOrder 表对象间的"编辑关系"对话框。在"关系"设计窗格中，将光标指针移到 Seller 表对象中的"销售员编号"字段上，然后将该字段拖动到 SalesOrder 表对象中的"销售员编号"字段上，释放鼠标后，即可弹出如图 5-46(左图)所示的"编辑关系"对话框。

⑧创建一对多联系。如果在图 5-46(左图)所示的"编辑关系"对话框中，直接单击"创建"按钮，那么 Seller 表和 SalesOrder 表之间所创建的联系如图 5-47(左图)所示。如果在图 5-46

(右图)所示的"编辑关系"对话框中，首先勾选"实施参照完整性"复选框，然后单击"创建"按钮，那么 Seller 表和 SalesOrder 表之间所创建的联系如图 5-47(右图)所示。

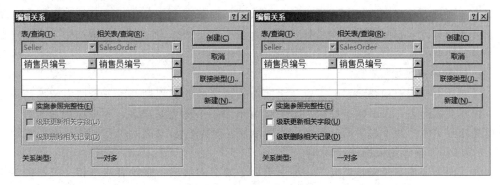

图 5-46 "编辑关系"对话框

⑨测试表对象之间的联系。保存数据库的一对多联系，并关闭数据库的"关系"设计窗格。打开 Seller 表对象的"数据表视图"窗口，可以发现 Seller 表每行记录前面都出现了一个折叠符号"＋"。单击记录左边的加号，即可显示该记录在 SalesOrder 表中的关联记录，如图 5-48 所示。

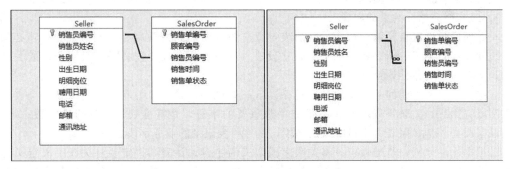

图 5-47 建立联系之后的"关系"设计窗格

销售员编号	销售员姓名	性别	出生日期	明细岗位	聘用日期	电话	邮箱	通讯地址	单击
⊞ S00	步步高	男	1999/1/9	经理	2017/12/1	19999999999	bbg@qlu.com	登山路516号	
⊟ S01	张水果	女	1997/6/6	时令果蔬	2018/12/1	15588816831	zhshg@qlu.com	信息学院路6号	

销售单编号	顾客编号	销售时间	销售单状态	单击以添加
20190119001	C11010001	2019/1/19 9:16:15	已完成	
20190119002	C11010002	2019/1/19 9:29:19	已完成	
20190120001	C37020001	2019/1/20 9:19:15	已完成	
20190121001	C37020001	2019/1/21 9:36:20	已撤单	
20190121002	C37020001	2019/1/21 11:36:21	已完成	
20190121003	C11010001	2019/1/21 11:16:25	已完成	
*				

销售员编号	销售员姓名	性别	出生日期	明细岗位	聘用日期	电话	邮箱	通讯地址	
⊞ S02	王蔬菜	男	1999/9/16	时令果蔬	2018/12/1	18105318732	wshc@qlu.com	金融学院路9号	
⊞ S03	郑海鲜	男	1996/5/16	海鲜水产	2018/11/1	18766166311	zhhx@qlu.com	大数据小区119号	
⊞ S04	赵水产	女	1991/12/12	海鲜水产	2018/10/1	18573211233	zhshc@qlu.com	黄河大街789号	
⊞ S05	小鲜肉	女	1995/11/17	肉蛋奶	2018/10/1	16666666666	xxr@qlu.com	管理学院路78号	
⊞ S06	金鸽子	男	1996/12/25	肉蛋奶	2018/10/1	13333333333	jgz@qlu.com	风华路110号	
⊞ S07	刘小象	女	1998/8/8	粮油副食	2018/9/1	15588876321	lxx@qlu.com	泰山小街119号	
⊞ S08	张企鹅	女	1991/1/1	粮油副食	2018/9/1	15505312796	zhqe@qlu.com	清水河路7711号	
⊞ S09	李百货	女	1995/5/5	日用百货	2018/7/1	18766166319	lbh@qlu.com	智能公社6789号	
*									

图 5-48 Seller 表"S01"记录在 SalesOrder 表的关联记录

注意：在定义表间联系之前，最好基于关联字段在父表中创建主键，而不是唯一键。原因很简单，唯一键字段可能是空值，而关联字段是空值的主表记录在子表中无法找到匹配记录。基于相同的原因，子表中的外键字段也不能允许其为空值。

5.2.5 表间约束的创建

完整性约束有两类：一类是表内约束，主要包括实体完整性约束和域完整性约束；另一类是表间约束，主要包括参照完整性约束。本章 5.2.3 节学习了表内约束的定义，本小节将学习表间约束的定义。

1. 表间约束概述

表间约束是两个相互关联的表对象之间应该遵循的业务规则。由于参照完整性约束涉及两个相互关联的表，为了便于描述，本书将两个表一个称为基准表，一个称为参照表。基准表就是相互关联的两个表中的父表（主表），参照表就是子表（从表）。

（1）参照完整性约束的解读

为了便于理解参照完整性约束，本书给出了如下的解读：假设有两个相互关联的表甲和乙，那么甲表相对于乙表应该遵循的业务规则，称为参照完整性约束，反之亦然。

例如，"商品销售信息"数据库，包含着 Seller、Customer、Product、SalesOrder、ProductOf SalesOrder 五个相互关联的表，它们需要遵循下列的约束规则：Product 表中不存在的商品编号不能出现在 ProductOfSalesOrder 表中；当 SalesOrder 表中记录的一笔销售业务完成时，Customer 表中相关顾客的积分要增加，而 Product 表中的商品存量要减少等。

（2）参照完整性约束的实施

参照完整性约束是两个相互关联的表对象应该遵循的约束规则，因此约束的实施必须基于表间联系。由于表间联系是基于关联字段建立的，因此合理的选择和定义两个表的关联字段是实施参照完整性约束的基础。

选择表对象之间的关联字段时要遵循以下三个原则：第一，关联字段应该是两个表的公共字段；第二，关联字段必须是基准表中最重要的字段，是基准表记录的代表字段；第三，关联字段必须是参照表中不可或缺的字段，是参照表记录的业务字段之一。

根据上述原则，基准表应该将关联字段定义为主键。注意，一定要将关联字段定义为基准表的主键，而不是唯一键，这是因为，唯一键字段可能是空值，而关联字段是空值的基准表记录在参照表中无法找到匹配记录，自然无法在两个表的关联记录上实施参照完整性约束。

对于参照表而言，参照表的关联字段自然成为基准表的外键。一定要将参照表的关联字段定义为非空字段，否则关联字段是空值的参照表记录在基准表中无法找到匹配记录，自然无法在两个表的关联记录上实施参照完整性约束。

（3）参照完整性约束的类型

在数据库技术中，互相关联的两个表要遵循的参照完整性约束种类很多，但 DBMS 普遍能够直接实现的约束可以归纳为如下五类。

①级联删除：若基准表记录被删除时，参照表中关联记录将同步删除。

②级联更新：若基准表记录的主键值被更新时，参照表关联记录的外键值将同步更新。

③拒绝删除：若基准表某记录在参照表有关联记录时，则基准表该记录不能被删除。

④拒绝插入：若基准表的主键值不存在，则参照表中不得插入没有主键值参照的记录。

⑤拒绝更新：若基准表的主键值不存在时，则参照表记录的外键值也不能更新为该值。

用户基于 DBMS 定义上述五类约束时，要分别处理好以下问题。

（1）级联删除：确定级联删除的方向并选取两个表级联删除的参照字段。

（2）级联更新：确定级联更新的方向并选取两个表级联更新的参照字段。

（3）拒绝删除：确定拒绝删除记录的表对象并选取两个表的参照字段。

（4）拒绝插入：拒绝插入记录的表对象及其参照字段的选取。

(5)拒绝更新：拒绝更新记录的表对象及其参照字段的选取。

尽管 Access 是桌面版的 DBMS，但也支持上述五类参照完整性约束。下面以"商品销售信息"数据库为背景，介绍一下 Access 数据库表间约束的创建方法和技术。

2. 表间约束的创建

在 Access 中，表间约束主要通过数据库的"编辑关系"对话框来定义，显然表对象之间的联系是定义表对象之间约束的基础。下面以级联删除、拒绝插入和级联更新三类约束为背景，分别通过三个示例介绍一下表间约束创建的方法和技术。

【例 5-13】请基于"商品编号"字段创建 Product 表与 ProductOfSalesOrder 表之间的级联删除约束，并设计案例对级联删除约束的作用进行测试。

【分析】本例有两个任务：第一个任务是创建级联删除约束；第二个任务是测试该约束的作用。其中，第一个任务又有两个子任务：第一个子任务是建立一对多联系；第二个子任务是定义约束。

(1)创建级联删除约束

由于级联删除约束是两个表对象之间的参照完整性约束，因此这两个表对象必须建立联系，否则无法创建两个表之间的级联删除约束。其方法和操作步骤如下。

①打开"商品销售信息"数据库，基于"商品编号"建立 Product 表对象的主键，基于"商品编号"建立 ProductOfSalesOrder 表对象的普通索引，并指定该字段的值不能为空值。

②打开"商品销售信息"数据库的"关系"设计窗格，基于"显示表"对话框将 Product 表对象与 ProductOfSalesOrder 表对象添加到"关系"设计窗格中。

③在"关系"设计窗格中，将光标指针移动到 Product 表对象中的"商品编号"字段上，将该字段拖动到 ProductOfSalesOrder 表对象的"商品编号"上，释放鼠标后，在弹出的"编辑关系"对话框中勾选"实施参照完整性"和"级联删除相关记录"复选框，然后单击该对话框的"创建"按钮，即可完成 Product 表对象与 ProductOfSalesOrder 表对象之间一对多联系及级联删除约束的创建。"编辑关系"对话框的设置如图 5-49 所示。Product 表对象与 ProductOfSalesOrder 表对象建立联系并实施约束后，"关系"设计窗格如图 5-50 所示。

图 5-49 "编辑关系"对话框

图 5-50 "关系"设计窗格

(2)对级联删除约束的作用进行测试

Product 表对象与 ProductOfSalesOrder 表对象之间级联删除约束创建成功后，基本表 Product 的基准记录删除与参照表 ProductOfSalesOrder 关联记录的删除就必定会同步。基于这一论断，对级联删除约束的作用进行测试的方法和操作步骤如下。

①打开基准表 Product 表对象的"数据表视图"窗口，可以发现该表的记录是基于"商品编号"字段排序的，这是因为"商品编号"字段是该表的主索引字段。

②打开参照表 ProductOfSalesOrder 表对象的"数据表视图"窗口，选择"商品编号"字段为

当前字段，然后执行“开始”选项卡“排序与筛选”选项组的“升序”命令，使得参照表中的数据记录基于“商品编号”字段排序，保存该数据表视图。

③切换到 Product 表对象的数据表视图，随机选取一条记录作为基准记录，单击该记录左侧的加号，观察该记录在参照表 ProductOfSalesOrder 中的关联记录，如图 5-51 所示，该图选取的基准记录的商品编号是“P01005”，该记录在参照表中的所有关联记录呈现在该记录下方。

商品编号	商品名称	生产日期	有效期	价格	存量	畅销否
P01001	有机韭菜	2019/1/16	3	¥2.59	119	☐
P01002	阳光大白菜	2019/1/16	5	¥2.60	118	☐
P01003	生态西红柿	2019/1/15	3	¥1.90	89	☐
P01004	南海菠萝	2019/1/16	5	¥6.90	91	☐
P01005	胶东苹果	2019/1/11	30	¥5.60	138	☐

销售单编号	商品名称	销售折扣	实际销售价格	销售数量	实际销售金额
20190116004	胶东苹果	1	¥5.60	3	¥16.80
20190119001	胶东苹果	1	¥5.60	2	¥11.20
20190119002	胶东苹果	.9	¥5.04	8	¥40.32
20190120001	胶东苹果	1	¥5.60	2	¥11.20
20190222001	胶东苹果	1	¥5.60	1	¥5.60
*		1	¥0.00	0	

商品编号	商品名称	生产日期	有效期	价格	存量	畅销否
P01006	东北鲜菇	2019/1/16	7	¥7.10	62	☐
P02001	南山里脊	2019/1/17	7	¥12.60	137	☐
P02002	渤海腿肉	2019/1/17	7	¥15.90	92	☐
P02003	中华牛肉	2019/1/17	7	¥91.00	131	☐
P03001	东海带鱼	2019/1/16	60	¥65.00	65	☐

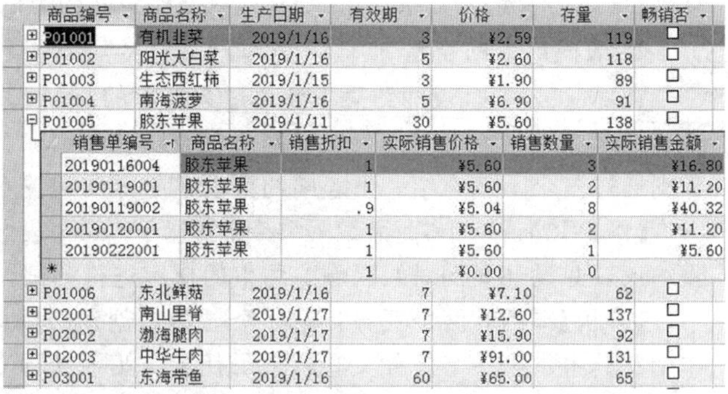

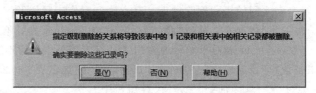

图 5-51　基准表记录的在参照表中的关联记录

④选中 Product 表对象的基准记录，执行“开始”选项卡“记录”选项组中的“删除”命令，弹出如图 5-52 所示的对话框，警示用户：基准记录的删除将导致其关联记录的删除。

图 5-52　删除基准表记录时的警示信息

⑤单击如图 5-52 所示的对话框中的“是”按钮，基准表中的基准记录及参照表中的关联记录都同步被删除。记录删除后，Product 表的数据表视图如图 5-53 所示，ProductOfSalesOrder 表的数据表视图如图 5-54 所示。

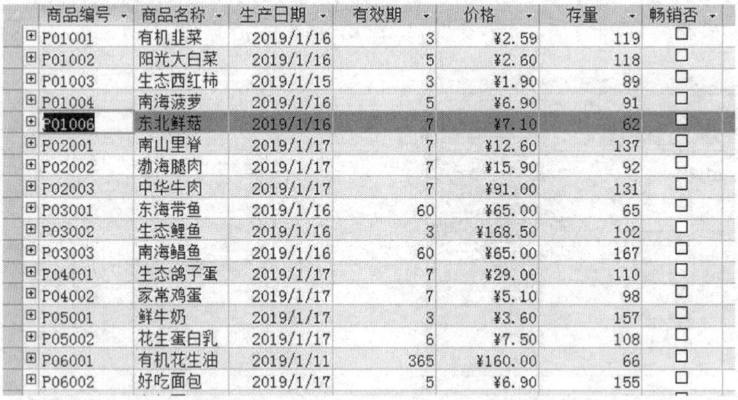

商品编号	商品名称	生产日期	有效期	价格	存量	畅销否
P01001	有机韭菜	2019/1/16	3	¥2.59	119	☐
P01002	阳光大白菜	2019/1/16	5	¥2.60	118	☐
P01003	生态西红柿	2019/1/15	3	¥1.90	89	☐
P01004	南海菠萝	2019/1/16	5	¥6.90	91	☐
P01006	东北鲜菇	2019/1/16	7	¥7.10	62	☐
P02001	南山里脊	2019/1/17	7	¥12.60	137	☐
P02002	渤海腿肉	2019/1/17	7	¥15.90	92	☐
P02003	中华牛肉	2019/1/17	7	¥91.00	131	☐
P03001	东海带鱼	2019/1/16	60	¥65.00	65	☐
P03002	生态鲤鱼	2019/1/16	3	¥168.50	102	☐
P03003	南海鲳鱼	2019/1/16	60	¥65.00	167	☐
P04001	生态鸽子蛋	2019/1/17	7	¥29.00	110	☐
P04002	家常鸡蛋	2019/1/17	7	¥5.10	98	☐
P05001	鲜牛奶	2019/1/17	3	¥3.60	157	☐
P05002	花生蛋白乳	2019/1/17	6	¥7.50	108	☐
P06001	有机花生油	2019/1/11	365	¥160.00	66	☐
P06002	好吃面包	2019/1/17	5	¥6.90	155	☐

图 5-53　基准表中的基准记录(商品编号为 P01005 的记录)被删除

⑥仔细观察可以发现，商品编号是“P01005”的基准记录和关联记录的删除是同步的，因此 Product 表与 ProductOfSalesOrder 表的级联删除约束是有效的。

⑦关闭所有表对象，关闭“商品销售信息”数据库，完成本例的所有任务。

【例 5-14】在“商品销售信息”数据库创建一个表间约束，该约束创建成功后，能够自动拒绝下述业务操作：用户要在 ProductOfSalesOrder 表对象中插入 Product 表对象不存在的商品。该约束创建完成后，请设计案例测试该约束是否有效。

【说明】根据题意，本例要创建和测试的表间约束类型是“拒绝插入”。本例有两个任务：

第一个任务是创建"拒绝插入"约束；第二个任务是对该约束进行测试。

销售单编号	商品编号	商品名称	销售折扣	实际销售价格	销售数量	实际销售金额
20190116001	P01001	有机韭菜	.9	¥2.33	6	¥13.99
20190116003	P01001	有机韭菜	.7	¥1.81	3	¥5.44
20190116006	P01001	有机韭菜	1	¥2.59	2	¥5.18
20190117002	P01001	有机韭菜	1	¥2.59	1	¥2.59
20190119003	P01001	有机韭菜	1	¥2.59	9	¥23.31
20190120002	P01001	有机韭菜	1	¥2.59	5	¥12.95
20190116004	P01002	阳光大白菜	1	¥2.60	6	¥15.60
20190117003	P01002	阳光大白菜	1	¥2.60	3	¥7.80
20190121001	P01002	阳光大白菜	1	¥2.60	7	¥18.20
20190121004	P01002	阳光大白菜	1	¥2.60	10	¥26.00
20190116003	P01003	生态西红柿	.6	¥1.14	7	¥7.98
20190119001	P01003	生态西红柿	1	¥1.90	1	¥1.90
20190120003	P01003	生态西红柿	1	¥1.90	10	¥19.00
20190116002	P01004	南海菠萝	1	¥6.90	6	¥41.40
#已删除的	#已删除的	#已删除的	#已删除的	#已删除的	#已删除的	#已删除的
#已删除的	#已删除的	#已删除的	#已删除的	#已删除的	#已删除的	#已删除的
#已删除的	#已删除的	#已删除的	#已删除的	#已删除的	#已删除的	#已删除的
#已删除的	#已删除的	#已删除的	#已删除的	#已删除的	#已删除的	#已删除的
20190116005	P01006	东北鲜菇	1	¥7.10	4	¥28.40
20190119002	P01006	东北鲜菇	1	¥7.10	3	¥21.30

图 5-54 参照表的关联记录（商品编号为 P01005 的记录）被同步删除

（1）创建表间约束：拒绝插入

由于"拒绝插入"型表间约束的创建方法和操作步骤与"级联删除"型表间约束相似，因此本例不再给出明细的方法和步骤，图 5-55 是"拒绝插入"型表间约束定义的示意图。

（2）测试表间约束：拒绝插入

该约束定义成功后，可以打开 ProductOfSalesOrder 表对象的数据表视图，并在该表的"数据表视图"窗口中手工输入以下记录：销售单编号是"20190222001"、商品编号是"ABCDEFG"、其他字段取默认值。输入

图 5-55 参照完整性约束"拒绝插入"的定义

完成后，单击"数据表视图"窗口的其他空间，Access 弹出如图 5-56 所示的对话框拒绝用户的插入操作。原因很简单，那就是当前插入记录的"商品编号"字段是"ABCDEFG"，而"商品编号"是"ABCDEFG"的商品在 Product 表对象中不存在。因此 Access 在如图 5-56 所示的对话框警示用户："由于数据表'Product'需要一个相关记录，不能添加或修改记录。"

【拓展】请通过实验，回答以下问题：图 5-55 除了定义了"拒绝插入"型表间约束，是否还定义了"拒绝更新"型表间约束？

【例 5-15】假设"商品销售信息"数据库中 Seller 表和 SalesOrder 表之间已经建立了一对多联系，请基于该联系创建两个表对象的级联更新约束，并设计案例测试该约束是否有效。

【说明】本例的主要任务有两项：一是定义级联更新约束；二是对级联更新约束是否有效进行测试。鉴于定义级联更新约束与定义级联删除约束的方法和步骤相似，这里不再展开介绍。

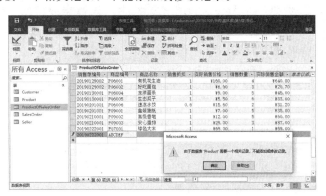

图 5-56 参照完整性约束"拒绝插入"的测试

下面简单介绍一下如何设计一个案例来测试数据库中的级联删除约束是否有效：首先，打开基准表 Seller 的"数据表视图"窗口，仔细观察该表的数据记录；其次，打开参照表 SalesOrder 的"数据表视图"窗口，仔细观察该表的数据记录；再次，切换到 Seller 的"数据表视图"窗口，随机选取一个基准记录，修改该记录"销售员编号"的值；最后，切换到参照表 SalesOrder 的"数据表视图"窗口，查看与基准记录相关联的参照记录的"销售员编号"的值是否同步更新。

【拓展】举例说明本案例中级联更新约束的业务语义。

5.3　表对象数据记录的创建

表对象的物理模式创建后，就可以基于物理模式在表对象中插入或导入数据记录。不管是在表中插入记录，还是将数据导入到表中，本书统称为表对象数据记录的创建。对于有可用数据源的表，可以采用批量导入的方法创建记录，否则只能采用手工插入的方法。本章 5.2.1 节已经介绍了在表对象中手工插入数据记录的方法，本节主要介绍如何基于导入方法在表对象中批量插入记录。

5.3.1　Access 的导入和导出功能

为了便于不同的系统之间共享数据，DBMS 都具有数据的导入和导出功能。基于 DBMS 的导出功能，可以将该数据库中数据表的数据导出，供其他系统使用；基于 DBMS 的导入功能，可以将其他系统生成的数据导入到该 DBMS 所管理的数据库中，存储在本数据库的特定数据表中，供用户共享使用。Access 所支持的数据导入和导出功能如下。

1. 数据导入和数据导出的相对性

数据导入操作和数据导出操作是相对的，只是操作主体的性质不同。对于甲和乙两个主体，如果将甲的数据导出到乙中，那么甲是实施主体，它主动实施数据导出，而乙实际上被动的实施了数据导入；如果将乙的数据导出到甲中，那么乙是实施主体，它主动实施数据导出，而甲实际上被动的实施了数据导入。因此数据导入和数据导出是相对的。

例如，将 Access 2016 数据库中的表数据导出到 Access 2007 数据库中，实际上就是将 Access 2016 数据库中的表数据导入到 Access 2007 数据库中，前者的执行主体是 Access 2016，而后者的执行主体是 Access 2007。

又如，将 Access 2016 数据库中的数据导出到 Excel 2003 工作表中，实际上就是将 Access 2016 的数据导入到 Excel 2003 的工作表中，前者的执行主体是 Access 2016，而后者的执行主体是 Excel 2003。

2. Access 的数据导入功能和数据导出功能

尽管 Access 是桌面版的 DBMS，但是 Access 具有强大的数据导入和导出功能。基于导入和导出方法，Access 可以与众多主流的应用程序进行数据交换和共享，因此数据库业界将 Access 称为数据的"着陆架"。

（1）Access 的数据导入功能

基于数据导入功能，Access 可以将数据源中的数据复制到 Access 数据库的表对象中。在数据导入过程中，Access 会自动识别数据源中的数据类型，并转换为 Access 表对象支持的数据类型，用户也可以人工干预数据类型的识别和转换工作。

Access 2016 支持导入的主流数据文件类型包括：文本文件、Excel 工作表、XML 文件、HTML 文件、Access 数据库以及支持 ODBC 协议的数据库文件等。除上述类型的数据外，Access 还可以导入 SharePoint 列表以及 Outlook 文件夹。不同类型的数据导入到 Access 数据库中的方法尽管有所区别，但是差异不大，本节主要以 Excel 工作表数据为例介绍 Access 的数据导入功能。

（2）Access 的数据导出功能

基于数据导出功能，Access 可以将数据库表对象的数据自动转换为特定应用程序的文件格式，并将其存储到外部应用程序可以读取的文件中。Access 支持导出的数据文件类型包括：文本文件、Excel 工作表、XML 文件、HTML 文件、PDF 或 XPS 文件、Word 文件、Access 数据库文件，以及支持 ODBC 协议的数据库文件等。除了上述类型的数据文件外，Access 还支持将表对象中的数据导出到电子邮件以及 SharePoint 列表中。

5.3.2 在表对象中批量导入记录

上一小节介绍了 Access 的数据导入和数据导出功能，下面通过一个案例介绍如何基于 Access 的数据导入功能，在表对象中批量插入数据记录。

【例 5-16】已知：Excel 工作簿文件"顾客 . xlsx"中的"Customer"工作表的数据如图 5-57 所示，"商品销售信息"数据库中的"顾客表"物理模式如图 5-58 所示。问：是否可以使用导入方法将"Customer"工作表的数据插入到"顾客表"对象中，如果可以，请给出方法和步骤。

	A	B	C	D	E	F	G	H	I	J
1	顾客编号	顾客姓名	顾客性别	出生日期	联系电话	最近购买时间	顾客地址	消费积分	邮政编码	
2	C11010001	黄小姐	女		187666666678	2019/1/29	济南市兴隆东区128号	1200	250000	
3	C11010002	孙皓	男		053188966516	2019/2/1	济南市兴隆东区10号	900	250000	
4	C11020001	徐先生	男		155555555555		山大南路1号	0	250100	
5	C11020001	盛老师	女		166666666666		兴隆山路1号	0	250100	
6	C11020002	王先生	男		053186385555	2019/1/16	济南市兴隆东区128号	900	250100	
7	C11020006	孙老师	女		053199999999	2019/1/17	济南市兴隆东区126号	666	250100	
8	C11030001	陈玲	女		053116678965	2019/2/2	济南市兴隆北区79号	1000	250200	
9	C11030002	李先生	男		053199999998	2019/1/17	济南市兴隆北区79号	999	250200	
10	C37010001	王女士	女		053188826856	2019/1/17	济南市大明湖路19号	800	250001	
11	C37010002	王先生	男		053156325987	2019/1/30	济南市文化路100号	700	250001	
12	C37010006	姜先生	男		053199999919	2019/1/17	济南市大明湖路21号	999999	250001	
13	C37020001	程大哥	男		053256789567	2019/1/17	青岛市大海路999号	123456	250001	
14	C37020002	方先生	男		053188566619	2019/2/10	青岛市大山路9号	1000	250001	
15	C56019971	小兵哥嘎	男		053199999997	2019/1/16	黄河市二环南路1777777号	567	260001	
16	C56019977	小彩虹	女		189999999999	2019/1/16	黄河市二环南路1777779号	99791	260001	
17										

图 5-57 "Customer"工作表的数据

【分析】观察图 5-57 和图 5-58 可知：Excel 工作表"Customer"的数据模式与 Access 表对象"顾客表"的物理模式是一致的，因此可以基于导入方法将"Customer"工作表的数据插入到"顾客表"对象中。具体的方法和实现步骤如下。

①打开"商品销售信息"数据库，执行"外部数据"选项卡"导入并链接"选项组的"Excel"命令，弹出如图 5-59 所示的"获取外部数据－Excel 电子表格"对话框。

②在"获取外部数据－Excel 电子表格"对话框中，单击"浏览"按钮，弹出如图 5-60 所示的"打开"对话框。在该对话框中选择"顾客 . xlsx"文件，单击"打开"按钮，返回"获取外部数据－Excel 电子表格"对话框。

图 5-58 "顾客表"物理模式

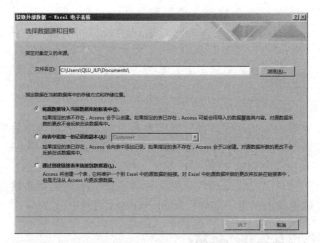

图 5-59　"获取外部数据－Excel 电子表格"对话框

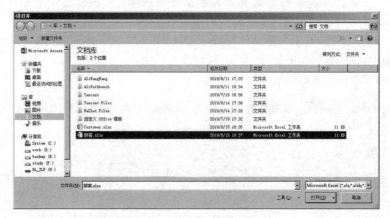

图 5-60　选择外部数据文件：顾客 .xlsx

③在图 5-61 所示的"获取外部数据－Excel 电子表格"对话框中，选中"向表中追加一份记录的副本"单选按钮，然后在该单选按钮右侧随即激活的下拉列表框中选择"顾客表"选项，然后单击"确定"按钮，弹出如图 5-62（左图）所示的"导入数据表向导"对话框。

④在图 5-62（左图）所示的"导入数据表向导"对话框中，勾选"第一行包含列标题"，然后单击"下一步"按钮，在弹出的图 5-62（右图）所示的"导入数据表向导"对话框中，选择"显示工作表"列表框中的"Customer"列表项，然后单击"下一步"按钮，返回如图 5-63 所示的"获取外部数据－Excel 电子表格"对话框，询问用户是否保存导入步骤，以供以后使用。保持默认选择，不保存导入步骤，然后单击"关闭"按钮，至此数据导入工作完成。

⑤在"商品销售信息"数据库中，打开"顾客表"对象的"数据表视图"窗口，可以发现该表对象中已经正确插入了 Excel 工作表"Customer"的数据，如图 5-64 所示。注意：

①将 Excel 工作簿中的数据导入到 Access 数据库中时，如果 Excel 工作簿包含多个工作表，则导入数据表向导会先让用户选择要导入的"工作表"，然后再继续下面的导入步骤。

②如果 Excel 工作表的数据模式与 Access 表对象的物理模式不一致，则导入到 Access 数据库中的数据可能会出现异常，异常情况与模式不一致的具体细节有关。

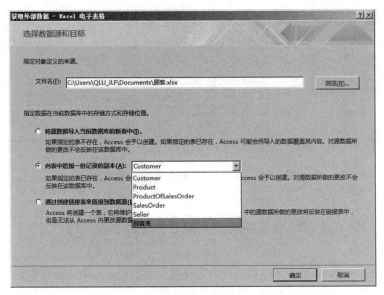

图 5-61　选择工作簿中的工作表：顾客.xlsx 中的 Customer 表

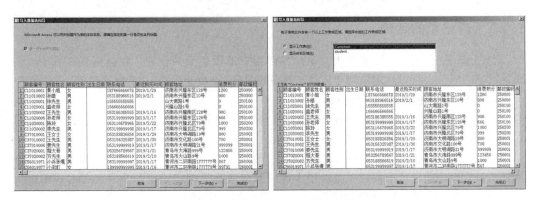

图 5-62　"导入数据表向导"对话框

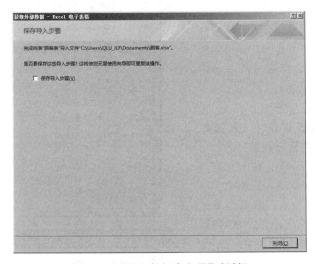

图 5-63　"导入数据表向导"对话框

顾客编号	顾客姓名	顾客性别	出生日期	联系电话	最近购买时间	顾客地址	消费积分	邮政编码
C11010001	黄小姐	女	"Unknown"	187666666678	2019/1/29	济南市兴隆东区128号	1200	250000
C11010002	孙皓	男	"Unknown"	053188966516	2019/2/1	济南市兴隆东区10号	900	250000
C11020001	徐先生	男	"Unknown"	155555555555		山大南路1号	0	250100
C11020001	盛老师	女	"Unknown"	166666666666		兴隆山路1号	0	250100
C11020002	王先生	男	"Unknown"	053186385555	2019/1/16	济南市兴隆南区128号	900	250100
C11020006	孙老师	女	"Unknown"	053199999999	2019/1/17	济南市兴隆东区126号	666	250100
C11030001	陈玲	女	"Unknown"	053116678965	2019/2/22	济南市兴隆北区79号	1000	250200
C11030002	李先生	男	"Unknown"	053199999998	2019/1/17	济南市兴隆北区79号	999	250200
C37010001	王女士	女	"Unknown"	053188826856	2019/1/29	济南市大明湖路19号	800	250001
C37010002	王先生	男	"Unknown"	053156325987	2019/1/30	济南市文化路100号	700	250001
C37010006	姜先生	男	"Unknown"	053199999919	2019/1/17	济南市大明湖路21号	999999	250001
C37020001	程大哥	男	"Unknown"	053256789567	2019/1/21	青岛市大海路99号	123456	250001
C37020002	方先生	男	"Unknown"	053188566619	2019/2/10	青岛市大山路9号	1000	250001
C56019971	小兵张嘎	男	"Unknown"	053199999997	2019/1/17	黄河市二环南路1777777号	567	260001
C56019977	小彩虹	女	"Unknown"	189999999999	2019/1/16	黄河市二环南路1777777号	99791	260001
*			"Unknown"					

图 5-64　"顾客表"对象的"数据表视图"窗口

5.4　表对象的运行服务

表对象创建成功后，就投入运行中，为用户提供数据服务。表对象提供的服务型运行操作包括表记录的定位、表记录的操作、表记录的排序和筛选、表对象的运行监控等。对于不同的DBMS而言，表对象提供的运行服务是不同的。下面以 Access 为代表，介绍表对象的运行服务。

5.4.1　表记录的定位

表记录的定位实际上就是在表对象中找到用户期望记录的位置。在数据表视图中，用户既可以基于"记录定位器"定位期望记录，也可以基于"查找和替换"对话框定位记录。

1. 基于"记录定位器"定位记录

在"记录定位器"中，用户既可以直接在"当前记录"框中输入记录编号定位记录，也可以在"搜索"框中输入记录的关键字定位记录。

（1）基于"当前记录"框定位记录

当表对象中的记录个数较少或者用户可以方便地获得期望记录的记录编号时，用户可以通过在"记录定位器"的"当前记录"框中输入期望记录的编号，从而快速定位期望记录。

【例 5-17】在 Access 的"商品销售信息"数据库中，打开表对象 Product 的"数据表视图"窗口，并将当前记录定位到该表的第 7 条记录上。

【说明】本例的操作步骤如下。

①打开"商品销售信息"数据库 Product 表对象的"数据表视图"窗口。

②在如图 5-65（下）所示的"记录定位器"的"当前记录"框中，输入记录号"7"。

③按 Enter 键，当前记录已经定位到数据表视图的第 7 条记录。在"数据表视图"窗口中，当前记录被突出显示，并且获得输入焦点，如图 5-65（上）所示。

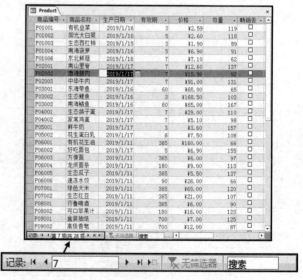

图 5-65　基于"当前记录"框定位记录

（2）基于"搜索"框定位记录

当表对象中的记录个数较多或者无法方便地获得期望记录的记录编号时，可以通过在"记录定位器"的"搜索"框中输入关键字，从而快速定位期望记录。

【例5-18】在Access的"商品销售信息"数据库中，打开表对象Product的"数据表视图"窗口，并将当前记录定位到商品名称是"好吃面包"的记录上。

【说明】本例的操作步骤如下。

①打开"商品销售信息"数据库Product表对象的"数据表视图"窗口。

②在如图5-66所示的"记录定位器"的"搜索"框中，输入关键字"好吃面包"。

记录: I◄ ◄ 第17项(共28 I ► ►I ►* ▼ 无筛选器 好吃面包

图5-66 "记录定位器"的"搜索框"

③当前记录立即定位到数据表视图的第17条记录，该记录"商品名称"字段的值是"好吃面包"。在数据表视图中，当前记录被突出显示，并且获得输入焦点，如图5-67所示。

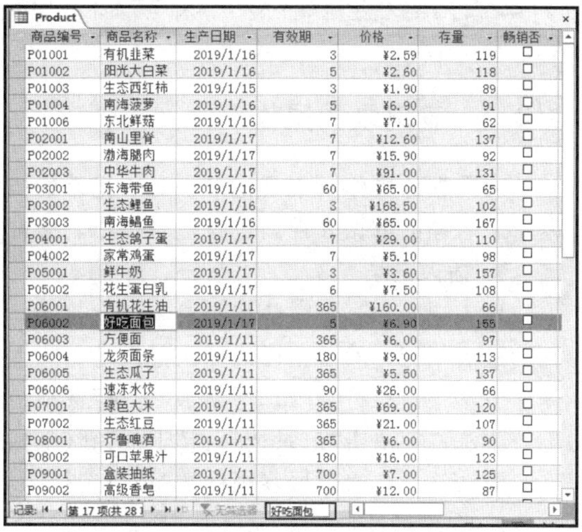

注意：如果用户想浏览记录，查看表对象的数据概况，可以基于"记录定位器"的"第一条记录""上一条记录""下一条记录"和"尾记录"四个命令实现。"记录定位器"的这四个命令的功能也可以用"开始"选项卡"查找"选项组中的"转至"命令实现。

2. 基于"查找和替换"对话框定位记录

基于"记录定位器"的"搜索"框，只能定位到与关键字匹配的第一条记录。与关键字匹配的记录往往有多条，如果想逐条的定位与关键字匹配的每一条记录，可以使用Access的"查找和替换"功能实现。实现"查找和替换"功能的对话框如图5-68所示。

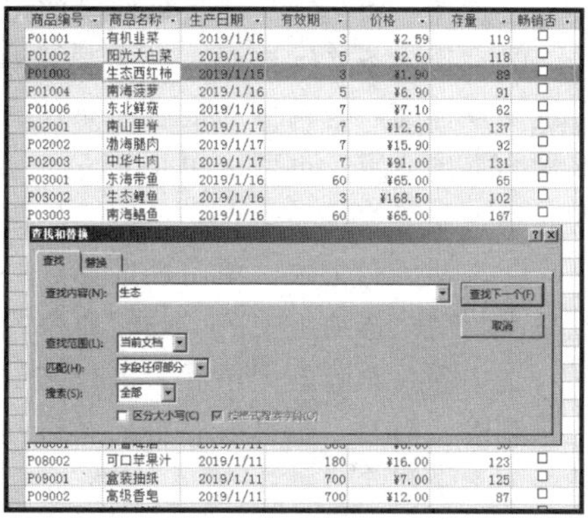

在图5-68中，在"查找和替换"对话框的"查找内容"框中输入"生态"关键字后，单击"查找下一个"按钮，就可以将当前记录定位在"生态西红柿"记录上。如果继续单击"查找下一个"按钮，就可以将当前记录定位在"生态鲤鱼"记录上，依此类推，直到定位到最后一条匹配记录上。如果继续单击"查找下一个"按钮，Access就会弹出如图5-69所示的警示对话框。

在"查找和替换"对话框中，还可以使用表5-13所示的通配符。例如，要查找前面五个字符是"girl_"、后面一个字符不是"1""2""3"的字符串，则应在"搜索"框中输入"girl_[！1－3]"。

图5-67 基于"搜索"框定位记录

图5-68 基于"查找和替换"功能定位记录

图5-69 Access警示对话框

表 5-13 通配符的用法

通配符	功能	示例
*	通配任意多个字符	Cf＊：任意 Cf 开头的字符串。例如，Cfx，但找不到 Cxf
?	通配任意单个字符	C? f：任意以 C 开头及 f 结尾的长度为 3 的字符串
[]	通配方括号内任何单个字符	C[ad]f：Caf 和 Cdf
!	通配任何不在括号内的字符	C[! ad]f：除 Caf 和 Cdf 外，以 C 开头，f 结尾的长度为 3 的字符串
—	通配范围内任何一个字符必须以递增顺序指定区域	C[a—c]f：Caf、Cbf 和 Ccf
♯	通配任何单个数字字符	1♯6：106、116、126、136、146、156、166、176、186、196

5.4.2 表记录的操作

表数据的操作对象是记录，对表记录的操作主要包括插入记录、删除记录和修改记录等。基于表对象的数据表视图进行记录操作，通常需要首先定位记录。

1. 插入记录

插入记录，就是向数据表对象的尾部添加一条新记录。用户可以将光标定位到数据表视图的最后一行，然后就可以插入记录了。除上述方法外，插入记录的其他方法还有以下 3 种。

方法一：执行"开始"选项卡"记录"选项组中"新建"命令。

方法二：单击"记录选择器"上的"新(空白)记录"按钮。

方法三：右击数据表视图的"记录选择区域"，在弹出的快捷菜单中选择"新记录"命令。

2. 删除记录

要删除记录，必须先选中需要删除的记录。在数据表视图中有三种选择记录的方法。

①选择一条记录。单击该记录的记录选择区域。

②选择多条连续记录。在需要选择的第一条记录的记录选择区域上按住鼠标左键不放，并拖动鼠标到需要选择的最后一条记录的记录选择区域，释放鼠标，被选中记录的记录选择区域会突出显示；也可以单击记录选择区域，先选中需要选择的第一条记录，然后按 Shift 键，单击需要选择的最后一条记录的记录选择区域。

③选择所有记录。单击表选择区域，即可选中整个数据表的所有记录；或者执行"开始"选项卡"查找"选项组中的"选择"命令的"全部"子命令也可以选中所有记录。

选中需要删除的记录后，执行"开始"选项卡"记录"选项组中的"删除"命令，即可将所选记录删除。当然，也可以右击记录选择区域，在弹出的快捷菜单中执行"删除记录"命令，将选择的记录删除。

3. 修改记录

修改记录时，要首先定位要修改的记录，使之成为当前记录。然后将光标定位到该记录的字段上，对记录的字段值进行编辑修改。在编辑数据时，有些数据可能是相同或相似的，这时可以使用"复制"和"粘贴"操作将数据表中某字段的部分或全部数据复制到另一个字段中。这种操作与 Windows 办公软件中的"复制"和"粘贴"操作是一样的。

【例 5-19】打开"商品销售信息"数据库，将 Product 表对象中第 17 条记录的"商品详情"字段的数据复制到第 51 条记录中的相应字段中。

①打开"商品销售信息"数据库，打开 Product 表对象的"数据表视图"窗口。

②基于"记录选择器"定位第 17 条记录，选中"商品详情"字段，执行"开始"选项卡"剪贴板"选项组中的"复制"命令，复制该字段内容。也可以右击，在弹出的快捷菜单中执行"复制"命令。还可以基于"Ctrl＋C"快捷键复制该字段内容。

③基于"记录选择器"定位第 51 条记录，选中"商品详情"字段，执行"开始"选项卡"剪贴板"选项组中的"粘贴"命令，字段的内容就会粘贴到该字段中；也可以右击，在弹出的快捷菜单中执行"粘贴"命令；还可以基于"Ctrl＋V"快捷键粘贴该字段内容。

5.4.3 表记录的排序和筛选

在日常生活和工作中，经常需要按某种排列次序使用表对象中的记录，这就需要用到 Access 的排序功能。另外，在实际应用中，经常需要将表对象中符合某种条件的记录筛选出来，而将不符合条件的记录隐藏起来，以方便用户分析处理，这就需要用到 Access 的筛选功能。

1. 表记录的排序

排序是根据表对象中一个字段的值或多个字段的组合值，对表中所有记录的次序进行的重新排列。排序时所基于的字段称为排序字段。对于不同类型的排序字段而言，其排序规则往往会有所不同。下面列举了经常用到的一些排序规则。

①文本型字段：汉字按其拼音字母的顺序排列，靠后的为大；英文字母按 A～Z 的顺序从小到大排列，且同一字母的大、小写视为相同；其他字符按照其字符编码值的大小进行排列，一般来说，西文字符比汉字要小。

②数字型、货币型字段：按数值的大小排序。

③日期/时间型字段：按日期/时间的先后顺序排序，两个日期/时间型数据，靠后的日期/时间为大。例如，♯2019－9－16♯比♯2016－9－17♯要大。

④是/否型字段：遵循"是"小"否"大的排序原则。

⑤备注型、超链接型和 OLE 对象型、附件型字段：不能作为排序字段。

⑥空值字段：如果排序字段的值是空值，那么升序时空值字段记录排在最前面，降序时空值字段的记录排在最后面。

Access 既支持基于一个排序字段排序，同时也支持基于多个排序字段排序。下面分别介绍一下相关的方法和步骤。

（1）基于单字段排序

在数据表视图中，选择好排序字段后，再执行"开始"选项卡的"排序和筛选"选项组中的"升序"或"降序"命令即可实现对该表数据记录的排序；也可以右击"字段选择区"，在弹出的快捷菜单中执行"升序"或"降序"命令；还可以单击字段名称右侧的下拉按钮，打开"字段名"下拉菜单，在下拉菜单中执行"升序"或"降序"命令。

【例 5-20】在"商品销售信息"数据库中，打开 Customer 表对象的"数据表视图"窗口，在视图中将该表对象的所有记录基于"消费积分"字段降序排列。

【说明】根据题意，本例显然是基于单字段排序。本例的操作步骤如下。

①打开"商品销售信息"数据库，打开 Customers 表对象的"数据表视图"窗口。

②单击"消费积分"字段名右侧的下拉按钮，打开该字段的下拉菜单，如图 5-70 所示。

③在下拉菜单中执行"降序"命令，Access 将按"消费积分"字段的数值大小对表对象中的所有记录降序排列，结果如图 5-71 所示。

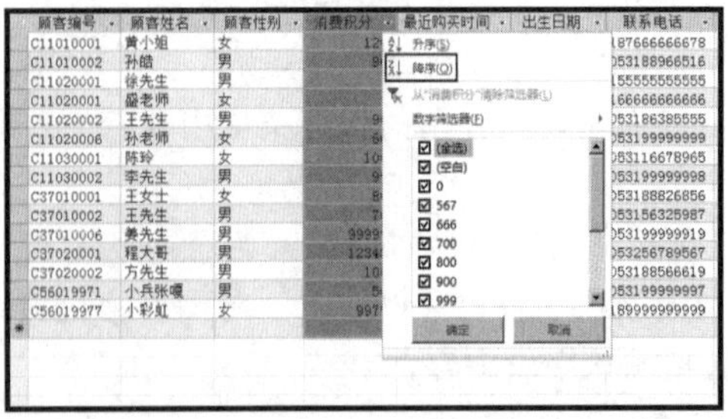

图 5-70　字段下拉菜单中的“降序”命令

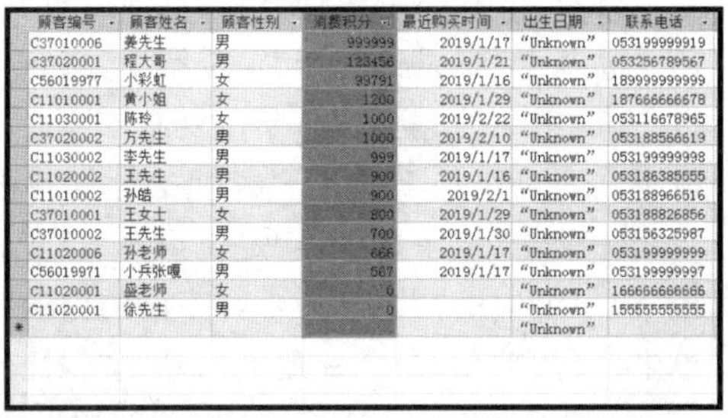

顾客编号	顾客姓名	顾客性别	消费积分	最近购买时间	出生日期	联系电话
C37010006	姜先生	男	999999	2019/1/17	“Unknown”	053199999919
C37020001	程大哥	男	123456	2019/1/21	“Unknown”	053256789567
C56019977	小彩虹	女	99791	2019/1/16	“Unknown”	189999999999
C11010001	黄小姐	女	1200	2019/1/29	“Unknown”	187666666678
C11030001	陈玲	女	1000	2019/2/22	“Unknown”	053116678965
C37020002	方先生	男	1000	2019/2/10	“Unknown”	053188566619
C11030002	李先生	男	999	2019/1/17	“Unknown”	053199999998
C11020002	王先生	男	900	2019/1/16	“Unknown”	053186385555
C11010002	孙皓	男	900	2019/2/1	“Unknown”	053188966516
C37010001	王女士	女	800	2019/1/29	“Unknown”	053188826856
C37010002	王先生	男	700	2019/1/30	“Unknown”	053156325987
C11020006	孙老师	女	666	2019/1/17	“Unknown”	053199999999
C56019971	小兵张嘎	男	567	2019/1/17	“Unknown”	053199999997
C11020001	盛老师	女	0		“Unknown”	166666666666
C11020001	徐先生	男	0		“Unknown”	155555555555
*					“Unknown”	

图 5-71　基于“消费积分”降序排列的结果

④执行“开始”选项卡“排序和筛选”选项组中的“取消排序”命令，可以撤销表对象记录的排序操作，数据表视图中的记录次序将返回排序之前的状态。

基于单字段进行排序的方法非常简单，它有两个重要步骤：一是选择排序字段；二是执行“升序”或“降序”命令。综上所述，本书将这种方法称为简单排序法。

(2)基于多字段排序

在 Access 中，不仅可以按一个字段排序，还可以按多个字段排序。按多个字段进行排序时，首先根据第一个字段指定的顺序对数据记录进行排序，当第一个字段具有相同值时，再按照第二个字段对数据记录进行排序，依次类推，直到按全部指定的字段排好序为止。

1)简单排序法

基于多字段对数据表记录进行排序，也可以使用简单排序法，但是有两个前提：第一，基于简单排序法进行排序时，所有排序字段必须相邻，如果字段不相邻，需要调整字段位置，使所有排序字段相邻，并将各个排序字段按照其排序次序从左到右依次排列；第二，参与排序的每个字段都要按照同样的方式排序，要么都采用升序的方式，要么都采用降序的方式。

【例 5-21】在“商品销售信息”数据库中，ProductOfSalesOrder 表对象的数据记录顺序如图 5-72 所示，请使用简单排序法对数据表记录进行排序。要求：第一排序字段是“商品编号”，排序方式是“升序”；第二排序字段是“销售数量”，排序方式也是“升序”。

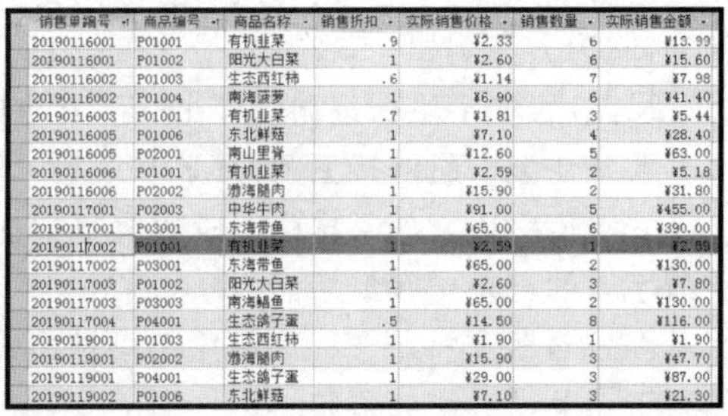

销售单编号	商品编号	商品名称	销售折扣	实际销售价格	销售数量	实际销售金额
20190116001	P01001	有机韭菜	.9	¥2.33	6	¥13.99
20190116001	P01002	阳光大白菜	1	¥2.60	6	¥15.60
20190116002	P01003	生态西红柿	.6	¥1.14	7	¥7.98
20190116002	P01004	南海菠萝	1	¥6.90	6	¥41.40
20190116003	P01001	有机韭菜	.7	¥1.81	3	¥5.44
20190116005	P01006	东北鲜菇	1	¥7.10	4	¥28.40
20190116005	P02001	南山里脊	1	¥12.60	5	¥63.00
20190116006	P01001	有机韭菜	1	¥2.59	2	¥5.18
20190116006	P02002	渤海腿肉	1	¥15.90	2	¥31.80
20190117001	P02003	中华牛肉	1	¥91.00	5	¥455.00
20190117001	P03001	东海带鱼	1	¥65.00	6	¥390.00
20190117002	P01001	有机韭菜	1	¥2.59	1	¥2.59
20190117002	P03001	东海带鱼	1	¥65.00	2	¥130.00
20190117003	P01002	阳光大白菜	1	¥2.60	3	¥7.80
20190117003	P03003	南海鲳鱼	1	¥65.00	2	¥130.00
20190117004	P04001	生态鸽子蛋	.5	¥14.50	8	¥116.00
20190119001	P01003	生态西红柿	1	¥1.90	1	¥1.90
20190119001	P02002	渤海腿肉	1	¥15.90	3	¥47.70
20190119001	P04001	生态鸽子蛋	1	¥29.00	3	¥87.00
20190119002	P01006	东北鲜菇	1	¥7.10	3	¥21.30

图 5-72　ProductOfSalesOrder 表对象排序前的数据表视图

【说明】观察图 5-72，发现数据表视图中“商品编号”字段和“销售数量”字段并不相邻，所以必须将“销售数量”字段拖动到“商品编号”字段的旁边，这样才能够使用简单排序法对数据表记录进行排序。本例的操作步骤如下。

①打开“商品销售信息”数据库，打开 ProductOfSalesOrder 表对象的“数据表视图”窗口。

②在数据表视图中，将“销售数量”字段拖动到“商品编号”字段的右边，使其相邻。

③选中“商品编号”和“销售数量”两个字段。

④执行“开始”选项卡“排序和筛选”选项组中的“升序”命令，其排序结果如图 5-73 所示。

2)高级排序法

与简单排序法相比，高级排序法功能强大。高级排序法不但允许用户基于多个不相邻的字段对表对象的数据记录进行排序，而且高级排序法允许参与排序的每个排序字段都选择不同的排序方式。下面通过案例说明一下高级排序方法的实现技术。

销售单编号	商品编号	销售数量	商品名称	销售折扣	实际销售价格	实际销售金额
20190117002	P01001	1	有机韭菜	1	¥2.59	¥2.59
20190116006	P01001	2	有机韭菜	1	¥2.59	¥5.18
20190116003	P01001	3	有机韭菜	.7	¥1.81	¥5.44
20190120002	P01001	5	有机韭菜	1	¥2.59	¥12.95
20190116001	P01001	6	有机韭菜	.9	¥2.33	¥13.99
20190119003	P01001	9	有机韭菜	1	¥2.59	¥23.31
20190117003	P01002	3	阳光大白菜	1	¥2.60	¥7.80
20190116001	P01002	6	阳光大白菜	1	¥2.60	¥15.60
20190121001	P01002	7	阳光大白菜	1	¥2.60	¥18.20
20190121004	P01002	10	阳光大白菜	1	¥2.60	¥26.00
20190119001	P01003	1	生态西红柿	1	¥1.90	¥1.90
20190116002	P01003	7	生态西红柿	.6	¥1.14	¥7.98
20190120002	P01003	10	生态西红柿	1	¥1.90	¥19.00
20190116002	P01004	6	南海菠萝	1	¥6.90	¥41.40
20190121001	P01006	2	东北鲜菇	.88	¥6.25	¥12.50
20190119002	P01006	3	东北鲜菇	1	¥7.10	¥21.30
20190116005	P01006	4	东北鲜菇	1	¥7.10	¥28.40
20190121003	P01006	4	东北鲜菇	1	¥7.10	¥28.40
20190116005	P02001	5	南山里脊	1	¥12.60	¥63.00
20190121005	P02001	6	南山里脊	1	¥12.60	¥75.60

图 5-73　ProductOfSalesOrder 表对象排序后的数据表视图

【例 5-22】对于图 5-72 所示的表对象记录，请使用高级排序方法进行排序，排序字段包括"商品编号"和"销售数量"，其中，"商品编号"升序排列，"销售数量"降序排列。

【说明】本例的操作步骤如下。

①打开"商品销售信息"数据库，打开 ProductOfSalesOrder 表对象的"数据表视图"窗口。

②执行"开始"选项卡"排序和筛选"选项组中的"高级"命令，打开"高级"命令的下拉菜单，如图 5-74 所示。

③执行图 5-74 所示的"高级筛选/排序"命令，进入"ProductOfSalesOrder 筛选 1"设计界面。方便起见，将该设计界面称为"高级筛选/排序设计视图"，如图 5-75 所示。

图 5-74　"高级"命令的下拉菜单

④如图 5-76 所示，在"ProductOfSalesOrder 筛选 1"设计界面中定义表对象的排序字段和排序方式：在"字段"行的第一列选择参与排序的第一排序字段是"商品编号"；在"字段"行的第二列选择参与排序的第二排序字段是"销售数量"；在"排序"行第一列指定"商品编号"字段的排序方式是"升序"，在"排序"行的第二列指定"销售数量"字段的排序方式是"降序"。

图 5-75　"ProductOfSalesOrder 筛选 1"设计界面

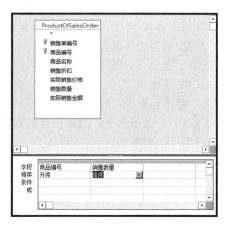

图 5-76　排序字段的设置

⑤执行"开始"选项卡"排序和筛选"选项组中的"高级"命令，打开"高级"下拉菜单，选择如图5-74所示的"应用筛选/排序"命令，Access将切换到表对象的"数据表视图"窗口，按照"商品编号"升序、"销售数量"降序的方式对ProductOfSalesOrder表对象的记录进行排列。篇幅原因，不再给出ProductOfSalesOrder的数据表视图的排序结果。

⑥执行"开始"选项卡"排序和筛选"选项组中的"取消排序"命令，可以撤销表对象记录的排序操作，数据表视图中的记录次序将返回排序之前的状态。

⑦进入"ProductOfSalesOrder筛选1"设计界面，再次执行"应用筛选/排序"命令，可以重新按照设计视图中的设计对ProductOfSalesOrder表对象的记录进行排列。

【拓展】进入"ProductOfSalesOrder筛选1"设计界面后，单击快速访问工具栏的"保存"按钮，弹出"另存为查询"的对话框，如图5-77所示。也可以执行"排序和筛选"选项组中"高级"下拉菜单中的"另存为查询"命令，弹出"另存为查询"对话框，并保存相关的排序定义。请回答：为什么会出现"另存为查询"对话框？提示：表对象的高级排序方法实际上是基于"查询"实现的，相关内容将在第6章中展开介绍。

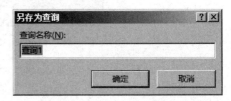

图5-77 "另存为查询"的对话框

2. 表记录的筛选

表对象中的记录数量比较多，而用户需要的数据记录往往是数据表所有记录的一部分，并且常常零零散散的分布在数据表的其他记录中，这给数据使用带来了不便。为此，DBMS提供了数据记录的筛选功能，可以将满足用户需求的数据记录筛选出来，将不需要的其他记录隐藏起来，以方便用户使用。Access提供了"选择筛选""筛选器筛选""按窗体筛选"和"高级筛选"等方法对数据表记录进行筛选。实际上筛选是"查询"的低级形式，其中"按窗体筛选"和"高级筛选"就是基于"查询"实现的，在后面的学习中，读者对此会有深刻体会。

(1)选择筛选

"选择筛选"是基于某一字段的值筛选表对象的数据记录。"选择筛选"是最简单的筛选方法，用户选择了进行筛选的字段值后，就可以执行相应的"选择"命令对数据记录进行筛选。

"选择"命令与选择的字段值有关：如果选择的是短文本型字段值中的部分字符，则"选择"命令又具体细分为"包含""不包含""结尾是"和"结尾不是"四条子命令，如图5-78所示；如果选择的是短文本型字段值中的所有字符，"选择"命令又具体细分为"等于""不等于""包含"和"不包含"四条子命令，如图5-79所示；如果选择的是数字型(货币型)字段值，则"选择"命令又具体细分为"等于""不等于""小于或等于""大于或等于"和"介于"五条子命令；如果选择的是日期/时间型字段值，"选择"命令又具体细分为"等于""不等于""不晚于""不早于"和"介于"五条子命令；如果选择的是逻辑型字段值，则"选择"命令又具体细分为"是−1""不是−1""选中"和"不选中"四条子命令；如果选择的是长文本型字段值，则"选择"命令又具体细分为"包含"和"不包含"两条子命令；如果选择的是OLE对象类型的字段值，则"选择"命令只有"不是空白"一条子命令；如果选择的是附件型字段值，则"选择"命令将灰化，这说明不能基于附件型字段对数据记录进行筛选。

篇幅原因，对于数字型(货币型)字段、日期/时间型字段、逻辑型字段、长文本型字段以及OLE对象型字段的"选择"命令不再给出相应的图示。请思考：当用户选择的是逻辑型字段值时，为什么"选择"命令会包含"是−1"和"不是−1"这样的子命令？

图 5-78 部分字被选时的选择命令 　　　图 5-79 所有字被选时的选择命令

【例 5-23】打开"商品销售信息"数据库，在 Customer 表对象的数据表视图中，将性别为"女"的数据记录筛选出来。

【说明】根据题意，本例就是基于"性别"字段的值"女"筛选记录，因此用户可以基于"选择筛选"的方法实现本例的筛选任务。本例的操作步骤如下。

①打开"商品销售信息"数据库，打开 Customer 表对象的"数据表视图"窗口。

②在数据表视图中任选一行记录，该记录"性别"字段的值是"女"即可。

③执行"开始"选项卡"排序和筛选"选项组中的"选择"命令，在弹出的下拉菜单中执行等于"女"子命令，数据表视图中就只保留了性别为"女"的记录。

④筛选完成后，若要重新显示筛选前的全部记录，可以执行"开始"选项卡"排序和筛选"选项组中的"切换筛选"命令。此方法在其他筛选方法中均适用。

（2）筛选器筛选

与选择筛选相比，筛选器筛选功能更强大，它允许用户基于筛选器对筛选条件进行个性化，也就是允许用户对筛选条件进行一定程度的自定义。除了 OLE 和附件类型外，其他类型的字段都可以基于筛选器筛选数据表记录。

筛选器的名字因字段类型的不同而有所区别。例如，选择文本型字段时，筛选器的名字是"文本筛选器"；又如，选择日期/时间型字段时，筛选器的名字是"日期筛选器"；再如，选择数字型字段时，筛选器的名字是"数字筛选器"。另外，对于不同类型的字段值，筛选器将给出不同的筛选命令，如图 5-80 所示给出了"数字筛选器"的筛选命令。

【例 5-24】打开"商品销售信息"数据库，在 Customer 表对象的数据表视图中，将"消费积分"不低于 1000 的数据记录筛选出来。

【说明】本例的操作步骤如下。

①打开"商品销售信息"数据库，打开 Customer 表对象的"数据表视图"窗口。

②选择任一记录的"消费积分"字段，右击，弹出如图 5-80（左）所示的快捷菜单。

图 5-80 数字筛选器命令及其子命令

③执行快捷菜单中的"数字筛选器"命令，选择筛选器的筛选命令，如图5-80(右)所示。

④执行"数字筛选器"的"大于"命令，弹出如图5-81所示的"自定义筛选"对话框。

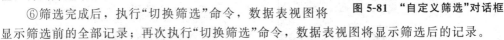

⑤在"自定义筛选"对话框中输入1000，单击"确定"按钮，得到筛选结果。

图 5-81 "自定义筛选"对话框

⑥筛选完成后，执行"切换筛选"命令，数据表视图将显示筛选前的全部记录；再次执行"切换筛选"命令，数据表视图将显示筛选后的记录。

(3)按窗体筛选

按窗体筛选数据表的记录有两个重要步骤：定义筛选条件和应用筛选条件。定义筛选条件是在表对象的"按窗体筛选设计视图"中实现的；筛选条件定义完成后，用户需要应用筛选条件，Access将切换到表对象的"数据表视图"中显示筛选结果。

在表对象的数据表视图中执行"窗体筛选"命令后，Access将自动关闭表对象的"数据表视图"窗口，并进入相应的筛选条件设计界面，本书称之为"按窗体筛选设计视图"，如图5-83所示。

"按窗体筛选设计视图"也是一个二维表，不过只有一条记录，并且这一记录的每个字段都是一个下拉式组合框。基于字段的下拉式组合框，可以定义该字段的筛选条件。

在"按窗体筛选设计视图"中既可以定义一个条件，也可以定义多个条件。如果定义的筛选条件与其他各个条件之间为"且"的关系时，那么这个筛选条件与其他筛选条件必须在"按窗体筛选设计视图"的"查找"选项卡中定义；如果定义的筛选条件与其他各个条件之间为"或"的关系时，那么这个筛选条件应该在设计视图的"或"选项卡中定义。由于"或"选项卡可以有任意多个，因此可以根据需要定义任意数量的筛选条件。

【例5-25】打开"商品销售信息"数据库，在Customer表对象的数据表视图中，将"顾客性别"为男，且"消费积分"不低于1000的数据记录筛选出来。

①打开"商品销售信息"数据库，打开Customer表对象的"数据表视图"窗口。

②执行"开始"选项卡"排序和筛选"选项组中的"高级"命令，弹出如5-82(左图)所示的下拉菜单，在下拉菜单中执行"按窗体筛选"命令后，Access自动关闭Customer表对象的"数据表视图"窗口，并打开Customer表对象的"按窗体筛选设计视图"窗口，如图5-83所示。

图 5-82 "排序和筛选"的"高级"命令

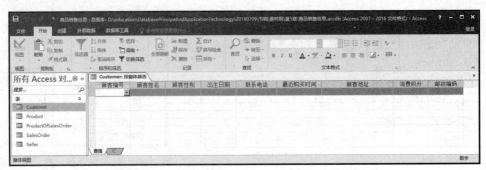

图 5-83 Customer表对象的按窗体筛选设计视图

③在 Customer 表对象的"按窗体筛选设计视图"窗口中定义筛选条件：在"顾客性别"字段的下拉列表中选择"男"，在"消费积分"字段中直接输入"≥1000"，如图 5-84 所示。

顾客编号	顾客姓名	顾客性别	出生日期	联系电话	最近购买时间	顾客地址	消费积分	邮政编码
		"男"					≥1000	

图 5-84 设置筛选条件

④执行"开始""排序和筛选"选项组中的"高级"命令，弹出图 5-82(右图)所示的下拉菜单，执行菜单中的"另存为查询"命令，弹出"另存为查询"对话框。基于"另存为查询"对话框，可以将"按窗体筛选设计视图"中的相关定义保存在查询对象中。本步骤的功能，在某些程度上说明表对象的"按窗体筛选"功能实际上是基于"查询"实现的。

⑤执行"高级"菜单命令中的"应用筛选/排序"子命令，表对象筛选后的数据记录呈现在该对象的数据表视图中。

⑥执行"开始"选项卡"排序和筛选"选项组中的"切换筛选"命令，可以在筛选结果和未筛选结果中进行切换。

【拓展】如果要将"顾客性别"设置为男，或"消费积分"不低于 1000 的数据记录从 Customer 表对象中筛选出来，那么应该如何基于"按窗体筛选设计视图"定义筛选条件呢？

(4)高级筛选

"高级筛选"方法除了具备"按窗体筛选"方法的所有功能外，还可以对筛选出来的记录进行排序，排序时，可以定义多个排序字段。另外，"高级筛选"方法实际上也是基于"查询"实现的，所以也可以将"高级筛选/排序"的相关定义以查询对象的形式保存。

【例 5-26】打开"商品销售信息"数据库，在 Customer 表对象的数据表视图中，将"顾客性别"设置为"女"，且"消费积分"低于 1000 的记录筛选出来，并按"最近购买时间"降序排列。

【说明】本例既要实现多条件筛选，又要实现排序结果排序，因此必须基于"高级筛选"方法完成本例的任务。其具体的操作步骤如下。

①打开"商品销售信息"数据库，打开 Customer 表对象的"数据表视图"窗口。

②执行"开始"选项卡"排序和筛选"选项组中的"高级"命令，弹出"高级"命令下拉菜单，如图 5-82(左图)所示。

③在"高级"按钮的下拉菜单中执行"高级筛选/排序"命令，Access 将打开 Customer 表对象的"高级筛选设计视图"窗口，如图 5-85 所示。

图 5-85 Customer 表对象的"高级筛选设计视图"及筛选设计

④在"高级筛选设计视图"中定义筛选条件和排序条件，如图 5-85(右下部分)所示。

⑤执行如图 5-82(右图)所示的"另存为查询"命令，弹出"另存为查询"对话框，基于该对话框，可以将"高级筛选"的相关定义保存在查询对象中。

⑥筛选条件和排序条件定义完成之后，执行如图 5-82 所示的"高级"命令的"应用筛选/排序"子命令，表对象筛选后的数据记录呈现在该表对象的"数据表视图"中。

⑦执行"开始"选项卡"排序和筛选"选项组中的"切换筛选"命令，可以在筛选结果和未筛选结果中进行切换。

【拓展】在"高级筛选设计视图"中定义筛选条件是智能的，Access 可以将个性化的筛选条件转换为标准化筛选条件，即使是具有一些错误的筛选条件。图 5-86 给出了另外一种用户定义，但 Access 会对图 5-86 与图 5-85 的定义给出相同的处理结果。请思考：图5-86 的筛选条件中，严格地说，哪一处有语法错误？

图 5-86　Customer 表对象的"筛选"定义

注意：在定义筛选后，如果不再需要该筛选时，应该将其清除，否则将影响下一次筛选。清除的方式是执行"开始"选项卡的"排序和筛选"选项组中的"高级命令"，执行"高级"下拉菜单中的"清除所有筛选器"命令。

5.4.4　表对象的运行监控

表对象投入运行后，必须对其运行状态进行监控，以便时刻掌控各个表对象的运行性能，并及时发现表对象存在的故障隐患，以尽早排除故障隐患，最大程度的发挥表对象的运行效率。对表对象的运行监控工作主要有两类：运行性能监控和安全隐患监控。

1. 运行性能监控

在不同的数据库系统，对表对象运行监控的需求是不同的。对于大多数的用户而言，常规的运行性能监控需求如下。

(1)对表对象的查询吞吐量、查询执行性能及连接情况进行监控，发现并解决问题。

(2)对表对象的操作吞吐量、执行性能进行监控，发现并解决问题。

(3)对表对象的索引访问进行分析，寻找数据库性能调整的机会。

(4)对表对象的用户访问操作进行跟踪和检查，保证表对象数据使用的合法性和安全性。

(5)对表对象的数据备份进行检查，保证表对象数据的可恢复性。

(6)对表对象的数据增长情况和空间扩展情况进行监控，保证表对象的空间需求。

2. 安全隐患监控

在对表对象运行性能的监控中，通过性能指标的分析，可以发现表对象存在的安全隐患。用户应该基于表对象的安全策略对表对象的安全隐患进行及时处置，以保证表对象的安全运行。对于大多数数据库系统而言，最常见的安全隐患监控服务需求有如下两类。

(1)异常监控：对表对象服务运行的状态进行实时的监控，实时跟踪和分析表对象的运行服务指标，及时发现服务的运行异常征兆，进而通过关联分析发现安全隐患。

(2)故障处理：对表对象中存在的任何安全隐患都要及时处理，尽可能避免问题的扩大化甚至中止服务。

在安全隐患的监控中，要高度重视表对象的灾难恢复问题。当表对象的数据资源存在灾难恢复安全隐患时，要尽早处置并排除。所谓的灾难恢复指的是当数据库系统遇到不可抗力导致的大规模数据故障，以及系统的在线数据被删除等致命问题时，系统能够恢复表对象的数据。

不同的 DBMS 对表对象运行监控功能支持的能力和工具是不同的。Access 是桌面版的 DBMS，它所支持的运行监控功能有限，需要用户自己设计对象来实现表对象的运行监控。对于 SQL Server、Oracle 等大型 DBMS 而言，它们都提供了比较强大的监控能力和工具，感兴趣的读者可以查阅相关的资料。

5.5 表对象的维护

在表对象的运行服务中，常常会发现表对象的设计存在错误，或者表对象的功能无法满足用户的需求变化，或者表对象的运行服务性能无法满足系统的应用需求，这就需要对表对象进行维护，最主要的维护性操作包括表模式的维护、表数据的维护等。表对象的维护既可以基于表对象设计器完成，也可以基于 SQL 命令完成。维护表对象的 SQL 命令将在第 7 章中展开介绍。

5.5.1 表模式的维护

表模式即表对象物理模式的简称。由于表模式包括存储结构、数据约束和索引三个维度，因此表模式的维护包括存储结构、物理约束和索引三个方面的内容。下面基于 Access 介绍一下表模式的维护。

1. 存储结构的维护

由于表对象的存储结构指的是组成表对象的字段，因此存储结构的维护包含添加字段、删除字段、修改字段属性等工作。存储结构的维护一般基于表对象的设计视图，当然，表对象的数据表视图也可以对表对象的存储结构进行维护。

(1)添加字段

在表对象中添加一个字段可以基于表对象设计器的设计视图完成，如图 5-87 所示；也可以基于表对象设计器的数据表视图完成，如图 5-88 所示。

【例 5-27】打开"商品销售信息"数据库，在表对象 Product 中插入新字段，该字段的名称是"商品类别"，其他属性采用默认值。

【说明】既可以基于表对象的设计视图在表中插入一个字段，也可以基于表对象的数据表视图在表中插入字段。本例基于表对象的设计视图插入字段，具体操作步骤如下。

①打开"商品销售信息"数据库，打开 Product 表对象的"设计视图"窗口。

②如图 5-87 所示：在要插入新字段的行选择区右击，在弹出的快捷菜单执行"插入行"命令；也可以选择要插入新字段的行，然后执行"表格工具 | 设计"选项卡"工具"选项组中的"插入行"命令。

③在数据表设计视图中将插入新空白行。注意：如果在行选择区选择了一行，那么新空白行将插入一行；如果选择了多行，那么新空白行也将插入多行。

④在新空白行定义字段的名称：在"字段名称"列中输入"商品类别"。

⑤单击快速访问工具栏中的"保存"按钮，保存更改后的数据表模式。

图 5-87　基于设计视图插入或删除字段

图 5-88　基于数据表视图插入或删除字段

（2）删除字段

可以在表对象的设计视图中，删除一个或多个字段，相关的命令如图 5-87 所示；也可以在表对象的数据表视图删除一个或多个字段，相关的命令如图 5-88 所示。

注意：删除字段，既删除了数据表的列，也删除了列中的数据。删除字段操作是不可恢复的，所以进行该操作时应小心谨慎。

（3）修改字段属性

既可以在表对象的设计视图中，对字段的字段名、字段类型以及字段大小等属性进行修改；也可以在表对象的数据表视图中对字段的字段名、字段类型以及字段大小等属性进行修改。

基于设计视图修改表对象字段名、字段类型以及字段大小等属性的操作方法，与定义表对象的存储结构的内容非常相似。

例如，如果要修改 Product 表对象中"存量"字段的名称，那么可以打开该表对象的"设计视图"窗口，选中"存量"字段原来的名称后，直接输入新的字段名即可，如图 5-89 所示。

基于数据表视图对表对象的字段名、字段类型以及字段大小等属性进行修改，主要是通过"表格工具｜字段"选项卡中的相关命令完成的，如图 5-90 所示。

【例 5-28】打开"商品销售信息"数据库，在表对象 Product 的数据表视图中将"存量"字段的名称修改为"商品库存量"。

字段名称	数据类型
商品编号	短文本
商品名称	短文本
生产日期	日期/时间
有效期	数字
价格	货币
存量	数字
畅销否	是/否
商品详情	长文本
商品照片	OLE 对象

图 5-89　基于设计视图修改字段名称

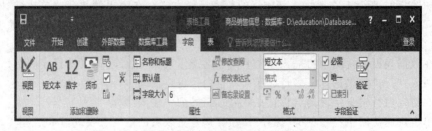

图 5-90　"表格工具｜字段"选项卡中的相关命令

【说明】本例的操作步骤如下。

①打开"商品销售信息"数据库，打开 Product 表对象的"数据表视图"窗口。

②选择 Product 表对象的"存量"字段列。

③执行"表格工具|字段"选项卡"属性"选项组中的"名称和标题"命令，弹出如图 5-91 所示的"输入字段属性"对话框。

④在"输入字段属性"对话框中，选择名称框中原来的名称后，直接输入新字段名即可。

【拓展】用户可以在表对象的数据表视图中，双击原来的字段名，此时该字段名称呈现为可编辑状态，在字段名称的编辑区直接输入新的字段名即可。

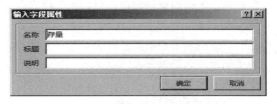

图 5-91 "输入字段属性"对话框

2. 物理约束的维护

由于数据表的物理约束主要包括实体完整性约束、域完整性约束和参照完整性约束，因此物理模式的维护任务主要围绕上述三种类型的约束展开。物理约束的维护一般基于表对象的设计视图，当然，表对象的数据表视图也可以对表对象的某些类型的物理约束进行维护。

（1）实体完整性约束的维护

在 Access 中，实体完整性约束是通过主键实施的，用户可以根据需要创建主键，也可以删除已经存在的主键，还可以修改已经存在的主键。主键的创建、删除和修改一般在表对象的设计视图中完成。

1）主键的创建

打开表对象的"设计视图"窗口，选中所有的主键字段后，右击选择区，在弹出的快捷菜单中执行"主键"命令。或者执行"表格工具|设计"选项卡"工具"选项组中的"主键"命令。

2）主键的删除

在设计视图中打开数据表，选择要删除的主键字段，然后执行"表格工具|设计"选项卡"工具"选项组中的"主键"命令即可。

（2）域完整性约束的维护

域完整性约束的维护主要指的是验证规则的维护，包括字段级和记录级两个层面。除了验证规则的维护之外，域完整性约束的维护还包括字段输入约束和字段显示约束的维护等工作。

域完整性约束的维护既可以基于表对象的设计视图完成，也可以基于表对象的数据表视图完成。例如，验证规则的维护有两种方法：第一，打开表对象的"设计视图"窗口，通过视图中的"验证规则"框和"验证文本"框维护表对象的验证规则；第二，打开表对象的"数据表视图"，执行"表格工具|字段"选项卡"字段验证"选项组中的"验证"下拉菜单中的相关命令即可实施验证规则的维护，如图 5-92 所示。

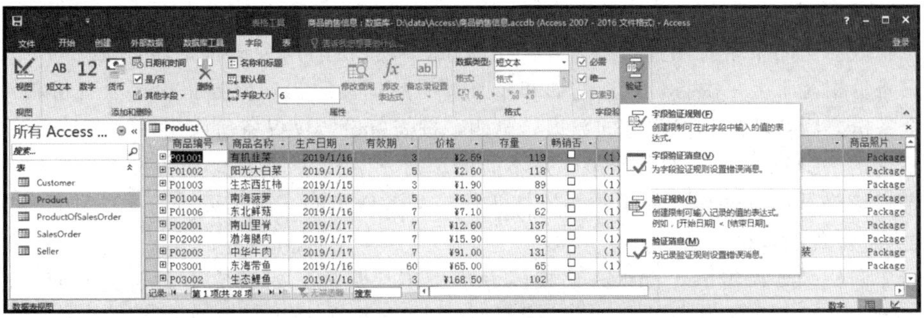

图 5-92 "表格工具|字段"选项卡中的"验证"下拉菜单中的相关命令

尽管表对象的设计视图和数据表视图都可以对表对象的域完整性约束进行维护,但建议用户尽量使用表对象的设计视图。基于设计视图维护域完整性约束的方法与创建域完整性约束的方法相似,这里不再赘述,相关内容在5.2.2节中已经详细介绍。

(3)参照完整性约束的维护

参照完整性约束的维护包括表间联系和表间约束这两方面的内容,它们分别与表间联系的创建、表间约束的创建相似,相关内容在5.2.4和5.2.5节中已经详细介绍。

3. 表索引的维护

表索引的维护指的是对表对象已经创建的索引进行修改、重建或删除,或者对有需求但尚未创建的索引进行补充创建等。那么为什么要维护索引呢?如何维护索引呢?下面对这两个问题做简要介绍。

(1)表索引维护的动机

表索引维护的动机很多,其中最重要的有三条:第一,通过创建唯一性索引,从而保证表对象中每一行记录的唯一性;第二,可以大大加快表对象中数据记录的检索速度,这也是创建索引的最主要原因;第三,可以加速表和表之间的连接速度,在实现数据表的参照完整性约束方面特别有意义。

(2)表索引维护的方法

对数据表索引的维护,一般在表对象的设计视图中实施。基于设计视图维护表索引的方法与表索引创建的方法相似。篇幅原因,不再赘述,相关内容在本书的5.2.3节中已经介绍。

基于表对象的数据表视图可以创建和删除简单的表索引,但其功能有限:基于单个字段建立普通索引和唯一索引;删除基于单个字段建立的普通索引和唯一索引。这就意味着基于数据表视图,用户无法创建、修改和删除复合索引和主索引。另外基于数据表视图,用户也无法自定义索引的名称和排序方式。鉴于上述原因,笔者不建议用户使用数据表视图维护表对象的索引。

在表对象的数据表视图中,"表格工具 | 字段"选项卡"字段验证"选项组中的"唯一"命令和"已索引"命令可以对表索引进行维护,这两个命令如图5-90所示。

5.5.2 表数据的维护

表对象中的数据是有生命周期的,对于生命期内的数据需要进行备份,以保证数据的安全性,生命期以外的数据需要进行删除,以节约存储空间,降低管理成本。对于具有历史应用价值的表对象数据,还要根据需要进行归档。

1. 表对象的备份

表对象的备份是数据容灾的重要措施,是指为防止数据库系统出现操作失误或系统故障导致表对象数据丢失,而将全部或部分表对象数据生成副本的过程。数据备份是保证表对象数据安全性的一道防线,其目的是为了表对象数据崩溃时能够快速地恢复数据。

(1)表对象的备份策略

备份表对象的策略有四种:第一,完全备份,对备份的内容进行整体备份;第二,增量备份,只备份相对于上一次备份后新增加和修改过的数据;第三,差异备份,只备份相对于上一次完全备份之后新增加和修改过的数据;第四,按需备份,仅仅备份应用系统需要的部分数据。

不同的DBMS所支持的备份策略是不同的。对于Access而言,其备份能力较弱,直接支持的备份策略是完全备份,如果需要支持其他三种备份策略,则需要进行二次开发。

(2)表对象的备份方法

对于同样的备份策略,DBMS实现的方法也不尽相同。对于完全备份策略而言,Access主要提供了两种备份方法:一是在同一个数据库内备份表对象;二是将表对象从一个数据库备份到另一个数据库。

1）数据库内部备份表对象

在同一个数据库内备份表对象，实际上就是创建该表对象的一个副本。下面通过一个示例说明数据库内部备份表对象的方法和操作步骤。

【例5-29】数据库"商品销售信息"中的表对象如图5-92所示，请在"商品销售信息"数据库中生成表对象Product的一个副本。

【说明】在"商品销售信息"数据库中生成表对象副本的方法很多，其中"剪贴板"和"对象另存为"命令是用户常用的方法之一。基于"剪贴板"生成表对象副本的操作步骤如下。

①以独占方式打开数据库。

②在导航窗格中，选中需要生成副本的表对象图标"Product"。

③执行"开始"选项卡"剪贴板"选项组中的"复制"命令，然后再执行"粘贴"命令，弹出如图5-93所示的"粘贴表方式"对话框。

④在"粘贴表方式"对话框中指定表对象副本的名字和粘贴选项，本例选择默认值。

⑤单击"确定"按钮，表对象的备份任务完成，在导航窗格中可以发现副本表对象的图标"Product 的副本"，如图5-94所示。

⑥关闭"商品销售信息"数据库。

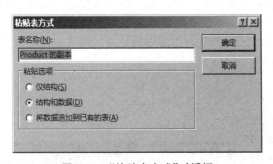

图5-93 "粘贴表方式"对话框

图5-94 导航窗格中的副本表对象的标识

在数据库内部备份表对象的方法比较简单，也有一定的数据容灾作用，但这种方法比较脆弱。例如，当Product表对象中的数据被异常破坏后，可以基于Product的副本来恢复。但是当"商品销售信息"数据库整体遭到破坏时，Product表对象中的副本往往也会被破坏，在这种情况下，数据库内部备份的副本就失去了意义。

2）数据库之间备份表

将表对象备份到另外一个数据库中，并且将另外一个数据库保存到另外的存储介质上，可以更好地发挥备份的数据容灾作用。

将一个数据库（如数据库S）的表对象备份到另外一个数据库（如数据库D）中的方法，仍然可以使用"剪贴板"的方法，也可以使用"导出"的方法。"剪贴板"方法的操作步骤如下。

①以独占方式打开数据库S。

②在数据库S的导航窗格中，选中需要生成副本的表对象图标。

③在数据库S中执行"开始"选项卡"剪贴板"选项组中的"复制"命令。

④以独占方式打开要存放表对象副本的数据库D。

⑤在数据库D中执行"开始"选项卡"剪贴板"选项组的"粘贴"命令，弹出"粘贴表方式"对

话框，在对话框中指定副本表对象的名字和粘贴选项。

⑥单击"确定"按钮，表对象的备份任务完成。

⑦关闭数据库 S 和数据库 D。

由于数据库提供的数据访问服务是实时的，因此表对象和副本表对象之间的数据记录不会完全同步，所以一般说来，任何的备份策略和方法都不能保证表对象数据的完全恢复。

2. 表对象的恢复

由于恢复操作直接影响到数据库系统的正确应用，因此恢复操作应该严格按照一定的程序进行。一般说来，表对象的恢复操作应该遵循的程序应该包括的步骤如下。

①首先应该确定造成表对象数据故障的原因，如果不是不可抗力，应该将故障排除。

②制订表对象的恢复计划，包括恢复内容、恢复时间、恢复步骤、恢复的副作用等。

③对现有数据作相应的备份，防止在恢复的过程中发生更进一步的错误。

④基于恢复计划进行实际的数据恢复操作，并将恢复过程记录下来，以备后用。

⑤测试表对象数据恢复后整个数据库的功能和性能。

⑥测试成功后，对恢复后的数据库系统进行相应的备份。

⑦将表对象重新投入运行服务中。

由于 Access 仅仅支持完全备份策略，因此表对象的恢复操作很简单，基本上就是备份操作的逆操作。

3. 表对象的删除和归档

对于数据库系统而言，应该基于数据库在线数据的有效期限做好表对象的删除和归档工作，对于没有任何价值的在线数据，应该及时删除和清理，以腾出数据库系统内部有限的存储空间。在删除没有在线应用价值的数据之前，对于虽无在线应用价值，但具有历史应用价值的数据可归档到在线系统之外的海量存储中。

（1）表对象的删除

删除一个表对象，需要先选中需要删除的表对象，然后按 Delete 键即可。也可以在表对象图标上右击，在弹出的快捷菜单中执行"删除"命令。

删除表对象之前，Access 弹出如图 5-95
所示的对话框，让用户确认删除操作，单击
"是"按钮，表示确认删除操作，选中的表对象
马上会被删除。

选中需要删除的表对象，然后按 Shift＋
Delete 快捷键，那么表对象将被立即删除，而
不会弹出图 5-95 所示的对话框，让用户确认删除操作。

图 5-95　删除表对象的确认对话框

（2）表对象的归档

对需要归档的表对象数据，要将其备份到当前系统之外的外部海量存储中，对于特别重要的表对象数据，必须有两个以上的副本，并且分别存储到不同的外部存储介质中。

表对象归档完成后，要及时地将其从在线系统中删除，以腾出数据库系统内部有限的存储空间，供用户使用。

4. 表对象的压缩和修复

投入运行服务的表对象，会产生数据故障、访问性能降低、空间浪费等问题，Access 提供了"压缩和修复"功能来解决这些问题。

（1）表对象的运行问题

在表对象的运行服务中，会产生数据故障、访问性能降低以及空间浪费等问题。

1）数据故障

尽管 Access 是桌面版的 DBMS，但是 Access 数据库中的表对象也可以通过网络向多用户提供数据服务。当多个用户基于网络访问表对象时，用户的原因、网络的原因或者是 Access 数据库的自身原因，都可能使表对象中的数据发生损坏。

2）访问性能降低

随着记录的插入、删除和修改，表对象中的数据记录会变得支离破碎，物理分布凌乱无序，这必然降低表对象数据记录的访问性能；另外，Access 数据库在运行服务中会创建一些临时对象来完成各种任务，当任务完成时，这些临时对象仍然保留在数据库中。当数据库中充斥着大大小小的临时对象时，必然降低表对象的数据访问性能。

3）空间浪费

首先，处于运行服务中的表对象，被删除的记录所占用的存储空间并不会被系统回收，这必然导致存储空间的浪费。

其次，表对象被删除时，系统不会自动回收该对象所占用的磁盘空间。也就是说，尽管该对象已被删除，但由于它所占用的磁盘空间不能被回收，所以不能再分配使用。

为了便于学习，本书将表对象在运行服务中产生的数据故障、访问性能降低以及空间浪费等问题，统称为表对象的运行问题。

（2）解决表对象运行问题的方法

Access 提供的"压缩和修复数据库"工具，可以强制修复表对象中的某些数据故障，回收已删除表对象以及已删除表记录所占用的存储空间，重新构建表对象的索引，并按照主键顺序对表中记录进行重新排列。因此，基于 Access"压缩和修复数据库"工具，可以解决表对象在运行服务中遇到的数据故障、访问性能降低以及空间浪费三大运行问题。

注意：压缩数据库并不是压缩数据库中表对象的数据，而是通过回收已删除表对象或者是已删除表记录的空间来缩小整个数据库占用的空间。

（3）Access 的"压缩和修复数据库"工具

基于"压缩和修复数据库"工具对表对象进行压缩和修复的方法包括：自动压缩和修复、手动压缩和修复。

1）自动压缩和修复

基于"压缩和修复数据库"工具自动执行表对象的压缩和修复，一般发生在数据库关闭的时候，前提是设置了"关闭时压缩"数据库。其设置方法如下。

①执行"文件"选项卡中的"选项"命令，弹出"Access 选项"对话框。

②在"Access 选项"对话框中，选择"当前数据库"选项卡，选择"当前数据库"主题视图，在"应用程序选项"选项区中，勾选"关闭时压缩"复选框，如图5-96所示。

对数据库设置"关闭时压缩"数据库，只会影响当前打开的数据库。对于要自动压缩和修复的每个数据库，必须单独设置此选项。

2）手动压缩和修复

除了设置"关闭时压缩"数据库外，用户还可以手动执行"压缩和修复数据库"命令。手动压缩和修复数据库的方法和操作步骤

图 5-96 设置"关闭时压缩"数据库

如下。

①以独占方式打开数据库。

②选择"数据库工具"选项卡，如图 5-97 所示。

③执行"工具"选项组中的"压缩和修复数据库"命令。

如果其他用户当前正在使用该数据库，则无法执行压缩和修复操作。当用户对数据库进行压缩和修复操作时，其他任何用户均无法使用该数据库。为了保证手动压缩和修复数据库的执行效率，建议用户以独占方式打开数据库。

图 5-97 "数据库工具"选项卡的"压缩和修复数据库"命令

5.6 技术拓展与理论升华

为拓展大学生的理论素养和应用能力，请读者基于 SQL Server 2008 R2 自主学习数据表的设计、创建和运维。基于 Access 与 SQL Server 的比较学习，数据表的设计理论、创建技术和运维能力必然得到极大的拓展和升华。

基于 SQL Server 2008 R2 学习数据表的设计、创建和运维，建议同学们基于项目驱动和自主学习的方法。为配合大家基于 SQL Server 学习数据表的设计、创建和运维，本书配套的电子版教学资源给出了大学生信用评价实战项目中"大学生信用评价数据库"的物理设计和实现过程。有兴趣的同学可以基于该资源进行自主学习。

本章习题

第6章 查询对象的设计与应用

本章导读

用户在数据库中创建数据表对象之后，就可以对表对象中的数据进行查询和操作了。承担数据查询和操作任务的对象是"查询"对象。查询对象既能实现"数据查询"任务，也能实现"数据操作"任务：前者仅仅从已有的数据表对象中查找符合条件的数据集，数据表对象中的数据不发生改变；后者或者对数据表对象中的记录进行追加、更新、删除，使得数据表对象中的数据发生变化，或者在数据库中生成一个新的数据表对象。

对于查询这类应用而言，本书将其分为检索型查询、计算型查询、分析型查询三大类。

①检索型查询直接从数据库中按照用户需求选取数据，选取的数据直接呈现给用户，而不需要再进行其他的加工、处理和分析。例如，在表对象"Customer"中，查询女顾客的最近购买时间信息；又如，根据用户输入的性别信息，动态地查询相应性别顾客的最近购买时间信息。

②计算型查询需要对字段中的数据进行计算处理，进而获取字段的部分信息。例如，从销售日期的完整信息"年－月－日"中获取部分信息"年"。复杂的计算型查询往往需要从多个字段中获取信息。例如，计算存量商品的价值就涉及"Product"表的两个字段，一个是"存量"，另外一个是"价格"，获取商品存量价值可以通过"存量 * 价格"这一计算字段来实现。

③分析型查询需要对数据库中的数据进行详细研究和概括总结。概括总结是对总体的数量特征和数量关系进行分析，例如，概括总结所有参加"数据科学"课程考试的学生人数、最高成绩、最低成绩和平均成绩，总体分析的主题是"数据科学"课程考试成绩，汇总指标是课程考试的学生人数、最高成绩、最低成绩和平均成绩。而详细研究是深入到总体的内部对总体进行分组分析，例如，比较分析各门课程的考生人数、最高成绩、最低成绩和平均成绩，是先按照"课程"这一主题，将数据库中的相关数据分组，然后再分组计算各门课的考生人数、最高成绩、最低成绩和平均成绩，以便用户进行比较分析。更为复杂的是基于两类以上的主题进行数据详细研究，如按照"课程"和"性别"两个主题对学生的"成绩"进行统计分析。

对于操作这类应用而言，本书将其分为追加、更新、删除和生成表四类。

①追加查询可以将从数据源对象中获得的一组记录添加到表对象中。例如，将"Grade"表中"大数据库原理"这门课程成绩不及格的所有学生的信息追加到"补考名单"表中。

②更新查询可以对表对象中符合条件的记录的字段值进行修改。例如，将"Customer"表中女顾客的"消费积分"进行更新，更新规则是将"消费积分"上调 20%。

③删除查询可以对表对象中满足条件的记录进行删除，例如，将"Customer"表对象中所有"消费积分"等于 0 的顾客记录删除。

④生成表查询可以从数据源对象中查询数据，并基于结果数据创建一个新的表对象。例如，从"Product"表对象中查询所有畅销商品的信息数据，并将查询结果保存到"畅销商品"表中。

本章将围绕着查询和操作这两类应用，基于向导和设计视图这两个工具，详细介绍查询对象的设计技术和应用；最后基于"数据源型查询对象"的设计和应用拓展关系数据库理论中的"视图"的概念、设计和应用。

6.1 查询对象概述

表是数据库中组织和存储数据的对象，它属于数据结构的理论范畴；查询是数据库中对表数据进行检索和操作的对象，它属于数据操作的理论范畴。使用查询对象可以对数据库中数据进行一系列的操作：查找数据表中满足条件的数据集；通过计算抽取数据表字段的部分数据；对数据表中数据进行统计分析；对数据表中的数据记录进行更新、删除和追加等。

6.1.1 查询对象的概念

1. 查询对象

查询对象是数据库的一个组成对象，简称为查询。查询能够将存储在表对象中的数据按用户要求筛选出来，并对筛选结果按照用户指定的规则进行处理和分析，进而得到查询的结果集并返回给用户。结果集虽然以数据表的形式显示，但结果集是一个动态的"虚表"。之所以将结果集称为动态"虚表"有两个原因：第一，结果集中的数据记录是基于查询对象的定义从表对象中导出的，并不是实际存在的表对象；第二，结果集中的数据会随表对象数据的变化而变化。

用户除了设计查询对象获得数据库中的结果集以外，还可以使用 Access 提供的"查找"和"筛选"功能。不过，查询对象的功能与"查找"和"筛选"功能是不同的：首先，"查找""筛选"功能只能实现一些比较简单的数据检索工作，如果想要获取符合复杂条件的数据集合，并对该数据集合做计算处理和统计分析的话，必须基于查询对象实现；其次，如果对数据库中的多个表对象进行关联查询，"查找"和"筛选"功能就无能为力了，而查询对象可以轻松地实现多个表的关联查询。

2. 查询源

为查询对象提供数据的数据库对象称为查询对象的数据源，又称为查询源。表对象是最基本的查询源。由于查询对象的结果集是一个"虚表"，因此查询对象也可以作为数据库中其他对象的数据源。尽管表对象和查询对象都可以作为查询对象、宏对象、窗体对象、报表对象和模块对象的查询源，但表对象是最终的数据源，查询对象的数据是从表对象中导出的。注意：一个查询对象只能作为另外一个查询对象的数据源，不能作为本查询对象的数据源。

6.1.2 查询对象和表对象的关系

1. 查询对象和表对象的区别

尽管查询对象的结果集也是以二维表的形式呈现，但查询对象和表对象存在着本质区别。

（1）概念不同

表对象中的数据是物理存在的，并存储在特定外部存储器上，而查询对象本身不存储数据，它存储的是从表对象中导出数据的定义。查询对象打开后，该对象所呈现的数据是基于数据导出定义产生的，它导出的是表对象中的数据。如果没有表对象，则不会有查询对象。

在查询对象中存储的数据导出定义，实际上是一条 SQL 命令。打开查询对象，实际上是执行查询对象中存储的 SQL 命令，该命令运行时从数据源中抽取数据，并创建动态的记录集合，只要关闭查询，动态数据集就会自动消失，查询结果中的数据仍然保存在其原来的基本表中。

（2）功能不同

表对象的基本功能是组织和存储数据，而查询对象的基本功能是检索和操作数据。

查询对象可以按照应用规则将不同数据表中的数据进行组合，进而从组合数据中查找满足用户条件的动态数据集，然后以二维表的形式返给用户。需要注意的是，如果查询对象从多个表对象中查询数据，那么一定要先建立数据表之间的联系。

用户不仅可以基于查询对象从数据表中提取所需数据，还可以基于查询对象对数据库表中的数据进行操作，这包括数据的追加、更新和删除。

2. 查询对象和表对象的联系

查询和表都是数据库的重要组成对象，都可以作为数据库其他对象的数据源。表对象是最基础的数据源，查询对象中的数据是基于查询对象的定义从表对象中导出的。

6.1.3 查询对象的功能

为了解决数据冗余问题和操作异常问题，在设计数据库的时候，经常需要将数据组织和存储在多个相互关联的数据表中。但在实际应用中，经常需要对存储在不同数据表中的数据进行连接和重组，进而生成用户视角的应用数据。Access 提供查询对象的主要目的，就是为用户提供按需重组用户视角数据的手段。查询对象之所以能够实现数据库的数据重组，是因为查询对象具有数据库数据的检索、计算、分析和操作功能。

①数据检索。将一个和多个表中的数据按照某种规则筛选出来，呈献给用户。

②数据计算。对检索得到的数据进行二次计算。

③数据分析。对数据库中的数据进行详细研究和概括总结。

④数据操作。对数据表中的数据进行追加、更改和删除。

⑤建立新表。用检索得到的结果数据生成新数据表。

⑥提供数据。作为报表、窗体、宏、模块以及其他查询对象的数据源。

6.1.4 查询的类型

Access 支持用户设计多种类型的查询对象，以实现多种类型的数据查询和操作功能。根据查询对象的实现功能、设计特点和结果形式，可将查询对象的类型分为以下五种：选择查询、参数查询、交叉表查询、操作查询以及 SQL 查询。

1. 选择查询

选择查询是最常用的查询类型，它是按某种规则从一个或多个数据源对象中选取数据，并对数据进行相应的处理，然后创建动态数据集作为查询的结果数据。

选择查询可以完成数据的检索、计算和统计分析功能。例如，从数据表中选择用户需要的数据记录；又如，统计数据表中某字段的平均值、最小值、最大值；再如，对数据表中数据进行分组，然后对各组数据的统计指标进行比较分析等。

选择查询包括无条件查询和条件查询。条件查询又包括静态条件查询和动态条件查询。如果要实现动态条件查询，那么需要设计参数查询对象。

2. 参数查询

参数查询是在选择查询中增加了可变化的元素，即"参数"。执行参数查询时，Access 首先打开一个或多个预定义的对话框，提示用户输入参数值，并根据参数值动态地生成查询条件，然后根据动态生成的查询条件检索数据库中的数据，并将结果集返回用户使用。参数查询实现了用户和 Access 数据库系统之间交互式的查询。

3. 交叉表查询

交叉表查询是 Access 特有的一种查询类型，它可以在交叉表中显示行标题和列标题所聚焦的数据表字段的汇总数据。交叉表查询实际上是一种特殊的多维度的分组统计查询。多维度的分组，依靠两类分组字段：一类以行标题的方式显示在表格的左边；一类以列标题的方式显示在表格的顶端。如果有 3 个行标题、1 个列标题，那么交叉表查询实际上是一种三维度的分组查询。所谓的统计查询指的是在行标题和列标题聚焦的交叉点上显示用户指定字段的统计值，包括总计、平均、计数、最大、最小等。

交叉表查询可以对数据库中的数据进行多个维度的比较和分析，因此在统计分析中得到了广泛的应用。交叉表查询的结果集也可以作为其他查询对象的数据源，从而进行更高层次的统计分析。

4. 操作查询

操作查询包括：生成表查询、追加查询、更新查询和删除查询。生成表查询使用户可以在数据库中查询数据并基于查询结果创建新的表对象；追加查询、更新查询和删除查询统称为操作表查询，它们可以在表对象中追加记录、更新记录和删除记录。操作表查询一次可以对表对象的一条记录进行操作，也可以一次对表对象的多条记录进行操作。

①生成表查询：基于查询获得的记录集创建一个新的表对象。

②追加查询：将一条记录或一组记录插入到一个表对象的末尾。

③更新查询：对满足条件的记录进行修改。

④删除查询：从表对象中删除满足条件的记录。

5. SQL 查询

SQL 查询是通过执行用户输入的 SQL 命令来实现数据库的定义、查询和操作功能的。SQL 是一种功能极其强大的关系数据库标准语言，具有数据查询、数据定义、数据操作和数据控制等功能，它可以实现对数据库的所有操作。SQL 查询将在第 7 章展开介绍。

6.1.5　查询设计器的视图

基于"查询设计器"设计查询对象和查看查询对象的运行结果时，Access 中提供了 3 种查询对象视图，分别是设计视图、数据表视图、SQL 视图。

1. 设计视图

如图 6-1 所示，查询对象的设计视图是"查询设计器"的图形化形式，通常由上、下两个窗格构成，分别是数据源对象窗格和查询设计窗格(也称为 QBE 网格)。

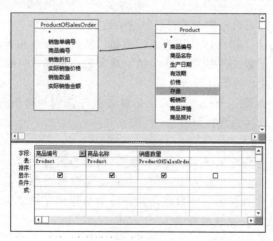

图 6-1　查询对象的设计视图

图 6-2　"视图"下拉菜单

2. 数据表视图

查询对象的数据表视图是查询对象运行结果的显示视图，通常表现为以行和列的格式显示查询结果的窗口。在这个视图中，除了可以调整视图的显示风格，对行高、列宽以及单元格的风格进行设置外，还可以对结果集进行数据的查找、添加、修改和删除等操作，也可以对结果集中的记录进行排序和筛选等。

3. SQL 视图

查询对象的 SQL 视图用来显示或编辑当前查询的 SQL 命令。要基于 SQL 视图设计查询对象，必须熟练掌握 SQL 命令的语法和使用方法，这一内容将在第 7 章展开介绍。

这 3 种类型视图的切换非常简单，常用的方法有 3 种：第一种，在右下角的视图切换按钮中单击相应的视图按钮；第二种，在查询标题上右击，在弹出的快捷菜单中选择具体视图即可；第三种，执行"查询工具｜设计"选项卡"结果"选项组中的"视图"命令，弹出的如图 6-2 所示的下拉菜单，选择相应的视图即可切换到指定的查询视图。

6.2　查询对象的设计方法

Access 设计查询对象的方法有两种：基于查询设计向导和基于查询设计器。基于查询设计向导（简称为查询向导）这一工具，用户可以快速设计查询对象。但基于查询向导设计的查询对象存在一定的局限性，一般只能设计一些模式化的查询对象，对于条件查询、复杂的嵌套查询以及个性化极高的查询对象，向导就不能胜任了。大多数情况下，基于查询向导设计的查询对象还需要在查询对象设计器中进行修改，才能满足用户的需求。

因此，基于查询设计器是 Access 中创建查询对象的主要方法，对于基于查询向导创建查询对象只需简单了解即可。本节先介绍查询向导这个工具的使用方法，然后再介绍"查询设计器"工具的界面。基于查询设计器设计查询对象的内容将在 6.3 节展开详细介绍。

6.2.1　查询设计向导

要在 Access 数据库中通过查询向导设计查询对象，需要先打开这个数据库，然后执行"创建"选项卡"查询"选项组中的"查询向导"命令即可打开向导设计窗口。

查询设计向导，又称为查询向导。Access 查询向导有以下 4 种类型：简单查询向导、查找重复项查询向导、查找不匹配项查询向导和交叉表查询向导。其中，"交叉表查询向导"用于设计交叉表查询，而其他类型的查询向导设计的都是选择查询。

1. 简单查询向导

基于简单查询向导设计的查询对象有以下三个特点：第一，可以从一个或多个数据源对象中查询数据；第二，既可以查询明细信息，也可以查询汇总信息；第三，不能指定查询条件。

在 Access 中，能够提供数据源的对象主要是表对象。另外，查询对象也可以向其他对象提供数据，因此查询对象也可以作为数据源对象。鉴于读者刚刚开始学习查询对象，本章使用的数据源对象以表对象为主。

下面通过案例分析基于简单查询向导设计查询对象的方法。

【例 6-1】在"销售单"数据库中，基于查询向导建立一个查询对象，查询各种商品的单次销量信息，查询结果包括商品编号、商品名称和商品销量。

基于查询向导设计本例查询对象的方法如下。

①打开"销售单"数据库，如图 6-3 所示。

②在"销售单"数据库中，打开"关系设计"窗口，然后基于关联字段"商品编号"建立 Product 和 ProductOfSalesOrder 两个表的联系，如图 6-4 所示。

图 6-3 "销售单"数据库

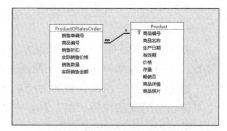

图 6-4 "销售单"数据库的"关系设计"窗口

注意：本例的查询信息来自 Product 和 ProductOfSalesOrder 这两个表，因此需要基于"商品编号"这一关联字段，事先建立起表间关系，否则，在图 6-8 所示的对话框中选择数据表及其字段后，单击"下一步"按钮，弹出如图 6-5 所示的错误提示对话框。

图 6-5 错误提示对话框

③在"销售单"数据库窗口的导航窗格中，单击 Product 表对象的图标，使之成为当前对象，然后执行"创建"选项卡"查询"选项组中的"查询向导"命令，弹出如图 6-6 所示的"新建查询"对话框。

④在"新建查询"对话框中，选择"简单查询向导"选项，单击"确定"按钮，弹出如图 6-7 所示的"简单查询向导"对话框。

⑤在"简单查询向导"对话框中指定查询源并选定结果集中包含的字段：首先指定数据表 Product 中的选定字段，如图 6-7 所示；然后指定 ProductOfSalesOrder 表中的选定字段，如图 6-8 所示。

图 6-6 新建查询

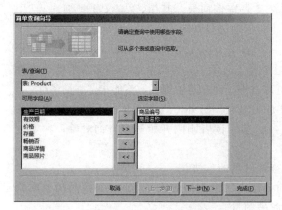

图 6-7 指定数据表 Product 中的选定字段

图 6-8 指定 ProductOfSalesOrder 表中的选定字段

⑥在"简单查询向导"对话框中指定查询源并选定字段后，单击"下一步"按钮，弹出如图6-9所示的对话框，在该对话框指定简单查询的类型是"明细（显示每个记录的每个字段）"还是"汇总"。根据题干，本例选择默认的"明细（显示每个记录的每个字段）"类型，然后单击"下一步"按钮，弹出如图6-10所示的对话框。

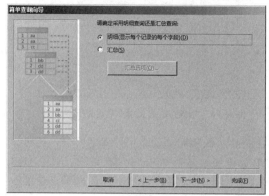
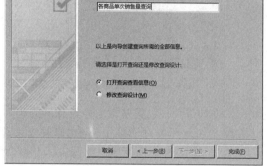

图6-9　简单查询的明细查询　　图6-10　各商品单次销售量查询

⑦在图6-10所示的对话框中，直接单击"完成"按钮，本例设计的查询对象将以默认的标题名"Product查询"保存，并打开如图6-11所示的查询结果窗口，显示查询的结果信息。如果在图6-10所示的对话框中，为该查询指定非默认标题"各商品单次销量查询"，那么本例设计的查询对象将以指定标题名保存，查询结果的数据表视图将采用这一标题。

图6-11　"各商品单次销量查询"对象的查询结果　　图6-12　"各商品销售总量"对象的查询结果

⑧如果基于查询向导设计的查询对象的查询结果包括商品编号、商品名称和商品销售总量，那么用户应该在图6-13中指定该查询为"汇总"类型，并单击图6-13中的"汇总选项"按钮，弹出如图6-14所示的"汇总选项"对话框，在对话框中指定本查询的汇总方式是对"销售数

量"字段进行"汇总","汇总"就是求累加和。"汇总"类型的查询结果如图 6-12 所示。

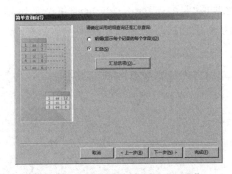

图 6-13　指定查询类型为"汇总"

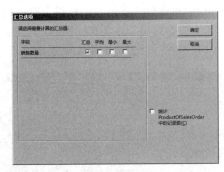

图 6-14　指定"销售数量"字段的汇总方式

⑨如果用户觉得基于向导设计的查询对象"各商品单次销量查询"不能满足要求，还可以在图 6-10 所示的对话框中选中"修改查询设计"单选按钮，然后单击"完成"按钮，就会打开图 6-15 所示的"查询设计视图"窗口，用户可以基于查询设计视图，对基于查询向导设计的查询对象"各商品单次销量查询"进行修改，以达到用户的要求。

同理，如果用户觉得基于向导设计的"各商品销售总量查询"不能满足要求，可以在图 6-16 所示的"查询设计视图"窗口中，对查询对象进行修改，直至达到用户的要求。

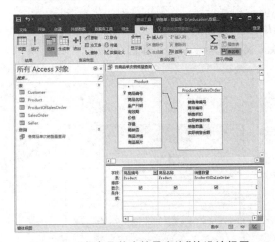

图 6-15　"各商品单次销量查询"的设计视图

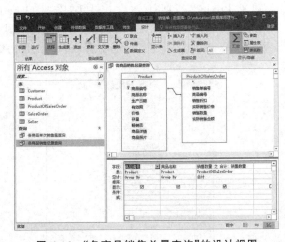

图 6-16　"各商品销售总量查询"的设计视图

如果用户觉得基于向导设计的查询对象能够满足要求，那么可以直接关闭"销售单"数据库，并退出 Access。

2. 查找重复项查询向导

表中经常有字段值相同的记录，这样的记录被称为具有重复项的记录，值相同的字段被称为重复项。基于"查找重复项查询向导"可以设计一个查询对象来寻找表中具有重复项的记录。

需要指出的是，重复项可能是一个字段，也可能是两个以上字段的字段组合。另外，基于向导创建重复项查询对象，其数据源对象只能有一个。

【例 6-2】在 SalesOrder 表中查询同一个销售员的销售单完成状态，要求显示该销售员的编号、所负责的销售单编号以及销售单状态。

【分析】由于"销售员编号""销售单编号"以及"销售单状态"都包含在 SalesOrder 表中，因此可以基于"查找重复项查询向导"设计一个查询对象,找到 SalesOrder 表中的"销售员编号"相同的记录的"销售编号""销售单编号"以及"销售单状态"信息。

基于"查找重复项查询向导"设计查询对象的方法与基于"简单查询向导"设计查询对象的方法尽管不同,但设计思想和设计路径是相同的。篇幅原因,不再给出设计方法。图 6-17 描述了 SalesOrder 表中的原始记录信息;图 6-18 描述了同一个销售员的销售单完成状态。

图 6-17	图 6-18
SalesOrder 表中的原始记录信息	同一个销售员的销售单完成状态

3. 查找不匹配项查询向导

查找不匹配项是指查找一个数据源对象和另一个数据源对象某个字段值不匹配的记录,其数据来源必须是两个。用户基于"查找不匹配项查询向导"设计的查询对象,可以检索一个数据源对象的记录在另外一个数据源对象中是否有相关记录。

【例 6-3】在数据库"销售单"中,设计一个查询对象,查找销量为零的商品信息,要求在查询结果中显示此类商品的"商品编号""商品名称"和"库存"。

【分析】查找销量为零的商品信息,即查找 ProductOfSalesOrder 表中无销售编号的商品,也就是查找 Product 表和 ProductOfSalesOrder 表"商品编号"不匹配的记录。

基于"查找不匹配项查询向导"可以轻松地设计本例查询对象。基于"查找不匹配项查询向导"设计查询对象的方法与基于"简单查询向导"设计查询对象的方法尽管不同,但设计思想和设计路径是相同的。

4. 交叉表查询向导

交叉表是一种常用的分类汇总表格,它可以分组显示数据源中某个字段的汇总值。分组字段有行分组字段和列分组字段两类,其中行分组字段在数据表的左侧,而列分组字段在数据表的上部。汇总值只有一项,它位于行和列的交叉处,显示汇总字段的计算值。汇总字段的计算方式主要有以下几种:和、平均值、计数、最大值和最小值。

设计交叉表查询对象有两种方式:交叉表查询向导和查询设计器。基于查询向导设计交叉表查询对象时,要求查询的数据源对象只能是一个。如果查询的数据源来自两个或两个以上的对象,那么只能基于查询设计器来设计交叉表查询对象。

不管是向导还是设计器,设计交叉表查询对象都包括三个内容:一是指定交叉表左侧的行标题字段;二是指定交叉表上方的列标题字段;三是指定交叉表行与列的交叉处显示的汇总字段及其汇总方式。简言之，设计交叉表就是指定行标题、列标题和汇总字段。

在交叉表查询向导中，系统允许最多有3个行标题，但只能有1个列标题。为支持在交叉处对汇总字段汇总，系统提供了如下的函数：Count、First、Last、Max和Min。

【例6-4】在"销售单"数据库中，基于查询向导设计一个交叉表查询，统计各张销售单的"实际销售金额"、各种商品的销售金额。

【分析】根据题干，本例设计的交叉表查询的数据源是ProductOfSalesOrder表，行标题是"销售单编号"、列标题是"商品编号"、行列交叉处的汇总字段是"实际销售金额"。

基于"交叉表查询向导"设计交叉表查询对象的方法与基于"简单查询向导"设计简单查询对象的方法尽管不同，但设计思想和设计路径是相同的。

图6-19给出了基于"交叉表查询向导"设计的交叉表查询对象的运行结果。请读者基于查询向导独立设计这个查询对象，并将自己设计的查询对象的运行结果与图6-19进行比对。

销售单编号	总计 实际销售金额	P01001	P01002	P01003	P01004	P01005	P01006	P020
20190116001	¥29.59	¥13.99	¥15.60					
20190116002	¥49.38			¥7.98	¥41.40			
20190116003	¥5.44	¥5.44						
20190116004	¥16.80				¥16.80			
20190116005	¥91.40						¥28.40	
20190116006	¥36.98	¥5.18						
20190117001	¥845.00							
20190117002	¥132.59	¥2.59						
20190117003	¥137.80		¥7.80					
20190117004	¥116.00							
20190119001	¥151.22			¥5.32		¥11.20		
20190119002	¥735.62					¥40.32	¥21.30	
20190119003	¥91.32	¥23.31						
20190120001	¥336.20					¥11.20		
20190120002	¥31.95	¥12.95		¥19.00				
20190121001	¥310.50		¥18.20				¥12.50	
20190121002	¥458.80							
20190121003	¥28.40						¥28.40	
20190121004	¥26.00		¥26.00					
20190121005	¥122.20							
20190121006	¥200.37							
20190121007	¥700.00							
20190121008	¥191.10							
20190121009	¥548.00							
20190129001	¥102.90							
20190129002	¥660.70							
20190130001	¥78.00							
20190201001	¥66.20							
20190210001	¥147.00							
20190222001	¥74.60					¥5.60		

图6-19　各张销售单的实际销售金额总计和各种商品的实际销售金额

6.2.2　查询设计器

对于模式化的查询，基于查询向导设计比较方便，但是对于条件查询、复杂的嵌套查询、操作查询等，则无法基于"查询向导"工具来设计，而必须基于"查询设计器"这一工具来设计。

查询设计器有查询设计视图、数据表视图和SQL视图三种设计界面。打开某个数据库，执行"创建"选项卡"查询"选项组中的"查询设计"命令，即可打开查询设计器的"查询设计视图"窗口。图6-20是在"销售单"数据库中打开的"查询设计视图"窗口。下面将介绍查询对象设计视图的组成、查询对象的设计内容以及查询属性的设置内容。

1. 设计视图的组成

查询对象的设计视图由两部分构成：上半部分为数据源窗格，下半部分为设计窗格。

(1) 数据源窗格

数据源窗格用来添加或移除数据源对象，包括表对象或其他查询对象。添加数据源对象的方法是：右击数据源窗格的空白处，在弹出的快捷菜单中执行"显示表"命令，在弹出的"显示表"对话框中添加查询对象的数据源对象即可；移除数据源窗格中现存数据源对象的方法是：右击要移除的数据源对象，在弹出的快捷菜单中执行"删除表"命令，即可将其移除。

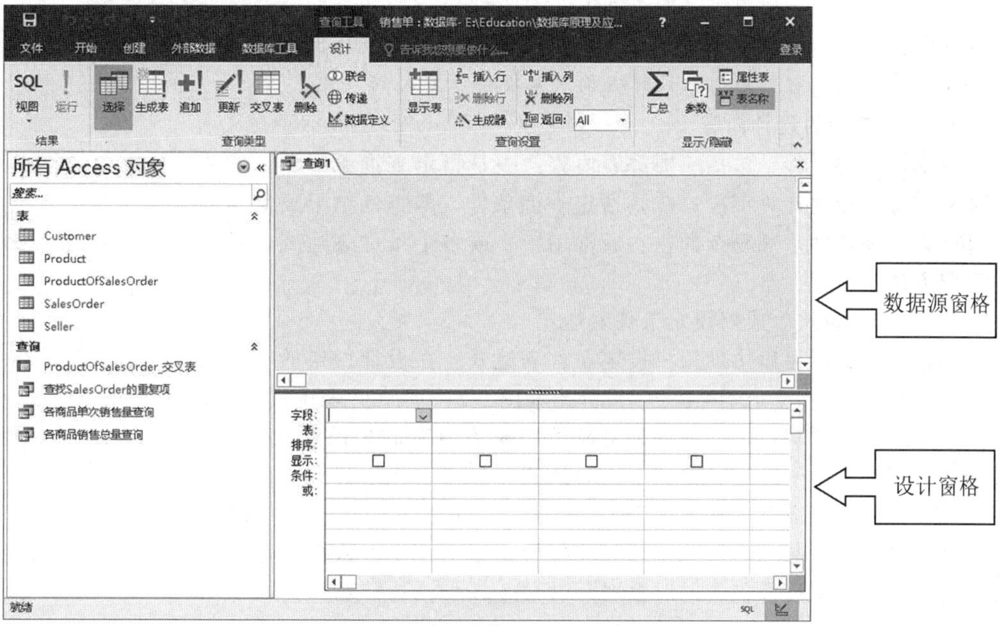

图 6-20 "查询 1"的设计视图

添加数据源对象更快捷的方法是直接把导航窗格的数据源对象拖动到数据源窗格。

（2）设计窗格

设计窗格也称为 QBE 网格，由若干行组成。设计窗格通常包括"字段"行、"表"行、"排序"行、"显示"行、"条件"行和"或"行。注意，当查询类型不同时，设计窗格包含的行会有所变化，相关变化将在介绍相关类型查询的设计时指出。下面简单介绍一下"字段"行、"表"行、"排序"行、"显示"行、"条件"行、"或"行以及"空行"在设计查询对象中的作用。

①"字段"行：用于指定查询结果中包含的字段。在"字段"行，既可以指定数据源对象中包含的字段，也可以指定一个计算字段。所谓的计算字段就是以数据源中的字段为核心元素所构造的表达式，通过这个表达式对字段数据进行加工处理，进而获得用户期望的信息。特殊情况下，计算字段是一个与数据源字段无关的表达式。方便起见，下文以字段指代数据源字段和计算字段。

②"表"行：用于指定所在栏字段的数据源对象名称。

③"排序"行：用于指定查询结果是否基于"排序"行所在栏字段进行排序。在一个查询对象中，可以指定单一字段作为排序依据，也可以指定多个字段作为排序依据。当按多字段排序时，出现在设计窗格最左边栏目的排序字段为第一关键字，出现在次左的排序字段为第二关键字，依此类推。

④"显示"行：用于决定"显示"行所在栏目的字段是否包含在查询结果中。默认情况下所有栏目的字段都包含在查询结果中，如果不希望某栏目的字段被包含，但又需要该字段作为查询条件的元素或参与其他设计工作，则可以在"显示"行中指定该栏目字段不显示。

⑤"条件"行：用于设置查询的条件，满足条件的记录才会包含在查询结果中。"条件"行中的条件既可以是一个简单条件表达式，也可以是包含多个条件的复杂条件表达式。若复杂条件中包含多个条件，而且多个条件之间是逻辑"与"的关系，则必须在同一"条件"行设置。

⑥"或"行：用于设置查询条件中"或"关系的条件。当查询的条件包含多个，并且条件之

间是"或"的关系，那么可以将查询的条件分别填写在"条件"行与"或"行。

⑦"空"行：用于放置更多的查询条件。

注意："查询设计视图"窗口打开后，在窗口的功能区会出现"设计"上下文选项卡，其中包含4个选项组，它们为用户设计查询对象提供了更大的方便。

2. 查询对象的设计内容

查询对象的设计，包括三项重要内容：一是指定查询源对象；二是指定查询结果中所包含的数据源字段或计算字段；三是指定查询条件，即查询结果要满足的条件。在查询对象的设计中，查询条件是最复杂的，它通常用一个或多个条件表达式表示，下面介绍条件表达式的设定方法。

（1）基于表达式生成器设定条件表达式

表达式生成器可以协助用户设定条件表达式。在设计窗格的"条件"单元格右击，在弹出的快捷菜单中执行"生成器"命令，即弹出如图6-21所示的"表达式生成器"对话框。

表达式生成器提供了当前查询对象可以使用的表达式元素，其中包括：函数、数据库及其包含的对象、常量、运算符和通用表达式。只需要将上述元素按表达式规则进行组合，就可以灵活地构建所需要的任何一个表达式。

默认情况下，数据库所包含的对象都折叠起来，单击数据库标识符前面的折叠（展开）符号，就可以将数据库所包含的对象展开（折叠）。

（2）在"条件"单元格中直接设定条件表达式

对于高级用户，可以先选中要设置条件的字段，然后在该字段同栏目的"条件"单元格中直接设定条件表达式。例如，想查询顾客"小兵张嘎"的信息，可以在"字段"行指定"顾客姓名"这一字段，并在与该字段同栏目的"条件"单元格中输入：[顾客姓名]＝"小兵张嘎"。

提示：设置条件表达式时，其中的符号输入都要严格遵守Access的语法规则。条件表达式主要在查询"设计窗格"的"条件"行及"或"行中设置。写在同一个"条件"行上的多个条件是"与"关系，写在不同"条件"行上的条件是"或"关系。

图6-21　"表达式生成器"对话框　　　　图6-22　"属性表"对话框

3. 查询属性的设置

在查询对象的设计视图中,还可以对查询的属性进行设置,以控制查询的运行。要设置查询属性,可以在数据源窗格内右击,在弹出的快捷菜单中执行"属性"命令,或直接执行"设计"选项卡"显示/隐藏"选项组中的"属性表"命令,即可弹出如图 6-22 所示的"属性表"对话框。用户在"属性表"对话框可以对查询对象的执行和访问属性进行设置。

尽管"属性表"对话框包含很多属性,但经常用到的属性只有以下五项。

①输出所有字段:该属性用来控制查询结果是否包含所有字段。

②上限值:当用户希望查询结果返回一个或一部分记录时,可使用该属性进行设置。

③唯一值:当用户希望查询结果的字段返回"唯一值"时,可使用该属性进行设置。

④唯一的记录:当用户希望查询结果的记录返回"唯一值"时,可使用该属性进行设置。

⑤记录锁定:该属性用于控制是否对查询对象的记录进行锁定。

6.3 查询对象的设计技术

6.3.1 检索型查询对象的设计

检索型查询对象简称为检索型查询。检索型查询的特点是直接从数据库中按照用户需求选取数据,选取的数据直接呈现给用户,而不需要再进行其他的加工、处理和分析。根据检索时是否指定查询条件,检索型查询又可以分为无条件检索查询和有条件检索查询两种类型。对于有条件检索查询,根据条件是否需要在查询对象执行时进行动态调整,有条件检索查询又可以分为静态条件检索查询和动态条件检索查询。下面分别对无条件检索查询、静态条件检索查询和动态条件检索查询进行介绍。

1. 无条件检索查询

无条件检索型查询是查询里面最简单的一种查询。在设计查询对象的时候,无须指定查询条件,只需要从一个或多个数据源对象中将用户需要查询的字段添加到设计窗格即可。下面通过两个案例讲解如何基于查询设计视图设计无条件检索型查询。

【例 6-5】在"销售单"数据库中,基于设计视图设计一个查询对象,检索所有顾客的姓名、性别和最近购买时间。

【分析】由于顾客的姓名、性别和最近购买时间都源于表对象 Customer,因此本案例设计的查询对象是一个单表查询,即查询对象只需要从一个 Customer 表中检索数据。另外,本案例对检索结果没有条件限制,因此是一个无条件检索查询。

使用查询设计视图设计查询对象的方法和步骤如下。

①打开"销售单"数据库,如图 6-23 所示。

②执行"创建"选项卡"查询"选项组中的"查询设计"命令,打开图 6-24 所示的"查询设计视图"窗口。

③在"显示表"对话框中,选择查询数据源"Customer",单击"添加"按钮,然后单击"关闭"按钮,关闭"显示表"对话框,此时查询设计视图如图 6-25 所示。

④在图 6-25 所示的查询设计视图中,依次添加所要查询的字段。方法是将数据源对象中的字段拖动到设计窗格的字段单元格,或者在字段单元格的下拉列表中选择需要添加的字段,或者直接双击数据源对象中的字段。字段添加完成后,查询设计视图如图 6-26 所示。

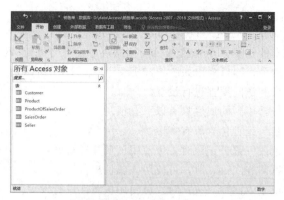

图 6-23　"销售单"数据库

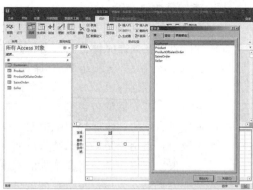

图 6-24　"销售单"数据库的"查询设计视图"窗口

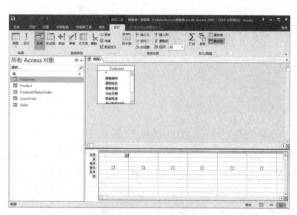

图 6-25　在数据源窗格添加数据源"Customer"

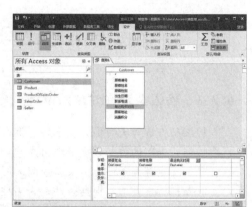

图 6-26　添加完查询字段后的设计视图

⑤单击快速访问工具栏上的"保存"按钮，并将查询命名为"查询顾客最近购买时间"。

⑥执行"查询工具｜设计"选项卡下的"视图"命令，在弹出的下拉菜单中选择"数据表视图"选项，顾客最近购买时间信息就呈现在用户眼前，如图 6-27 所示。

至此，基于查询设计器创建本案例查询对象的任务就完成了。如果用户没有其他任务，直接关闭"销售单"数据库，并退出 Access 即可。

【例 6-6】在"销售单"数据库中，基于查询设计器设计一个查询对象，该查询对象的任务是检索每一张销售单的明细销量信息：商品编号、商品名称、销售单编号和销售数量。

【分析】由于"商品编号""商品名称""销售单编号"和"销售数量"源于 Product 和 ProductOfSalesOrder 这两个表对象，因此本案例设计的查询对象是一个两表查询，这就需要基于"商品编号"这一关键字段，事先建立起表 Product 和表 ProductOfSalesOrder 之间的联系。如果没有建立联系，那么查询无法从表 Product 和表 ProductOfSalesOrder 中获得相关数据。表之间的联系既可以在"关系"对话框中建立，也可以在查询设计视图的"数据源窗格"中建立。

基于查询设计视图设计本例查询对象的方法和步骤如下。

①打开"销售单"数据库。

②执行"创建"选项卡"查询"选项组中的"查询设计"命令，打开"查询设计视图"窗口。

③在"显示表"对话框中，依次添加查询数据源对象 Product 和 ProductOfSalesOrder，关闭"显示表"对话框。此时查询设计视图如图 6-28 所示。

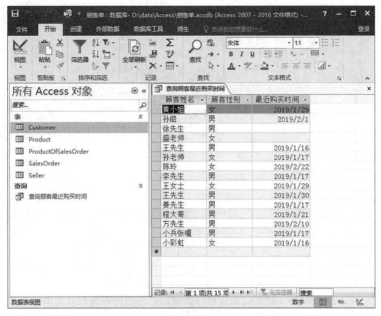

图 6-27　顾客最近购买时间信息

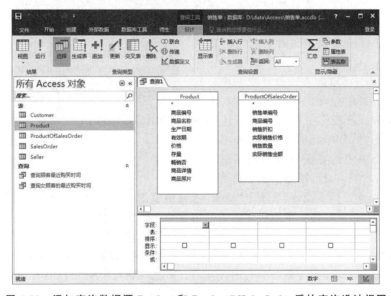

图 6-28　添加查询数据源 Product 和 ProductOfSalesOrder 后的查询设计视图

④图 6-28 所示的数据源窗格中有两个数据源对象，但它们并没有基于关联字段"商品编号"建立联系，因此建立联系是当前的任务。在 Product 表和 ProductOfSalesOrder 表之间建立联系的方法很简单，只需要将 Product 表的"商品编号"字段拖到 ProductOfSalesOrder 表的"商品编号"字段上即可。联系建立后，查询设计视图如图 6-29 所示。

注意：如果两个数据源对象之间已经建立了联系，那么查询设计器会自动使用这一联系。如果两个数据源对象事先没有建立联系，但两个对象具有公共字段，并且这个公共字段是一个数据源对象的主键，那么 Access 会自动基于数据源对象的公共字段建立联系。

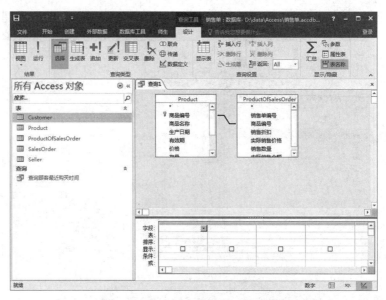

图 6-29　建立数据源对象之间的联系后的查询设计视图

　　如果用户想查看和修改当前数据源对象的之间的联系，可以双击数据源对象之间的联系线，弹出如图 6-30 所示的"联接属性"对话框，在对话框中对数据源对象之间的联系进行查看或修改。

图 6-30　"联接属性"对话框

　　⑤在图 6-29 所示的查询设计视图中，依次添加查询结果中包含的字段：直接双击相应表的字段名；或者将字段拖动到设计窗格的"字段"行相应栏的单元格中；或者在字段单元格的下拉列表中选择需要添加的字段。字段添加完成后，查询设计视图如图 6-31 所示。

　　⑥执行"查询工具｜设计"选项卡"结果"选项组中的"视图"命令，在弹出的下拉菜单中选择"数据表视图"选项，每一张销售单的明细销量信息，就以数据表视图的形式呈现在用户眼前，如图 6-32 所示。

　　⑦单击快速访问工具栏上的"保存"按钮，将查询保存为默认名称的对象。

　　至此，基于查询设计器创建本案例查询的任务就完成了。如果没有其他任务，直接关闭"销售单"数据库，并退出 Access 即可。

2. 静态条件检索查询

　　前面基于查询向导和查询设计器创建的查询都很简单，都是无条件检索型查询，但在实际应用中，几乎所有查询都是有条件查询，这就需要在设计查询时根据要求设定查询条件。

　　有条件查询包括静态条件查询和动态条件查询。动态条件查询将在下一小节介绍，本小节主要介绍静态条件查询。下面通过两个案例介绍静态条件查询的设计方法和步骤。

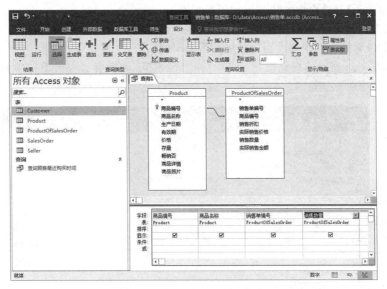

图 6-31　添加字段后的查询设计视图

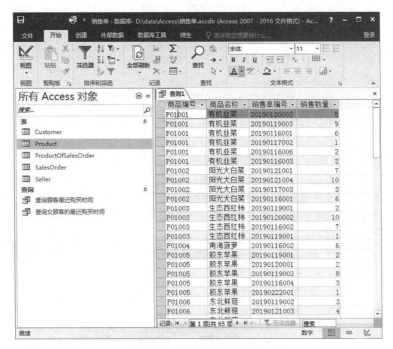

图 6-32　查询对象的结果

【例 6-7】在"销售单"数据库中，基于设计视图设计一个查询对象，该查询对象的任务是检索所有女顾客的姓名、性别、最近购买时间信息。

【分析】由于姓名、性别、最近购买时间都源于表对象 Customer，因此本例设计的查询对象是单表查询；由于检索结果限定为女顾客，因此本例是条件查询，条件是"顾客性别是女"。

基于查询设计视图设计本例查询对象的方法和步骤如下。

①打开"销售单"数据库。

②执行"创建"选项卡"查询"选项组中的"查询设计"命令，打开"查询设计视图"窗口。

③在"显示表"对话框中，添加数据源对象 Customer。

④在如图 6-33 所示的查询设计窗格的"字段"行的相应栏的单元格中，依次添加要查询的字段，包括"顾客姓名""顾客性别"和"最近购买时间"。

⑤在如图 6-33 所示的查询设计窗格的"顾客性别"字段栏所对应的条件单元格中，输入查询条件"[顾客性别]＝"女""。

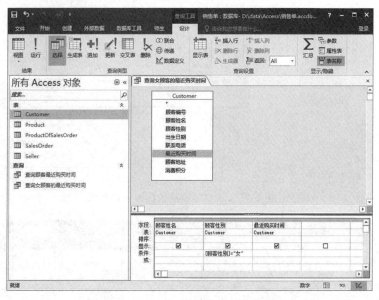

图 6-33 例 6-7 查询对象的设计细节

⑥单击快速访问工具栏中的"保存"按钮，将本查询保存为默认名称的对象。

⑦执行"查询工具｜设计"选项卡"结果"选项组中的"视图"命令，在弹出的下拉菜单中选择"数据表视图"选项，女顾客的最近购买时间信息就以数据表视图的形式呈现在用户眼前，如图 6-34 所示。

注意："显示"行的作用是指定本栏中的所选字段是否在查询结果中显示。若某一字段只参与查询对象的设计而并非查询结果的内容，则应该将该字段设置为不显示。

图 6-34 例 6-7 查询对象的执行结果

【例6-8】在"销售单"数据库中，基于查询设计视图设计一个查询对象，完成以下检索任务：检索一次销量不低于5的商品的明细信息，包括Product表中的商品编号、商品名称、畅销否以及ProductOfSalesOrder表中的销售数量和销售折扣。

【分析】本例是一个两表条件查询。两个表是：Product和ProductOfSalesOrder；条件是"商品的销售数量不低于5"。

基于查询设计视图创建本例查询对象的方法和步骤如下。

①打开"销售单"数据库。

②打开"查询设计视图"窗口，添加数据源对象Product和ProductOfSalesOrder，并确保两个数据源对象基于关联字段"商品编号"建立联系，如图6-35所示。

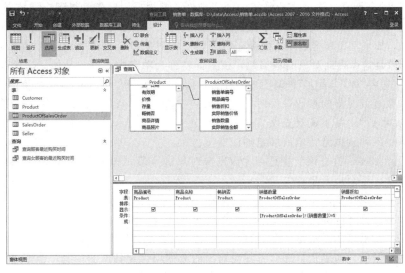

图6-35　例6-8查询对象的设计细节

③在如图6-35所示的查询设计视图的设计窗格中，依次添加要查询的字段。

④在"销售数量"字段所在栏的条件单元格中，基于如图6-36所示的"表达式生成器"生成本例查询对象的查询条件"［ProductOfSalesOrder］!［销售数量］＞＝5"。

⑤单击快速访问工具栏的"保存"按钮，将本查询保存为默认名称的对象。

⑥执行"查询工具｜设计"选项卡"结果"选项组中的"视图"命令，在弹出的下拉菜单中选择"数据表视图"选项，就可以看到本查询对象的查询结果。

3. 动态条件检索查询

上一小节介绍的查询对象中的查询条件，是在设计查询对象时设定的固定条件。所谓的固定条件，指的是查询条件一旦在查询对象的设计阶段设定，那么该查询条件在查询对象的执行阶段就是确定的，不能基于用户的交互对查询条件进行动态调整。

在很多应用中，用户期望查询对象在设计

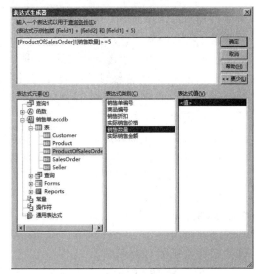

图6-36　例6-8条件表达式的生成

时能够设定一个动态条件，当用户执行该查询对象时，查询对象能够基于用户动态输入的参数，对查询对象的动态条件进行调整，进而生成进行查询的确定条件，也就是说最终的查询条件是固定的。例如，顾客购买商品时，往往要通过商品名称事先查询商品的基本情况，但商品名称对查询对象来说事先是不固定的，因此无法在查询对象的设计视图中指定固定条件，但可以指定一个动态条件，该动态条件在查询对象运行时将根据用户输入的"商品名称"这个参数，生成确定的查询条件。

为此，Access 提供了条件查询，即动态条件查询，又称为参数查询。参数查询是在查询对象设计阶段将查询条件设置为可变化的"参数"条件。当用户执行参数查询对象时，Access 会显示预定义的对话框，提示用户输入"参数值"，Access 将根据用户输入的"参数值"，对"参数"条件进行动态调整，进而生成确定的固定条件，并根据固定条件得到查询结果。

参数查询是一种交互式查询，根据交互时参数的个数，参数查询分为单参数查询和多参数查询。例如，如果基于顾客输入的商品名称调整查询对象设计视图中设定的"参数"条件，那么"商品名称"就是这个查询对象的单参数，该查询就称为单参数查询。又如，读者在图书馆中往往需要基于"书名"和"作者名"查询图书的存量，那么"书名"和"作者名"就是所谓的多参数。

设置参数查询对象的参数条件时，可在某一字段栏的"条件"单元格中输入用成对英文方括号界定的"参数"。基于成对英文方括号界定的"参数"，Access 会认为它是一个变量，并尝试使用以下一系列测试将特定值绑定到该变量。

步骤一：Access 检查该变量是否为数据源对象的字段，如果是，那么 Access 将该字段绑定到该变量上，否则进入步骤二。

步骤二：如果该变量不是一个字段，那么 Access 会检查该变量是不是一个计算字段，如果是，那么将计算字段绑定到该变量上，否则进入步骤三。

步骤三：如果该变量不是一个计算字段，那么 Access 会检查该变量是不是本数据库中其他对象中的数据项，如果是，那么将其他对象的数据项绑定到该变量上，否则进入步骤四。

步骤四：如果上述所有测试都不成功，那么剩下的唯一选择就是 Access 向用户询问该变量究竟是什么，因此 Access 会显示"输入参数"对话框，提示用户给该变量输入一个参数值。

下面仍然通过两个案例介绍动态条件检索型查询的设计方法和步骤。

【例 6-9】在"销售单"数据库中，基于在查询设计视图设计一个查询对象，实现以下检索任务：当销售员在对话框中指定顾客性别后，查询对象检索出与指定性别一致的顾客姓名、性别和最近购买时间。

【分析】本例基于销售员指定的"性别"参数值检索信息，因此本案例设计的查询对象是一个动态条件查询，需要在查询对象的设计视图中指定动态条件。

基于查询设计视图设计本案例查询对象的方法和步骤如下。

①打开"销售单"数据库。

②执行"创建"选项卡"查询"选项组中的"查询设计"命令，打开"查询设计视图"窗口。

③在弹出的"显示表"对话框中，添加本查询对象的数据源 Customer。

④在如图 6-37 所示的查询对象设计窗格"字段"行的各栏的单元格中，依次添加要查询

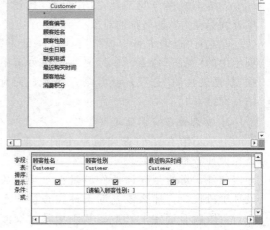

图 6-37 例 6-9 参数查询的设计细节

的字段，包括"顾客姓名""顾客性别"和"最近购买时间"。

⑤在如图 6-37 所示的查询对象设计窗格"顾客性别"字段栏所对应的条件单元格中，输入条件参数："[请输入顾客性别:]"。

⑥单击快速访问工具栏的"保存"按钮，将本查询保存为默认名称的查询对象。

⑦运行本查询对象，显示"输入参数值"对话框，如图 6-38 所示。

⑧在如图 6-38 所示的对话框中，如果输入"男"，那么查询对象将返回"女顾客"的最近购买信息；如果输入"女"，那么查询对象将返回"女顾客"的最近购买信息。

图6-38 "输入参数值"对话框

图 6-39 针对输入的参数值，对查询结果进行了比较。该图直观地说明：查询条件因输入的条件参数不同而动态改变，查询结果因条件的动态改变而相应发生变化。

【说明】除了通过数据表视图的切换来查看查询对象的查询结果外，还可以通过执行"查询工具│设计"选项卡"结果"选项组中的"运行"命令来得到查询结果，这两种方法的效果是一样的。

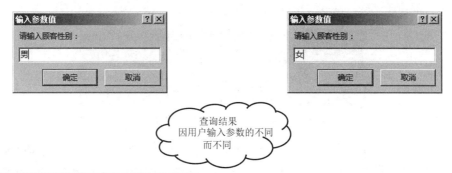

图6-39 动态条件的比较说明

【例6-10】在"销售单"数据库中，基于查询设计视图设计一个查询对象，检索出满足下列动态条件的所有商品的商品编号、商品名称、销售数量和销售折扣：销售折扣等于销售员输入的销售折扣值，并且，销售数量等于销售员输入的销售数量值。

【分析】本案例设计的查询对象是一个多参数条件查询，条件中的一个参数是"销售折扣"，另外一个参数是"销售数量"。

基于查询设计视图设计本案例查询对象的方法和步骤如下。

①打开"销售单"数据库。

②执行"创建"选项卡"查询"选项组中的"查询设计"命令，打开"查询设计视图"窗口。

③在数据源窗格添加数据源对象 Product 和 ProductOfSalesOrder，并建立它们之间的

联系。

④在如图 6-40 所示的查询设计窗格中"字段"行的相应栏的单元格中，依次添加要查询的字段，包括"商品编号""商品名称""销售数量"和"销售折扣"。

商品编号	商品名称	销售折扣	销售数量	
Product	Product	ProductOfSalesOrder	ProductOfSalesOrder	
☑	☑			☐
		[请输入销售折扣：]	[请输入销售数量：]	

图 6-40　多条件参数的设置

⑤在如图 6-40 所示的"销售折扣"字段栏目的"条件"行单元格中输入"[请输入销售折扣：]"，在"销售数量"字段栏的"条件"行单元格中输入"[请输入销售数量:]"。

⑥单击快速访问工具栏的"保存"按钮，将本查询保存为默认名称的查询对象。

⑦运行本查询对象，弹出打开"输入参数值"对话框，如图 6-41 所示。

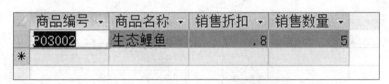

图 6-41　"输入参数值"对话框

⑧输入销售折扣和销售数量两个参数值后，查询结果就呈现在用户面前，如图 6-42 所示。

商品编号	商品名称	销售折扣	销售数量
P03002	生态鲤鱼	.8	5

图 6-42　例 6-10 查询对象的查询结果

注意：当查询对象包含多个查询条件时，若多个条件之间是逻辑"与"的关系，则必须在同一"条件"行设置；若是逻辑"或"的关系，应分别在"条件"和"或"两行中设置。

6.3.2　计算型查询对象的设计

在查询时，人们会常常关心数据表中的某个字段的部分信息，而不是数据表的某个字段的完全信息，这就需要对这个字段进行计算，从而获取这个字段的部分信息。例如，从顾客"姓名"这个字段的完全信息中通过计算获得部分信息"姓"；又如，从销售员的出生日期的完整信息"年－月－日"中获取部分信息"年"。

从字段的完全信息中提取部分信息，需要对这个字段进行计算，这需要在查询对象中添加计算字段。所谓的计算字段就是以数据源对象中的字段为核心元素所构造的表达式，通过这个表达式完成对字段的计算功能。最常用的表达式就是一个函数，例如，从 Customer 表对象中的"顾客姓名"字段中提取"姓"这个部分信息，可以使用函数"Left(顾客姓名，1)"来实现；又如，从完整的"出生日期"字段的"年－月－日"完整信息中获取"年"，可以使用函数"Year

（出生日期）"。

上面提到的计算字段仅仅涉及一个字段，更复杂的计算字段往往涉及两个以上的字段。例如，计算存量商品价值就涉及表对象 Product 的两个字段，一个是"存量"，另外一个是"价格"，获取商品的"存量商品价值"，可以通过"存量＊价格"这一计算字段来实现。

总之，计算字段是以数据源对象中的字段为核心元素所构造一个表达式。在运行查询对象时，计算字段的计算结果会作为一个数据列包含在查询对象的执行结果中。计算字段既不会影响表对象的值，也不会保存在表对象中，只是在运行查询时，Access 基于计算字段获得用户期望的信息。

为了便于理解，本书将计算型查询分为行计算型查询和列计算型查询。在行计算型查询中，计算字段以同一条记录的相关字段为计算对象；在列计算型查询中，计算字段以某一列字段为计算对象。下面通过三个案例来分析计算型查询对象的设计和应用。

1. 行计算型查询对象设计的案例分析

【例 6-11】在"销售单"数据库中，基于查询设计器设计一个查询对象，该对象的任务是计算所有商品的存量价值，并返回商品的编号、名称、存量、价格和存量价值。

【分析】本查询的结果包括商品的"存量价值"，这一信息在数据源对象中没有直接提供，必须通过计算字段来获得，计算公式为"存量价值＝存量＊价格"。由于计算字段的计算发生在同一行记录的"存量"和"价格"这两个字段上，所以本案例是一个典型的行计算型检索查询。

基于查询设计器设计本案例查询对象的方法和步骤如下。

①打开"销售单"数据库。

②执行"创建"选项卡"查询"选项组中的"查询设计"命令，打开"查询设计视图"窗口。

③在弹出的"显示表"对话框中添加数据源对象 Product。

④在如图 6-43 所示的查询设计视图"字段"行的相应栏单元格中，依次添加要查询的字段，这包括商品编号、商品名称、存量和价格这四个普通字段，另外还要添加库存价值这一计算字段。添加计算字段的语法格式是"表达式名称：表达式"。本案例存量价值这一计算字段可以表示为"表达式 1：［存量］＊［价格］"。注意，表达式名与表达式之间使用英文冒号来分割。

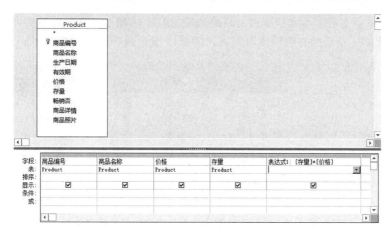

图 6-43 例 6-11 查询对象的设计细节

⑤单击快速访问工具栏的"保存"按钮，将本查询保存为默认名称的查询对象。

⑥执行本查询对象，Access 返回如图 6-44 所示的查询结果。

需要指出的是，当用户在设计窗格添加计算字段时，系统会自动给该计算字段命名为"表达式 1"；如果有第二个计算字段，则会自动命名为"表达式 2"；若有更多的字段，则会自动按相同的规则顺序命名。但计算字段的命名最好与表达式值的语义一致，这样查询结果更易于用户理解。按照这一原则，本例中的计算字段最好命名为"存量商品价值"，如图 6-45 所示。

商品编号	商品名称	价格	存量	表达式1
P01001	有机韭菜	¥2.59	119	¥308.21
P01002	阳光大白菜	¥2.60	118	¥306.80
P01003	生态西红柿	¥1.90	89	¥169.10
P01004	南海菠萝	¥6.90	91	¥627.90
P01005	胶东苹果	¥5.60	138	¥772.80
P01006	东北鲜菇	¥7.10	62	¥440.20
P02001	南山里脊	¥12.60	137	¥1,726.20
P02002	渤海腿肉	¥15.90	92	¥1,462.80
P02003	中华牛肉	¥91.00	131	¥11,921.00
P03001	东海带鱼	¥65.00	65	¥4,225.00
P03002	生态鲤鱼	¥168.50	102	¥17,187.00
P03003	南海鲳鱼	¥65.00	167	¥10,855.00
P04001	生态鸽子蛋	¥29.00	110	¥3,190.00
P04002	家常鸡蛋	¥5.10	98	¥499.80
P05001	鲜牛奶	¥3.60	157	¥565.20
P05002	花生蛋白乳	¥7.50	108	¥810.00
P06001	有机花生油	¥160.00	66	¥10,560.00
P06002	好吃面包	¥6.90	155	¥1,069.50
P06003	方便面	¥6.00	97	¥582.00
P06004	龙须面条	¥9.00	113	¥1,017.00
P06005	生态瓜子	¥5.50	137	¥753.50

图 6-44 例 6-11 查询对象的执行结果

商品编号	商品名称	价格	存量	存量商品价值: [存量]*[价格]
Product	Product	Product	Product	
☑	☑	☑	☑	☑

图 6-45 计算字段的重命名

计算字段重命名后，本案例查询对象的结果如图 6-46 所示，显然该结果更易于用户理解。篇幅原因，图 6-44 所示的查询结果有删减，图 6-46 所示的查询结果删减更多。

商品编号	商品名称	价格	存量	存量商品价值
P01001	有机韭菜	¥2.59	119	¥308.21
P01002	阳光大白菜	¥2.60	118	¥306.80
P01003	生态西红柿	¥1.90	89	¥169.10
P01004	南海菠萝	¥6.90	91	¥627.90
P01005	胶东苹果	¥5.60	138	¥772.80
P01006	东北鲜菇	¥7.10	62	¥440.20
P02001	南山里脊	¥12.60	137	¥1,726.20
P02002	渤海腿肉	¥15.90	92	¥1,462.80

图 6-46 计算字段重命名后的查询对象的运算结果

【例 6-12】在"销售单"数据库中，基于查询设计视图设计一个查询对象，查询所有女销售员的年龄，要求查询结果中包括销售员编号、姓名和年龄。

【分析】本查询的结果包括的"年龄"这一信息必须通过计算字段来获得，计算公式为"Year（Date()）－Year([出生日期])"。由于计算都是以每一行记录的出生日期字段为操作对象，所以本案例也是一个典型的行计算型检索查询。另外,"例6-11"是无条件查询,而本案例是条件查询,在设计查询对象时,需要构建"[性别]="女""这样一个条件。

【说明】本案例的解决方案与例6-11类似,为了培养读者的自主学习能力,这里就不再给出详细的设计步骤了。读者可以根据图6-47和图6-48的提示来完成查询的设计。图6-47提示了计算字段和查询条件的添加方法;图6-48给出了查询对象的运行结果。

销售员编号	销售员姓名	性别	年龄:Year(Date())-Year([出生日期]) ▼	
Seller	Seller	Seller		
☑	☑	☑	☑	☐
		[性别]="女"		

图6-47 计算字段和查询条件的添加方法

销售员编号 ▼	销售员姓名 ▼	性别 ▼	年龄 ▼
S01	张水果	女	23
S04	赵水产	女	29
S05	小鲜肉	女	25
S07	刘小象	女	22
S08	张企鹅	女	29
S09	李百货	女	25
*			

图6-48 例6-12查询对象的运行结果

2. 列计算型查询对象设计的案例分析

【例6-13】在"销售单"数据库中,基于查询设计器设计一个查询对象,查询所有商品的平均存量、最大存量和最小存量。

【分析】平均存量、最大存量和最小存量这三项信息在数据表Product中都是不存在的,显然需要基于"存量"这一字段为核心元素构造表达式来获取这三项信息。另外计算平均存量、最大存量和最小存量,都是在列的方向上对所有记录的"存量"字段值进行统计计算,因此本案例是一个典型的列计算型检索查询。

基于查询设计视图设计本案例查询对象的方法和步骤如下。

①打开"销售单"数据库。

②执行"创建"选项卡"查询"选项组中的"查询设计"命令,打开"查询设计视图"窗口。

③在弹出的"显示表"对话框中添加数据源对象Product。

④在查询设计窗格"字段"行的相应栏单元格中,依次添加三个计算字段,如图6-49所示。

平均存量:Avg([存量])	最大存量:Max([存量])	最小存量:Min([存量]) ▼	
☑	☑	☑	

图6-49 例6-13查询对象中计算字段的设计

⑤单击快速访问工具栏的"保存"按钮,将本查询保存为默认名称的查询对象。

⑥运行上述查询对象,查询结果如图6-50所示。

平均存量 ▼	最大存量 ▼	最小存量 ▼
108.896551	167	62

图 6-50　例 6-13 查询对象的执行结果

【例 6-14】在"销售单"数据库中，基于查询设计器设计一个查询对象，根据用户输入的性别，查询用户指定性别的所有销售员的人数和平均年龄。

【分析】本查询结果包括的"人数"和"平均年龄"两项信息，在数据表 Seller 中是不存在的，必须通过计算字段来获得，其中获取人数的计算字段为"Count([销售员编号])"，获取平均年龄的计算字段为"Avg(Year(Date())－Year([出生日期]))"。计算人数和平均年龄，都是在列的方向上进行的统计计算，因此本案例是一个典型的列计算型检索查询。

【说明】篇幅原因，本案例通过图 6-51 给出了设计提示，没有给出具体的设计方法和步骤。

人数: Count([销售员编号])	平均年龄: Avg(Year(Date())-Year([出生日期]))	性别
		Seller
☑	☑	☐
		[请输入性别:]

图 6-51　例 6-14 查询对象的设计提示

6.3.3　分析型查询对象的设计

1. 数据分析概述

（1）描述性数据分析的概念

在日常学习和工作中，大家经常要进行数据分析，其中描述性数据分析是最常用的。描述性数据分析是对数据库中的数据进行详细研究和概括总结的过程，其目的是提取隐藏在数据背后的有用信息，并总结出研究对象的内在规律。本书所说的数据分析，指的都是描述性数据分析。

（2）描述性数据分析的方法

描述性数据分析有两个方向：一个是概括总结，一个是详细研究。概括总结是对总体的数量特征和数量关系进行分析，而详细研究是深入到总体的内部对总体进行分组分析。概括总结常用的方法是总体分析法，而详细研究常用的方法是对比分析法。

①总体分析法

总体分析法：指对总体数据按照一个或多个分析指标进行统计计算的方法。例如，对学校所有学生的"平均成绩"进行这一指标进行统计计算；又如，对学校所有学生的"平均成绩""最高成绩""最低成绩""成绩极差"和"成绩标准差"这五个指标进行统计计算。

②对比分析法

对比分析法：该方法首先将总体数据按照总体属性进行分组，然后对每组数据进行汇总计算，提取用户需要的指标信息，供用户进行对比分析。根据分组属性的个数，对比分析又分为一维对比分析、二维对比分析、三维对比分析等。

一维对比分析是按照数据总体的某一个属性对总体数据进行分组，然后对各组数据的分析指标进行统计计算和对比。例如，按照"班级"这一属性，将学生成绩分组，然后对各个班级的"平均成绩"指标进行统计计算和对比。

二维对比分析是按照数据总体的某两个属性对总体数据进行分组，然后对各组数据的分析指标进行统计计算和对比。例如，按照"班级"和"课程"这两个属性将学生成绩进行分组，然后对各个班级和各门课程的"平均成绩"指标进行统计计算和对比。

三维和三维以上的对比分析，是基于三个或三个以上的属性对总体数据进行分组，然后再对每一组数据的分析指标进行统计计算和对比。例如，按照"班级""课程"和"性别"这三个属性将学生成绩进行分组，然后对各个班级和各门课程的男女生的"平均成绩"指标进行统计计算和对比。

对于数据库的数据分析而言，分析指标一般是通过计算字段来反映的。表 6-1 归纳了在总体分析和分组对比分析时，设计计算字段经常要用到的一些元素。

表 6-1 构造计算字段的常用元素

类别	名称	标识符	功能
函数	总计	Sum	求某字段(或表达式)的累加和
	平均值	Avg	求某字段(或表达式)的平均值
	最小值	Min	求某字段(或表达式)的最小值
	最大值	Max	求某字段(或表达式)的最大值
	计数	Count	对统计源中记录的个数进行计数
	标准差	StDev	求某字段(或表达式)的标准差
	方差	Var	求某字段(或表达式)的方差
其他	第一条记录	First	求表或查询中第一条记录的字段值
	最后一条记录	Last	求表或查询中最后一条记录的字段值

（3）基于 Access 进行描述性数据分析的方法

进行数据分析，总是需要一款数据分析工具，Access 工具也可以进行数据分析。Access 操作界面友好，集数据的组织、存储、处理和分析于一体，是初级用户进行数据分析的选择之一。

Access 用"表"来组织和存储数据，用"查询"来处理和分析数据，支持常用的总体分析法、对比分析法以及交叉分析法。下一小节将通过几个案例来分析这几种方法的应用。

2. 分析型查询对象设计的案例分析

（1）总体分析法

总体分析是对某个主题范围的所有记录进行总计分析。下面通过一个案例来介绍这这类问题的解决方法。需要用户注意的是，不能对总体分析的结果数据进行修改。

【例 6-15】在"StudentGrade"数据库中，基于查询设计视图建立一个查询，分析所有参加"大数据库原理"课程考试的学生人数、最高成绩、最低成绩和平均成绩。

【分析】本案例的总体是参加"大数据库原理"课程考试的所有学生，分析主题是"大数据库原理"课程成绩，分析指标是参加课程考试的学生人数、最高成绩、最低成绩和平均成绩。

基于查询设计器创建本案例查询对象的方法和步骤如下。

①打开"StudentGrade"数据库。

②执行"创建"选项卡"查询"选项组中的"查询设计"命令，打开"查询设计视图"窗口。

③在弹出的"显示表"对话框中添加数据源对象"Course"和"Grade"，并建立二者的关系。

④执行"查询工具｜设计"选项卡"显示/隐藏"选项组中的"汇总"命令，打开如图 6-52 所示的"查询设计视图"窗口，不妨称之为"汇总型"查询设计视图。

与普通的查询设计视图相比，"汇总型"查询设计视图的"设计窗格"多了一个"总计"行单元格中。将插入点置于"总计"行单元格中，在右侧将出现一个下三角按钮，单击该按钮，图 6-52 所示；在设计窗格中将弹出"总计项列表"，如图 6-53 所示。

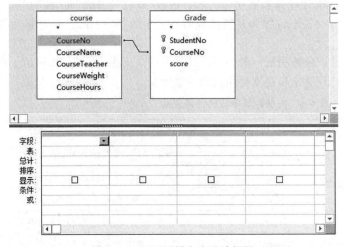

图 6-52　"汇总型"查询设计视图　　　　图 6-53　总计项列表

⑤在查询设计视图设计窗格"字段"行的相应栏单元格中，依次添加"StudentNo""Score""score""score"和"CourseName"五个字段，然后将这五个字段栏目的"总计"单元格依次设置为"计数""最大值""最小值""平均值"和"Where"，并将"CourseName"字段栏目的条件单元格设置为"[course]！[CourseName]－"大数据库原理""，如图 6-54 所示。

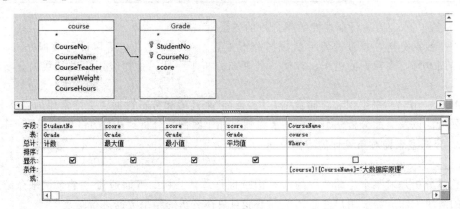

图 6-54　例 6-15 查询对象的设计

⑥单击快速访问工具栏"保存"按钮，将本查询保存为默认名称的查询对象。
⑦运行本查询，将返回图 6-55 所示的查询结果。

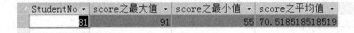

StudentNo	score之最大值	score之最小值	score之平均值
31	91	55	70.518518518519

图 6-55　例 6-15 查询对象的运行结果

（2）对比分析法

对比分析法是在对分析源的所有数据按照一个或多个主题进行分组的基础上，再就某些指标进行计算和比较的数据分析方法。显然数据分组是对比分析法的基础，因此对比分析法又称为分组分析法。对比分析法的优点是将数据分析对象划分为不同部分或类别来进行研究，以揭示其内在的联系和规律性。下面通过一个案例来说明 Access 实现对比分析的方法和步骤。

【例 6-16】在"StudentGrade"数据库中，基于查询设计器设计一个查询对象，比较分析各门课程的考生人数、最高成绩、最低成绩和平均成绩。

【分析】本案例是先按照"课程"这一主题，将数据库中的相关数据分组，然后再分别计算"各门课的考生人数、最高成绩、最低成绩和平均成绩"，以便用户比较分析。

基于查询设计器设计本案例查询对象的方法和步骤如下。

①打开"StudentGrade"数据库。

②打开"查询设计视图"窗口。

③添加数据源对象 Course 和 Grade，并建立二者的关系。

④打开"汇总型"查询设计视图。

⑤在查询设计窗格中，首先添加四个总计项："Grade"表的"StudentNo"字段的"计数"项、"score"字段的"最大值"项、"score"字段的"最小值"项、"score"字段的"平均值"项；然后添加"Course"表中"CourseName"这一"Group By"项。各总计项如图 6-56 所示。

⑥单击快速访问工具栏"保存"按钮，将本查询保存为默认名称的查询对象。

⑦运行本查询，返回图 6-57 所示的查询结果。

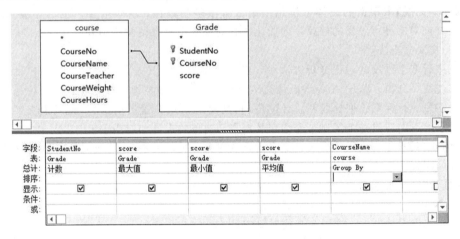

图 6-56 对比分析型查询的设计

StudentNo之计数	score之最大值	score之最小值	score之平均值	CourseName
81	91	55	70.5185185185185	大数据库原理
361	86	47	69.7534626038781	电子商务
81	94	55	76.2592592592593	国际贸易
361	96	33	79.2465373961219	互联网金融
80	99	60	80.5125	数据科学
127	89	12	69.259842519685	西方经济学

图 6-57 查询对象的执行结果

【说明】在设计窗格添加总计字段后，Access 将在查询结果中为总计字段自动创建默认的列标题，一般由总计项字段名和总计项名组成。若要对列标题进行自定义，可在"字段"行实现，即在总计字段名前插入该字段的新标题名，标题名和字段名之间用英文冒号分割。

例如，在图 6-58 中的"字段"行单元格中分别输入以下内容："考生人数：StudentNo""最高分：score""最低分：score""平均分：score""课程名：CourseName"；字段"StudentNo""score""score""score"和"CourseName"的标题将分别被重命名为"考生人数""最高分""最低分""平均分"和"课程名"。字段重命名后，将查询保存并执行，返回的查询结果如图 6-59 所示。

考生人数: StudentNo	最高分: score	最低分: score	平均分: score	课程名: CourseName
Grade	Grade	Grade	Grade	course
计数	最大值	最小值	平均值	Group By
☑	☑	☑	☑	☑

图 6-58　字段的重命名

考生人数 ▾	最高分 ▾	最低分 ▾	平均分 ▾	课程名 ▾
81	91	55	70.5185185185185	大数据库原理
361	86	47	69.7534626038781	电子商务
81	94	55	76.2592592592593	国际贸易
361	96	33	79.2465373961219	互联网金融
80	99	60	80.5125	数据科学
127	89	12	69.259842519685	西方经济学

图 6-59　字段重命名后查询对象的执行结果

【知识拓展】本案例的总体分析结果中带有很多小数位，既不需要，也不美观。请思考：应该对查询对象进行怎样的修改，才能让所有的成绩都只保留两位小数。

（3）交叉分析法

在进行多个维度的对比分析方法中，经常使用的是交叉表。Access 支持用户设计交叉表对象实现交叉分析。基于 Access 设计交叉表查询对象，需要指定三种字段：行标题、列标题和总计字段。行标题、列标题和总计字段（行列交叉聚焦位置上的值），构成了交叉表查询的三个要素。下面通过一个案例来介绍交叉表查询对象的设计和应用。

【例 6-17】基于查询设计器设计交叉表查询对象，比较分析"StudentGrade"数据库中男生和女生各门课程的平均分。

【分析】交叉表查询的设计，关键是指定三要素。本案例查询对象的三要素分别为行标题"CourseName"、列标题"StudentSex"、行列交叉处的总计值"score"，计算方式为"平均值"。

基于查询设计器设计交叉表查询对象的具体方法和步骤如下。

①打开"StudentGrade"数据库。

②打开"查询设计视图"窗口，添加数据源对象 Student、Course 和 Grade，如图 6-60 所示。

③执行"查询工具│设计"选项卡"查询类型"选项组的"交叉表"命令，将查询设计视图的设计窗格转变为交叉表设计窗格，如图 6-61 所示。

④指定 Course 表的"CourseName"作为行标题；指定 Student 表的"StudentSex"作为列标题；指定 Grade 表的"score"作为总计值，计算方式为"平均值"，如图 6-62 所示。

⑤单击快速访问工具栏"保存"按钮，将本查询保存为默认名称的查询对象。

⑥运行该查询对象，弹出如图 6-63 所示的查询结果。

⑦关闭"StudentGrade"数据库，退出 Access。

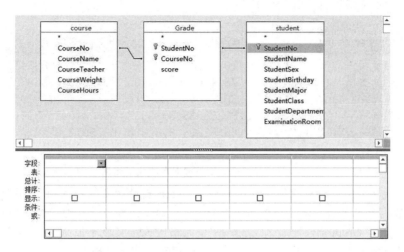

图 6-60 添加三个数据源对象并建立联系

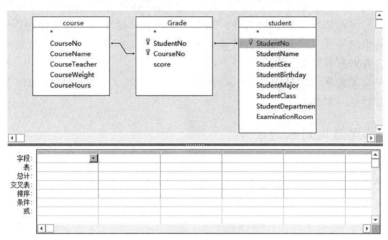

图 6-61 交叉表设计视图

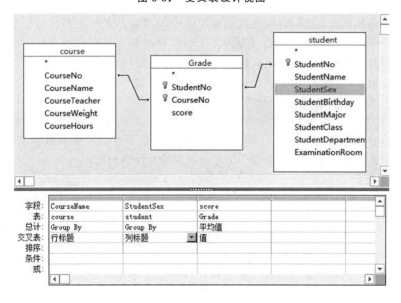

图 6-62 交叉表查询对象的设计

CourseName	男	女
大数据库原理	70.9677419354839	70.24
电子商务	70.3785714285714	69.3574660633484
国际贸易	76.4761904761905	76.1833333333333
互联网金融	80.3785714285714	78.5294117647059
数据科学	82.3333333333333	79.2340425531915
西方经济学	68.8181818181818	69.5972222222222

图 6-63　交叉表查询对象的执行结果

【说明】与检索型查询对象的设计窗格相比，交叉表设计窗格中增加了“总计”行和“交叉表”行。“总计”行用于指定本栏字段是用于分组、汇总、条件还是其他用途。如果“总计”行指定本栏目字段是“Group By”，那么“交叉表”单元格应该定义该字段是“行标题”或“列标题”；如果“总计”行指定本栏目字段是汇总字段，那么“交叉表”单元格应该定义该字段是“值”；如果“总计”行指定本栏目字段是“Where”，那么“交叉表”单元格应该定义该字段“不显示”，并且在该栏目的条件单元格中设置查询条件；“总计”行还有其他用途，篇幅原因不再赘述。

【拓展】基于向导可以设计交叉表查询，基于设计器也可以设计交叉表查询。请思考：二者除了对查询数据源数量的要求不同外，还有哪些区别？

提示：在交叉表查询向导中，Access 允许查询对象最多有 3 个行标题和 1 个列标题，设计视图是否也有这一限制？

6.3.4　操作型查询对象的设计

前面介绍的几种类型查询对象都是按照用户的需求，从现存的数据源对象中产生符合条件的动态数据集，并呈现在数据表视图中。查询对象执行后得到的动态数据集是对数据源数据的再组织和再处理，但查询对象既不对数据集进行物理存储，也不会改变数据源中原有的数据状态。

本节介绍的操作型查询对象与前面几类查询对象不同。操作型查询可以对表对象中的记录进行追加、更新和删除操作，这些操作都会改变数据表中的数据，并将改变后的数据存储到表对象中。另外操作型查询可以从数据源对象中按照用户需求获得结果数据，并将结果数据保存在一个新表中，这也涉及物理存储。需要注意的是，操作型查询对象执行后，必须打开被追加、删除、更新和生成的表对象，才能在数据表视图中看到操作结果。

操作型查询又称为动作型查询。操作型查询对象的类型包括四种：追加查询、更新查询、删除查询和生成表查询。“追加查询”可以将数据源中的一组记录添加到表对象中；“更新查询”可以对表对象中满足条件的记录值进行修改；“删除查询”可以删除表对象中满足条件的记录；“生成表查询”可以从数据源对象中查询数据，并基于查询获得的数据集创建一个新表。下面通过几个案例分别介绍这几类操作型查询对象的设计和应用。

1. 生成表查询

生成表查询，可以使查询对象运行的结果以表的形式存储，生成一个新表。换句话说，生成表查询可以从一个或多个数据源对象中提取全部数据或部分数据，并基于提取的数据创建新表。

如果用户需要从几个数据源对象中提取数据进行使用，就可以通过生成表查询将这些经常使用的数据保存到一个新表中，从而提高这些数据的使用效率。此外，生成表查询还可以对用户数据表中的数据进行备份。

【例6-18】将"销售单"数据库中"Product"表对象中所有畅销商品的"商品编号""商品名称""价格"和"存量"信息保存到一个名为"畅销商品"的新表中。

根据题干，需要设计一个生成表查询。查询对象的设计方法和步骤如下。

①打开"销售单"数据库。

②打开查询设计视图，添加数据源对象"Product"表。

③将"Product"表对象中的"商品编号""商品名称""价格""存量"和"畅销否"添加到查询设计窗格的"字段"行的相应栏的单元格中；将"畅销否"字段设置为不显示，在"畅销否"字段栏的条件单元格中设置条件："[畅销否]＝True"。上述操作如图6-64所示。

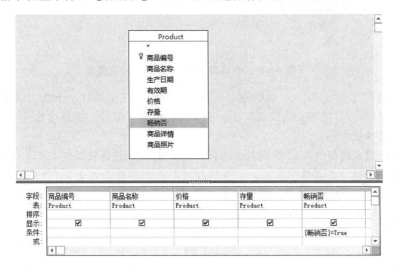

图6-64 例6-18查询对象的设计细节

④执行"查询工具｜设计"选项卡"查询类型"选项组中的"生成表"命令，弹出如图6-65所示的"生成表"对话框。

⑤在如图6-65所示的对话框中执行以下操作：在"表名称"文本框中输入"畅销商品"，作为生成表查询对象所生成的新表名字；选择"当前数据库"作为新表的保存位置；单击"确定"按钮。

⑥单击快速访问工具栏"保存"按钮，将本查询保存为默认名称的查询对象。

⑦运行该查询对象，返回如图6-66所示的提示对话框。

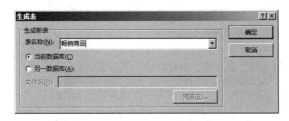

图6-65 指定生成表查询所生成的表名字

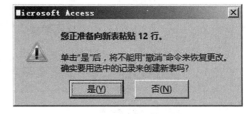

图6-66 生成新表提示对话框

⑧单击"是"按钮，"销售单"数据库中就生成新表"畅销商品"。打开"畅销商品"表对象的数据表视图，该数据表呈现的记录如图6-67所示。

⑨关闭"销售单"数据库，退出Access。

商品编号	商品名称	价格	存量
P01001	有机韭菜	¥2.59	119
P01002	阳光大白菜	¥2.60	118
P01003	生态西红柿	¥1.90	89
P01006	东北鲜菇	¥7.10	62
P02002	渤海腿肉	¥15.90	92
P03001	东海带鱼	¥65.00	65
P03002	生态鲤鱼	¥168.50	102
P04002	家常鸡蛋	¥5.10	98
P05001	鲜牛奶	¥3.60	157
P06004	龙须面条	¥9.00	113
P08001	齐鲁啤酒	¥6.00	90
P09001	盒装抽纸	¥7.00	125

图 6-67 "畅销商品"表对象的数据表视图

【例 6-19】在"StudentGrade"数据库中，基于查询设计视图设计一个生成表查询，将"大数据库原理"这门课程成绩不及格的所有学生的学号、姓名、专业、课程名称和分数信息保存到"补考名单"表对象中。

【操作提示】本例与例 6-18 查询对象的设计方法类似，只是略微复杂些。本查询涉及的数据源对象有三个表，必须建立联系；本查询涉及的查询条件有两个，它们是"与"关系。图 6-68 是本例查询对象的设计细节；图 6-69 是本例查询对象所生成的新表"补考名单"的数据表视图。篇幅原因，设计方法不再详细说明。

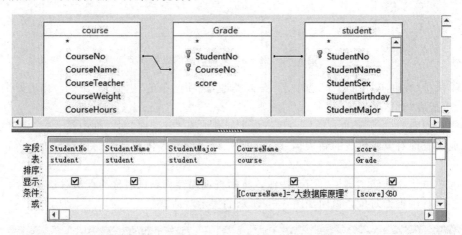

图 6-68 例 6-19 生成表查询对象的设计

StudentNo	StudentName	StudentMajor	CourseName	score
201917181036	刘鑫	信息管理与信息系统	大数据库原理	57
201917181069	高超	信息管理与信息系统	大数据库原理	56
201917181002	张晓梦	信息管理与信息系统	大数据库原理	57
201917181019	曹瑜	信息管理与信息系统	大数据库原理	55
201917181040	杨超	信息管理与信息系统	大数据库原理	56
201917181053	杨丽丽	信息管理与信息系统	大数据库原理	55
201917181066	王春刚	信息管理与信息系统	大数据库原理	57
201917181006	张梅	信息管理与信息系统	大数据库原理	56

图 6-69 "补考名单"表对象的数据表视图

2. 追加查询

追加查询可以从一个或多个数据源对象查询数据记录并追加到目标表的尾部。当数据源对象与目标表对象的字段定义不同时，追加查询只添加定义相容的字段内容，不相容的字段将被忽略。需要强调的是，被追加记录的表对象必须是数据库中已经存在的表，否则无法实现追加操作。

【例6-20】在"StudentGrade"数据库中，基于查询设计器设计一个追加查询，将"电子商务"这门课程成绩不及格的所有学生的学号、姓名、专业、课程名称和课程分数追加到"补考名单"表对象中。"补考名单"表已经由例6-19生成，如图6-69所示。

根据题干，需要设计一个追加查询对象。追加查询对象的设计方法和步骤如下。

①打开"StudentGrade"数据库的查询设计视图。

②基于查询设计视图进行追加查询对象第一阶段的设计，如图6-70左图所示。第一阶段的设计结果使得查询对象得到"电子商务"这门课程成绩不及格的所有学生的记录集。

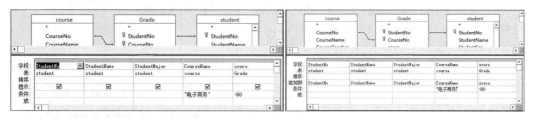

图6-70 例6-20追加查询对象的第一阶段设计结果(左图)和第二阶段设计结果(右图)

③执行"查询工具｜设计"选项卡"查询类型"选项组中的"追加"命令，弹出如图6-71所示的"追加"对话框。在"追加"对话框的"表名称"文本框中输入"补考名单"，单击"确定"按钮。至此，完成追加查询对象第二阶段的设计任务，设计结果如图6-70右图所示。

④保存并运行追加查询对象，"电子商务"这门课程成绩不及格的所有学生的学号、姓

图6-71 指定追加的目标表

名、专业、课程名称和课程分数就会追加到表对象"补考名单"中。

⑤打开表对象"补考名单"的数据表视图，可以看到"补考名单"表中除了原来大数据库原理课程的不及格学生信息以外，"电子商务"课程的不及格学生信息也追加到表中，如图6-72所示。

StudentNo	StudentName	StudentMajor	CourseName	score
201917181036	刘鑫	信息管理与信息系统	大数据库原理	57
201917181069	高超	信息管理与信息系统	大数据库原理	56
201917181002	张晓梦	信息管理与信息系统	大数据库原理	57
201917181019	曹瑜	信息管理与信息系统	大数据库原理	55
201917181040	杨超	信息管理与信息系统	大数据库原理	56
201917181053	杨丽丽	信息管理与信息系统	大数据库原理	55
201917181066	王春刚	信息管理与信息系统	大数据库原理	57
201917181006	张梅	信息管理与信息系统	大数据库原理	56
201917171040	姚凤秋	国贸高职	电子商务	47
201917111004	明晓	国际经济与贸易	电子商务	51
201917141034	李子勋	投资学	电子商务	55
201917141004	韩俊	投资学	电子商务	56
201917121122	张德举	金融学	电子商务	57
201917121105	孙航宇	金融学	电子商务	55
201917121082	焦帅帅	金融学	电子商务	52

图6-72 本案例执行后"补考名单"表中的记录

3. 更新查询

更新查询可以对表对象中符合查询条件的数据记录进行修改。既可以一次修改一条记录，也可以一次修改多条记录；既可以一次修改一个字段，也可以一次修改多个字段。

【例6-21】设计一个更新查询对象，对"销售单"数据库"Customer"表对象中的女顾客的"消费积分"进行更新，更新规则是将"消费积分"上调20%。

根据题干，本例需要设计一个更新查询。更新查询对象的设计方法和步骤如下。

①打开"销售单"数据库的查询设计视图，添加数据源对象"Customer"表。

②执行"查询工具｜设计"选项卡"查询类型"选项组中的"更新"命令，查询对象视图从默认的选择型设计视图切换到更新设计视图，更新设计视图中增加了"更新到"行，该行供用户设置更新条件。

③将"顾客性别"和"消费积分"字段添加到查询设计窗格的"字段"行的相应栏单元格中。

④在"消费积分"字段栏的"更新到"单元格输入更新后的值："[消费积分]＊1.2"；在"顾客性别"栏的"条件"单元格中输入条件："[顾客性别]＝"女""，如图6-73所示。

⑤执行查询，弹出如图6-74所示的提示对话框，单击"是"按钮，即完成更新查询。

4. 删除查询

删除查询可以按照条件从表对象中删除一条或一组记录。使用删除查询，将删除整条记录，而非只删除记录中的字段值。记录一经删除将不能恢复，因此在删除记录前要做好数据备份。

删除查询对象设计完成后，需要运行查询才能将需要删除的记录删除。删除查询可以删除一个表中的记录，也可以删除多个表中的相关记录。删除相互关联的表间记录时，必须满足以下两个条件：第一，已经定义了相关表对象之间的联系；第二，在两个表对象之间实施了"级联删除相关记录"的参照完整性约束。

【例6-22】设计一个删除查询对象，将"销售单"数据库"Customer"表中所有"消费积分"等于0的男顾客删除。

根据题干，本例需要设计一个删除查询对象。删除查询对象的设计方法和步骤如下。

①打开"销售单"数据库的查询设计视图，添加

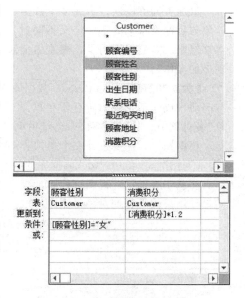

图6-73 更新查询对象的设计

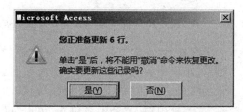

图6-74 运行更新查询时的更新操作提示

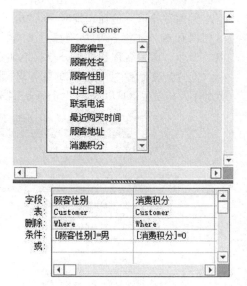

图6-75 删除查询的设计

数据源对象"Customer"表。

②执行"查询工具 | 设计"选项卡"查询类型"选项组中的"删除"命令，将选择型设计视图切换到删除设计视图，删除设计视图中增加了"删除"行，该行供用户设置删除条件或删除表。

③将"顾客性别"和"消费积分"字段添加到查询设计窗格中"字段"行的相应栏的单元格中。

④在字段"顾客性别"栏的"删除"行单元格中选择"Where"选项，在该栏"条件"行的单元格中输入条件"[顾客性别]＝男"，如图 6-75 所示。

⑤在字段"消费积分"栏的"删除"行单元格中选择"Where"选项，在该栏"条件"行的单元格中输入条件"[消费积分]＝0"，如图 6-75 所示。（观察和思考：男，为什么可以不输入定界符双引号）。

⑥如果用户想预览删除查询要删除的记录，那么可以将删除查询视图切换到数据表视图；如果用户要删除数据表中满足条件的记录，那么需要执行删除查询，此时，Access 将弹出图 6-76 所示的操作提示对话框，单击"是"按钮，即完成删除操作。

【知识拓展】在"销售单"数据库的删除设计视图中，"删除"行有两个选项；一个是"Where"，另一个是"From"，如图 6-77 所示。"Where"选项用以指示本栏目"条件"行单元格应该设置记录的删除条件。问："From"选项有什么作用？该选项的应用场景是什么？

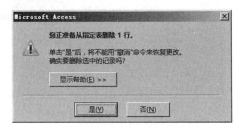

图 6-76　执行删除查询的删除操作提示对话框

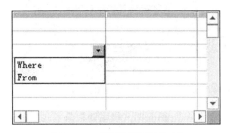

图 6-77　"删除"行的选项

6.4　查询对象应用示例

查询对象在数据处理和数据分析中有广泛的应用。本节以零销量商品的查询和低销量商品的分析为应用示例，分析查询对象在实际工作中的应用方法和设计技术。

1. 零销量商品的查询

【任务】查找销量为 0 的商品信息，要求显示商品的编号、名称和存量信息。

【分析】由于销量为 0 的商品，在 ProductOfSalesOrder 表中不可能存在销售单，因此只需要将与 ProductOfSalesOrder 表没有关联记录的 Product 表记录级返回即可。基于"查找不匹配项查询向导"可以设计一个查询对象，完成上述任务。

基于"查找不匹配项查询向导"设计本案例查询对象的具体方法与操作步骤如下。

①打开"销售单"数据库。

②打开查找不匹配项查询向导，如图 6-78 所示。

③如图 6-79 所示，在"查找不匹配项查询向导"对话框中选择"Product"表，单击"下一步"按钮，弹出如图 6-80 所示的对话框。

④在图 6-80 所示的对话框中，选择与"Product"表中的记录不匹配的"ProductOfSalesOrder"表，单击"下一步"按钮，弹出如图 6-81 所示的对话框。

⑤在如图 6-81 所示的对话框中，选取"商品编号"作为两个表之间的匹配字段，单击"下一

步"按钮，弹出如图 6-82 所示的对话框。

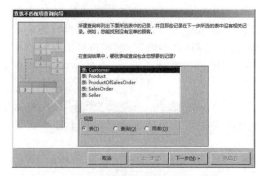

图 6-78　查找不匹配项查询向导

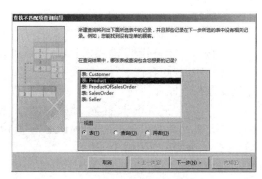

图 6-79　指定基准表

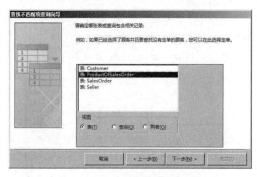

图 6-80　指定匹配表

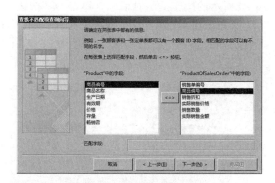

图 6-81　指定匹配字段

⑥在如图 6-82 所示的对话框中，选择查询结果中包含的字段，单击"下一步"按钮，弹出如图 6-83 所示的对话框。

图 6-82　指定查询结果包含的字段

图 6-83　指定查询名称

⑦在如图 6-83 所示的对话框的"请指定查询名称"文本框中输入"零销量商品查询"。用户在对话框中选中"修改设计"单选按钮，单击"完成"按钮，就可以看到基于向导所设计的查询对象的设计细节，如图 6-84 所示。若选中"查看结果"单选按钮，然后单击"完成"按钮，就可以看到如图 6-85 所示的查询结果。

⑧保存查询对象，关闭"销售单"数据库，退出 Access。

【拓展】如果用户想查询零销量商品的编号、名称、存量和存量价值信息，基于查询向导是否可以直接得到用户期望的设计对象？如果不能，基于查询设计器修改查询对象"零销量商品查询"，是否可以得到用户期望的设计对象？如果可以，请给出修改方案。

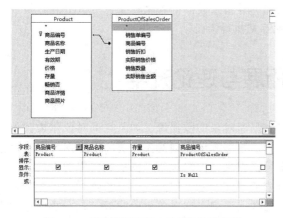

图 6-84 "零销量商品查询"的设计细节　　　　图 6-85 "零销量商品查询"的执行结果

2. 商品存销比的分析

【**任务**】商品存销比指的是商品的销量与存量之比。在"销售单"数据库中，存销比＝存量/销量。商品存销比对于销售型公司的经营策略有重要影响，因此，在实际工作中，用户常常想通过对话框指定一个存销比值，然后 Access 数据库系统返回存销比低于用户指定值的商品信息，返回结果中常常要求包含商品的编号、名称、销量、存量、存销比等信息。

【**分析**】由于返回结果中含商品的编号、名称、销量、存量、存销比等信息，因此分析商品的存销比的要基于"销售单"数据库的 Product 和 ProductOfSalesOrder 两个表对象；由于"销售单"数据库中没有"存销比"这个字段，因此本案例的主要任务是获得商品的"存销比"。

【**方法**】获得商品的"存销比"，可以基于数据库的表对象和查询对象，其方法如下。

① 打开"销售单"数据库。

② 设计第一个查询对象，对 Product 和 ProductOfSalesOrder 两个表的数据进行关联查询，获得"销售数量"不是 0 的商品的"销售单编号""商品编号""商品名称""销售数量"和"存量"。将该查询对象命名为"非零销量商品明细销售信息 _ 查询"。

③ 设计第二个查询对象，对第一个查询对象"非零销量商品明细销售信息 _ 查询"中的数据进行总体汇总分析，分析结果包括"商品编号""商品名称""销量"和"存量"。将该查询对象命名为"非零销量商品汇总销售信息 _ 查询"。

④ 设计第三个查询对象，对"非零销量商品汇总销售信息 _ 查询"中的数据进行计算处理，并返回非零销量商品的"存销比"，返回结果包括"商品编号""商品名称""销量""存量"和"存销比"。将该查询对象命名为"非零销量商品存销比 _ 查询"，将查询结果保存到表对象"非零销量商品存销比 _ 表"中。

⑤ 设计第四个查询对象，对"Product"和非零销量商品存销比 _ 查询"表中的数据进行关联查询，生成表对象"商品存销比信息表"。"商品存销比信息表"既包括非零销量商品的存销比信息，也包括零销量商品的存销比信息。对于零销量商品的存销比，可以取一个特殊值，如－1。

⑥ 设计第五个查询对象，对表对象"商品存销比信息表"中的数据进行查询。该查询对象打开一个参数对话框，当用户在对话框中指定"存销比"值后，Access 数据库系统返回"存销比"低于用户指定值的商品信息，返回结果中包含商品的编号、名称、销量、存量、存销比等信息。

⑦ 关闭"销售单"数据库。

篇幅原因，上述对象的设计细节不再给出。读者可以参阅本书配套的电子版教学资源。

【说明】之所以要将零销量商品的存销比和非零销量商品的存销比信息分开处理，是因为存销比＝存量/销量，当销量为0时，存销比存在执行错误。

6.5 技术拓展与理论升华

本章多次指出：查询对象可以作为其他数据库对象的数据源。如果查询对象作为其他数据库对象的数据源，称之为数据源型查询对象。数据源型查询对象，实际上是基于用户数据需求构建的一个数据库数据导出定义。基于导出定义，查询对象可以从数据库的表对象中导出用户需要的数据集，由于数据集也以二维表的形式表示，因此查询对象被称为虚拟表，简称为虚表。在关系数据库理论中，本章学习的数据源型查询对象称为"视图"，在数据库理论中称为"用户模式"。不管是"视图"，还是"用户模式"，都是用户数据模型的具体实现方法。

6.5.1 "视图"理论

关系数据库中的"视图"理论，即数据库中的"用户模式"理论。

1. 数据库的三级模式理论

从数据库系统角度看，数据库包括用户模式、逻辑模式和存储模式三级模式。

①逻辑模式简称为模式，是数据库中全体数据的数据模型，一个数据库只有一个逻辑模式。没有明确的上下文，平常所提到的数据库模式，指的就是逻辑模式。

②用户模式也称为外模式或子模式，它是数据库用户能够看见和使用的局部数据的数据模型。由于用户模式是与某一应用有关的数据的逻辑表示，因此一个数据库可以有多个用户模式。同一用户模式可以被同一用户的多个应用所使用，但一个应用只能使用一个用户模式。

③存储模式也称为内模式，它是数据物理结构和存储方式的描述，是数据在数据库底层的表示方式，一个数据库只有一个内模式。

2. 关系数据库中的"视图"理论

由于用户模式是用户能够看见和使用的局部数据的数据模型，因此用户模式是数据库全局模式的一个局部视角，是数据库用户的一个局部视图。

在关系数据库理论中，用户模式被称为"视图"。下面将介绍关系数据库背景下，视图与数据表的关系以及视图的经典应用。

（1）视图与表的关系

由于关系数据库模式的基本数据组织形式是表，因此在关系数据库中，基于视图定义而得到的结果也是一个表，但视图是一个导出"表形式的结果数据"的定义，而不是数据本身。

①在用户层面，视图呈现为一个表，但视图中的数据列和行来源于其所引用的表。

②视图中看到的数据并不实际存储在数据库中，而是存储在视图所引用的表中。

③数据库中只存储视图的定义，用户层面看到的视图数据是视图解读后的结果。

（2）视图的经典应用

尽管视图是一个虚表，但视图一旦定义，就成为数据库中的一个组成部分，具有与普通表类似的功能，可以像表一样地接受用户的访问。视图的经典应用如下。

①聚焦特定数据：用户只能使用与他们相关的数据，不能使用与他们无关的数据。

②简化数据操作：使用户不必基于复杂的查询操作就可以得到期望的结果数据。

③定制用户数据：使不同水平的用户能以不同的方式看到不同粒度的数据。

6.5.2 "视图"理论在 Access 中的实现

Access 基于"查询"对象实现数据库的"视图"理论。由于 Access"查询"对象既可以进行"数据查询"和"数据操作",又可以作为其他数据库对象的"数据源",因此 Access"查询"对象的功能超出了关系数据库理论中"视图"的功能。为了便于与理论衔接,本书将实现"视图"功能的"查询"对象称为"数据源型查询对象",简称为虚表。

1. 虚表的创建

既然"数据源型查询对象"作为用户视图来使用,那么在创建"数据源型查询对象"的时候,要基于用户需求创建"数据源型查询对象",使得基于"数据源型查询对象"而得到的结果数据能够满足用户的个性化需求。另外,在创建"数据源型查询对象"的时候,要结合"关系"理论,使得基于"数据源型查询对象"得到的虚表具备"关系"的特征,从而发挥表对象的功能。

【例 6-23】在"StudentGrade"数据库中,基于查询设计器创建一个虚表"大数据库课程不及格学生信息",用户基于这个虚表可以看到"大数据库原理"课程成绩不及格的学生的学号、姓名、专业、课程名称和分数。

虚表"大数据库课程不及格学生信息"的定义如图 6-86 所示;基于"大数据库课程不及格学生信息"这个虚表的定义,用户可以看到如图 6-87 所示的虚表。

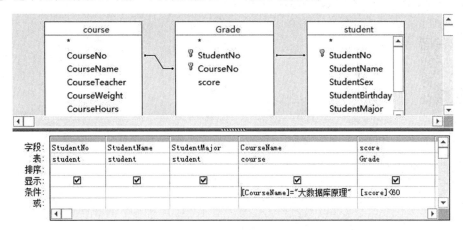

图 6-86　虚表的定义

实际上,基于查询设计器创建的虚表定义,是一条从数据库中导出数据的 SQL 命令。SQL 命令将在第 7 章学习。这条 SQL 命令的代码如下。

```
SELECT student.StudentNo, student.StudentName, student.StudentMajor,
course.CourseName,Grade.score
    FROM(Grade INNER JOIN course ON Grade.CourseNo = course.CourseNo) INNER
JOIN student ON Grade.StudentNo= student.StudentNo
    WHERE(((course.CourseName)= "大数据库原理")AND((Grade.score)< 60));
```

【说明】由于虚表中只包含用户需要的"大数据库原理"这门课程成绩不及格的学生信息,因此本例定义的虚表可以简化用户对数据的理解,从而减轻用户对数据操作的难度。另外,用户通过这个虚表,只能查询和操作他们在视图中见到的数据,视图中没有的其他数据,用户既看不见也取不到。也就是说,通过视图,用户被限制在数据库数据的一个子集上,从而提高了数据的安全性。本例中,用户只能从虚表中看到"大数据库原理"课程不及格学生的学号、姓名、专业、课程名称和分数信息，对于其他的数据用户既不能浏览，也不能操作。

StudentNo	StudentName	StudentMajor	CourseName	score
201917181036	刘鑫	信息管理与信息系统	大数据库原理	57
201917181069	高超	信息管理与信息系统	大数据库原理	56
201917181002	张晓梦	信息管理与信息系统	大数据库原理	57
201917181019	曹瑜	信息管理与信息系统	大数据库原理	55
201917181040	杨超	信息管理与信息系统	大数据库原理	56
201917181053	杨丽丽	信息管理与信息系统	大数据库原理	55
201917181066	王春刚	信息管理与信息系统	大数据库原理	57
201917181006	张梅	信息管理与信息系统	大数据库原理	56

图 6-87 虚表

2. 虚表的应用

虚表创建成功以后，就成为数据库中的一个组成部分，具有与普通表对象类似的功能，可以像数据库中的表对象一样地接受用户的访问。

【例 6-24】查询"大数据库课程不及格学生信息"虚表中，成绩高于 50 分的学生信息。

【说明】本例是对虚表中数据的查询。

【例 6-25】将"大数据库课程不及格学生信息"虚表中成绩高于 50 分的学生再加 10 分。

【说明】本例是对虚表中数据的数据更新。

本章习题

第 7 章 数据库语言 SQL

本章导读

第 6 章从"查询对象"的视角学习了数据库的数据查询和数据操作，本章将从"SQL 命令"的视角学习数据库的数据查询和数据操作。事实上，"查询对象"的查询和操作功能也是由数据库管理系统映射为相应的"SQL 命令"来实现的。

例如，对于"查询对象"的查询功能而言，数据库管理系统将其映射为相应的"SQL-SELECT 命令"来实现；再如，对于"查询对象"的操作功能而言，数据库管理系统分别将插入、修改和删除操作映射为相应的"SQL-INSERT 命令""SQL-UPDATE 命令""SQL-DELETE 命令"来实现。

概括而言，SQL 的功能主要包括定义、操作、查询和控制四个方面：第一，数据定义功能，可以定义数据库的物理模式；第二，数据操作功能，可以实现数据记录的插入、数据记录的修改、数据记录的删除等；第三，数据查询功能，既可以实现投影、选择和连接等查询操作，也可以实现传统的集合查询操作；第四，数据控制功能，可以实现数据保护、事务管理两方面的功能。

遗憾的是，目前还没有一个数据库管理系统能够支持 SQL 标准的所有功能，一般只能支持 SQL92 的大部分功能以及 SQL99 的部分新功能。Access 是个人计算机上使用的数据库管理系统，相比之下，Access SQL 的功能有一定的局限性，它并不支持所有的 SQL 命令，只支持其中的子集，包括数据定义、数据查询和数据操作三个方面的功能。

本章以 Access SQL 为基础，以 SQL92 为参照，学习 SQL 命令的语法和设计，实现数据库的数据定义、数据查询和数据操作三个方面的应用，其中数据查询是学习重点。

7.1 标准 SQL 概述

关系数据库是迄今为止最为成功的数据库，其中一个重要的原因就是关系数据库推出了深受欢迎的数据库操作语言 SQL。目前 SQL 语言已经成为业界的标准，几乎所有的关系数据库管理系统都支持关系数据库标准语言 SQL，Access 自然也不例外。

SQL 是 Structured Query Language 三个单词的简写，译为结构化查询语言。1974 年，Boyce 和 Chamberlin 提出了 SQL 概念。1986 年，美国国家标准局 ANSI 将 SQL 定为国家标准。1989 年，国际标准化组织 ISO 将 SQL 定为国际标准，推荐它为关系型数据库的标准语言。

随着数据库技术的发展，SQL 的版本也在不断更新，1992 年推出了 SQL92，1999 年更新为 SQL99。在每一次更新中，SQL 都添加了新特性，并在语言中集成了新的命令和功能。经过多年不断地完善，SQL 已经成为数据库领域的主流语言。

7.1.1 SQL 的功能

SQL 的功能主要包括定义、操作、查询和控制四个方面，是一个综合的、通用的、功能极强的关系数据库语言。SQL 语言的功能如下。

①数据定义功能。SQL 语言最基本的功能就是数据定义功能，这主要包括：定义、修改和删除表的模式；定义、修改和删除表的索引；定义、修改和删除表的视图。

②数据操作功能。数据定义功能只是建立的表的模式，刚刚定义的表是一个空表，里面没有任何数据，需要使用"插入"命令在表中插入数据记录，插入的数据记录如果有问题，还可以使用"修改"命令对数据记录进行修改或用"删除"命令进行删除。数据记录的插入、修改和删除统称为数据操作功能。

③数据查询功能。数据查询是 SQL 语言最重要的功能，SQL 语言既可以进行单表查询，也可以进行多表查询，另外 SQL 语言还支持汇总查询、集合查询等功能。

④数据控制功能。数据控制功能主要包括数据保护和事务管理。数据控制主要完成数据库的安全性控制和完整性控制，事务管理主要完成数据库的恢复控制以及并发控制等。

由上述分析可知，SQL 并不像高级程序设计语言那样，具有流程控制语句。不过，SQL 语言可以嵌入到大多数的高级语言中使用，这为数据库的应用和开发提供了方便。

7.1.2　SQL 的特点

SQL 语言的主要特点如下。

①SQL 语言是一种一体化的语言，它提供了完整的数据定义、查询和操作功能。使用 SQL 语言可以实现数据库生命周期中的全部活动，包括定义数据库文件、定义表模式，实现数据库中数据的查询与操作，以及实现数据库的重构、数据安全性控制等一系列活动。

②SQL 语言具有完备的数据查询功能。只要数据是按关系方式存放在数据库中的，就能够构造适当的 SQL 命令将其检索出来。事实上，SQL 的查询命令不仅具有强大的检索功能，而且在检索的同时还提供了计算与分析功能。

③SQL 语言非常简洁，易学易用。虽然 SQL 的功能强大，但只有为数不多的几条命令。此外 SQL 的语法也相当简单，接近自然语言，用户可以很快地掌握它。

④SQL 语言是一种高度非过程化的语言。和其他数据库操作语言不同的是，SQL 语言只需要用户说明想要做什么操作，而不必说明怎样去做，用户不必了解数据的存储格式、存取路径以及 SQL 命令的内部执行过程，就可以方便地对关系型数据库进行各种操作。

⑤SQL 语言的执行方式多样，既能以交互式命令直接执行，也能嵌入到各种高级语言中间接执行。尽管使用方式不同，但其语法结构是一致的。

⑥SQL 语言既支持用户定义物理数据库模式，也支持用户基于物理数据库模式定义用户数据库模式，以满足不同用户的个性化应用需求。物理数据库模式的定义主要是定义表对象。用户数据库模式的定义主要是定义视图对象。视图是一种虚表，它是表对象和用户之间的一种数据映射定义，而不是实际数据。视图的数据既可以源于一个表，也可以源于多个表。既可以通过视图把物理数据库的数据全部提供给用户使用，也可以有选择性的屏蔽部分敏感数据，只对用户开放非敏感数据。表对象和视图对象的无缝协作，既可以满足用户的个性化应用需求，也可以提高数据的独立性，同时也有利于物理数据库中的数据安全与保密。

7.1.3　SQL 语句

实现 SQL 的每一项功能都借助 SQL 语句。SQL 语句又称为 SQL 命令，每一条 SQL 语句都由一个动词打头，它蕴含着该语句的功能类型。SQL 语言设计巧妙，语言简单，完成数据定义、数据查询、数据操作和数据控制的这四大核心功能只用了表 7-1 所示的 9 个动词。

表 7-1　SQL 语句中的命令动词

SQL 语句功能	SQL 命令动词
数据定义	CREATE、DROP、ALTER
数据操作	INSERT、UPDATE、DELETE
数据查询	SELECT
数据控制	GRANT、REVOKE

7.2　Access SQL 概述

基于个性化战略和商业化战略的考虑，没有一个 DBMS 百分之百地的支持 SQL 的某一标准。目前主流的 DBMS，一般只是支持 SQL92 的大部分功能以及 SQL99 的部分新功能。同时，许多 DBMS 还对标准 SQL 进行了不同程度的扩充和修改，以支持标准以外的一些功能特性。

7.2.1　Access SQL 的特点

由于 Access 定位为桌面级的 DBMS，因此 Access 支持的 SQL 功能有一定的局限性，相应的，SQL 命令的语法格式也存在一些限制。尽管如此，Access 的小巧、便捷、易学、易用、灵活以及成本低廉等优势，也使得 Access 数据库管理系统成为初学者学习 SQL 的一个最佳选择。

1. 功能特点

由于 Access 定位为桌面级应用，因此 Access 与企业级的 DBMS 相比，其支持的 SQL 语言在功能上有一定的局限性，它并不支持所有的 SQL 语句，只支持其中的子集。

例如，Access 不支持数据控制功能，这使得 Access 的安全性大打折扣。

又如，Access SQL 只是实现了投影、选择和连接等关系运算，对于传统的集合运算，只是实现了并运算，交运算和差运算没有考虑。

再如，对于连接运算而言，外连接的实现也有局限性，没有考虑全外连接的直接实现。

2. 语法特点

与标准 SQL 相比，Access 在 SQL 命令的语法和格式上也存在一些差异。这些差异体现在具体的 SQL 命令上，本书在介绍相应内容时都有明示。

7.2.2　Access SQL 的版本

SQL 标准自公布以来，不断更新，其中应用最广泛的是 SQL ANSI-89 和 SQL ANSI-92 标准。与 ANSI-89 相比，SQL ANSI-92 增加了一些新的功能，相应的也提出一些新的关键字、语法规则和通配符。也就是说，SQL ANSI-89 和 SQL ANSI-92 尽管类似，但并不完全兼容。

Access 2016 既支持 SQL ANSI-89，也支持 SQL ANSI-92。SQL ANSI-89 是 Access 2016 的默认选择。修改 SQL 版本一般在"Access 选项"对话框进行。具体操作步骤如下。

①在 Access 数据库窗口的功能区上选择"文件"选项卡，打开 Backstage 视图。

②在 Backstage 视图左侧执行"选项"命令，弹出如图 7-1 左图所示的"Access 选项"对话框。

③在"Access 选项"对话框的左窗格中，选择"对象设计器"选项卡，右窗格随即切换到"对

象设计器"这一主题的选项设置区，如图 7-1 右图所示。

图 7-1 "Access 选项"对话框

④如果在"查询设计"选项设置区的"SQL Server 兼容语法（ANSI 92）"选项组中，选中"此数据库"复选框，那么当前数据库的 SQL 版本即被设置为 ANSI-92。如果同时勾选"新数据库的默认设置"复选框，那么用户基于 Access 创建的新数据库，默认采用 ANSI-92 版本。

⑤如果在"查询设计"选项设置区的"SQL Server 兼容语法（ANSI 92）"选项组中，取消勾选"此数据库"复选框，那么当前数据库的 SQL 版本被设置为 ANSI-89。但是如果同时选中"新数据库的默认设置"复选框，那么用户基于 Access 创建的新数据库，默认采用 ANSI-92 版本。

7.2.3 Access SQL 的数据类型

数据类型也称为"域类型"，它反映了表对象中字段的重要特征。Access 并不完全支持标准 SQL 的各种数据类型，表 7-2 列出了 Access 2016 所支持的比较重要的数据类型。

表 7-2 Access 2016 支持的数据类型说明表

数据类型	主要别名	说明
Byte		范围为 0～255 的数字
Short	Smallint	范围为 -32768～32767 的数字
Long	Integer、Int	范围为 -2147483648～2147483647 的数字
Counter		自动为每条记录分配数字，通常从 1 开始
$Dec[(p[,s])]$	Numeric	十进制数，p 指定精度，s 指定小数位数
Single	Real	单精度浮点数，共 7 位小数
Double	Float	双精度浮点数，共 15 位小数
Currency	money	支持 15 位的元，外加 4 位小数
$Char[(N)]$	Varchar、Text	用于存储最大长度为 N 的变长字符串；N 最大 255
Bit	Logical、Yesno	用于存储逻辑值
DateTime	Date、Time、SmallDateTime	用于日期和时间；与 DateTime 无差异
Memo		存储大尺寸的文本；最多 65536 个字符
OLEObject	Image	存储图片、音频、视频或其他 OLE 对象

表 7-2 列出的数据类型较多，这里以十进制数为例，介绍一下数据类型的语法格式。十进制数的语法格式为"Dec[$(p[,s])$]"。其中，Dec 指明数据类型是十进制数；p 指出十进制数最多可以存储的十进制数字的总位数，它必须是从 1 到最大精度 38 之间的值，包括小数点左边和右边的位数；s 指出小数点右边可以存储的十进制数字的总位数，它必须是 0 和 p 之间的值。如果缺省 p 和 s，十进制数的默认精度是 18 位，小数是 0 位。

7.2.4 Access SQL 的交互界面

Access 数据库的查询对象、宏对象、窗体对象、模块对象都提供了 SQL 的交互界面。其中，查询对象提供的 SQL 交互界面最为便捷，是 Access 与 SQL 交互的主界面。在 Access 查询对象设计器的 SQL 视图中，可以直接输入和编辑 SQL 命令，也可以运行设计视图中的 SQL 命令。打开 Access 查询对象 SQL 视图的方法如下。

①在 Access 数据库窗口中，执行"创建"选项卡"查询"选项组中的"查询设计"命令。

②关闭 Access 打开的"显示表"对话框。

②执行"查询工具 | 设计"选项卡"结果"选项组中的"SQL 视图"命令，Access 随即打开如图 7-2 所示的"查询 1"的 SQL 视图，用户可以在该视图中编写和执行 SQL 语句。

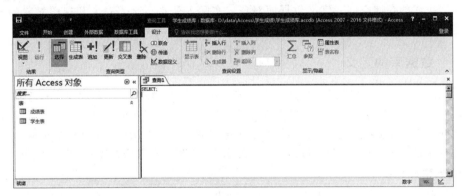

图 7-2 "查询 1"的 SQL 视图

用户在查询对象 SQL 视图中输入和编辑的 SQL 命令也可以保存，SQL 命令保存后，以查询对象的形式存储。实际上，查询对象的功能就是基于 SQL 命令实现的。如果查询对象已经存在，用户也可以打开该对象的 SQL 视图，并在 SQL 视图中查看和编辑相应的 SQL 语句。具体方法如下：打开查询对象的设计视图，如图 7-3 左图所示；执行"查询工具 | 设计"选项卡"结果"选项组中的"视图"命令，在下拉列表中选择"SQL 视图"选项；在图 7-3 右图所示的 SQL 视图中可以查看和编辑 SQL 语句。

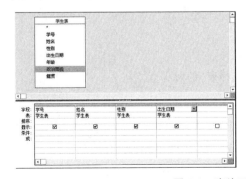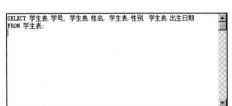

图 7-3 查询对象的设计视图

在 SQL 视图输入和编辑 SQL 语句需注意以下几点。

①窗口中每次只能输入一条 SQL 语句,但可分行输入,系统会把英文标点符号";"作为语句的结束标志;当需要分行输入时,不能把 SQL 语言的关键字或字段名分在两行。

②语句中所有的标点符号和运算符号均为 ASCII 字符。

③每两个单词之间至少要有一个界定符,常用的界定符是空格、逗号、英文句号以及英文叹号等。SQL 语句中不同的语法元素对界定符的使用有相应规定。

7.3 SQL 的定义功能

创建数据库的主要任务是定义数据库模式,并组织数据入库。定义数据库模式可以基于 SQL 命令完成,这属于 SQL 的定义功能,本节主要介绍这一内容。数据库模式定义完成后,才能组织数据入库,这一工作也可以由 SQL 完成,这属于 SQL 的数据操作功能,将在下一节介绍。

数据库模式的定义包括数据库的定义和数据库组成对象的定义。定义数据库,实际上就是定义数据库的存储空间。定义数据库对象,实际上就是定义表对象和视图对象的模式等。只有定义了数据库,才能定义数据库的组成对象。

7.3.1 数据库的定义

数据库的定义包括数据库的创建、修改和删除。数据库创建成功后,操作系统就在计算机外部存储器上创建数据库文件以存储数据库的组成对象。数据库创建成功后,也可以修改和删除。数据库的修改实际上就是对存储数据库组成对象的数据库文件的修改,数据库的删除,实际上是对存储数据库组成对象的数据库文件的删除。创建和删除数据库的 SQL 命令如下。

1. 创建数据库

创建数据库的 SQL 命令的基本语法格式如下。

`Create Database 数据库名`

例如,创建名称为"学生成绩库"的数据库的 SQL 命令如下。

`Create Database 学生成绩库`

上述命令执行成功后,用户可以在默认数据库存储文件夹中找到与数据库名一致的数据库文件。

2. 删除数据库

删除数据库的 SQL 命令的基本语法格式如下。

`Drop Database 数据库名[,…n]`

例如,下述 SQL 命令将删除名称为"学生成绩库"的数据库。

`Drop Database 学生成绩库`

上述命令执行成功后,用户可以发现默认数据库存储文件夹中的数据库文件被删除了。

再如,下述 SQL 命令将删除名称为"学生成绩"和"销货单"的数据库。

`Drop Database 学生成绩,销货单`

需要说明的是，如果删除数据库，数据库所包含的所有对象也将被全部删除。另外，作为桌面版的 Access，它不支持通过 SQL 命令定义数据库。

7.3.2 表的定义

SQL 对表的定义功能包括表模式的创建、表模式的修改、表的删除等。表模式的创建可以使用 CREATE TABLE 命令，表模式的修改可以使用 ALTER TABLE 命令。用 SQL 命令创建和修改表模式，与用表设计器创建和修改表模式的功能是等价的。表的删除命令是 DROP TABLE。

1. 表模式的创建

由于表模式包括数据结构和数据约束两个维度，因此创建表模式的 SQL 命令语法比较复杂。为了便于读者理解和掌握，本书将创建表模式的命令分为三种：命令格式 1、命令格式 2 和命令格式 3。命令格式 1 语法较为简单，它创建的表模式只包括表的数据结构；命令格式 2 语法较为复杂，是命令格式 1 的超集，它创建的表模式除了包括表的数据结构，还包括表的字段级数据约束；命令格式 3 语法最复杂，它是命令格式 2 的超集，它创建的表模式除了包括数据结构和字段级数据约束，还包括表级数据约束。

(1)命令格式 1——数据结构

【格式】CREATE TABLE < 表名 >

    (

      < 字段名 1> < 字段类型 >［(字段宽度)］

      ［,……］

      ［,< 字段名 n> < 字段类型 >［(字段宽度)］

    );

【功能】通过描述组成表的各个字段的类型、宽度等特征来定义表的结构。命令格式 1 实际上是命令格式 2 的一个子集，与命令格式 2 相比，它缺省了定义表约束的相关语法元素。

【例 7-1】定义"学生表"的模式，包含"学号""姓名""性别"和"出生日期"4 个字段。

本例定义"学生表"模式，只有表结构，因此使用命令格式 1 即可。其 SQL 命令如下。

CREATE TABLE 学生表 (学号 Char(6),姓名 Char(8),性别 Char(2),出生日期 Datetime);

上述命令的书写格式没有层次感，不便于理解。如果与命令的语法格式相对应，将各字段分行书写，那么 SQL 命令就结构清晰，便于读者理解了。

```
CREATE TABLE 学生表
    (
        学号 Char(7),
        姓名 Char(8),
        性别 Char(2),
        出生日期 Datetime
    );
```

本命令执行以后，学生表模式就创建起来了。打开学生表的设计视图，该表的模式如图 7-4 所示。本案例说明：SQL-CREATE

图 7-4　学生表的模式

语句完全可以替代表对象设计器的功能。

(2)命令格式2——数据结构＋字段级数据约束

【格式】CREATE TABLE ＜表名＞

        (＜字段名1＞ ＜字段类型＞[(字段宽度)][字段1数据约束]

         [, ……]

         [,＜字段名n＞ ＜字段类型＞[(字段宽度)][字段n数据约束]

        );

【说明】与命令格式1相比，命令格式2复杂一些。格式2是格式1的超集，格式2中多出的语法元素主要是定义字段的数据约束。下面说明一下定义字段级数据约束的语法元素。

字段级数据约束＝＝

    [NULL|NOT NULL]

    [DEFAULT ＜表达式＞]

    [PRIMARY KEY|UNIQUE]

    [REFERENCES]＜表名＞[(字段名)]

在上述语法元素中："[NULL｜NOT NULL]"短语用来指定当前字段是否允许为空值，默认为NULL；"[DEFAULT ＜表达式＞]"短语用来指定当前字段的默认值；"[PRIMARY KEY]"短语用来基于当前字段定义主键；"[UNIQUE]"短语用来基于当前字段定义唯一键；"[REFERENCES]＜表名＞[(字段名)]"短语用来定义参照完整性约束，短语中的"＜表名＞"用来指定基本表，短语中的"[(字段名)]"用来指定基本表的关联字段。

上面抽象的说明了格式2的语法格式，下面举例说明格式2的使用方法。

【例7-2】基于SQL命令定义"成绩表"的模式，该表含有"学号""姓名""法律成绩""数学成绩""外语成绩"和"计算机成绩"6个字段，其中"学号"和"姓名"不允许为空值。

本例定义的"成绩表"模式，既包含表结构，也包含字段级约束，因此需要用格式2。定义"成绩表"模式的SQL命令如下。

```
CREATE TABLE 成绩表
(
    学号 Char(7) NOT NULL,
    姓名 Char(8) NOT NULL,
    法律成绩 Dec(5,2),
    外语成绩 Dec(5,2),
    计算机成绩 Dec(5,2)
);
```

本命令执行以后成绩表即被创建，进入该表的设计视图，可以看到如图7-5所示的表对象模式。仔细观察图7-4和图7-5，可以发现字段"学号"在"必需"常规项上的值是不同的。导致差异的原因就在于"成绩表"的"学号"字段定义了"NOT NULL"这一约束。

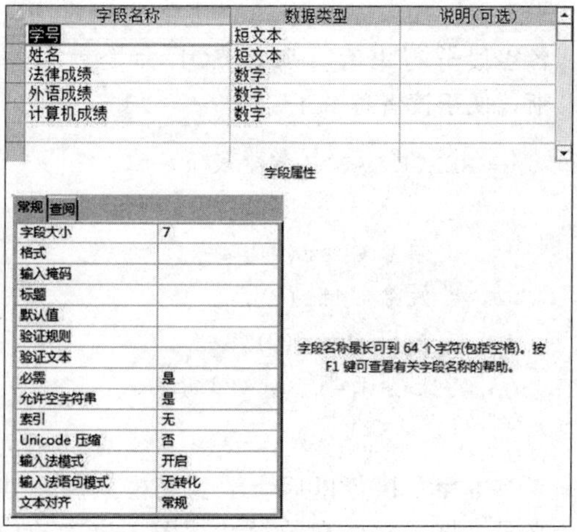

图7-5 成绩表的模式

(3)命令格式3——数据结构+字段级数据约束+表级数据约束

【格式】CREATE TABLE ＜表名＞

　　　　(＜字段名1＞ ＜字段类型＞[(字段宽度)][字段1数据约束]

　　　　[,……]

　　　　[,＜字段名n＞ ＜字段类型＞[(字段宽度)][字段n数据约束]

　　　　[,＜表级数据约束1＞]

　　　　[,……]

　　　　[,＜表级数据约束n＞]

　　　　);

【说明】与命令格式2相比,命令格式3更复杂。格式3是格式2的超集,格式3中多出的语法元素主要是定义表级的数据约束。下面说明一下定义表级数据约束的语法元素。

　　表级数据约束＝＝

　　　　[,＜PRIMARY KEY|UNIQUE＞(字段名列表)]

　　　　[,＜FOREIGN KEY＞(字段名列表)＜REFERENCES＞ ＜表名＞[(字段名列表)]]

　　　　[,＜CHECK＞(条件)]

在上述语法元素中:"字段名列表"就是用逗号分隔的字段名序列,其基本形式为"＜字段名1＞,＜字段名2＞,……,＜字段名n＞";"＜PRIMARY KEY＞(字段名列表)"短语,用来基于字段名列表中的所有字段建立多字段主键;"＜UNIQUE＞(字段名列表)"短语,用来基于字段名列表中的所有字段建立多字段唯一键;"＜FOREIGN KEY＞(字段名列表)＜REFERENCES＞ ＜表名＞[(字段名列表)]"短语用来建立表间的参照完整性约束,其中"＜FOREIGN KEY＞(字段名列表)"指明关联表中的外键字段,而"＜REFERENCES＞＜表名＞[(字段名列表)]"指明建立参照完整性约束的基本表及关联字段;"＜CHECK＞(条件)"短语用来为表指定验证规则。

　　提示:在Access数据库中,如果主键和唯一键建立在多个字段的基础上,那么它们必须定义为表级约束,否则既可以定义为表级约束,也可以定义为字段级约束。另外,空值约束和默认值约束只能定义为字段级约束;而CHECK约束只能定义为表级约束。

　　对于主键约束、外键约束、唯一键约束以及检查约束,用户还可以基于CONSTRAINT短语显式的指定约束的名称。

　　【例7-3】在"产品供应"数据库中定义"供应商"表的模式:该表包含"供应商号""供应商名""地址""电话"和"传真"5个字段;该表的"供应商号"字段是主键。

　　本例定义的"供应商"表模式,既包含表结构,也包含主键约束。由于"供应商"表的主键是单字段主键,因此既可以使用命令格式2,也可以使用命令格式3。

　　基于命令格式2创建"供应商"表模式的SQL命令如下。

```
CREATE TABLE 供应商
   ( 供应商号 Char(8) PRIMARY KEY,
     供应商名 Char(16),地址 Char(24),电话 Char(14),传真 Char(8)
   );
```

基于命令格式3创建"供应商"表模式的SQL命令如下。

```
CREATE TABLE 供应商
   ( 供应商号 Char(8),
```

供应商名 Char(16),地址 Char(24),电话 Char(14),传真 Char(8),
PRIMARY KEY(供应商号)
);

运行上述任一 SQL 命令后,"供应商"表的模式即被建立。打开"供应商"表的设计视图,可以看到如图 7-6 所示的表模式。

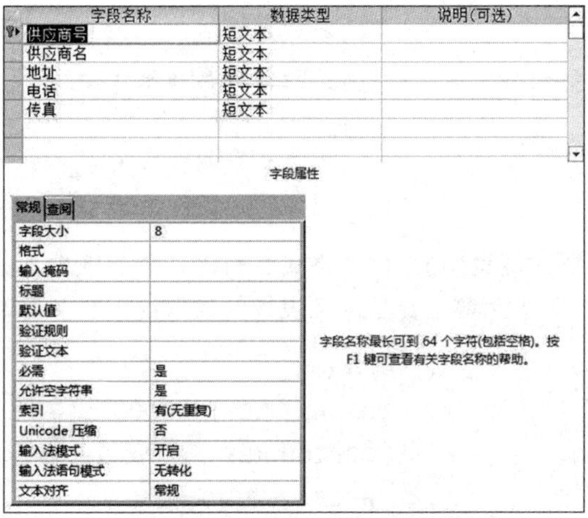

【例 7-4】在"产品供应"数据库中定义"产品"表的模式:"产品"表包含"产品号""产品名称""单价""数量"和"供应商号"5 个字段;基于字段"产品号"定义主键约束;设置"产品名称"字段不能为空值;基于关联字段"供应商号"在"产品"表和"供应商"表之间建立一对多联系,并在两个表之间定义参照完整性约束。

本例创建的"产品"表模式既包括表结构,也包括表约束。基于命令格式 3 的 SQL 命令如下。

图 7-6　"供应商"表的模式

```
CREATE TABLE 产品
(
    产品号 Char(8)PRIMARY KEY,
    产品名称 Char(16)NOT NULL,
    单价 Single,
    数量 Short,
    供应商号 Char(8),
    FOREIGN KEY(供应商号)   REFERENCES 供应商
);
```

上面创建的"产品"表模式的命令中,除了定义了该表包含的字段外,还建立了以下约束:基于"产品号"字段建立了主键约束;设定"产品名称"字段的值不能为空值;以"供应商号"字段为关联字段,建立了"产品"表与"供应商"表之间的永久关系,并创建了参照完整性约束。运行上述 SQL 命令后,"产品"表的模式即被建立。打开"产品"表的设计视图,可以看到如图 7-7 所示的表模式。

打开"产品供应"数据库的"关系"对话框,可以看到"产品"表与"供应商"表之间建立的一对多联系,如图 7-8 左图所示。

双击"关系"对话框中的"一对多联系线",在弹出的"编辑关系"对话框中,可以看到"产品"表与"供应商"表之间建立的"参照完整性约束",如图 7-8 右图所示。

图 7-7　产品表的模式

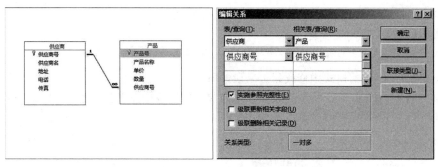

图 7-8 "产品"表与"供应商"表之间的联系

2. 表模式的修改

表模式的修改，包括结构和约束两个方面的内容。基于 SQL 命令"ALTER TABLE"可以修改表的结构，这包括增加字段、修改字段和删除字段。同时，基于"ALTER TABLE"命令也可以修改表的约束，这包括增加约束、修改约束和删除约束。为了便于学习，本书将"ALTER TABLE"命令分解为以下 6 种格式，每一种格式都实现一种特定的表模式修改功能。

(1)命令格式 1——增加字段

【格式】

```
ALTER TABLE < 表名 >
    ADD[COLUMN] < 字段名 1 > < 字段类型 >[(字段宽度)]
                [,……]
                [,< 字段名 n > < 字段类型 >[(字段宽度)]]
```

【功能】在指定表的模式中增加新字段，一次可以增加一个或多个字段。

【例 7-5】使用 SQL 命令，为例 7-1 创建的"学生表"模式添加年龄、政治面貌和籍贯三个字段，类型和宽度分别为 Byte、Char(4)、Char(6)。

给"学生表"模式增加三个字段的 SQL 命令如下。

```
ALTER TABLE 学生表
    ADD COLUMN 年龄 Byte,政治面貌 Char(4),籍贯 Char(6)
```

例 7-1 创建的"学生表"模式，只包含学号、姓名、性别、出生日期 4 个字段，执行上述 SQL 命令后，增加为 7 个字段。修改后的"学生表"的模式如图 7-9 所示。

图 7-9 修改后的"学生表"的模式

(2)命令格式2——修改字段

【格式】ALTER TABLE < 表名 >

ALTER[COLUMN] < 字段名 > < 字段类型 > [(字段宽度)]

【功能】在指定表的模式中修改指定字段的属性。

【例7-6】基于SQL命令将学生表模式中的"籍贯"字段的宽度修改为C(20)。

修改"籍贯"字段宽度的SQL命令如下。

```
ALTER TABLE 学生表
    ALTER COLUMN 籍贯 Char(20)
```

(3)命令格式3——删除字段

【格式】ALTER TABLE < 表名 >

DROP[COLUMN] < 字段名1> [,……][,< 字段名 n>]

【功能】在指定表的模式中删除指定的字段,一次可以删除一个或多个字段。

【例7-7】基于SQL命令,删除例7-2创建的"成绩表"模式中的下列字段:"法律成绩""外语成绩"和"计算机成绩"。

删除这3个字段的SQL命令如下。

```
ALTER TABLE 成绩表
    DROP COLUMN 法律成绩,外语成绩,计算机成绩
```

(4)命令格式4——增加字段并定义该字段约束

【格式】ALTER TABLE < 表名 >

ADD[COLUMN] < 字段名 > < 字段类型 > [(字段宽度)]

[NULL|NOT NULL]

[PRIMARY KEY|UNIQUE]

[DEFAULT < 表达式 >]

【功能】在指定表中增加新字段,并同时定义新字段的约束。

【例7-8】修改"成绩"表的模式:增加"考号"字段,类型是文本,宽度为12,不允许为空值,其值不允许重复;增加"课程号"字段,字段类型是文本、宽度为3,不允许为空值;增加"最后得分"字段,字段类型是整型,允许为空值,默认值为60分。

增加"考号"字段的SQL命令如下。

```
ALTER TABLE 成绩表 ADD COLUMN 考号 Char(12)NOT NULL UNIQUE
```

增加"课程号"字段的SQL命令如下。

```
ALTER TABLE 成绩表 ADD COLUMN 课程号 Char(3)NOT NULL
```

增加"最后得分"字段的SQL命令如下。

```
ALTER TABLE 成绩表 ADD COLUMN 最后得分 Byte NULL DEFAULT 60
```

(5)命令格式5——修改字段并修改字段约束

【格式】ALTER TABLE < 表名 >

ALTER[COLUMN] < 字段名 > < 字段类型 > [(字段宽度)]

[NULL|NOT NULL]

[PRIMARY KEY|UNIQUE]

〔DEFAULT < 表达式 > |DROP DEFAULT〕

【功能】修改指定表中指定字段的数据类型和数据约束。

【说明】"DROP DEFAULT"短语用来删除默认值。

【例7-9】修改"成绩表"的模式：将"考号"字段宽度改为6，同时设置为主键；将字段"最后得分"的默认值删除。

修改"考号"字段的 SQL 命令如下。

ALTER TABLE 成绩表 ALTER COLUMN 考号 Char(6)PRIMARY KEY

删除"最后得分"字段默认值的 SQL 命令如下。

ALTER TABLE 成绩表 ALTER COLUMN 最后得分 DROP DEFAULT

(6)命令格式6——定义表级约束

【格式】

ALTER TABLE < 表名 >
　〔ADD〔CONSTRAINT < 约束名 > 〕PRIMARY KEY(< 字段列表 >)〕
　〔ADD〔CONSTRAINT < 约束名 > 〕UNIQUE(< 字段列表)〕
　〔ADD〔CONSTRAINT < 约束名 > 〕CHECK(条件)〕
　〔ADD〔CONSTRAINT < 约束名 > 〕FOREIGN KEY(< 字段列表 >)REFERENCES < 引用表 > 〕
　〔DROP〔CONSTRAINT < 约束名 > 〕〕

【功能】增加或删除表的下列约束：主键约束、唯一键约束、检查约束和外键约束。

【说明】一条 SQL 命令一次只能修改一项约束，当需要修改多项约束时，用户需要执行多条 SQL 命令。"DROP〔CONSTRAINT <约束名>〕"短语用来删除指定名称的表级约束。

【例7-10】在"成绩表"中：删除主键约束"PK _ 考号"；指定"学号"和"课程号"为主键，主键约束名称为"PK _ grade"；设定"最后得分"不能高于100分，不能低于10分。

下列 SQL 命令删除基于"考号"建立的主键约束"PK _ 考号"。

ALTER TABLE 成绩表 DROP CONSTRAINT PK_考号

下列 SQL 命令指定学号和课程号为主键。

ALTER TABLE 成绩表 ADD CONSTRAINT PK_grade PRIMARY KEY(学号,课程号)

下列 SQL 命令设定"最后得分"不能高于100分，不能低于10分。

ALTER TABLE 成绩表 ADD CHECK(最后得分 > = 10 AND 最后得分≤100)

【例7-11】以"学号"这个公共字段为关联字段，在"成绩表"和"学生表"之间建立一对一联系，并基于一对一联系在"成绩表"和"学生表"之间实施参照完整性约束。

参照完整性约束是基本表和关联表之间应该遵循的约束规则。建立参照完整性约束的前提是基本表和关联表建立联系。建立一对一联系的条件有二：一是基本表和关联表存在公共的关联字段；二是基本表和关联表分别基于关联字段建立主键或唯一键。

修改"学生表"的约束，基于"学号"字段建立"学生表"主键，其 SQL 命令如下。

ALTER TABLE 学生表 ADD PRIMARY KEY(学号)

修改"成绩表"的约束，基于"学号"字段建立"成绩表"唯一键，其 SQL 命令如下。

ALTER TABLE 成绩表 ADD UNIQUE(学号)

修改"成绩表"和"学生表"的约束，基于"学号"字段在"成绩表"和"学生表"之间建立一对一联系，并实施参照完整性约束，其SQL命令如下。

```
ALTER TABLE 成绩表
    ADD CONSTRAINT grade_student FOREIGN KEY(学号)REFERENCES 学生表(学号)
```

上述命令执行后，弹出"学生成绩库"的"关系"对话框，可以看到"学生表"与"成绩表"之间建立的一对一联系，如图7-10所示。

双击"关系"对话框中的"一对一联系线"，在弹出的"编辑关系"对话框中，可以看到"学生表"与"成绩表"之间建立的参照完整性约束，如图7-11所示。

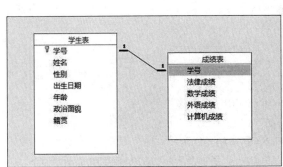

图7-10　学生表与成绩表之间的联系

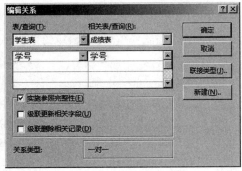

图7-11　学生表与成绩表之间的参照完整性约束

注意：如果基本表没有基于关联字段建立相应的主键，则在执行上述建立参照完整性约束的SQL命令时，Access将报错。

3. 表模式的删除

删除表模式的SQL命令是"DROP TABLE"，其语法和用法都很简单，具体如下。

【格式】DROP TABLE < 表名>

【说明】本命令从数据库中删除指定的表对象，既包括表的模式，也包括表的记录。

7.3.3　表索引的定义

表索引实际上也是表物理模式的一部分内容，它主要定义表中数据的访问方法。鉴于定义索引的SQL语法的相对独立，也有一些学者认为它不属于表物理模式的范畴。

1. 索引概述

（1）索引的概念

索引实际上是一个二维表结构。最简单的索引包括两列：一列是索引列，该列存放表对象中的字段值，可以是一个字段的值，也可以是多个字段的值，索引列中包含的字段称为索引字段；另一列是地址列，它存放数据表中每一条记录的存储地址。索引表的每一行与表对象中的每一行是相互映射的：索引表中每一行的索引列与表对象中每一行的索引字段相互映射；索引表中每一行的地址列与表对象中每一行的存储地址相互映射。由于索引表中的行是按索引列有序存放的，而索引列与表对象的索引字段相互映射，因此表对象的记录可以基于索引实现逻辑上的有序性。

（2）索引字段的重要性

索引字段是Access建立索引的依据，它决定了索引表中索引列的值。如果基于单个字段建立索引，那么该索引称为单字段索引；如果基于多个字段建立索引，那么该索引称为多字段索引。

（3）索引的类型

Access有三种索引类型：普通索引、唯一索引和主索引。普通索引的索引字段允许有重复值，唯一索引和主索引的索引字段不允许有重复值。唯一索引和主索引的区别有两个：第一个区别是表对象中可以有多个唯一索引，但只能有一个主索引；第二个区别是主索引的索引字段不能为空值，而唯一索引的索引字段可以为空值。

2. 索引的创建和删除

索引的定义主要包括索引的创建、修改和删除。创建索引主要是定义索引的名称、类型、索引字段以及排序次序等。删除索引时，系统会从数据库中删除索引的定义及其物理结构。索引创建后也可以修改，修改索引实际上是重新定义索引的名称、类型、索引字段以及排序次序等。下面将介绍创建和删除索引的 SQL 命令。修改索引的 SQL 命令是"ALTER INDEX"，篇幅原因，这里就不再介绍，感兴趣的读者可以查阅相关资料并用实验验证。

（1）索引的创建

创建索引的 SQL 命令比较简单，其语法格式如下。

CREATE［UNIQUE］INDEX 索引名 on ＜ 表名 ＞ (字段名［ASC|DESC］［,...n］)［WITH PRIMARY］

例如，基于学生表的"姓名"字段建立普通索引的 SQL 命令如下。

CREATE INDEX general_index_name on 学生表(姓名)

又如，基于"考号"创建唯一索引的 SQL 命令如下。

CREATE UNIQUE INDEX unique_index_考号 on 成绩表(考号)

再如，在"学生表"中基于"学号"建立主索引的 SQL 命令如下。

CREATE INDEX primary_index_学号 on 学生表(学号) WITH PRIMARY

【例 7-12】在"StudentGrade"数据库包含"Student""Course"和"Grade"三个表对象。表对象"Grade"的模式为"Grade{sno char(12)，cno char(2)，score integer }"。请给表对象"Grade"建立一个单字段索引和一个多字段索引：单字段索引的名称是"Index _ score"，索引类型是普通索引，索引字段是"score"；多字段索引的名称是"Index _ SnoCno"，索引类型是唯一索引，索引字段是"sno"和"cno"。

基于"score"字段建立单字段普通索引的 SQL 命令如下。

CREATE INDEX Index_score on grade(score)

命令执行后，弹出"Grade"表设计视图的"索引"对话框，索引如图 7-12 所示。

基于"sno"和"cno"两个字段建立多字段唯一索引的 SQL 命令如下。

CREATE UNIQUE INDEX Index_SnoCno on grade(sno,cno)

命令执行后，弹出"Grade"表设计视图的"索引"对话框，索引如图 7-13 所示。

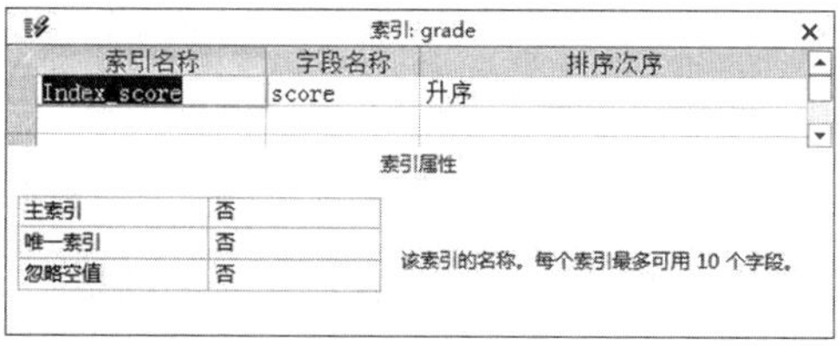

图 7-12　单字段索引"Index _ score"

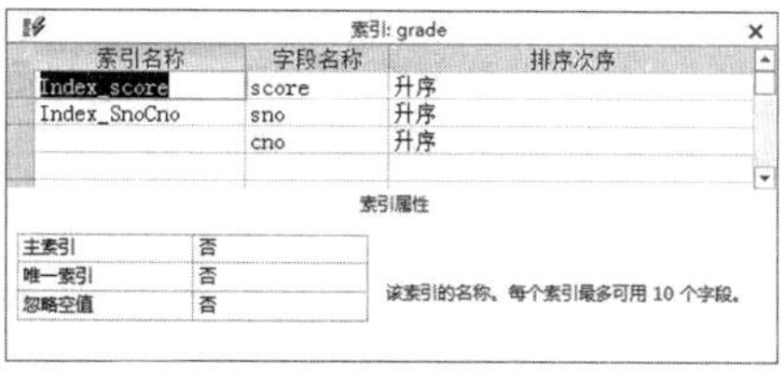

图 7-13　多字段索引"Index _ SnoCno"

（2）索引的删除

删除索引的 SQL 命令很简单，其语法格式如下。

DROP INDEX ＜索引名＞ on ＜表名＞

例如，删除学生表的索引"index＿sex"的 SQL 命令如下。

DROP INDEX　index_sex on 学生表

7.3.4　视图的定义

表是数据库中的核心对象，它是数据的容器。视图是数据库中另外一个重要的对象，它是基于一个或多个表对象定义的虚拟表。

视图之所以是虚拟的，是因为视图是一个数据导出定义，它不存储数据。用户在视图中可以看到数据，但用户看到的数据是基于视图定义从表中导出的，数据仍然存放在导出视图的表中。

某个视图一旦被定义，就成为数据库中的一个组成部分，具有与普通表类似的功能，可以像表一样接受用户的访问。视图是不能单独存在的，它依赖于表对象的存在而存在。

视图的定义功能包括视图的创建、视图的修改和视图的删除。下面将介绍如何基于 SQL 命令创建视图和和删除视图。

1. 创建视图

创建视图的 SQL 命令格式如下。

【格式】CREATE VIEW ＜视图名＞［(字段名 1［,字段名 2］…)］
　　　　　AS ＜select 语句＞

【说明】

①当未指定视图的字段名时，视图的字段名与 SELECT 语句中指定的结果列同名。

②基于 SQL 语句创建的视图是一个表数据导出定义，该定义保存在数据库中。

【例 7-13】在"产品管理"数据库中，创建一个名称为"贵重产品"的视图。"贵重产品"视图的数据记录由"产品"表中单价大于 1 000 元的产品记录构成。

本例创建的视图从一个表中导出数据，创建视图的 SQL 命令如下。

CREATE VIEW 贵重产品 AS SELECT ＊ FROM 产品 WHERE 单价＞ 1000

由于视图中只包含用户需要的数据，"单价大于 1000 元的贵重产品"数据，因此本例定义的视图可以简化用户对数据的理解，从而简化用户的数据操作任务。

【例 7-14】在"产品管理"数据库中，创建一个名称为"产品属性"的视图。该视图由"产品"表中的"产品名称"和"单价"以及"供应商"表中的"供应商名"三个字段构成。

本例创建的视图从多个表中导出数据，创建视图的 SQL 命令如下。

CREATE VIEW 产品属性 AS
　　　　SELECT 产品.产品名称,产品.单价,供应商.供应商名
　　　　FROM 产品,供应商
　　　　WHERE 产品.供应商号＝供应商.供应商号

通过视图，用户可以查询和操作数据，但只能查询和操作他们在视图中见到的数据，视图中没有的其他数据，用户既看不见也取不到。也就是说，通过视图，用户被限制在数据库数据的一个子集上，从而提高了数据的安全性。上例中，用户刚刚定义的视图只能够看到"产

品名称""单价"和"供应商名"三个字段,诸如供应商的"地址"和"电话"等数据,用户无法
看到。

2. 删除视图

若要删除用户所创建的视图,可使用以下 SQL 命令。

【格式】DROP VIEW < 视图名 >

【示例】删除名称为"产品属性"的视图,SQL 命令如下。

DROP VIEW 产品属性

尽管 Access 没有"视图"这一概念,但 Access 用查询对象实现了"视图"的功能。Access 是
基于"数据源型查询对象"实现 SQL 语言中的"视图"功能的。关于"数据源型查询对象"的相关
内容,读者可以参看第 6 章的相关内容。

7.4　SQL 的操作功能

在数据库论域,数据操作指的是数据记录的插入、修改和删除。与插入、修改和删除相
对应的 SQL 命令分别是 INSERT、UPDATE 和 DELETE。这里需要特别指出的是,如果表对
象之间存在参照完整性约束,则执行数据操作的 SQL 命令必须遵守表间约束,否则 SQL 命令
会被拒绝执行。本节学习的操作命令,都不考虑表间约束。

7.4.1　插入数据

在数据库中插入数据记录,既可以一次插入一条记录,也可以一次插入多条记录。相应
地,Access SQL 有两种格式的 SQL 命令。

1. 单记录插入格式

【格式】INSERT INTO < 表名 >[(< 字段名 1>[,< 字段名 2>,…])]
　　　　　VALUES(< 表达式 1>[,< 表达式 2>,…])

【功能】在指定表的尾部添加一条新记录。

【说明】

①"VALUES"短语决定用户在表中所插入记录的值。

②当"VALUES"短语包含表对象的所有字段值时,命令中的字段名列表可以省略,但是
"VALUES"短语中各个表达式的类型、宽度和先后顺序必须与表的结构完全吻合。

③当"VALUES"短语只包含表对象部分字段的值时,命令中的字段名列表不能省略,而
且"VALUES"短语中各个表达式的类型、宽度和先后顺序须与"INSERT"命令中的字段名列表
一致。

【例 7-15】利用 SQL 命令在"学生表"中插入新记录。

如果插入所有字段的数据,则 SQL 命令如下。

INSERT INTO 学生表
　　　　VALUES("201901","姜开来","女",#1999-09-10#,21,"党员","山东")
INSERT INTO 学生表(学号,姓名,性别,出生日期,年龄,政治面貌,籍贯)
　　　　VALUES("201903","刘丽","女",#1999-09-20#,23,"团员","山东")

如果插入部分字段的数据,则 SQL 命令如下。

```
INSERT INTO 学生表(学号,姓名,籍贯)
        VALUES("赵大伟","201902","河北")
```

如果"学生表"是空表,那么执行上述命令后,打开"学生表"的数据表视图,插入的记录如图7-14所示。

学号	姓名	性别	出生日期	年龄	政治面貌	籍贯
201901	姜开来	女	1999-09-10	21	党员	山东
201903	刘丽	女	1999-09-20	23	团员	山东
赵大伟	201902					河北
*						

图7-14　例7-15中插入的记录

仔细观察图7-14中,发现"赵大伟"出现在"学号"字段中,而"201902"出现在"姓名"字段中。请思考,这个结果是如何产生的?

2. 批记录插入格式

【格式】INSERT INTO < 表名 > [(< 字段名 1 > [,< 字段名 2 >,…])] < SELECT 语句 >

【功能】将 SELECT 语句得到的查询结果插入指定表的尾部。

【说明】

①批记录插入格式实际上是在 INSERT 语句中嵌入了一条 SELECT 语句。

②批记录插入格式中的 SELECT 语句的作用是产生了插入表中的数据源。

③如果指定了字段列表短语,那么 SELECT 语句结果集的结构必须与该字段列表一致。

【例7-16】假设表对象"新生"与"学生表"在同一个数据库中,而且这两个表对象的结构完全相同。请用 SQL 命令将"新生"表中的所有记录作为新记录插入"学生表"中,不过新记录只包括"学号""姓名""性别"和"出生日期"四个字段。

将"新生"表中的所有记录作为新记录插入"学生表"中,显然是批记录插入,需要使用 INSERT 命令的批记录插入格式,则 SQL 命令如下。

```
INSERT INTO 学生表(学号,姓名,性别,出生日期)
        SELECT 学号,姓名,性别,出生日期 FROM 新生
```

7.4.2　修改数据

对数据库中的数据进行修改,就是修改表对象中的记录。由于每个记录包含多个字段,因此记录的修改实际上是修改记录的字段值。修改数据的 SQL 命令如下。

【格式】UPDATE < 表名 >
　　　SET < 字段名 1 > = < 表达式 1 > [,< 字段名 2 > = < 表达式 2 > …]
　　　[WHERE < 条件 >]

【功能】对满足条件的表记录进行修改,用指定表达式的值来修改指定字段的值。

【说明】"WHERE <条件>"短语用来指定筛选条件,只有满足筛选条件的表记录才能被修改。"WHERE <条件>"短语可以缺省,缺省此短语时,UPDATE 命令将对所有的记录进行修改。

【例7-17】使用 SQL 命令,对学生表中的记录进行两次修改:第一次将每个学生的"年龄"增加 2 岁;第二次将图7-14中第三行记录的"学号"值和"姓名"值进行对换,并将"性别"字段的值修改为"男"。

将每个学生的"年龄"增加2岁，其SQL命令如下。

UPDATE 学生表 SET 年龄＝年龄＋2

将指定学生的"学号"值和"姓名"值对换，并将"性别"改为"男"，其SQL命令如下。

```
UPDATE 学生表
SET 学号＝"赵大伟",姓名＝"201902",性别＝"男"
WHERE 姓名＝"201902"
```

【拓展】SQL 允许在 UPDATE 语句中嵌入一条 SELECT 语句，使 SELECT 语句成为 UPDATE 语句的一个语法元素。最常见的用法是将 SELECT 语句嵌入到 UPDATE 语句的 WHERE 子句中，此时的 SELECT 语句是 WHERE 子句中条件表达式的一个组成元素，相应的语法格式如下。

```
UPDATE< 表名>
SET< 字段名 1> = < 表达式 1>[,< 字段名 2> = < 表达式 2> …]
[where …(selec 语句)…]
```

【例 7-18】编写 SQL 命令，将"计算机成绩"低于平均分的学生的"计算机成绩"加 1。

```
UPDATE 成绩表
SET 计算机成绩＝计算机成绩＋1
WHERE 计算机成绩< (SELECT avg(计算机成绩)FROM 成绩表)
```

7.4.3 删除数据

删除数据指的是删除表对象中的一条记录或多条记录。相应的 SQL 命令如下。

【格式】DELETE FROM < 表名>[WHERE < 条件>]

【功能】对指定表中符合条件的记录，进行删除。

【说明】WHERE 短语指定被删除记录所要满足的条件，缺省此短语则删除所有记录。

【例 7-19】编写 SQL 命令，将"成绩表"中"外语成绩"在 60 分以下的学生全部删除。

```
DELETE FROM 成绩表 WHERE 外语成绩< 60
```

注意：Delete 命令只删除表对象中的数据记录，不删除表对象的模式。若要删除表对象的模式和数据，则应该使用 DROP TABLE 命令。

【拓展】SQL 允许在 DELETE 语句中嵌入一条 SELECT 语句，使 SELECT 语句成为 DELETE 语句的一个语法元素。最常见的用法是将 SELECT 语句嵌入到 DELETE 语句的 WHERE 子句中，此时的 SELECT 语句是 WHERE 子句中条件表达式的一个组成元素，相应的语法格式如下。

```
DELETE FROM < 表名>
[WHERE…(SELEC 语句)…]
```

【例 7-20】使用 SQL 命令，将"计算机成绩"低于 10 分的学生从"学生表"中全部删除。

```
DELETE FROM 学生表
WHERE 学号 IN (SELECT 学号 FROM 成绩表 WHERE 计算机成绩< 10)
```

7.5 SQL 的查询功能

SQL 的查询功能是由 SELECT 命令实现的，它是数据库操作中最常用的命令。SELECT 命令由若干子句组成，其中最基本的子句有 SELECT 子句、INTO 子句、FROM 子句、WHERE 子句、ORDER BY 子句以及 GROUP BY 子句。下面概要地说明一下 SELECT 命令。

【格式】SELECT 命令的语法结构如下。

```
SELECT < 结果列序列 >
［INTO < 新表名 > ］
FROM < 数据源 >
［WHERE < 条件 > ］
［ORDER BY < 排序字段序列 > ］
［GROUP BY < 分组字段序列 > ］［HAVING < 组筛选条件 > ］
```

【说明】SELECT 命令中的各个子句的功能如下。

①SELECT 子句用以指定查询结果包含的列。

②INTO 子句用以指定将查询结果保存到一个表中。缺省时，默认输出到浏览窗口。

③FROM 子句用以指定要查询结果的数据源。

④WHERE 子句用以指定查询命令的筛选条件或者连接条件。

⑤ORDER BY 子句用以指定对查询结果进行排序后输出。

⑥GROUP BY 子句用以指定对数据源进行分组查询。

⑦HAVING 子句与 GROUP BY 子句配合使用，用以指定各个分组应满足的条件。

【功能】SELECT 命令的功能如下。

①非分组查询：根据 WHERE 子句中指定的查询条件从 FROM 子句中指定的数据源中查询 SELECT 子句中指定的结果数据。结果数据还可以按照 ORDER BY 子句指定的排序字段进行排序。结果数据最终在浏览窗口输出，或者保存到 INTO 子句指定的表对象中。

②分组查询：首先根据 WHERE 子句中指定的查询条件从 FROM 子句中指定的数据源中获取查询数据，然后根据 GROUP BY 子句指定的分组字段对查询数据进行分组，最后根据 SELECT 子句中指定的结果列得到分组结果数据。分组结果数据除了可以根据 HAVING 子句中的条件进行分组筛选，还可以按照 ORDER BY 子句指定的排序字段进行排序。分组查询的最终结果数据或者在浏览窗口输出，或者保存到 INTO 子句指定的表对象中。

【拓展】事实上，SELECT 命令可以实现对表的选择、投影和连接三种关系操作，SELECT 子句对应投影操作，WHERE 子句对应选择操作，而 FROM 子句和 WHERE 子句都可以对应于连接操作。关系数据库的数据操作除了包括选择、投影和连接这三种专门的关系操作外，还包括并、交和差等传统的集合操作。对于大多数的数据库管理系统而言，基本上都在 SELECT 命令中实现了对传统集合操作的支持。下面给出 SELECT 命令相应的语法格式。

```
SELECT 语句 1
< UNION|INTERSECT|EXCEPT>
SELECT 语句 2
［……］
［< UNION|INTERSECT|EXCEPT> ］
```

［SELECT 语句 N］

上述语法格式中，UNION 实现的是传统的并运算；INTERSECT 实现的是传统的交运算；EXCEPT 实现的是传统的差运算。很遗憾的是，Access 2016 只实现了 UNION 操作。

由于 SELECT 命令的语法非常复杂，所以本书按照该命令的执行逻辑，对 SELECT 命令的语法结构进行了分解，以便于读者学习。基于 SELECT 命令中的标志性子句，本书将 SELECT 命令分解为投影查询、选择查询、连接查询、排序查询、统计查询、嵌套查询和集合查询。

为便于读者学习，本节以比较简单的"学生成绩库"为操作对象。学生成绩库只包含"学生表"和"成绩表"。"学生表"和"成绩表"的模式也非常简单，它们的表模式如下。

学生表

（　学号 Char(7)，姓名 Char(6)，性别 Char(2)，
　　出生日期 Date，年龄 Byte，政治面貌 Char(6)，籍贯 Char(6)
）

成绩表

（　学号 Char(7)，法律成绩 Dec(5,2)，
　　数学成绩 Dec(5,2)，外语成绩 Dec(5,2)，计算机成绩 Dec(5,2)
）

为便于读者在学习过程中对命令执行的结果进行对照和验证，表 7-3 列出了"学生表"的数据记录，表 7-4 列出了"成绩表"的数据记录。

表 7-3　"学生表"的数据记录

学号	姓名	性别	出生日期	年龄	政治面貌	籍贯
2019001	姜开来	女	1996-9-10	21	党员	山东
2019003	刘丽	女	1991-9-20	26	团员	山东
2019002	赵大伟	男	1996-8-16	21	团员	河北
2019004	李志	男	1996-10-14	21	群众	河北
2019005	陈翔	男	1995-9-15	22	党员	山东
2019006	王倍	男	1995-8-9	22	团员	北京
2019007	黄岩	男	1989-6-12	27	团员	河北
2019008	徐梅	女	1997-8-11	20	团员	内蒙古
2019009	陈小燕	女	1996-12-18	21	群众	黑龙江
2019010	王进	男	1991-11-23	26	团员	内蒙古
2019011	李歌	女	1995-2-1	22	团员	北京
2019012	马欣欣	女	1997-9-12	20	团员	浙江

表 7-4 "成绩表"的数据记录

学号	法律成绩	数学成绩	外语成绩	计算机成绩
2019001	56	78	78	92
2019003	67	66	85	76
2019002	63	75	67	92
2019004	52	92	88	84
2019005	68	79	91	77
2019006	71	77	52	53
2019007	50	65	66	60
2019008	76	78	79	90
2019009	66	58	70	82
2019010	62	79	87	89
2019011	65	85	80	75
2019012	68	88	74	79

7.5.1 投影查询

本书基于下述两个原则界定投影查询:第一,此类查询只对单表进行操作;第二,此类查询涉及的运算只包括投影运算。基于上述界定,下面介绍实现投影查询的 SELECT 命令。

【格式】SELECT < 结果列 1> [[,……][,结果列 N]]

    INTO < 新表名 >

    FROM < 表名 >

【说明】

①结果列既可以是表中的普通字段,也可以是计算字段。

②结果列可以重新命名,重命名的语法格式为"<结果列> AS 别名"。

③如果 SELECT 子句中的结果列包括数据源的所有字段,可以用" * "表示。

根据查询命令的结果集是否保存,投影查询分为 INTO 型、非 INTO 型。

1. INTO 型投影查询

下面举例说明 INTO 型投影查询命令的语法格式和使用方法。

【例 7-21】使用 SELECT 命令,检索学生的"学号""姓名"和"出生日期",并将结果集保存到"学生成绩库"的新表"学生出生日期表"中。其 SQL 命令如下。

```
SELECT 学号,姓名,出生日期
INTO 学生出生日期表
FROM 学生表
```

【说明】Access 要求"INTO"子句必须放在 SELECT 子句之后,否则语法检查通不过。执行上述 SQL 命令之后,Access 随即创建一个名为"学生出生日期表"的表对象,并显示在"学生成绩库"窗口的导航窗格中,如图 7-15 所示。在导航窗格中双击"学生出生日期表"图标,就打开了"学生出生日期表"的数据表视图,如图 7-16 所示。

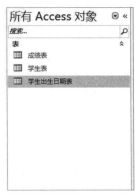

图 7-15 “学生成绩库”导航窗格

学号	姓名	出生日期
2019001	姜开来	1996/9/10
2019003	刘丽	1991/9/20
2019002	赵大伟	1996/8/16
2019004	李志	1996/10/14
2019005	陈翔	1995/9/15
2019006	王倍	1995/8/9
2019007	黄岩	1989/6/12
2019008	徐梅	1997/8/11
2019009	陈小燕	1996/12/18
2019010	王进	1991/11/23
2019011	李歌	1995/2/1
2019012	马欣欣	1997/9/12

图 7-16 例 7-21 的检索结果

2. 非 INTO 型投影查询

下面举例说明非 INTO 型投影查询命令的语法格式和使用方法。

【例 7-22】用 SELECT 命令检索所有学生的“籍贯”，即使是重复的“籍贯”值也返回。

实现该查询任务的 SQL 命令如下，命令的执行结果如图 7-17 所示。

```
SELECT 籍贯
FROM 学生表
```

【例 7-23】用 SELECT 命令检索所有学生的“籍贯”，如果“籍贯”值重复，则不返回。

实现该查询任务的 SQL 命令如下，命令的执行结果如图 7-18 所示。

```
SELECT DISTINCT 籍贯
FROM 学生表
```

【例 7-24】使用 SQL 命令，检索所有学生的出生年。

实现该查询任务的 SQL 命令如下，命令的执行结果如图 7-19 所示。

```
SELECT  Year(出生日期) AS 出生年
FROM 学生表
```

【思考】如果要检索所有学生的出生年(不显示重复值)，SQL 命令应该如何编写？

籍贯
山东
山东
河北
河北
山东
北京
河北
内蒙古
黑龙江
内蒙古
北京
浙江

图 7-17 例 7-22 的检索结果

籍贯
北京
河北
黑龙江
内蒙古
山东
浙江

图 7-18 例 7-23 的检索结果

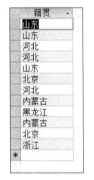

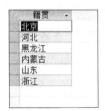

出生年
1996
1991
1996
1996
1995
1995
1989
1997
1996
1991
1995
1997

图 7-19 例 7-24 的检索结果

7.5.2 选择查询

本书基于下述两个原则界定选择查询：第一，此类查询只对单表进行操作；第二，此类查询涉及的运算除了包括投影运算，还包括选择运算。下面介绍实现选择查询的 SELECT 命令。

【格式】SELECT < 结果列 1> [[, ……][, 结果列 N]]

      INTO < 新表名 >

      FROM < 表名 >

      WHERE < 筛选条件 >

【说明】

根据"WHERE <筛选条件>"子句中筛选条件中所使用的运算符，本书将选择查询又分为四种：第一种是基于经典条件的选择查询；第二种是基于范围比较条件的选择查询；第三种是基于模糊比较条件的选择查询；第四种是基于空值比较条件的选择查询。

1. 基于经典条件的选择查询

所谓的经典条件指的是构成选择查询的筛选条件是一个关系表达式或逻辑表达式。经常用于关系表达式的比较运算符有 6 个，分别为 =、<、<=、>、>=、<>。经常用于逻辑表达式的逻辑运算符共有三个，分别是：AND、OR、NOT。

【例 7-25】使用 SELECT 命令，检索"学生表"中所有的女生记录，并将结果存入新建的"女生表"对象中。其 SQL 命令如下。

SELECT *

INTO 女生表

FROM 学生表

WHERE 性别 = "女"

图 7-20　导航窗格

【说明】上述 SQL 命令中，标识符 SELECT 后的"＊"表示所有字段。执行上述 SQL 命令之后，即创建一个名称为"女生表"的表对象，并显示"学生成绩库"窗口的导航窗格，如图 7-20 所示。在导航窗格中双击"女生表"图标，随即打开的"女生表"数据表视图，如图 7-21 所示。

学号	姓名	性别	出生日期	年龄	政治面貌	籍贯
2019001	姜开来	女	1996/9/10	21	党员	山东
2019003	刘丽	女	1991/9/20	26	团员	山东
2019008	徐梅	女	1997/8/11	20	团员	内蒙古
2019009	陈小燕	女	1996/12/18	21	群众	黑龙江
2019011	李歌	女	1995/2/1	22	团员	北京
2019012	马欣欣	女	1997/9/12	20	团员	浙江

图 7-21　"女生表"数据表视图

【例 7-26】检索"学生表"中所有男团员的"姓名""年龄"与"籍贯"。其 SQL 命令如下。

SELECT 姓名, 年龄, 籍贯

FROM 学生表

WHERE 性别 = "男" AND 政治面貌 = "团员"

2. 基于范围比较条件的选择查询

在 SELECT 命令中，范围比较运算符有两个："BETWEEN …… AND ……"和"IN"。"BETWEEN …… AND ……"是一个连续范围查询的运算符，这个连续范围用"BETWEEN 取值下界 AND 取值上界"来指定；"IN"是一个列表查询运算符，列表"(值 1，值 2，…，值 n)"

中的值是离散的。

基于范围比较运算符的 WHERE 子句的一般语法格式如下。

```
WHERE  字段名 ［NOT］ BETWEEN  取值下界  AND  取值上界
WHERE  字段名 ［NOT］ IN        (值1,值2,…,值n)
```

下面举例说明这两个范围运算符的使用方法。

【例7-27】使用 SQL 命令，检索"成绩表"中"法律成绩"在 60 到 70 之间的学生记录。

```
SELECT *
FROM 成绩表
WHERE 法律成绩 BETWEEN 60 AND 70
```

【说明】"WHERE 法律成绩 BETWEEN 60 AND 70"等价于"WHERE 法律成绩＞＝ 60 AND 法律成绩＜＝70"。本例的检索结果如图 7-22 所示。

【拓展】使用 SQL 命令，实现以下交互式查询：用户在对话框中输入 X 和 Y，SQL 命令返回成绩表中法律成绩在 X 到 Y 之间的学生记录。

学号	法律成绩	数学成绩	外语成绩	计算机成绩
2019003	67	66	85	76
2019002	63	75	67	92
2019005	68	79	91	77
2019009	66	58	70	82
2019010	62	79	87	89
2019011	65	85	80	75
2019012	68	88	74	79

图7-22 "法律成绩"的检索结果

【例7-28】在"学生表"中查询所有"籍贯"为"内蒙古"或"山东"的学生记录。其命令如下。

```
SELECT *
FROM 学生表
WHERE 籍贯  IN  ("内蒙古","山东")
```

【说明】IN 是一个离散范围查询的运算符，WHERE 籍贯 IN("内蒙古","山东")等价于 "WHERE 籍贯＝"内蒙古" OR 籍贯＝"山东""。

3. 基于模糊比较条件的选择查询

模糊比较用于判断一个字段的值是否与指定的模式字符串进行匹配。模糊比较表达式返回逻辑值 TRUE 或 FALSE。在 SELECT 命令中，用于模糊比较的运算符是 LIKE。

基于模糊比较运算符的 WHERE 子句的一般语法格式如下。

```
WHERE 字段名 ［NOT］ LIKE "模式匹配字符串"
```

下面举例说明模糊比较运算符的使用方法。

【例7-29】在"学生表"中查询所有姓李的学生记录。其 SQL 命令如下。

```
SELECT *
FROM 学生表
WHERE 姓名  LIKE  "李%"
```

【说明】"WHERE 姓名 LIKE "李%""指定的是一个模糊条件，该条件只要求"姓名"字段的第一个字是"李"，后面的字任意。在模式匹配字符串中除了可以指定确定的字符，还可以指定通配符。通配符用以匹配不确定的字符。

Access SQL 允许使用的通配符如表 7-5 所示：Access 2016 既支持 ANSI-92 又支持 ANSI-89，但是这两个版本的 SQL 所使用的通配符不完全相同。

表 7-5　匹配字符串中的通配符

通配符(ANSI-92)	通配符(ANSI-89)	说明
％	*	代表任意长度的字符串
_（下划线）	?	代表任意的一个字符
[ ]	[ ]	指定某个字符的取值范围
[^]	[^]	指定某个字符要排出的取值范围

注意： ANSI-89 还支持通配符"♯"，一个"♯"代表任意的一个数字符号。

【例 7-30】在"学生表"中查询所有姓李并且名为单字的学生记录。其 SQL 命令如下。

SELECT * FROM 学生表　WHERE 姓名　LIKE　"李_"

【例 7-31】在"学生表"中查询所有"学号"尾数是 1～5 的学生记录。

SELECT * FROM 学生表 WHERE 学号 LIKE "%[1- 5]"

4. 基于空值比较条件的选择查询

如果表对象中存在 NULL，那么如何查找值是 NULL 的记录呢？有的读者觉得这好像不是新问题，只需要执行如下的 SQL 命令即可：SELECT * FROM 表名 WHERE 字段名＝NULL。

但这是错误的，因为 NULL 表示的是待定值或未知值，NULL 跟任何值比较都没有意义。在 SQL 中，NULL 与任何其他值的比较永远不会为"真"或"假"。如果表达式中包含 NULL 这样的操作数，表达式的计算结果总是 NULL，除非有专门规定。

正确查找字段值是 NULL 的记录，需要使用专有语法，格式如下：

☞WHERE 字段名 IS [NOT] NULL

当不使用 NOT 时，若字段的值为空值，返回 TRUE，否则返回 FALSE；当使用 NOT 时，结果刚好相反。

【例 7-32】在"学生表"中查询所有"出生日期"未知的学生记录。

SELECT* FROM 学生表 WHERE 出生日期 IS NULL

7.5.3　连接查询

本书基于以下三个原则界定连接查询：第一，此类查询对两个表进行操作；第二，此类查询涉及的运算必须包括投影运算、连接运算；第三，此类查询还可以涉及选择运算。

连接查询从两个相互关联的表对象中查询数据：首先，根据连接条件对两个表中的记录进行连接运算，从而产生连接表；其次，对连接表进行选择运算，从而产生满足选择条件的连接表；最后，对满足选择条件的连接表进行投影运算，产生连接查询的结果集。

常用的连接查询有内连接和外连接两种类型。外连接又分为左外连接、右外连接和全外连接三种类型。三种外连接的区别在于产生连接表的方法不同。下面举例说明这四种类型的连接查询的区别。

1. 内连接查询

内连接查询只是将满足连接条件的记录包含在查询结果中。最常用的内连接查询就是等值连接。等值连接运算产生结果集的方法：对两表中所有记录的关联字段逐个进行比较，如果关联字段的值相等，就将两行记录拼接起来，作为连接表的记录行。

在 SQL 中，实现两个表的内连接查询的语法格式有以下两种。

【格式 1】SELECT … FROM 表 1,表 2 WHERE 连接条件 [AND 查询条件]

【格式 2】SELECT … FROM 表 1 [INNER] JOIN 表 2 ON 连接条件 [WHERE 查询条件]

【说明】对于标准 SQL 而言，格式 2 中，关键字 JOIN 之前的 INNER 可以缺省。但对于 Access SQL 而言，INNER 不能缺省。等值连接的连接条件如下：表 1.关联字段＝表 2.关联字段。

注意：在连接条件，当两个表中的字段名相同时，需加上表名界定；否则，可省去表名。

DBMS 执行连接查询的过程：首先取表 1 的第一个记录，然后从头开始扫描表 2，逐一查找满足连接条件的记录，找到后，将该记录和表 1 中的第一个记录进行拼接，形成结果集中的一个记录；表 2 中的记录全部查找完毕以后，再取表 1 中的第 2 个记录，然后再从头开始扫描表 2，逐一查找满足连接条件的记录，找到后，将该记录和表 1 中的第 2 个记录进行拼接，形成结果集中的又一个记录；重复上述操作，直到表 1 中的记录全部处理完毕。可见，连接查询是相当耗费计算资源的，应该慎重选择连接操作。

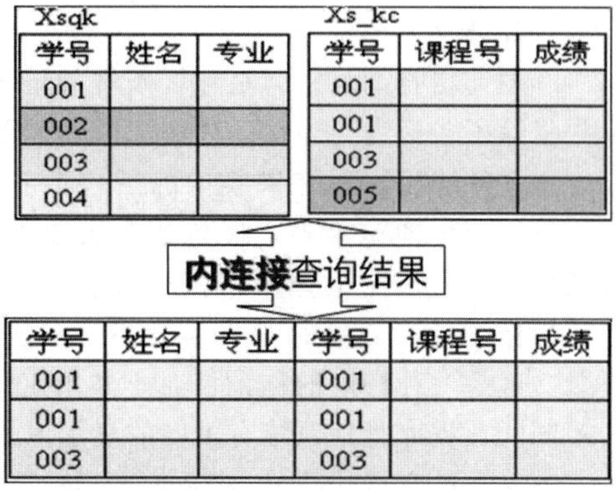

图 7-23　内连接示意图

图 7-23 描述了“学生表”和“成绩表”根据关联字段“学号”相等进行等值连接的运算法则。请仔细观察这个图，并回答以下几个问题：“学生表”和“成绩表”为什么可以进行等值连接？等值连接的条件应该如何写？相应的查询语句应该如何写？

下面通过两个例子说明一下实现内连接查询的 SQL 命令。

【例 7-33】检索“计算机成绩”在 77 分以上的学生，结果集包括“姓名”“性别”“数学成绩”“计算机成绩”和“外语成绩”五个字段。

本例的结果数据来自“学生表”和“成绩表”，因而必须采用连接查询，其 SQL 命令如下。

```
SELECT 学生表.姓名,性别,成绩表.数学成绩,计算机成绩,外语成绩
FROM 学生表,成绩表
WHERE 学生表.学号= 成绩表.学号  AND 计算机成绩> = 77
```

【说明】WHERE 子句中的“学生表．学号＝成绩表．学号”是连接条件。WHERE 子句中的“计算机成绩＞＝77”是筛选条件。连接查询涉及两个表，对于两个表中共有的字段名，必须在字段名之前加上表名作为前缀，以示区别。本例的结果如图 7-24 所示。

姓名	性别	数学成绩	计算机成绩	外语成绩
姜开来	女	78	92	78
赵大伟	男	75	92	67
李志	男	92	84	88
陈翔	男	79	77	91
徐梅	女	78	90	79
陈小燕	女	58	82	70
王进	男	79	89	87
马欣欣	女	88	79	74

图 7-24　例 7-33 的检索结果

【例 7-34】检索“年龄”在 25 岁以下并且“籍贯”以山打头的学生，列出这些学生的“姓名”“性别”“籍贯”“年龄”“计算机成绩”和“外语成绩”。其 SQL 命令如下。

```
SELECT 学生表.姓名,性别,籍贯,年龄,计算机成绩,外语成绩
```

FROM 学生表 INNER JOIN 成绩表 ON 学生表.学号 = 成绩表.学号
WHERE 年龄 < 25 AND 籍贯 LIKE '山%'

该命令的执行结果如图 7-25 所示。

姓名	性别	籍贯	年龄	计算机成绩	外语成绩
綦开采	女	山东	21	92	78
陈翔	男	山东	22	77	91

图 7-25　例 7-34 的执行结果

2. 左外连接查询

内连接查询只将满足连接条件的记录包含在查询结果中。外连接与内连接不同，它的结果集除了包括满足连接条件的记录外，还包括两个表中不满足连接条件的记录。

左外连接时，结果集中除了包括左表和右表通过内连接产生的记录外，还包括左表中不满足连接条件的记录与右表空值记录拼接而成的记录。所谓的空值记录指的是该记录的各个字段都是空值的一种特殊记录，这是一种特定的称谓。对于本书定义的空值记录，不同的数据库管理系统有不同的显示方式：有的 DBMS 在表对象的字段中显示 NULL 字样；有的在表对象的字段中显示空白。Access 采用的是后一种显示方式。

实现左外连接的 SQL 命令的语法格式如下。

SELECT …
FROM 表 1 LEFT [OUTER] JOIN 表 2 ON 连接条件
WHERE 查询条件

图 7-26 说明了左外连接的运算法则：左外连接的操作对象有两个表，左表是"学生表"，右表是"成绩表"；左外连接的关联字段是"学号"；左外连接的结果中除了包括左表和右表通过内连接得到的记录外，还包括左表中不满足连接条件的记录与右表空值记录拼接而成的记录。

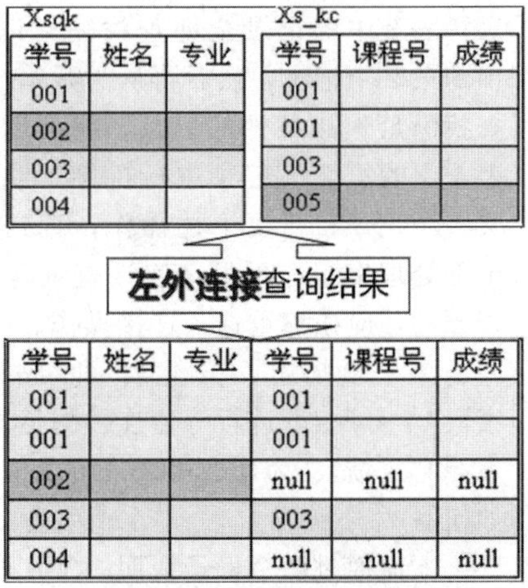

图 7-26　左外连接示意图

左外连接的应用场景也很多。例如，左表（书号，书名）与右表（书号，销量，销售单价）进行左外连接，得到的查询结果为所有书的销售情况，即使该书没有销量。又如，左表（课程号，课程名）与右表（课程号，学号，姓名）进行左外连接，得到的查询结果为所有课程的选课情况，即使该课程没有任何学生选修。

3. 右外连接查询

右外连接时，结果集中除了包括右表和左表通过内连接产生的记录外，还包括右表中不满足连接条件的记录与左表空值记录拼接而成的记录。实现右外连接的 SQL 命令的语法格式如下。

SELECT … FROM 表 1 RIGHT [OUTER] JOIN 表 2 ON 连接条件 WHERE 查询条件

图 7-27 说明了右外连接的运算法则：右外连接的操作对象有两个表，左表是"学生表"，右表是"成绩表"；右外连接的关联字段是"学号"；右外连接的结果中除了包括右表和左表通过内连接得到的记录外，还包括右表中不满足连接条件的记录与左表空值记录拼接而成的记录。

右外连接的应用场景也很多。例如，左表（书号，销量，销售单价）与右表（书号，书名）

进行右外连接，得到的查询结果为所有书的销售情况，即使该书没有销量；又如，左表（课程号，学号）与右表（课程号，课程名，主讲教师）进行右外连接，得到的查询结果为所有课程的选课情况，即使主讲教师开设的课程没有任何学生选修。

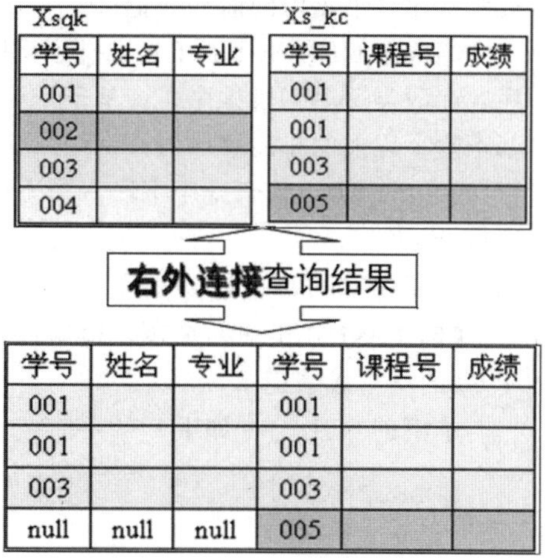

4. 全外连接查询

全外连接时，结果集包括三部分：一是左表和右表通过内连接产生的记录，二是左表中不满足连接条件的记录与右表空值记录拼接而成的记录；三是右表中不满足连接条件的记录与左表空值记录拼接而成的记录。实现全外连接的 SQL 命令的语法格式为如下。

SELECT … FROM 表 1 FULL［OUTER］JOIN 表 2
ON 连接条件 WHERE 查询条件

图 7-28 说明了"学生表"和"成绩表"进行全外连接的运算法则。全外连接的应用场景不多，所以很多 DBMS 都不支持全外连接运算。请仔细观察图 7-28 所示的全外连接运算，并分析这两张表进行全外连接可能有什么实际意义？

注意：因为全外连接在实际应用中很少用到，所以 Access 2016 中并不支持全外连接。如果用户需要实现全外连接的功能，可以用 LEFT JOIN 和 RIGHT JOIN 的 UNION 操作来实现。

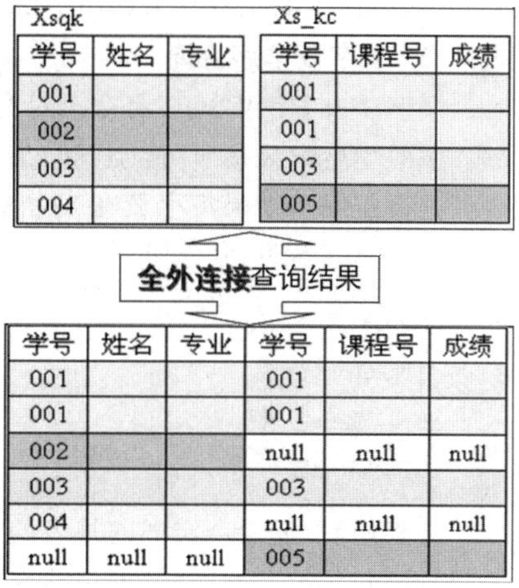

7.5.4 排序查询

前面所学的查询命令执行后得到的结果集都是无序的，这种无序的结果集往往不满足用户的应用需求。例如，按照成绩高低评定学生的奖学金时，就需要先按照成绩对学生记录进行排序。SQL 语言的 SELECT 命令使用 ORDER BY 子句实现结果集的有序化。

本书基于以下三个原则界定排序查询：第一，此类查询必须包括排序运算；第二，此类查询必须包括投影运算；第三，此类查询还可以涉及选择运算和连接运算。

【格式】SELECT［谓词］< 结果列 1> [［,……］[,结果列 N]]
　　　　INTO < 新表名 >
　　　　FROM < 表名 >
　　　　WHERE < 筛选条件 >
　　　　ORDER BY < 排序字段 1> [,［……］[,排序字段 N]]

【说明】

①SELECT 子句中的谓词用来限制查询结果的记录数目，常用的谓词有 ALL、DISTINCT 和 TOP n：ALL 指定结果集中允许出现重复记录，是 SELECT 子句的默认值；DISTINCT 用来指定结果集中不允许有重复记录；TOP n 必须与 ORDER BY 配合使用，用以

图 7-27　右外连接示意图

图 7-28　全外连接示意图

选取排序结果集中的前 n 条记录。

②根据 ORDER BY 子句中排序字段的个数，排序查询又分为单字段排序查询和多字段排序查询两类。单字段排序查询基于一个排序字段对查询结果集进行排序，而多字段排序查询基于两个以上的排序字段对查询结果集进行排序。

③ORDER BY ＜排序字段 N＞还可以用 ORDER BY N 来代替，其中 N 是排序字段的顺序号。

1. 单字段排序查询

【例 7-35】使用 SQL 命令，检索"成绩表"中"计算机成绩"位于前三名并且"外语成绩"不低于 60 的学生成绩记录。

本例的 SQL 命令如下。

```
SELECT TOP 3 *
FROM 成绩表
WHERE 外语成绩 > = 60
ORDER BY 计算机成绩 DESC
```

上述命令的执行结果如图 7-29 所示。

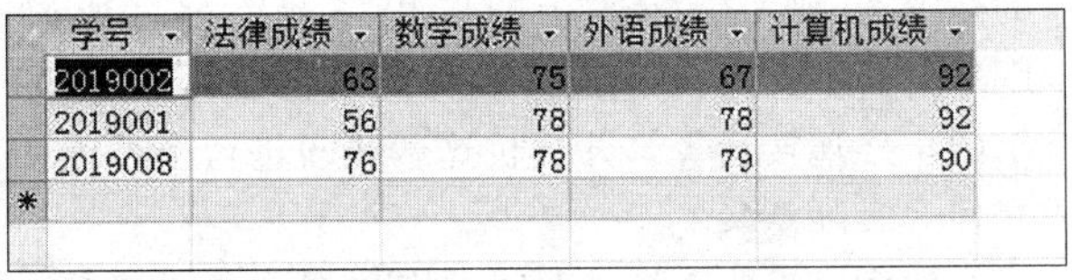

2. 多字段排序查询

【例 7-36】使用 SQL 命令，对"学生表"中的学生记录按照"性别"和"出生日期"进行排序，结果集存放在表对象"一览表"中。其 SQL 命令如下。

学号	法律成绩	数学成绩	外语成绩	计算机成绩
2019002	63	75	67	92
2019001	56	78	78	92
2019008	76	78	79	90
*				

图 7-29　例 7-35 的检索结果

```
SELECT *
INTO 一览表
FROM 学生表
ORDER BY 性别,出生日期
```

【说明】上述命令实现的是表的物理排序功能。需要注意的是，按照"出生日期"的升序排列和按照"年龄"的升序排列，其排序结果是相反的，原因请读者自己思考。

7.5.5　统计查询

SQL 语言中的 SELECT 命令支持对数据源进行统计汇总。在进行统计汇总时，SELECT 命令经常要用到统计函数。表 7-6 列出了常用统计函数的名称及其功能。

根据统计时是否进行分组，本书将统计查询分为总体统计查询和分组统计查询。总体统计查询对数据源中的满足查询条件的所有记录进行汇总统计，而分组统计查询首先将满足查询条件的数据记录按照分组条件进行分组，然后对每一分组中的所有记录分别进行汇总统计。

表 7-6　统计函数的名称与功能

函数名	功能
SUM(字段名)	统计指定数值型字段的总和
AVG(字段名)	统计指定数值型字段的平均值
MAX(字段名)	统计指定(数值、文本、日期)字段的最大值

续表

函数名	功能
MIN(字段名)	统计指定(数值、文本、日期)字段的最小值
COUNT(字段名)	统计指定字段值的个数
COUNT(*)	统计查询结果中记录的个数

1. 总体统计查询

总体统计查询首先要对数据源中的所有记录按照查询条件进行筛选,以获得总体记录;然后基于表7-6中的统计函数对总体的统计指标进行汇总计算,以获得总体指标的统计值。总体统计查询与分组统计查询的区别在于是否对总体记录分组。下面举例说明总体统计查询的SQL命令。

【例7-37】统计成绩表中外语课程的最高成绩和数学课程的最低成绩。

本例是对所有学生的课程成绩指标进行统计。其SQL命令如下,统计结果如图7-30左图所示。

SELECT MAX(外语成绩),MIN(数学成绩) FROM 成绩表

为了使结果列标题语义明确,上述命令改写成如下,统计结果如图7-30右图所示。

SELECT MAX(外语成绩) AS 外语最高分,MIN(数学成绩) AS 数学最低分
FROM 成绩表

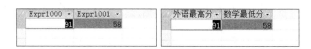

图7-30 例7-37的统计结果

【例7-38】统计学生表的下列指标:年龄最大的男学生的生日;女生的平均年龄。其SQL命令如下。

SELECT MIN(出生日期) FROM 学生表 WHERE 性别= "男"
SELECT AVG(年龄) FROM 学生表 WHERE 性别= "女"

【说明】最大生日是对男学生这个总体进行统计,而平均年龄是对女学生这个总体进行统计,因此必须用两条SELECT命令分别进行统计查询。统计最大生日的结果列用"MIN(出生日期)"而不是"MAX(出生日期)",这是因为出生日期越小的学生,其实际年龄越大。

【例7-39】统计学生表的下列指标:女学生中团员的人数;学生的籍贯数。

统计女学生中团员人数的SQL命令如下。

SELECT COUNT(*)AS 女学生团员人数
FROM 学生表
WHERE 政治面貌= "团员" AND 性别= "女"

统计学生籍贯数的SQL命令如下。

SELECT COUNT(籍贯) AS 籍贯个数
FROM 学生表

【说明】本例第一条SELECT命令中的COUNT(*)是COUNT()函数的特殊形式,它统计

满足条件的所有行数。该命令的统计结果如图 7-31 左图所示。本例第二条 SELECT 命令执行后，籍贯数是 12，如图 7-31 右图所示。显然，这个结果是错误的。之所以得到这一错误结果，是因为学生表的学生籍贯有相同值。为了得到正确结果，请问应该如何修改第二条 SQL 命令？

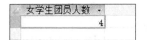 

图 7-31　例 7-39 的统计结果

2. 分组统计查询

分组查询首先将数据源中的数据按照查询条件进行筛选，然后基于分组字段将筛选的结果集划分为多个组，最后对各组记录的统计指标进行汇总计算。数据源的筛选通过 WHERE 子句实现。筛选结果的分组通过 GROUP BY 子句实现。统计指标在 SELECT 子句中指定。由于统计指标都是汇总计算的结果，因此 SELECT 子句中的结果列经常是一个统计函数。

【例 7-40】编写 SQL 命令，统计"学生表"中不同"政治面貌"的学生的人数。

本例实际上是按照"学生表"中的"政治面貌"字段将学生表中的记录分组，然后分别统计各组学生的人数。执行下列 SQL 命令后，统计结果如图 7-32 所示。

政治面貌	人数
党员	2
群众	2
团员	8

图 7-32　例 7-40 的统计结果

```
SELECT 政治面貌,COUNT(*) AS 人数
FROM 学生表
GROUP BY 政治面貌
```

如果要求统计"学生表"中不同"政治面貌"的学生的人数，并按"政治面貌"字段降序输出分组统计的结果，那么 SQL 命令应该增加 ORDER BY 子句，相应的 SQL 命令如下。

```
SELECT 政治面貌,COUNT(*) AS 人数
FROM 学生表
GROUP BY 政治面貌
ORDER BY 政治面貌 DESC
```

【例 7-41】编写 SQL 命令，统计"学生表"中各种籍贯的学生人数，但输出结果仅仅包含人数为 2 的籍贯组的籍贯及其人数。其 SQL 命令如下，统计结果如图 7-33 所示。

籍贯	人数
北京	2
内蒙古	2

图 7-33　例 7-41 的统计结果

```
SELECT 籍贯,COUNT(*)  AS 人数
FROM  学生表
GROUP BY 籍贯 HAVING COUNT(*)= 2
```

【说明】本例用到的 HAVING 短语，用来筛选结果集中要输出的分组。HAVING 短语只能用在 GROUP BY 短语的后面，不能单独使用。请读者注意：HAVING 短语与 WHERE 短语是不同的，WHERE 短语用来限定数据源中的记录应满足的条件，而 HAVING 短语则用来限定各个分组应满足的条件，只有满足 HAVING 短语条件的分组才能被输出到最终结果中。

【例 7-42】在"学生表"与"成绩表"连接查询的基础上，分别统计男生和女生数学、外语、计算机三门课程的最高分。执行下列 SQL 命令后，统计结果如图 7-34 所示。

性别	Expr1001	Expr1002	Expr1003
男	92	91	92
女	88	85	92

图 7-34　例 7-42 的统计结果

```
SELECT 性别,MAX(数学成绩),MAX(外语成绩),MAX(计算机成绩)
```

```
FROM 学生表,成绩表
WHERE 学生表.学号= 成绩表.学号
GROUP BY 性别
```

7.5.6 集合查询

SELECT 语句的执行结果是一个记录集合,因此,对于多个 SELECT 语句的执行结果可以进行传统的集合操作。传统的集合运算包括并运算(UNION)、交运算(INTERSECT)以及差运算(EXCEPT)。如果 SELECT 查询语句中包含集合运算,本书就将它称为集合查询。由于 Access 2016 只支持并运算,下面以 UNION 运算为代表介绍集合查询。

【格式】SELECT 语句 1
    < UNION> [ALL]
    SELECT 语句 2
    [……]
    [< UNION][ALL]
    [SELECT 语句 N]

【说明】如果"<UNION>[ALL]"短语中含有关键字 ALL,集合查询返回的结果集中包含重复记录。否则,集合查询返回的结果集中会消除重复记录。

【例 7-43】如果学生有一门成绩大于等于 90 分,则将该学生的成绩信息输出到浏览窗口。

```
SELECT *  FROM 成绩表 where 数学成绩>= 90
UNION
SELECT *  FROM 成绩表 where 外语成绩>= 90
UNION
SELECT *  FROM 成绩表 where 计算机成绩>= 90
```

【说明】当两个 SELECT 语句查询结果的结构完全一致时,才可以让这两条 SELECT 语句执行并操作。查询结果的结构完全一致,意味着,参加 UNION 操作的两条 SELECT 语句的结果集的结果列的数目必须相同,对应的数据类型也必须相同。本例的结果如图 7-35 所示。

学号	法律成绩	数学成绩	外语成绩	计算机成绩
2019001	56	78	78	92
2019002	63	75	67	92
2019004	52	92	88	84
2019005	68	79	91	77
2019008	76	78	79	90

图 7-35 例 7-43 的执行结果

7.5.7 嵌套查询

SQL 语句以集合作为操作对象,同时以集合作为输出结果。SQL 语句的集合操作特性使得一条 SQL 语句的输出可以作为另一条 SQL 语句的输入,从而使得 SQL 语句可以嵌套使用。就 SQL 而言,可以将一条 SELECT 语句嵌入到另外一条 SELECT 语句,也可以将一条 SELECT 语句嵌入到另外一条 INSERT 语句,还可以将一条 SELECT 语句嵌入到另外一条

UPDATE 语句中。如果一条 SELECT 语句的某语法元素是另外一条 SELECT 语句，这条 SELECT 语句就称为嵌套查询。

1. 嵌套查询的概念

SQL 允许一条 SELECT 语句（内层）成为另一条 SELECT 语句（外层）的一个语法元素，这样就形成了嵌套查询。外层的 SELECT 语句被称为外层查询，又称为父查询；内层的 SELECT 语句被称为内层查询，又称为子查询。

2. 嵌套查询的功能

当一条 SELECT 语句不能求解时，就需要使用多条 SELECT 语句嵌套查询。嵌套查询的主要用途是允许外层的 SELECT 语句在执行的过程中使用另一个 SELECT 语句的查询结果，从而实现分步求解。也就是说，嵌套查询使得用户可以用多个简单查询构造复杂的查询，从而增强 SQL 的查询能力。以层层嵌套的方式来构造 SQL 命令，正是 SQL 中"结构化"的含义所在。

根据子查询的返回结果，可以将子查询分为单行子查询和多行子查询。如果子查询返回的结果集只有一行记录，那么该子查询称为单行子查询；如果子查询返回的结果集有多行，那么该子查询称为多行子查询。

子查询在嵌入到外层查询的 SELECT 语句时，不同应用场景对子查询的结果有不同的要求，有的应用场景需要使用单行子查询，有的应用场景要求使用多行子查询。

3. 子查询的语法形式

实现子查询的 SELECT 语句必须用括号界定起来。子查询可以嵌套在 SELECT 语句的很多子句中，其中最常用的场景是将子查询嵌套在外层 SELECT 语句的 WHERE 子句、FROM 子句和 SELECT 子句中，分别作为外层查询中 WHERE 子句中的一个条件元素、FROM 子句中的一个数据源元素和 SELECT 子句中的一个计算字段。方便起见，本书将这三种子查询分别称为 WHERE 子查询、FROM 子查询和 SELECT 子查询。

（1）WHERE 子查询

如果一条 SELECT 语句是 WHERE 子查询，那么它作为一个语法元素嵌入到外层查询的 WHERE 子句中时，常常与比较运算符、列表运算符（IN）、范围运算符（BETWEEN）等一起构成查询条件。请注意：WHERE 子查询返回结果的数据类型必须与外层查询 WHERE 子句中条件表达式的数据类型相匹配。在外层查询中嵌入 WHERE 子查询的一般语法格式如下。

```
SELECT 子句
FROM 子句
WHERE……  (SELECT 语句) ……
……
```

【例 7-44】查询成绩表中法律成绩在 69 分以上的学生的姓名、籍贯与政治面貌。

上述查询任务可以分解成两层：第一层由子查询完成，获得法律成绩在 69 分以上的学生的学号集合；第二层由外层查询完成，基于子查询获得的学号集合，获得这些学生的姓名、籍贯与政治面貌。本命令中的 IN 运算符，是"包含在……之中"的意思。

实现上述查询任务的 SQL 命令如下，该命令的执行结果如图 7-36 所示。

姓名	籍贯	政治面貌
王倩	北京	团员
徐梅	内蒙古	团员
*		

图 7-36 例 7-44 的执行结果

```
SELECT 姓名,籍贯,政治面貌
FROM 学生表
WHERE 学号 IN (SELECT 学号 FROM 成绩表 WHERE 法律成绩> 69)
```

【例7-45】查询外语、数学、计算机三门课程总成绩大于等于180的女生的学生记录。

上述查询任务可以分解成两层:第一层由子查询完成,它从"成绩表"中获得外语、数学、计算机三门课程总成绩小于180分的学生的学号集合;第二层由外层查询完成,它从"学生表"中获得学号不在子查询结果集中的女学生的记录信息。本命令中的 NOT IN 运算符,是"不包含在……之中"的意思。实现上述查询任务的 SQL 命令如下。

```
SELECT *
FROM 学生表
WHERE 性别= "女" AND 学号 NOT IN
    (SELECT 学号 FROM 成绩表 WHERE 外语成绩+ 数学成绩+ 计算机成绩< 180)
```

上述命令执行后,结果如图7-37所示。

学号	姓名	性别	出生日期	年龄	政治面貌	籍贯
2019001	姜开来	女	1996-09-10	21	党员	山东
2019003	刘丽	女	1991-09-20	26	团员	山东
2019008	徐梅	女	1997-08-11	20	团员	内蒙古
2019009	陈小燕	女	1996-12-18	21	群众	黑龙江
2019011	李歌	女	1995-02-01	22	团员	北京
2019012	马欣欣	女	1997-09-12	20	团员	浙江
*						

图7-37 例7-45的执行结果

(2)FROM 子查询

如果一条 SELECT 语句是 FROM 子查询,那么它嵌入在外层查询的 FROM 子句中。如果在 FROM 子句中只有这一条 SELECT 语句,那么该语句实际上是外层查询数据源的唯一产生者。如果在 FROM 子句中除了这条 SELECT 语句外,还有其他的数据源产生者,那么这条 SELECT 语句实际上是外层查询数据源的协作产生者。一般情况下,FROM 子查询都是多行多列子查询。在外层查询中嵌入 FROM 子查询的一般语法格式如下。

```
SELECT 子句
FROM ……(SELECT 语句)……
……
```

【例7-46】假设学生的综合评价成绩＝数学成绩＊0.5＋外语成绩＊0.3＋计算机成绩＊0.2,请基于成绩表的数据记录获得每个学生的综合评价成绩。

基于成绩表获得学生的综合评价成绩分两步实现:第一步,用子查询获得每一个学生的数学成绩加权分值、外语成绩加权分值和计算机成绩加权分值;第二步,基于子查询获得的各门课程的加权分值,在外层查询中获得每一个学生的综合评价成绩。基于上述分析,SQL命令编写如下。

```
SELECT 学号,g1+ g2+ g3 AS 综合评价成绩 FROM
    (select 学号,数学成绩* 0.5 as g1,外语成绩* 0.3 as g2,计算机成绩* 0.2 as g3
from 成绩表)
```

（3）SELECT 子查询

如果一条 SELECT 语句是 SELECT 子查询，那么它是作为一个相对独立的语法元素嵌入到外层查询的 SELECT 子句中的。SELECT 子查询只能是单列子查询，因为 SELECT 子查询实际上定义了一个计算列，即子查询的执行结果用来作为外层查询结果集中的一列。在外层查询中嵌入 SELECT 子查询的一般语法格式如下。

```
SELECT 列 1,列 2,……,(SELECT 语句),……,列 N
FROM 子句
……
```

【例 7-47】假设学生的综合评价成绩＝数学成绩＊0.5＋外语成绩＊0.3＋计算机成绩＊0.2，请从"学生成绩"库中查询学号是"2019001"的学生的姓名和综合评价成绩。

基于"学生成绩"库获得学号是"2019001"的学生的姓名和综合评价成绩可以分两步实现：第一步，用子查询从"成绩表"中获得学号是"2019001"的学生的综合评价成绩，并将综合评价成绩返给外层查询，作为外层查询结果集中的一个列；第二步，在外层查询中检索学号是"2019001"的学生的姓名，作为外层查询结果集中的另外一个列。基于上述分析，SQL 命令编写如下。

```
SELECT 姓名,
    (  select 数学成绩* 0.5+ 外语成绩* 0.3+ 计算机成绩* 0.2
       from 成绩表
       where 学号= "2019001"
    )  AS 综合评价成绩
FROM 学生表
WHERE 学号= "2019001";
```

4. 子查询的嵌套原则

在外层查询中嵌入子查询时要遵循以下原则。

（1）实现子查询的 SELECT 语句必须用括号界定起来。

（2）只要子查询返回单个值，就可以在外层查询中将该子查询作为表达式使用。

（3）实现子查询的 SELECT 语句不能使用 Memo、OLEObject 等类型的数据。

（4）实现子查询的 SELECT 语句一般不使用 ORDER BY 子句，这是因为 ORDER BY 子句只能对最终查询结果排序。但是，当实现子查询的 SELECT 命令的 SELECT 子句是 SELECT TOP 或 SELECT TOP PERCENT 时，可以使用 ORDER BY 子句。

（5）不能在包含 GROUP BY 子句的子查询中使用 DISTINCT 关键字。

（6）如果外层查询和内层查询中均使用某个表，那么在包含该表的查询中必须使用表别名。

（7）SQL 语言允许多层嵌套查询，即在一个子查询中还可以嵌套其他子查询。理论上讲，嵌套查询的层次可以达到 31。但嵌套层次的具体数字取决于系统的能力及子查询的复杂程度。

7.6　技术拓展与理论升华

标准 SQL 是面向集合的结构化查询语言，非过程化程度高。非过程化的 SQL 虽然易学易用，但也存在一个痛点：缺少高级程序设计语言的流程控制能力，难以对复杂的业务逻辑进行控制。为解决这一问题，嵌入式 SQL 机制被提了出来，它将高级程序设计语言具有的逻辑控制能力与标准 SQL 所具有的数据库操作能力有机地结合起来，从而大大拓展了标准 SQL 的应用范围。

本书配套的电子版教学资源给出了 SQL 语句的嵌入机制、方法和技术，感兴趣的读者可以借助该资源进行自主学习。

本章习题

第8章 宏对象的设计及应用

本章导读

前面学习的查询对象，只能定义和执行一条 SQL 命令，可以完成简单的数据查询和操作任务。对于复杂的数据处理和分析而言，往往需要执行多条 SQL 命令，而且多条 SQL 命令之间还需要进行合理的流程控制，这就需要将 SQL 命令封装到宏对象或模块对象中。本章将学习"宏对象"，模块对象将在第 11 章学习。

本章在介绍宏对象的概念基础上，首先介绍了宏对象的设计界面和设计技术，然后以应用为驱动介绍了宏对象的工作流设计。

8.1 宏对象概述

8.1.1 宏对象的概念

宏对象是 Access 数据库中的一个组成对象，它可以集成一个或多个宏操作，从而完成一个较为复杂的数据组织和管理任务。从数据库开发的视角看，一个宏操作表现为一条宏命令，因此宏对象是一个脚本程序，它只能实现简单的程序逻辑，不能处理复杂的业务逻辑。

尽管如此，宏对象的效率远高于交互式操作。前面各章对数据库对象的操作都是交互式的，不管是基于窗口控件的图形化命令，还是基于查询对象的 SQL 文本命令，一次只能完成一项操作，所以效率较低。而宏对象可以将一条或多条命令集成在一起，宏对象的一次运行，就可以批量完成宏对象中集成的多条命令，因此宏对象的效率远高于交互式操作。

由于宏对象无法处理复杂逻辑，因此宏对象的数据处理和分析能力有限，对于复杂逻辑的业务应用需求，需要基于 Access 的模块对象来完成。但对一般业务应用而言，业务逻辑都是简单的，因此宏对象的应用非常广泛。对于简单的业务逻辑而言，宏对象是首选，这是因为宏对象的设计很简单，既不需要有任何的程序设计基础，也不需要记住各种复杂的语法，只要将宏对象所执行的宏操作添加到宏对象并对其参数进行简单的设置即可。

与宏对象相比，模块对象的功能更加全面，自治性更强，因此可以处理复杂的业务逻辑，从而完成复杂的数据组织和管理任务。遗憾的是，模块对象的设计需要用户掌握 VBA 语言，而且要具备一定的程序设计能力。基于 VBA 的模块对象设计将在第 9～第 11 章中展开介绍。

8.1.2 宏对象的分类

宏对象不但能够独立地完成简单的数据组织和管理任务，而且还能够与查询、窗体以及报表等多种类型的对象进行协作，从而共同完成复杂的 Access 数据组织和管理。

具体而言，宏对象有两大功能：第一，作为一个自治对象，能够批量执行一组宏操作，包括调用其他对象功能的操作；第二，作为一个协作对象，嵌入到其他对象中，其功能被其他对象所调用。根据是否具有自治性，宏对象可以分为独立宏和嵌入宏。

1. 独立宏

独立宏是数据库中的一个独立对象，它作为一个自治对象以独立形式保存在数据库这个容器对象中。与其他数据库组成对象一样，独立宏拥有自己的对象名，显示在数据库导航窗格的"宏"对象栏下。在"宏"对象栏双击宏名可以运行宏；在"宏"对象栏右击宏名，可以弹出快捷菜单，用户可以在快捷菜单中选择相应的菜单命令。

2. 嵌入宏

与独立宏不同，嵌入宏不是自治的，它不能以独立对象的形式出现在数据库这个容器对象中，而是嵌入到数据库容器的所包含的表、窗体、报表等其他对象中。在 Access 数据库窗口中，嵌入宏与独立宏的区别在于：嵌入宏在数据库的导航窗格中不可见，它嵌入到创建它的表、窗体以及报表等母对象中，作为母对象的一个相对独立的组成部分存在。

根据所嵌入的母对象类型，嵌入宏可以分为数据宏、窗体宏、报表宏等。如果宏对象被嵌入到表对象中，那么嵌入宏被称为数据宏；如果宏对象被嵌入到窗体对象中，那么嵌入宏被称为窗体宏；如果宏对象被嵌入到报表对象中，那么嵌入宏被称为报表宏。

数据宏是指嵌入到表对象中的宏对象。当表对象中的记录发生更改、插入或删除等事件时，数据宏才有机会被触发执行。例如，当销货单记录被修改后，如果要将修改信息通知销售员，就可以在"销货单"表中嵌入一个数据宏，该数据宏被触发执行的时机是销货单记录的"更新后"；又如，当用户创建新的订单后，订单表就会插入一个新的订单记录，如果要新订单信息通知销售员，就可以在"订单"表中嵌入一个数据宏，该数据宏触发执行的时机是订单记录的"插入后"；再如，当用户撤销订单时，"订单"表中相应的订单记录就被删除，如果要将订单的撤销信息通知销售员，就可以在"订单"表中嵌入一个数据宏，该数据宏触发执行的时机是订单记录的"删除后"。

就 Access 2016 而言，它支持的数据宏运行时机有五种：插入后、更新后、删除后、更新前、删除前。具体数据宏采用哪一种运行时机，要根据具体的应用逻辑而定。

【例 8-1】如果要在订单表记录删除之前，触发数据宏通知销售员该记录的预删除信息，请问该数据宏的运行时机是什么？如果要在销货单记录修改之前，触发数据宏通知用户这一记录的预修改信息，请问该数据宏的运行时机是什么？

【解答】如果要在订单记录删除之前，触发数据宏通知销售员该记录的预删除信息，那么该数据宏的运行时机是订单表记录的"删除前"；如果要在销货单记录修改之前，触发数据宏通知用户这一记录的预修改信息，那么该数据宏的运行时机是"更新前"。

8.1.3 宏操作的执行流程

一个宏对象一般包含多个宏操作。基于多个宏操作之间的逻辑关系，可以将宏对象分成一个或多个操作块。由于宏对象是脚本程序，因此宏对象中的操作块又称为程序块。通俗而言，程序块就是逻辑关系相同的宏操作序列。根据操作块中宏操作序列的执行逻辑，可以将操作块的执行流程划分成顺序、选择和循环三种。

1. 顺序流程

如果操作块中的各条宏操作命令按照其在操作块中的先后顺序逐条执行，那么这一操作块的执行流程就是顺序流程。

顺序流程是应用最广泛的宏操作逻辑。经常的，宏对象中只有一个顺序流程操作块。在最简单的情况下，一个操作块只有一个宏操作。

2. 选择流程

如果操作块中的操作分为多组，并且只会根据条件在多组操作中选一组执行，那么这一操作块的执行流程就是选择流程。

最简单的选择流程是单路选择，它包括一个条件和一组操作，条件为真的情况下执行该组操作，条件为假的情况下不执行该组操作。

最常用的选择流程是双路选择，它包括一个条件和两组操作，条件为真的情况下执行一组操作，条件为假的情况下执行另外一个组操作。

比较复杂的选择流程是多路选择，它包括多个执行条件和多组操作，其中每一个执行条件对应一组操作。当某选择流程中的一个执行条件为真时，相对应的那一组操作才会被执行。对于多路选择而言，各组操作的执行条件是互斥的，所以多路选择中尽管有多组操作，但只能有一组操作得到执行。

3. 循环流程

在某些情况下，需要多次执行一组操作，这组操作通常被称为循环操作。循环操作的执行次数是有限的，这种有限性的实现有两种方法：第一，直接指定循环操作的执行次数；第二，指定一个循环条件，当循环条件为真时，反复执行循环操作，直至循环条件为假。

为了实现循环流程，需要在操作块中建立循环操作并指定循环次数或循环条件。在宏对象中可以定义一个子宏，子宏可以包含需要多次执行的循环操作。子宏定义后，可以在宏对象中指定子宏的执行次数或执行条件，从而实现循环流程。

8.1.4　宏对象的流程控制元素

在 Access 中，宏对象的设计一般基于宏对象设计器。为了定义宏操作的执行流程，宏对象设计器提供了 Comment、Group、If 和 Submacro 四个程序流程控制元素。

1. Comment

Comment 元素用来定义一个注释，说明宏对象、宏操作块、宏操作的功能和设计技巧，从而提高宏对象的易读性，帮助用户理解宏对象的设计思路和方法。注意，Comment 定义的注释长度不能超过 1000 个字符，默认情况下，只显示第一行注释。

2. Group

Group 元素用于将一组宏操作定义为一个命名的操作组。一般情况下，可以将执行逻辑相近的宏操作定义为一个操作组，并为该操作组指定一个有意义的名称，用于指代这一操作组。操作组一旦定义，可以独立的复制和移动，从而提高宏对象的设计效率。另外，宏操作分组后，操作组就可以独立的折叠和展开，从而使得宏对象的设计界面更加清晰，便于用户设计宏对象。注意，Group 元素定义的分组不能单独调用或运行，它不会影响宏操作的执行流程。

3. If

If 元素用于定义宏对象中的选择流程。与 If 想配合的元素还有 Else If、Else 以及 End If。If 元素和 End If 元素可以实现单路选择流程。If 元素、Else 元素和 End If 元素可以实现双路选择流程。If 元素、Else If 元素、Else 元素和 End If 元素可以实现多路选择流程。

4. Submacro

Submacro 元素用于定义子宏，一个宏对象可以定义多个子宏。对于每一个子宏，必须为其指定一个唯一的名称，以便于子宏被调用。子宏调用的方法为"宏对象名称.子宏名称"。

8.1.5　Access 支持的宏操作

下面首先介绍一下 Access 宏操作的类型，然后简单地列举一下 Access 中常用的宏操作，最后以最常用的七个宏操作为例，详细说明宏操作的定义方法。

1. Access 宏操作的类型

宏操作是宏对象的基本组成单元。Access 支持的宏操作有以下几种类型：第一种类型的宏操作可以执行 SQL 命令，这使得宏对象具备了数据定义、数据查询和数据操作的基本能力；第二种类型的宏操作可以定义变量，这使得宏操作之间可以基于变量进行通信，从而提高了宏操作之间的协作能力；第三种类型的宏操作支持宏对象与表对象、查询对象、窗体对象、报表对象以及模块对象进行协作，这使得宏对象的应用能力得到拓展；第四种类型的宏操作支持用户与宏对象之间进行一定的交互，从而使得宏对象具有了输入输出能力；第五种类型的宏操作可以定义程序的执行流程，这使得宏对象具有了一定的逻辑处理能力。

2. 常用的 Access 宏操作

Access 支持的宏操作非常多，常用的宏操作如表 8-1 所示。

表 8-1　常用的宏操作

功能分类	宏命令	说明
打开对象	OpenForm	打开指定的窗体对象
	OpenVisualBasicModule	打开基于 VisualBasic 设计的模块对象
	OpenQuery	打开指定的查询对象
	OpenReport	打开指定的报表对象
	OpenTable	打开表对象
对象管理	CopyObject	将指定的对象复制到本数据库或其他数据库
	DeleteObject	删除指定对象或数据库导航窗格中的选定对象
	RenameObject	重命名指定的对象或数据库导航窗格中的选定对象
	SaveObject	保存一个指定的 Access 对象或当前活动的 Access 对象
	Requery	通过重新查询数据源，来更新对象或其控件中的数据
	SetValue	为对象的控件或字段设置值
	RepaintObject	对对象进行屏幕更新，包括对象控件的重新设计和重新绘制
	PrintObject	打印当前对象
记录定位和筛选	ApplyFilter	对对象中的数据进行筛选
	FindNextRecord	查找符合条件的下一条记录
	FindRecord	在活动对象中，查找符合条件的第一条记录或下一条记录
	GoToRecord	在活动对象中指定当前记录
	ShowAllRecords	删除活动对象已应用过的筛选条件，显示所有记录
焦点移动	GoToControl	将焦点移动到活动窗体的控件上或活动表的字段上
	GoToPage	在活动窗体中，将焦点移到指定页的第一个控件上
	SelectObject	选定数据库对象
导入导出	ExportWithFormatting	将指定的数据库对象中的数据以某种格式导出
	ImportExportData	在当前数据库与其他数据库之间导入或导出数据
	ImportExportSpreadsheet	在当前数据库与电子表格文件之间导入或导出数据
	ImportExportText	在当前数据库与文本文件之间导入或导出文本

功能分类	宏命令	说明
执行 SQL 语句	RunSQL	执行 RunSQL 中嵌入的操作型及定义型 SQL 语句
流程控制	CancelEvent	取消导致该宏运行的事件
	RunApplication	启动另一个 Windows 应用程序或 MS-DOS 应用程序
	RunCode	调用 Visual Basic 的 Function 过程
	RunMenuCommand	执行 Access 的菜单命令
	RunMacro	执行一个宏或子宏
	StopAllMacros	终止当前所有正在运行的宏
	StopMacro	终止当前正在运行的宏
窗口管理	MaximizeWindow	最大化活动窗口，使其充满 Access 主窗口
	MinimizeWindow	最小化活动窗口，使之成为 Access 主窗口底部的标题栏
	MoveSizeWindow	能移动活动窗口或调整其大小
	RestoreWindow	将已最大化或最小化的窗口恢复为原来大小
	CloseWindow	关闭指定的窗口或活动窗口
系统命令	Beep	通过计算机的扬声器发出嘟嘟声
	Echo	设置回响状态，以显示或隐藏宏在执行过程中的某些状态
	SendKeys	将键击发送到键盘缓冲区，以便 Access 或其他应用程序捕获
	DisplayHourglassPointer	在宏对象执行时使鼠标指针变成沙漏形式；当宏对象执行结束后，恢复正常形式
	SetWarnings	打开或关闭系统消息
	CloseDatabase	关闭当前数据库
	QuitAccess	退出 Access，效果与文件菜单中的"退出"命令相同
变量管理	SetLocalVar	定义宏对象的临时变量，并设置初始值
	SetTempVar	定义宏对象的临时变量，并设置初始值
	RemoveTempVar	删除宏对象的一个临时变量
	RemoveAllTempVars	删除宏对象的所有临时变量
重做和撤销	Redo	重复最近的用户操作
	UndoRecord	撤销最近的用户操作
交互命令	MessageBox	显示消息框，将信息通知用户

3. Access 宏操作的定义

Access 支持的宏操作虽然很多，但各个宏操作的定义方法有共性。下面以 OpenTable、OpenQuery、RunSQL、SetLocalVar、SetTempVar、SetWarnings 和 MessageBox 这七个宏操作为例，详细说明宏操作的定义方法。

（1）OpenTable

Access 支持宏对象打开表对象，方法是在宏对象中添加 OpenTable 宏操作。OpenTable 宏操作的功能类似于用户双击 Access 数据库导航窗格中的表对象。OpenTable 宏操作的定义方法如图 8-1 所示，其主要任务是设置 OpenTable 宏操作的参数。

图 8-1　OpenTable 宏操作的定义方法

OpenTable 宏操作有三个参数：第一个参数指定 OpenTable 宏操作要打开的表名称；第二个参数指定该表对象打开时呈现的视图；第三个参数指定表对象打开后的数据模式。

1）表名称

该参数用于指定 OpenTable 宏操作要打开的表对象名称，这是必需的参数。通常情况下，可供 OpenTable 宏操作打开的表对象名称都呈现在组合框中，用户只需单击组合框右侧的下拉按钮就可以弹出表对象名称的下拉列表，然后在下拉列表中选择相应的表对象名称即可。当然，用户也可以在组合框中直接键入 OpenTable 宏操作要打开的表对象名称。

2）视图

该参数用于指定表对象打开时所呈现的视图类型。通常情况下，表对象的视图类型有数据表、设计、打印预览、数据透视表以及数据透视图。该参数的默认值为"数据表"。如果该参数为"数据表"，那么该宏操作执行时，Access 将打开表对象的数据表视图，显示该表的数据记录。如果该参数为"设计"，那么该宏操作执行时，Access 将打开表对象的设计视图，显示该表的物理模式。

3）数据模式

当表对象的视图参数设置为"数据表"时，该参数用于指定表对象的数据操作模式。注意，"数据模式"这一参数仅适用于表对象以"数据表"视图打开的场景。

"数据模式"参数包括增加、编辑和只读三个选项：如果选择"增加"选项，那么用户可以在数据表视图中添加新记录，但不能编辑现有记录；如果选择"编辑"选项，那么用户既可以在数据表视图中编辑现有记录，也可以添加新记录；如果用户选择"只读"选项，那么用户只能在数据表视图中查看记录。"数据模式"参数的默认值为"编辑"。

注意：如果要在 VBA 模块中打开表对象，可以使用 DoCmd 对象的 OpenTable 方法。

（2）OpenQuery

Access 支持宏对象打开查询对象，方法是在宏对象中添加 OpenQuery 宏操作。OpenQuery 宏操作的功能类似于用户双击导航窗格中的查询对象。

OpenQuery 宏操作的定义方法如图 8-2 所示，其主要任务是设置 OpenQuery 宏操作的参数。

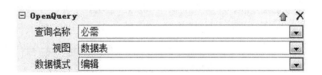

图 8-2　OpenQuery 宏操作的定义方法

OpenQuery 宏操作有三个参数：第一个参数指定 OpenQuery 宏操作要打开的查询对象名称；第二个参数指定该查询对象打开时呈现的视图类型；第三个参数指定该查询对象的数据模式。

1）查询名称

该参数用于指定 OpenQuery 宏操作要打开的查询对象名称，这是必需的参数。通常情况下，可供 OpenQuery 宏操作打开的查询对象名称都呈现在组合框中，用户只需单击组合框右侧的下拉按钮就可以弹出表对象名称的下拉列表，然后在下拉列表中选择相应的查询对象名称即可。当然，用户也可以在组合框中直接键入 OpenQuery 宏操作要打开的查询对象名称。

2）视图

该参数用于指定查询对象打开时所呈现的视图类型。通常情况下，查询对象的视图类型有数据表、设计、打印预览、数据透视表以及数据透视图。该参数的默认值为"数据表"。如果该参数为"数据表"，那么宏操作执行时，Access 将以数据表视图的形式显示查询对象执行的结果集。如果该参数为"设计"，那么宏操作执行时，Access 将打开查询对象的设计视图，显示查询对象的设计元素。

3）数据模式

当查询对象的视图参数设置为"数据表"时，该参数用于指定查询对象的数据操作模式。注意："数据模式"这一参数仅适用于查询对象以"数据表"视图打开的场景。

"数据模式"参数包括增加、编辑和只读三个选项：如果选择"增加"选项，那么用户可以在查询对象的数据表视图中添加新记录，但不能编辑现有记录；如果选择"编辑"选项，那么用户既可以在查询对象的数据表视图中编辑现有记录，也可以添加新记录；如果用户选择"只读"选项，那么用户只能在查询对象的数据表视图中查看记录。"数据模式"参数默认为"编辑"。

注意：如果要在 VBA 模块中打开查询对象，请使用 DoCmd 对象的 OpenQuery 方法。

（3）RunSQL

Access 支持宏对象执行 SQL 语句，方法是在宏对象中添加 RunSQL 宏操作。RunSQL 宏操作的定义方法如图 8-3 所示，其主要任务是设置 RunSQL 宏操作的参数。

图 8-3　RunSQL 宏操作的定义方法

RunSQL 宏操作有两个参数：一个参数指定 RunSQL 宏操作要执行的 SQL 语句；另外一个参数指定 RunSQL 宏操作是否以事务的机制执行 SQL 语句。

1）SQL 语句

该参数定义了嵌入 RunSQL 宏操作中的 SQL 语句，这是必需的参数。在 RunSQL 宏操作中，只能嵌入操作型和定义型 SQL 语句：操作型 SQL 语句包括 SELECT INTO、INSERT、UPDATE、DELETE；定义型 SQL 语句包括 CREATE TABLE、ALTER TABLE、CREATE INDEX、DROP TABLE、DROP INDEX 等。

在 RunSQL 宏操作中嵌入的 SQL 语句，最大长度不能超过 255 个字符。如果需要执行的 SQL 语句超过 255 个字符，可以将 SQL 语句封装在查询对象中，然后用 OpenQuery 宏操作调用查询对象的功能，从而间接地执行长度超过 255 个字符的 SQL 语句。

2）使用事务处理

该参数指定是否以事务的机制处理 RunSQL 宏操作中嵌入的 SQL 语句。该参数的默认值为"是"。如果不想使用事务处理，请选择"否"。

事务是对数据库进行操作的逻辑单位，它可以包括一条 SQL 命令，也可以包括一组 SQL 命令。每一个事务都是一个不可分割的执行单位，事务中的操作要么全发生，要么全不发生。在 RunSQL 宏操作中，如果不以事务的机制执行它所嵌入的 SQL 语句，那么 SQL 语句的执行速度一般会提高，但该 SQL 语句的操作如果有误，数据库的数据是不可还原的。

注意：RunSQL 宏操作不能执行不带 INTO 子句的 SELECT 语句。如果要执行不带 INTO 子句的 SELECT 语句，那么可以基于该语句定义一个查询对象，然后在宏对象中基于

OpenQuery 宏操作调用该查询对象的功能，从而间接地执行不带 INTO 子句的 SELECT 语句。当然，基于 OpenQuery 宏操作也可以间接的执行操作型 SQL 语句和定义型 SQL 语句。

（4）SetLocalVar 和 SetTempVar

变量是一个命名的存储单元，既可以用来存储用户输入的数据，也可以用来存储宏操作产生的结果数据。Access 宏对象支持两种类型的变量：一种是 Local 变量；另外一种是 Temp 变量。Local 变量只能在定义该变量的宏对象中使用，定义 Local 变量的宏操作是 SetLocalVar。Temp 变量既可以在定义该变量的宏对象中使用，也可以用在该宏对象的协作对象中，定义 Temp 变量的宏操作是 SetTempVar。

1）SetLocalVar

SetLocalVar 宏操作用来定义 Local 变量并为其设置初值。Local 变量只有在宏对象中创建成功后，才能在这个宏对象的后续宏操作中使用。当宏对象被关闭后，该宏对象创建的 Local 变量将

图 8-4　SetLocalVar 宏操作的定义方法

被清除。SetLocalVar 宏操作的定义方法如图 8-4 所示。

对于 SetLocalVar 宏操作而言，定义 Local 变量的主要任务是定义变量的名称和初始值。变量名称在 SetLocalVar 宏操作的"名称"参数中指定，变量初始值在 SetLocalVar 宏操作的"表达式"参数中指定。"名称"参数是一个字符串，它是必选项，用于指定变量的名称；"表达式"参数也是必选项，用于设置该变量的初始值。

Local 变量的引用方法为"［LocalVars］!［变量名称］"。Local 变量既可以在后续宏操作的条件表达式中引用，也可以在后续宏操作的参数表达式引用。例如，Local 变量"SaleQuantity"在下面的条件表达式中被引用：［LocalVars］!［SaleQuantity］＞516。又如，Local 变量"MyName"在下面的参数表达式被引用："Hello"＆［LocalVars］!［MyName］。

【例 8-2】基于 SetLocalVar 宏操作定义一个 Local 变量，该变量的名称是"TheUserName"，该变量的初值通过表达式"InputBox("Please input your name：")"获得。

【分析】根据题意，SetLocalVar 宏操作的两个参数："名称"参数是"TheUserName"；"表达式"参数是" InputBox（" Please input your name："）"。案例宏操作的定义方法如图 8-5 所示。

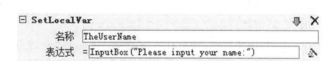

图 8-5　Local 变量 TheUserName 的定义方法

【说明】Local 变量"TheUserName"的初值实际上是由用户输入的，这是因为"表达式"参数被设置为一个 Inputbox() 函数。案例宏操作创建 Local 变量的机制：宏操作申请并获得存储空间，命令为"TheUserName"；计算案例宏操作的"表达式"参数；由于"表达式"参数是 InputBox("Please input your name：") 函数，因此 Access 打开一个输入对话框，并显示" Please input your name："这一提示消息，等待用户在提示信息下面的文本框中输入数据；当用户在文本框中输入数据并单击"确定"按钮或按 Enter 键后，InputBox 函数将用户在文本框中输入的数据返回给 SetLocalVar 宏操作中定义的变量"TheUserName"；如果用户单击"取消"按钮，InputBox 函数将"空串"返回给 SetLocalVar 宏操作中定义的变量"TheUserName"。

【注意】当 SetLocalVar 宏操作的"表达式"参数设置为"＝Inputbox()"时，用户既可以输入字符串，也可以输入数值。如果用户输入字符串，请注意用定界符界定字符串。当表达式设置为"Inputbox()"时，用户的所有输入都被视为一个字符串，所以用户键入时不必加定界符。

如果输入了定界符，它将作为字符串的一部分被返回给 SetLocalVar 宏操作中定义的变量。

2）SetTempVar

SetTempVar 宏操作用来定义 Temp 变量。Temp 变量创建成功后，不但可以在宏对象的后续宏操作中使用，还可以用在与本宏对象协作的其他对象中。SetTempVar 宏操作的定义方法如图 8-6 所示。

由于 SetTempVar 宏操作定义 Temp 变量的方法与 SetLocalVar 宏操作定义 Local 变量的方法类似，因此这里不再赘述。在宏对象中，一次最多可以定义 255 个 Temp 变量。Temp 变量

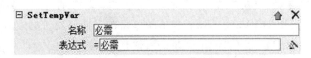

图 8-6　SetTempVar 宏操作的定义方法

一旦被创建，它们将一直保留在内存中，直到它们被删除或者数据库被关闭。Temp 变量不再使用时，最好将它们删除，以释放它们占用的存储空间。删除单个 Temp 变量的宏操作是 RemoveTempVar，删除所有 Temp 变量的宏操作是 RemoveAllTempVars。

（5）MessageBox

宏对象在执行时，有时需要向用户输出消息，常用的方法是定义宏操作 MessageBox。MessageBox 宏操作执行时，弹出一个消息对话框，并通过消息对话框向用户输出相应的消息。

定义宏操作 MessageBox 的方法如图 8-7 所示，其主要任务是设置该宏操作的"消息""发嘟嘟声""类型"和"标题"四个参数。

1）消息

参数"消息"是必选的，它指定宏操作 MessageBox 执行时要显示的消息。用户可以在"消息"文本框中直接输入消息文本，最长为 255 个字符；也可以在"消息"文本框中输入一个表达式，此时表达式前面必须加上等号。

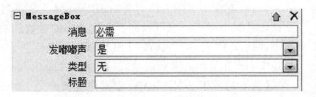

图 8-7　MessageBox 宏操作的定义方法

2）发嘟嘟声

参数"发嘟嘟声"用以指定宏操作 MessageBox 在显示文本消息的时候，计算机的扬声器是否发出嘟嘟声。该参数如果选择"是"，那么宏操作在显示文本消息的同时发出嘟嘟声；如果选择"否"，那么宏操作只显示文本消息而不发出嘟嘟声。该参数是可选的，其默认值为"是"。

3）类型

参数"类型"用以指定宏操作 MessageBox 执行时所打开的消息框类型。宏操作 MessageBox 支持的消息类型包括"无""重要""警告！"和"信息"四类。不同类型消息文本框的功能基本相同，只是消息文本框的图标不同，以区分消息的性质。该参数是可选的，其默认值为"无"。

4）标题

参数"标题"用以指定宏操作 MessageBox 执行时所弹出的消息对话框标题栏的标题文本。该参数是可选的。如果将此参数留空，那么宏操作执行时，标题栏显示的文本是"Microsoft Access"。

（6）SetWarnings

很多宏操作在执行的时候，会通过消息对话框向用户提示当前操作的风险，并询问用户是否继续执行这一宏操作。例如，当宏操作 RunSQL 执行 INSERT 语句向数据表插入记录的时候，Access 会弹出如图 8-8 所示的消息对话框，向用户提示当前宏操作的操作风险，并在消

息对话框中给出"是"和"否"两个命令选项，让用户决定是否继续执行当前宏操作。

宏操作的风险警告尽管有助于提高宏操作的安全性，但是往往会降低宏操作的执行效率。如果宏操作是安全的，那么应该关闭宏操作的风险警告提示，以提高宏操作的

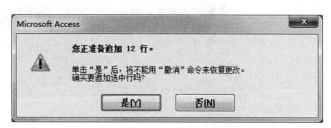

图 8-8　宏对象执行 INSERT 语句时的风险警告

执行速度。图 8-9 所示的宏操作 SetWarnings 可以打开或关闭宏操作的风险警告提示。

定义 SetWarnings 宏操作的方法很简单，只要设置如图 8-9 所示的"打开警告"参数即可。该参数只有"是"和"否"两个选项。如果"打开警告"参数设置为"是"，那么将开启宏

图 8-9　SetWarnings 宏操作的定义方法

操作的风险警告提示。如果该参数设置为"否"，那么将关闭宏操作的风险警告提示。该参数的默认值是"否"。需要特别指出的是，SetWarnings 宏操作虽然可以关闭宏操作的风险警告提示，但不能关闭宏操作的执行错误消息。另外，宏对象执行完成后，警告提示将被重新打开。

【注意】若要在 VBA 模块中运行 SetWarnings 操作，请使用 DoCmd 对象的 SetWarnings 方法。

通过上述七个宏操作的定义方法可知：宏操作的定义实际上就是设置这个宏操作的参数，借以提供宏操作执行时所需要的操作信息。例如，对于 MessageBox 这一宏操作而言，必须为其设置"消息"参数，该参数提供 MessageBox 宏操作要在消息对话框中显示的文本消息。对于宏操作而言，有些参数是必须的，有些参数是可选的。对于可选参数，如果用户没有设置它，Access 将使用该参数的默认值。

8.2　宏对象的设计界面

宏对象的设计界面即宏的设计视图，也称为宏设计器或宏生成器。一般情况下，宏对象的建立和编辑都在宏设计视图中进行。执行"创建"选项卡"宏与代码"选项组中的"宏"命令，即进入宏对象的设计界面。

宏对象的设计界面包括"宏工具｜设计"选项卡、"操作目录"窗格和宏设计窗格 3 个部分，如图 8-10 所示。宏对象的设计就是通过这些设计控件实现的。

8.2.1　"宏工具｜设计"选项卡

"宏工具｜设计"选项卡有 3 个选项组，分别是"工具""折叠/展开"和"显示/隐藏"，如图 8-11 所示。

"宏工具｜设计"选项卡中主要命令按钮及其功能如表 8-2 所示。该选项卡中有四个"折叠/展开"按钮。"折叠"类按钮的主要功能是将宏操作折叠，使得宏对象的设计视图逻辑清晰。"展开"类按钮的主要功能是将宏操作展开，以便于用户编辑修改。

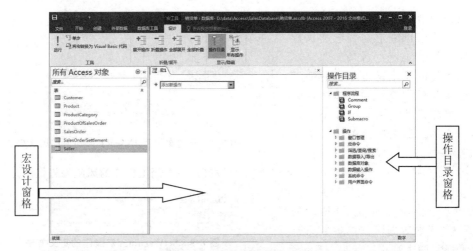

图 8-10　宏对象的设计界面

图 8-11　"宏工具｜设计"选项卡示意图

表 8-2　"宏工具｜设计"中主要按钮的功能

按钮名称	功　　能
运行	执行当前宏
单步	单步运行，依次执行一条宏命令
宏转换	将当前宏转换为 VBA 代码
展开操作	展开宏设计器所选的宏操作
折叠操作	折叠宏设计器所选的宏操作
全部展开	展开宏设计器全部的宏操作
全部折叠	折叠宏设计器全部的宏操作
操作目录	显示或隐藏宏设计器的操作目录
显示所有操作	显示或隐藏操作目录中所有的操作，包括尚未受信任数据所允许的操作

8.2.2　宏设计窗格

　　宏设计窗格如图 8-12 所示，这里是添加宏操作和设置操作参数的工作区，又称为宏编辑区。当创建一个宏后，在宏设计窗格中，出现一个组合框，在其中可以添加宏操作并设置操作参数。添加新的宏操作有以下 3 种方式。

　　①直接在"添加新操作"组合框中输入宏操作的名称。

　　②单击"添加新操作"组合框的下拉按钮，在弹出的下拉列表中选择相应的宏操作。

　　③展开"操作目录"窗格中的"操作"节点的列表项，把选取的宏操作拖动到宏设计窗格的目标位置处。双击"操作"节点列表项中的所选取的宏操作，可以将该操作直接添加到宏设计

窗格当前宏操作的上方。

8.2.3 "操作目录"窗格

"操作目录"窗格位于宏设计界面的右下方，该窗格主要由"程序流程"节点、"操作"节点以及"在此数据库中"三个节点组成，如图 8-13 右图所示。如果数据库中一个宏对象也没有创建，那么操作目录中将不会出现"在此数据库中"这一节点，如图 8-13 左图所示。"在此数据库中"这一节点包括当前数据库中创建的所有宏以及宏的存附对象。

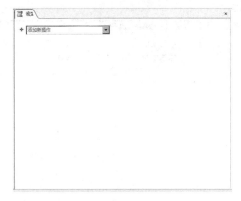

图 8-12　宏的设计窗格

图 8-13　"操作目录"窗格

由于操作目录中"在此数据库中"这一节点的功能和用法都比较简单，下面主要介绍程序流程节点和操作节点的功能和使用方法。

1. "程序流程"节点

宏对象基于 Comment、Group、If 和 Submacro 四个定义符来设置宏操作的执行流程。下面分别介绍这四个定义符的特点和功能。

①Comment：Comment 定义符主要用来说明宏对象或宏操作的功能，让用户更容易理解宏，以便于后期对宏对象的修改和维护。添加 Comment 流程的方法很简单，只需要从"操作目录"将 Comment 标识项拖动到宏设计窗格，然后在 Comment 文本框中填写注释信息即可。图 8-14 中，就添加了"下面将定义销售额统计流程组"这样的一个 Comment。添加完成后，单击 Comment 文本框以外的空白处，添加的 Comment 如图 8-15 所示。

②Group：Group 定义符可以将宏对象中的相关宏操作设置为一组，并为该组指定一个有意义的名称，用于指代这个宏操作组。经过分组后，每个宏操作组都可以折叠起来，这样宏对象的设计视图就显示得十分清晰，阅读起来非常方便。如何需要对宏操作组中的宏操作进行编辑，可以将宏操作组展开。Group 定义的宏操作组既不能被单独调用，也不能单独运行，它不影响宏对象的执行逻辑。添加 Group 流程后，设计窗格如图 8-16 所示。

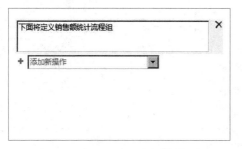

图 8-14 "Comment 流程"添加时

图 8-15 "Comment 流程"添加完成后

③If：If 定义符可以在宏对象中加入条件选择操作，这样宏对象就可以按照用户设定的条件选择执行相应的操作。添加 If 流程后，设计窗格如图 8-17 所示。

图 8-16 添加 Group 流程后的设计窗格

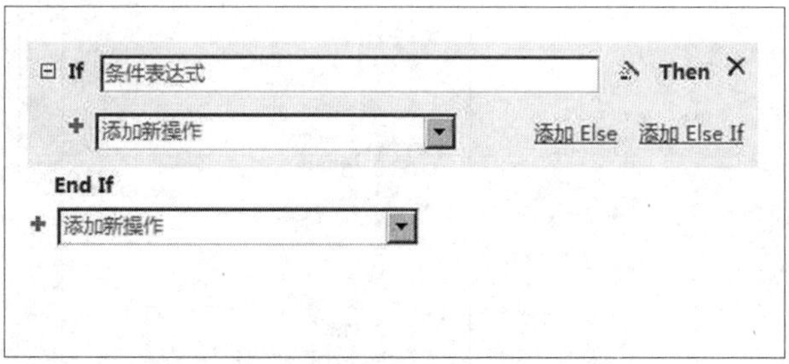

图 8-17 添加 If 流程后的设计窗格

条件用来指定在执行特定操作之前必须满足的某些标准，可以使用任何条件表达式作为条件。如果表达式计算结果为 False、否或 0，将不会执行此操作。如果表达式计算结果为其他任何值，将执行该操作。

可以让一个条件控制多个操作，方法是在后续操作的"条件"列中输入省略号"…"，后续操作条件将重复前面的操作条件。如果希望某条操作不运行，可以在操作的条件列中直接输入"False"。

④Submacro：Submacro 定义符可以在宏对象中定义子宏，并在子宏中添加宏操作。添加子宏后，宏对象的设计窗口如图 8-18 所示。在一个宏对象中可以定义若干个子宏，每一个子宏是由若干个宏操作组成的程序单元，可以被宏对象调用。子宏调用的格式为"宏对象名．子宏名"。

2."操作"节点

展开"操作目录"的"操作"节点后，可以看到窗口管理、宏命令、筛选/查询/搜索、数据导入/导出、数据库对象、数据输入操作、系统命令和用户界面等"操作"子节点，每一个子节点中又包含其对应的宏操作。

如图 8-19 所示，展开"数据库对象"子节点，可以看到各个与"数据库对象"相关的操作命令。如果用户选择了一个宏操作，则操作目录下方会给出该操作的提示信息。在图 8-19 中，用户选择的宏操作是"OpenTable"，因此操作目录窗格的下方显示了 OpenTable 操作的提示信息。

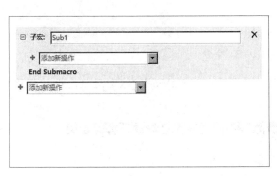

图 8-18 添加 Submacro 流程后的设计窗格

图 8-19 "数据库对象"节点包括的宏操作

8.3 宏对象的设计技术

宏对象的设计包括宏对象的创建、编辑、执行和调试等任务，这些任务都是在宏对象的设计界面中进行的。

8.3.1 宏对象的创建

宏对象有独立宏和嵌入宏两种类型，这两种类型宏对象的创建方法类似，但不完全相同。

1. 独立宏的创建

独立宏对象的创建就是在宏设计窗格中添加这个宏对象的每一条宏操作，并根据具体的应用场景设置各个宏操作的相应参数。独立宏创建的一般步骤如图 8-20 所示。

下面通过三个例子说明独立宏创建的方法和过程。其中例 8-3 比较完整地给出了设计步骤，例 8-4 和例 8-5 只给出了设计摘要，请读者独立完成相应宏对象的创建。

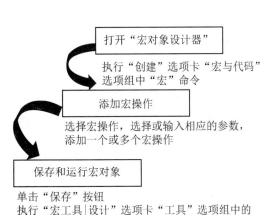

图 8-20 创建独立宏的一般步骤

263

【例 8-3】在"销货单"数据库中创建宏对象 SayHelloToYou。该对象运行时，弹出一个输入对话框，提示销售员输入自己的用户名，等销售员输入完成并确认后，弹出一个消息对话框向销售员传递问候消息。以下是消息文本的组成模式："Hello"＋用户名＋当前日期＋当前时间。用户名根据用户输入的内容确定，当前日期和当前时间分别通过 Date() 函数和 Time() 函数获取。

【分析】根据题意，案例宏对象不依附于其他数据库对象，是一个独立宏，它包括三项宏操作：输入用户名、确认输入、传递问候消息。宏对象的设计步骤如下。

① 打开"销货单"数据库，执行"创建"选项卡"宏与代码"选项组中的"宏"命令，进入宏设计界面。

图 8-21 "宏"命令

② 双击"操作目录"窗格"操作"节点中的宏命令"SetLocalVar"，在宏对象的设计窗格中添加宏操作"SetLocalVar"，如图 8-22 所示。

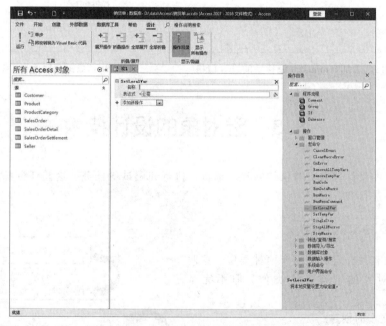

图 8-22 添加宏操作"SetLocalVar"

③ 如图 8-23 所示，在宏操作"SetLocalVar"的"名称"文本框和"表达式"文本框中分别输入参数：

TheSellerName 和 InputBox("Please input your name:")。

④ 双击"操作目录"窗格"操作"节点中的用户界面命令"MessageBox"，在设计窗格中添加宏操作"MessageBox"，如图 8-24 所示。

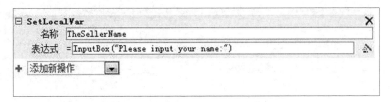

图 8-23　设置宏操作"SetLocalVar"的参数

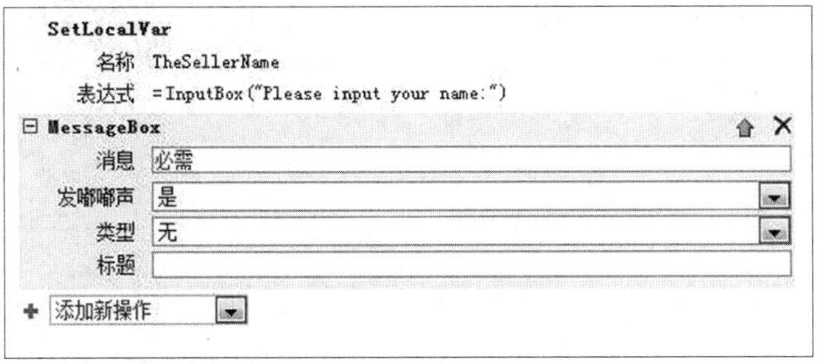

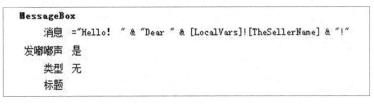

图 8-24　添加宏操作"MessageBox

⑤在 MessageBox 宏操作的"消息"文本框中输入参数：="Hello!" & "Dear " & [LocalVars]！[TheSellerName] & "!"，其他参数保持默认值，如图 8-25 所示。

```
MessageBox
    消息  ="Hello! " & "Dear " & [LocalVars]![TheSellerName] & "!"
    发嘟嘟声  是
    类型  无
    标题
```

图 8-25　设置宏操作"MessageBox"的参数

⑥单击快速访问工具栏中的"保存"按钮，弹出如图 8-26 所示的"另存为"对话框。在"另存为"对话框的文本框中输入宏对象的名称"SayHelloToYou"后，单击"确定"按钮，此时宏对象"SayHelloToYou"就创建完成，并出现在"销货单"数据库的导航窗格中，如图 8-27 所示。

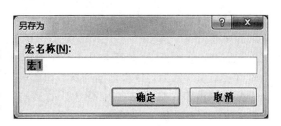

图 8-26　保存宏

⑦执行"宏工具｜设计"选项卡"工具"选项组中的"运行"命令，宏对象首先执行第一条宏操作，该操作弹出如图 8-28 所示的对话框，等待用户输入用户名，并单击"确定"按钮确认输入。

⑧如果用户输入用户名"JLF"并单击"确定"按钮确认输入后，宏对象最终的运行结果如图 8-29 所示。

⑨关闭宏对象设计视图和"销货单"数据库。

图 8-27　创建完成的宏对象"SayHelloToYou"

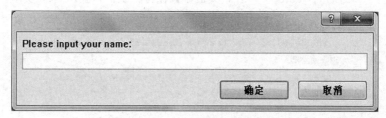

图 8-28　宏操作"SetLocalVar"运行时提示用户输入用户名

【说明】设置宏操作的参数值时，应该遵循以下规范。

①设置参数值时，要遵循参数之间固有的约束关系。例如，如果前面的参数值影响到后面的参数值，那么必须按照参数的影响关系依次设置参数值。

②设置参数值时，要灵活地使用参数值的设置方法。如果参数项后面有下拉按钮，那么用户可以在列表框中直接选取这个参数项

图 8-29　宏操作"MessageBox"的运行结果

的值；如果参数项后面是表达式生成器按钮时，那么用户既可以直接输入一个表达式，也可以打开表达式生成器来生成一个表达式；如果参数项后面仅仅是个文本框时，那么只能通过键盘输入参数的值。

③可以通过拖动的方法设置参数的值。例如，如果宏操作命令中调用了数据库的某个对象，则可以将该对象从数据库窗口拖动到相应的参数框中，从而设置该参数的值。

④当参数的值设置为一个表达式时，通常需要在表达式前面加等号（＝），但也有例外。例如，SetValue 宏操作的"表达式"参数前不能加等号。又如，当 RunMacro 宏操作的"重复次

数"参数值通过一个表达式计算获得时,该表达式的前面不能加等号。再如,SetLocalVar 宏操作以及 SetTempVar 宏操作的"表达式"参数前是否加等号,要根据参数的具体应用场景确定。

注意: 有些宏操作默认情况下是隐藏的,如果需要添加此类宏操作,可以执行"宏工具 | 设计"选项卡"显示/隐藏"选项组中的"显示所有操作"命令,将默认情况下隐藏的宏操作显示出来。

【例 8-4】 在"销货单"数据库中创建宏对象客户分类,将"Customer"表中的客户按照消费积分分为大客户、普通客户和游客三类,并分别存放在大客户、普通客户和游客三个结果表中,每个结果表只包含顾客编号、顾客姓名和消费积分三列。客户分类的具体标准如下:如果"消费积分≥1000",那么该客户为"大客户";如果"100=<消费积分<1000",那么该客户是"普通客户";如果"消费积分<100",那么该客户是"游客"。

【说明】 宏对象"客户分类"的设计如图 8-30 所示,该宏对象主要包括三个 RunSQL 宏操作,这三个宏操作需要执行的 SQL 命令如下。

Select 顾客编号,顾客姓名,消费积分 into 大客户 from customer where 消费积分≥1000

Select 顾客编号,顾客姓名,消费积分 into 普通客户 from customer where 消费积分≥100 and 消费积分<1000

Select 顾客编号,顾客姓名,消费积分 into 游客 from customer where 消费积分<100

基于上述三条 SQL 语句,宏对象运行后,将生成大客户、普通客户和游客三个结果表。图 8-30 所示的导航窗格中用矩形框标注了这三个表对象的图标。

图 8-30 宏对象"客户分类"的设计及运行结果

【例 8-5】 假设"学生成绩库"中有两个查询对象:"克隆 student 表"和"定义 StudentGrade 表模式",请创建一个宏对象"宏对象_创建数据表",调用上述两个查询对象的功能,实现表对象的克隆和表模式的定义。

【说明】 创建宏对象"宏对象_创建数据表",只需要在宏对象中添加两个 OpenQuery 宏操作,其设计方法如图 8-31 所示。宏对象运行后,将生成 student、StudentGrade 这两个表对象,如图 8-31 所示的导航窗格用矩形框标注了这两个表对象的图标。

【拓展】 "克隆 student 表"实际上是用一条 SELECT 语句实现的,而"定义 StudentGrade 表模式"实际上是用一条 CREATE TABLE 语句实现的,这两条 SQL 语句如下。

Select * into student from 学生表

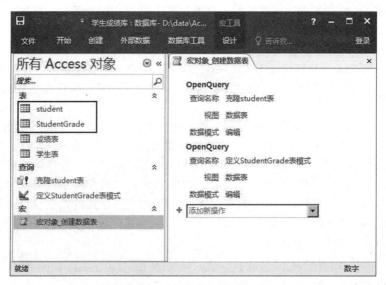

图 8-31　宏对象"宏对象 _ 创建数据表"的设计及运行结果

CREATE TABLE StudentGrade(学号 char(12),课程名 char(6),课程成绩 Numeric(5,2))

2. 嵌入宏的创建

嵌入宏的创建有四个重要步骤：第一，要指定嵌入宏所要嵌入的母对象，并指定触发嵌入宏运行的事件；第二，将嵌入宏所要执行的宏操作添加到宏对象中；第三，分别保存嵌入宏对象和嵌入宏对象的母对象；第四，对嵌入宏对象的功能进行测试。图 8-32 图解了嵌入宏的创建过程。

提示：嵌入宏的创建实际上有两种方法：第一种方法是，首先打开母对象设计器指定触发嵌入宏对象的事件，然后再打开宏对象设计器创建嵌入宏对象；第二种方法是

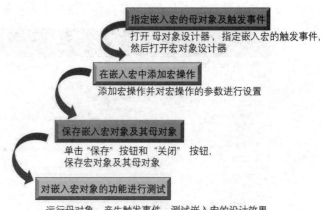

图 8-32　嵌入宏的创建过程

先创建一个独立宏对象，然后再将这个独立宏对象附加到母对象的触发事件上。第二种方法将在下一章中展开介绍。

【例 8-6】创建一个嵌入宏对象"消费积分过万通知"，对 Customer 表的消费积分进行监控，当顾客的消费积分大于或等于 10000 分时，给主管经理发送邮件通知其关注该顾客。

【分析】"消费积分过万通知"宏是一个典型的嵌入宏对象，它嵌入的母对象是表"Customer"，宏的触发事件是消费积分"更新后"过万。此宏对象的设计步骤如下。

①打开"销货单"数据库，用设计视图打开表"Customer"。

②执行如图 8-33 所示的"表格工具 | 设计"选项卡"字段、记录和表格事件"选项组中的"创建数据宏"命令，在弹出的"创建数据宏"下拉列表中选择"更新后"选项，进入如图 8-34 所示的嵌入式数据宏的设计界面。请读者仔细观察图 8-33 中宏对象的母对象和触发事件。

图 8-33　嵌入式数据宏的母对象及触发条件

图 8-34　嵌入式数据宏设计界面

③在宏对象设计界面中，对嵌入宏对象进行如图 8-35 所示的相关设计。

④保存宏对象，并退出宏对象设计界面。

⑤保存表"Customer"，然后将表由设计视图切换到数据表视图。

⑥对嵌入宏的功能进行测试。如图 8-36 所示，手工修改"Customer"表的一条记录，使得该记录的消费积分从不足 10000 修改为超过 10000，然后单击数据表视图的其他位置，此时宏对象将执行"SendEmail"操作，系统会打开邮件客户端程序发送邮件。本例所使用的邮件客户端程序是 Microsoft Outlook 2016，该程序发送电子邮件前，会弹出对话框让用户确认是否发送邮件。

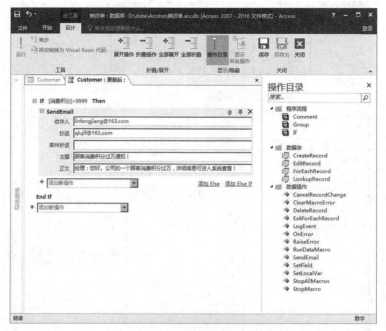

图 8-35　嵌入式数据宏的设计

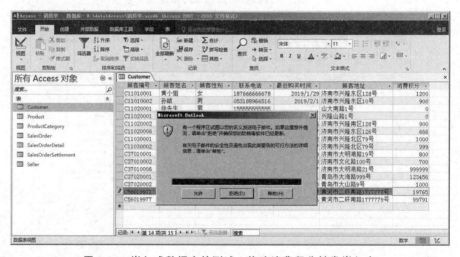

图 8-36　嵌入式数据宏的测试：修改消费积分触发嵌入宏

⑦邮件的接受者"主管经理"打开邮件客户端程序就可以收到和查看嵌入宏对象发给他的邮件。邮件的具体内容如图 8-37 所示。

提示：嵌入宏经常用在窗体对象中，嵌入宏对象的应用将在第 10 章"窗体对象的设计及应用中"继续学习。

8.3.2　宏对象的编辑

宏对象的编辑包括以下操作：选定宏操作、复制宏操作、移动宏操作、删除宏操作以及插入宏操作。宏对象的编辑也是在宏对象设计器中进行的。宏对象设计器具有一定的智能感知功能，可以帮助用户高效率的对宏对象进行编辑。

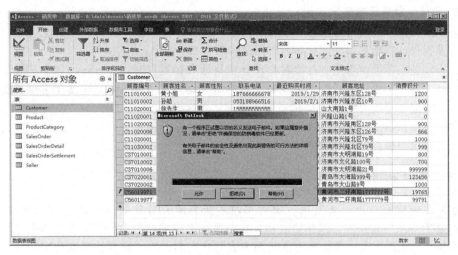

图 8-37　嵌入式数据宏的测试：查看电子邮件

1. 宏对象的编辑操作

如果宏对象的功能不能满足用户的新需求，那么可以打开宏对象设计器对宏对象进行编辑。宏对象的编辑操作最终落实在宏操作上，主要包括宏操作的选定、宏操作的复制、宏操作的移动、宏操作的删除以及宏操作的插入等。

（1）选定宏操作

在宏对象的设计窗格中，要选定一个宏操作，只需要单击该宏操作的覆盖区域即可；如果要在宏对象的设计窗格中选定多个宏操作，则需要按 Ctrl 键或 Shift 键来配合鼠标的选定。方便起见，下文将宏操作在宏对象设计窗格所覆盖的区域称为宏操作设计区。

（2）复制宏操作

在宏对象的设计窗格中，要复制宏操作，首先要选择等待复制的宏操作并执行"复制"命令，然后将光标指针移动到等待复制的宏操作的目标位置处并执行"粘贴"命令。宏操作复制到目标位置后，目标位置后面的宏操作将顺序下移。对于单一的宏操作，复制宏操作也可以通过拖动的方式来完成，这种方法更加快捷。

（3）移动宏操作

如果需要改变宏操作的顺序，可以移动宏操作。除了可以用"剪切"和"粘贴"命令进行宏操作的移动外，还可以用拖动的方式来移动宏操作。对于单一的宏操作，使用宏操作设计区右侧的"上移"或"下移"按钮，可以快捷的移动宏操作。

（4）删除宏操作

如果某个宏操作已经不需要了，可以将其删除。方法是选定要删除的宏操作，然后按Delete 键。对于单一宏操作的删除，只需要单击宏操作设计区右侧的"删除"按钮即可。

（5）插入宏操作

如果需要在宏对象原有的宏操作之间插入新的宏操作，只需要将操作目录中的宏操作拖动到宏对象编辑窗格的相应位置处即可；如果需要在宏对象尾部添加一条宏操作，除了上面的宏操作拖动方法以外，还可以基于宏对象编辑窗格最下方的"添加新操作"控件实现新的宏操作的插入。

这里需要特别指出的是，除了上面介绍的方法以外，还有其他方法可以实现宏操作的选定、复制、移动、删除以及插入。不管用哪种方法，其操作思想都是相同的，篇幅原因，这里就不再赘述。

2. 宏设计器的智能感知功能

为了帮助用户高效率的创建和编辑宏对象，宏设计器集成了智能感知功能（IntelliSense）。宏设计器提供的智能感知功能很多，使用最多的有如下两项：

①自动完成帮助。当用户在宏对象设计窗格输入标识符时，Access 的智能感知功能可以智能的推荐与用户输入所匹配的标识符下拉列表。用户可以按 Enter 键或 Tab 键接受 Access 的推荐，当然也可以忽略 Access 的推荐，继续输入标识符。

②快速信息帮助。当用户将光标指针定位在某个标识符上方时，Access 的智能感知功能可以快速显示与该标识符对象相关的帮助信息。

8.3.3　宏对象的执行

宏对象创建完成后，必须执行宏对象，才能实现宏对象的设计功能。执行宏对象时，Access 从宏对象的起点宏操作开始启动，直至执行完成宏对象中所有符合条件的宏操作。宏对象的执行有四种方法：第一种方法是用户直接运行宏；第二种方法是其他对象调用宏从而导致宏的运行；第三种方法是通过事件触发宏对象的运行；第四种方法是宏对象的自动运行。

1. 用户直接运行宏

直接运行宏有以下 3 种方法。

方法一：在宏设计界面中，单击宏设计工具栏上的"运行"按钮。

方法二：在数据库窗口的导航窗格中右击"宏"对象的图标，在弹出的快捷菜单中选择"运行"选项；或者双击导航窗格中"宏"对象的图标。

方法三：在 Access 主窗口执行"宏工具｜设计"选项卡"宏"选项组中的"运行宏"命令，弹出"执行宏"对话框，在对话框中输入要执行的宏对象名称，然后单击"确定"按钮即可。

2. 其他宏对象调用宏

如果要从其他宏对象中运行另外一个宏对象，必须在宏设计视图中使用 RunMacro 宏操作，要运行的另一个宏对象的名称作为 RunMacro 宏操作的操作参数。

3. 通过事件触发宏

在实际的应用系统中，更多的是通过数据表、窗体、报表等对象中发生的"事件"触发相应的宏对象，使之投入运行。

事件是对象所能识别的特殊操作。例如，单击鼠标、打开数据表或者修改数据表的数据等操作。当事件发生时，可以通过事先创建的宏对象来响应这一事件，以对事件的发生进行必要的处理。

注意：必须事先给事件定义一个响应宏对象，这样宏对象才能响应这个事件的发生。

4. 自动运行宏

Access 打开数据库时可以自动运行某个宏对象，前提是这个宏对象的名字是"AutoExec"。自动运行宏主要用来对数据库进行必要的初始化操作。

8.3.4　宏对象的调试

宏对象设计时，不可避免会存在错误。Access 提供了"单步执行"和"Error 宏操作"等调试手段，可以对宏对象的执行过程进行观察和分析，借以发现宏对象在设计过程中存在的错误。

1. 单步执行

最常用的宏调试手段是"单步执行"。采用"单步执行"，可以观察宏操作的执行流程和每一个宏操作的执行结果，进而发现导致错误或产生非预期结果的宏操作，以排除错误。

下面以"浏览女顾客的基本信息"这个宏对象为例，说明"单步执行"的调试步骤。

①创建宏对象"浏览女顾客的基本信息"，其设计视图如图 8-38 所示。

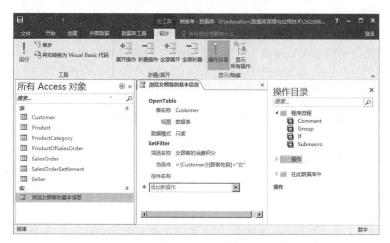

图 8-38　宏对象"浏览女顾客的基本信息"的设计视图

②执行"宏工具｜设计"选项卡"工具"选项组中的"单步"命令后，再执行"运行"命令，Access 弹出如图 8-39 所示的"单步执行宏"对话框。

③用户在"单步执行宏"对话框可以观察到将要执行的下一个宏操作的相关信息，并根据具体情况选择执行"单步执行""停止所有宏"和"继续"三个命令。如果选择执行"单步执行"命令，Access 将执行对话框中显示的下一个宏操作；如果选择执行"停止所有宏"命令，Access 将停止当前宏的继续执行；

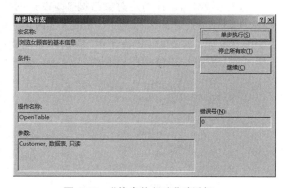

图 8-39　"单步执行宏"对话框

如果选择执行"继续"命令，Access 将结束单步执行的模式，并继续运行当前宏的其余宏操作。

④如果宏对象中存在错误，那么在单步执行宏时，Access 会弹出提示对话框显示操作失败的相应信息。例如，假设将"浏览女顾客的基本信息"这个宏对象的第一条宏操作命令的"表名称"参数改为"Customers"，那么单步执行时，将弹出如图 8-40 所示的错误提示对话框。用户可以查看该对话框的错误提示信息，并初步判断宏操作的运行错误，然后关闭该对话框，进入宏对象设计界面，对出错宏操作进行相应的修改。

图 8-40　错误提示对话框

⑤重复步骤③和步骤④的操作，直至宏对象调试完成。

⑥再次执行"宏工具｜设计"选项卡"工具"选项组中的"单步"命令，停止"单步执行"模式。

注意，在没有取消"单步执行"模式前，只要不关闭 Access，"单步执行"模式始终有效。

【说明】Access 还提供了 SingleStep 宏操作，该操作允许在宏执行过程中自动切换到"单步执行"模式，这为用户查错和纠错提供了灵活性。

2. Error 宏操作

Access 提供了 OnError 和 ClearMacroError 两项 Error 宏操作，这两条命令可以在宏运行出错时执行用户指定的错误处理操作，以帮助用户进行错误观察和分析。

8.3.5 自动运行宏的设计

当数据库打开时，用户常常希望数据库能够自动进行如下的初始化工作：设置用户的工作环境、初始化数据库的参数、对用户身份进行认证以及打开用户希望的工作界面等。

为了满足用户的这一需求，Access 提供了自动运行宏这一技术。自动运行宏是一个名称为"AutoExec"的宏对象，Access 数据库在启动时会自动查找名称为"AutoExec"的宏对象，如果存在该宏对象，就会自动执行它，从而完成用户希望的数据库初始化任务。自动运行宏与普通宏对象的区别在宏对象的名字，除此之外，其他没有什么区别。

【例 8-7】设计一个自动运行宏对象，当用户打开数据库时，Access 弹出对话框，要求用户输入用户名，然后基于用户输入的用户名，弹出个性化的欢迎界面。

【分析】本例设计的宏对象与例 8-3 设计的宏对象"SayHelloToYou"类似，只需要把宏对象"SayHelloToYou"的名称改为 AutoExec 即可。案例宏对象的设计细节如图 8-41 所示。宏对象设计完成后，重新打开"销货单"数据库，宏对象就自动执行，弹出如图 8-42 所示的对话框。当用户在对话框中输入用户名后，Access 就会弹出如图 8-43 所示的个性化欢迎对话框。

图 8-41 "AutoExec"宏对象的设计细节

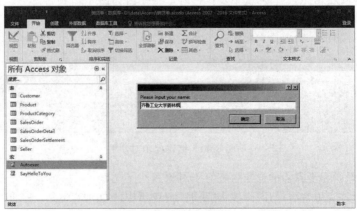

图 8-42 "AutoExec"宏对象的运行：用户输入用户名

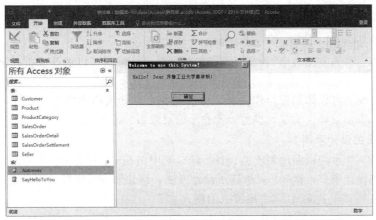

图 8-43 "AutoExec"宏对象的运行：弹出个性化欢迎对话框

【说明】如果打开数据库的时候想要取消 AutoExec 宏对象的自动运行，那么只需要在打开数据库的时候按 Shift 键即可。

8.4 宏对象的工作流设计

工作流管理联盟认为工作流是一类能够完全或者部分自动执行的业务操作流程，它根据一系列业务规约制定。工作流的设计和实现要依托一个工作流管理系统。

由于宏对象是若干个宏操作的集合，每一个宏操作都实现一个业务操作，因此宏对象就是由用户基于业务规约设计的一个工作流，而 Access 就是一个工作流管理系统。Access 能够实现的工作流有顺序流程、选择流程、循环流程等。下面结合序列宏、条件宏以及循环宏的设计案例，详细说明宏对象工作流的设计技术。

8.4.1 顺序流程的设计

如果一个宏对象只包括顺序流程的宏操作，那么该宏对象就称为序列宏。序列宏又称为操作序列宏，是最简单的宏，也是最常用的宏。序列宏中的各个宏操作，严格按照宏操作的先后次序依次执行，因此序列宏实现的是顺序流程的工作流。

1. 序列宏的设计方法

序列宏的设计，只需要按照宏操作的先后次序依次添加到宏对象中即可，其创建过程如下。

①打开 Access 数据库窗口，执行"创建"选项卡"宏与代码"选项组中的"宏"命令，进入宏设计界面。

②在宏设计窗格，单击"添加新操作"右侧的下拉按钮，在弹出的宏操作列表中选择要添加的宏操作；或者，将宏操作从操作目录拖动至设计窗格中的目标位置处，此时会出现一个插入栏，指示释放鼠标时宏操作将插入的位置；或者，直接在宏操作目录中双击所选操作，宏操作就会插入到宏设计窗格当前宏操作的上方。

③如有必要，可以在当前宏操作的参数框中设置其操作参数。

④把光标移到下一宏操作行，重复步骤②～步骤④，直至完成最后一个宏操作的添加为止。

⑤单击快速访问工具栏上的"保存"按钮，命名并保存设计好的宏对象。

【说明】

①在宏对象的设计过程中,可以将 Access 导航窗格中的特定对象拖动至宏设计窗格中,这样可以快速地创建一个与该对象相匹配的宏操作。

②宏操作名称的左侧有个"折叠/展开"按钮,单击该按钮可以展开或折叠该宏操作的详细参数。

③如有必要,可以添加宏操作注释,方法是在宏设计窗格中添加"Comment"。既可以为特定的宏操作添加解释性文字,也可以为整个宏对象添加说明文字,此项为可选项。

2. 序列宏的设计示例

下面通过两个示例说明序列宏的设计方法。其中例 8-8 既分析了宏对象的设计方法,又图解了宏对象的设计细节;例 8-9 只概述了设计方法,设计细节由读者独立完成。

【例 8-8】已知"学生成绩库"中成绩表的模式如下。

成绩表(学号 char(12),数学成绩 Numeric(5,2),外语成绩 Numeric(5,2),法律成绩 Numeric(5,2),计算机成绩 Numeric(5,2))

要求在"学生成绩库"中设计一个宏对象"顺序流程示例宏",该宏对象首先创建表对象 StudentGrade 的模式,然后将成绩表中的所有记录插入到 StudentGrade 表中。表对象 StudentGrade 的模式如下。

StudentGrade(学号 char(12),课程名 char(6),课程成绩 Numeric(5,2))

【分析】本例首先要创建表对象"StudentGrade"的模式,然后依次将"成绩表"中数学、外语、法律和计算机四门课的成绩插入到表对象"StudentGrade"中。显然本例设计的宏对象是一个顺序流程的宏对象。案例宏对象的设计步骤如下。

①打开"销货单"数据库,执行"创建"选项卡"代码与宏"选项组中的"宏"命令,进入宏对象设计界面。

②在宏设计窗格第 1 行插入第 1 个"RunSQL"操作,并在该操作的"SQL 语句"参数框中输入如下命令。

Create table StudentGrade(学号 char(12),课程名 char(6),课程成绩 Numeric(5,2))

③在宏设计窗格第 2 行插入第 2 个"RunSQL"操作,并在该操作的"SQL 语句"参数框中输入如下命令。

Insert into StudentGrade(学号,课程名,课程成绩)select 学号,"数学",数学 from 成绩表

④在宏设计窗格第 3 行插入第 3 个"RunSQL"操作,并在该操作的"SQL 语句"参数框中输入如下命令。

Insert into StudentGrade(学号,课程名,课程成绩) select 学号,"外语",外语 from 成绩表

⑤在宏设计窗格第 4 行插入第 4 个"RunSQL"操作,并在该操作的"SQL 语句"参数框中输入如下命令。

Insert into StudentGrade(学号,课程名,课程成绩) select 学号,"法律",法律 from 成绩表

⑥在宏设计窗格第 5 行插入第 5 个"RunSQL"操作,并在该操作的"SQL 语句"参数框中输入如下命令。

Insert into StudentGrade(学号,课程名,课程成绩) select 学号,"计算机",计算机 from 成绩表

⑦单击"保存"按钮,在打开的"宏名称"文本框中输入"顺序流程示例宏"。

完成上述步骤以后,"顺序流程示例宏"设计完成,其设计细节如图8-44所示。

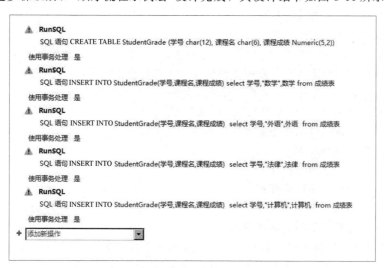

图8-44 "顺序流程示例宏"的设计细节

【例8-9】在"学生成绩库"中设计一个宏对象,将不及格学生的"学号""姓名""课程名""课程成绩"插入到"学生成绩库"中的表对象"Student _ NoPass"中。"Student _ NoPass"表对象的模式如下。

Student_NoPass(学号 char(12),课程名 char(6),课程成绩 Numeric(5,2))

【分析】由于数据库中有数学、外语、法律和计算机四门课程,因此案例宏对象需要执行四个 RunSQL 宏操作,依次将这四门课程的不及格学生信息插入到表对象"Student _ NoPass"中。因此,案例宏对象是一个顺序流程的工作流。案例宏对象的四个 RunSQL 操作如下。

①第 1 个"RunSQL"操作执行的 SQL 语句如下。

INSERT INTO Student_NoPass(学号,课程名,课程成绩)select 学号,"数学",数学成绩 from 成绩表 where 数学成绩<60

②第 2 个"RunSQL"操作执行的 SQL 语句如下。

INSERT INTO Student_NoPass(学号,课程名,课程成绩) select 学号,"外语",外语成绩 from 成绩表 where 外语成绩<60

③第 3 个"RunSQL"操作执行的 SQL 语句如下。

INSERT INTO Student_NoPass(学号,课程名,课程成绩) select 学号,"法律",法律成绩 from 成绩表 where 法律成绩<60

④第 4 个"RunSQL"操作执行的 SQL 语句如下。

INSERT INTO Student_NoPass(学号,课程名,课程成绩)select 学号,"计算机",计算机成绩 from 成绩表 where 计算机成绩<60

8.4.2 选择流程的设计

如果一个宏对象的执行逻辑是选择流程的工作流，那么该宏对象称为条件宏。条件宏既可以根据条件决定是否执行一组宏操作，也可以按照条件从两组宏操作中选择一组执行，还可以按照条件从多组宏操作中选择一组执行。

1. 条件宏的设计方法

条件宏通过"If"块、"Else If"和"Else"块来定义：可以使用"If"块进行简单的选择工作流，它包括一个条件和一组宏操作，根据条件决定是否执行这组宏操作；也可以使用"Else"块来扩展"If"块，使选择工作流包含一个条件和两组宏操作，但只能根据条件从两组宏操作中选择一组执行；还可以使用"Else If"块和"Else"块来扩展"If"块，使选择工作流包含多个条件和多组宏操作，但只能根据条件从多组宏操作中选择一组执行。

条件宏的设计过程如下。

①进入数据库的宏对象设计界面。

②在宏设计窗格中添加流程控制元素"If"，产生一个"If"块。

③在"If"块顶部的"条件表达式"参数文本框中，输入条件，该条件通常用返回"真"值和"假"值的条件表达式或逻辑表达式表示。

④在"If"块下部添加一组宏操作，既可以包括一个宏操作，也可以包括多个宏操作。

⑤根据工作流的逻辑，决定是否为"If"块添加"Else If"块或"Else"块。如果添加"Else If"块，那么需要定义"Else If"块的"条件表达式"参数和宏操作组。如果添加"Else"块，那么只需要定义宏操作组即可。

【说明】如果选择工作流仅仅包括"If"块，那么当"If"块中的条件表达式的值为"真"时，宏对象会执行"If"块中的宏操作组，如果表达式的值为"假"，选择工作流不执行任何宏操作；如果选择工作流包括"If"块和"Else"块，那么当"If"块中的条件表达式的值为"真"时，宏对象会执行"If"块中的宏操作组，如果表达式的值为"假"，宏对象会执行"Else"块中的宏操作组。如果选择工作流包括"If"块、"Else If"块和"Else"块，那么宏对象或者执行条件表达式为"真"的"If"块中的宏操作组，或者执行条件表达式为"真"的"Else If"块中的宏操作组，或者执行"Else"块中的宏操作组，但只能执行一组宏操作。

2. 条件宏的设计示例

下面通过两个示例说明条件宏的设计方法。其中，例 8-10 分析了二选一工作流的设计方法；例 8-11 分析了多选一工作流的设计方法。

【例 8-10】在"销货单"数据库中，创建一个宏对象"选择流程示例宏对象 1"。该宏对象运行时，完成下面的任务 1 或任务 2：任务 1，如果当前日期是休息日，则将所有畅销产品的产品名称和价格生成一个表 BestSellingProducts；任务 2，如果当前日期是工作日，则将所有不畅销产品的产品名称和价格生成一个表"SlowSellingProducts"。

【分析】案例宏对象的主要功能是根据当前日期是工作日还是休息日，从任务 1 和任务 2 选择一个任务完成，因此宏对象的逻辑是一个典型二选一工作流。案例宏对象的设计方法如下。

①打开"销货单"数据库，执行"创建"选项卡"代码与宏"选项组中的"宏"命令，进入宏对象设计界面，进入"宏工具|设计"选项卡"显示/隐藏"选项组中的"显示所有操作"命令。

②在宏设计窗格第 1 行的"添加新操作"组合框中，输入"If"，然后在随之激活的"条件表达式"文本框中直接输入表达式"Weekday(Now())=6 Or Weekday(Now())=7"。当然，用户也可以单击条件表达式"文本框右侧的"生成器调用"按钮，在弹出"表达式生成器"对话框中生成条件表达式，然后单击"确定"按钮，返回到宏设计器中。

③在宏设计窗格的第 2 行的"添加新操作"组合框中，输入"RunSQL"，在随之激活的 RunSQL 宏操作的"SQL 语句"参数框中，输入以下的 SQL 命令。

Select 商品名称,采购价格,销售价格 into BestSellingProducts from product where 畅销否

④单击宏设计窗格第 3 行"添加新操作"组合框的右侧的"添加 Else"按钮，在随之激活的"添加新操作"组合框中选择"RunSQL"选项，在随之激活的"RunSQL"宏操作的"SQL 语句"参数框中，输入以下 SQL 命令。

Select 商品名称,采购价格,销售价格 into SlowSellingProducts from product where not 畅销否

⑤单击快速访问工具栏的"保存"按钮，在打开的"宏名称"文本框中输入"选择流程示例宏对象 1"，单击"确定"按钮。

至此，条件宏"选择流程示例宏对象 1"就设计完成了，其设计细节如图 8-45 所示。

图 8-45 条件宏"选择流程示例宏对象 1"的设计细节

【例 8-11】在"销货单"数据库中，创建一个宏对象"选择流程示例宏对象 2"。该宏对象根据用户所输入 ID 的类型，从四个任务选择一个执行：第一个任务，如果用户输入的是总经理 ID，则将公司的当年销售总额返回给他；第二个任务，如果用户输入的是销售经理 ID，则将各个销售员的当年销售额返回给他；第三个任务，如果用户输入的是销售员 ID，则其该销售员本人的当年销售额返回给他；第四个任务，如果用户输入的其他 ID，则打开消息框通知该用户"对不起，您所输入的 ID 有误，再见！"。

【分析】案例宏对象是典型的多选一工作流。该宏对象包含四个任务：返回公司的当年销售总额、返回各个销售员的当年销售总额、返回本人的当年销售总额、返回 ID 有误的通知信息。当宏对象执行时，只能从上述四个任务选择一个执行，具体选择哪一个任务根据用户输入的"ID 类型"决定。如果公司的当年销售总额、各个销售员的当年销售总额、销售员本人的当年销售总额分别用 SalesOf Company、SalesOfSellers、SalesOfYourself 这三个查询对象返回，那么案例宏对象的设计方法如下。

①打开"销货单"数据库，执行"创建"选项卡"代码与宏"选项组中的"宏"命令，进入宏对象设计界面，执行"宏工具｜设计"选项卡"显示/隐藏"选项组中的"显示所有操作"命令。

②在宏设计窗格第 1 行的"添加新操作"组合框中，输入"SetTempVar"，然后在随之激活的"名称"文本框和"表达式"文本框中分别输入"TheID"和"InputBox("Please input your ID：")"。

③在宏设计窗格下面的"添加新操作"组合框中，输入"if"，然后在随之激活的"条件表达式"文本框中直接输入表达式：［TempVars］!［TheID］Like "M00"。

④将查询对象"SalesOfCompany"拖动到宏设计窗格"添加新操作"组合框中，在随之激活的"数据模式"参数框中，将"数据模式"修改为"只读"，其他参数为默认值。

⑤单击宏设计窗格"添加新操作"组合框右侧的"添加 Else If"按钮，然后在随之激活的"条件表达式"文本框中直接输入表达式：[TempVars]![TheID] Like "S0[1－9]"。

⑥将查询对象"SalesOfYourself"拖动到宏设计窗格的"添加新操作"组合框中，在随之激活的"数据模式"参数框中，将"数据模式"修改为"只读"，其他参数为默认值。

⑦单击宏设计窗格"添加新操作"组合框右侧的"添加 Else If"按钮，然后在随之激活的"条件表达式"框中直接输入表达式：[TempVars]![TheID] Like "S00"。

⑧将查询对象"SalesOfSellers"拖动到宏设计窗格"添加新操作"组合框中，在随之激活的"数据模式"参数框中，将"数据模式"修改为"只读"，其他参数为默认值。

⑨单击宏设计窗格"添加新操作"组合框右侧的"添加 Else"按钮，接着在随之激活的"添加新操作"组合框中选择"MessageBox"。

⑩给"MessageBox"宏操作设置相应的参数：在"消息"参数框输入"对不起，您输入的 ID 有误，再见！"；在"发嘟嘟声"参数框中，选择"是"；在"类型"参数框中，选择"警告！"；在"标题"参数框中，输入"Say sorry to you！"。

完成上述步骤以后，单击快速访问工具栏的"保存"按钮，在打开的"宏名称"文本框中输入"选择流程示例宏对象 2"，单击"确定"按钮。条件宏"选择流程示例宏对象 2"就设计完成了，其设计细节如图 8-46 所示。

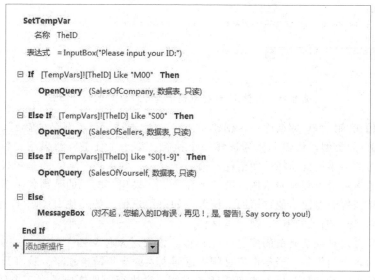

图 8-46　条件宏"选择流程示例宏对象 2"的设计细节

8.4.3　循环流程的设计

如果一个宏对象的执行逻辑是循环流程的工作流，则该宏对象称为循环宏。循环宏既可以指定一组宏操作重复执行的次数，也可以指定一组宏操作反复执行，直至循环条件不成立。

1. 循环宏的设计方法

在 Access 中，循环工作流是由宏对象及其子宏协作实现的，其中子宏定义循环操作，而宏对象指定子宏的执行次数或子宏执行的条件。循环宏的设计方法如下。

（1）子宏的定义

子宏是宏对象定义的具有相对独立性的一组宏操作，这组宏操作单独命名，可以被宏对象调用。每个宏对象都可以定义多个子宏。定义子宏的主要任务有两个：一个是定义子宏的名称；另一个是定义子宏所包含的宏操作。

子宏的定义是通过程序流程定义元素"Submarco"实现的。在宏设计界面中，将"操作目录"窗格中"程序流程"节点中的"Submarco"拖动到"宏设计"窗格的"添加新操作"组合框中，在随即打开的"子宏"定义区的参数框中输入子宏的名称，在子宏定义区的"添加新操作"组合框中选择子宏所需添加的第一条宏操作。当添加完子宏的第一条宏操作后，如果需要，还可以用同样的方法在子宏定义区中添加其他的宏操作。

用户也可以在已有宏操作的基础上定义子宏：选择子宏包含的所有宏操作；右击宏操作选择区，弹出快捷菜单；在快捷菜单中执行"生成子宏程序块"命令；Access自动生成子宏定义区，所选宏操作全部包含在子宏定义区中；在子宏定义区的"子宏"参数框给子宏命名，即可完成子宏的定义。

注意：子宏必须是宏对象中最后的操作块，另外在"Group"块中也不能添加子宏。

（2）子宏的调用

子宏中的宏操作一般不能直接运行，除非宏对象中有且仅有一个子宏。也就是说，正常情况下，子宏只有被调用时，才能执行子宏中的宏操作，进而实现子宏的设计任务。子宏的调用，需要指定下列信息：子宏的名称、子宏重复执行的次数、子宏重复执行的条件表达式。

子宏的调用，一般用"RunMacro"宏操作实现。使用"RunMacro"宏操作调用子宏的语法格式如下。

RunMacro 子宏名,重复次数,重复表达式

①"子宏名"是必选项，它的语法格式为"宏对象名．子宏名"。

②"重复次数"用以指明子宏的最大运行次数。如果既不指定"重复次数"参数，也不指定"重复表达式"参数，那么"宏名"参数框中指定的子宏只执行一次。

③"重复表达式"用于设置子宏的重复执行条件。"重复表达式"取值为True或False。每次子宏运行前都先计算"重复表达式"的值，当表达式的值为False时，子宏停止执行。

除了"RunMacro"宏操作以外，"OnError"宏操作也可以实现子宏的调用。"OnError"宏操作一般用来指定Access发生执行错误时所要运行的子宏，目的是对执行错误进行响应和处理。

注意："RunMacro"宏操作既可以调用子宏，也可以调用同一个数据库中的其他宏对象。因此"RunMacro"宏操作的更简单的语法格式为"RunMacro 宏名，重复次数，重复表达式"。

2. 循环宏的设计示例

下面通过两个示例说明循环宏的设计方法。例8-12采用"重复表达式"控制子宏的执行次数，而例8-13使用"重复次数"控制子宏的执行次数。

【例8-12】在"销货单"数据库中，创建一个循环宏"循环流程示例宏对象1"。该宏对象运行时允许销售员输入"顾客姓名"检索该顾客的"消费积分"，直至该销售员不想检索为止。

【分析】案例宏对象是典型的循环流程：循环操作是销售员"输入顾客姓名，检索顾客的消费积分"；循环操作条件是"销售员想检索"。案例宏对象的主要设计任务如下。

①定义查询对象，实现以下功能：销售员动态输入"顾客姓名"，查询对象返回该顾客的"顾客姓名"和"消费积分"。该查询对象可以用如下的SQL命令实现：

SELECT 顾客姓名,消费积分 FROM Customer WHERE 顾客姓名=[请输入姓名:];

②定义子宏，实现以下功能：基于上面定义的查询对象，实现一个顾客"消费积分"的查询。

③定义子宏调用的宏操作，实现顾客消费积分的多次查询。

循环宏"循环流程示例宏对象1"的设计细节如图8-47所示，主要包括子宏的定义和子宏的调用两部分内容。

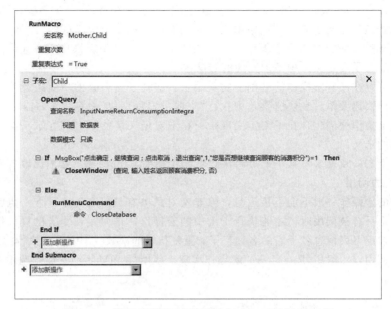

图 8-47　循环宏"循环流程示例宏对象1"的设计细节

【例8-13】在"学生成绩库"中，创建一个宏对象，将516个参加实习的学生随机分配到10个实习组中。假设：这516个学生的实习号从1到516；学生实习组的编号从1到10；各实习组的人数随机。要求：将参加实习的学生随机分配到各实习小组后，要将分配结果保存到表对象中，表对象包括"实习学生编号"和"实习组编号"两个字段。

【分析】案例宏对象是典型的循环流程：循环操作是给一个学生分配实习组；循环操作的执行次数是516次。具体实现技术如下：定义一个子宏，给一个学生随机分配实习组；定义宏，调用子宏执行516次，给516个学生随机分配实习组。如果"学生实习组分配表"的模式已经建立，那么宏对象的设计细节如图8-48所示。

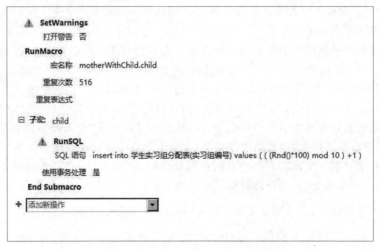

图 8-48　循环宏"循环流程示例宏对象2"的设计细节

【说明】由于子宏中的 INSERT 语句要执行 516 次，而每一次执行，都要打开图 8-49 所示的对话框警告用户，因此案例宏对象的执行会导致 Access 对用户的 516 次警告，使宏对象的执行效率很低。为了避免 516 次警告的发生，需要在宏对象的第一行，插入了一条 SetWarnings 宏操作，以禁止 INSERT 语句对用户的警告，从而提高案例宏对象的执行效率。

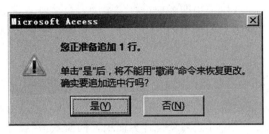

图 8-49　INSERT 语句的警告

【思考】结果表对象虽然包括"实习学生编号"和"实习组编号"两个字段，但 RunSQL 宏操作执行的 INSERT 语句只给"实习组编号"这个字段插入值，请思考：表对象中"实习学生编号"这个字段的值是如何获得的？

8.5　宏对象的应用示例

交互式操作，一次只能完成一项操作，所以效率较低。本章学习的"宏对象"，一次能够完成多项操作，而且能够实现顺序、选择和循环等多种模式的工作流，因此效率高，在实际工作中得到了广泛的应用。下面将通过两个应用实例，详细说明宏对象在数据处理和分析中的应用。

8.5.1　应用示例—协同工作

Excel 擅长数据分析，Access 擅长数据处理，这是不争的事实。因此，将 Access 和 Excel 的功能结合起来，对数据进行协同处理和分析，是常用的工作模式。

将 Access 和 Excel 集成应用的常用模式如下：对 Excel 很难处理的复杂数据，首先用 Access 进行处理，然后将 Access 处理的数据导出到 Excel 工作表中，接着用 Excel 对数据进行分析。

例如，在学生实习数据库中有一个数据表"学生实习组分配表"，该数据表共有 1 985 条记录，图 8-50 给出了该表前面的 10 条记录。请创建一个宏对象，对"学生实习组分配表"中的数据记录进行处理，将其格式转化为如图 8-51 所示的格式，然后将其导出到 Excel 工作表中，并基于 Excel 的功能分析各实验组人数的分布规律。

对于上述应用，基于 Access 和 Excel 的协同，显然是有效率的。可以基于 Access 宏对象强大的数据处理能力对数据进行格式化，然后将格式化的数据导入 Excel 中，在 Excel 中基于其强大的数据分析能力来分析各实验组人数的分布规律。

实习学生编号	实习组编号
1	8
2	2
3	10
4	6
5	6
6	8
7	8
8	4
9	5
10	5

图 8-50　节选的学生实习组分配表

GroupID	studentID
G_1	S_0024
G_1	S_0048
G_1	S_0050
G_1	S_0051
G_1	S_0074
G_1	S_0092
G_1	S_0107
G_1	S_0136
G_1	S_0142
G_1	S_0146

图 8-51　实习小组成员一览表

下面说明如何设计一个宏对象，对 Access 数据库中的数据进行格式化处理，然后将格式化的数据导出到 Excel 中。至于如何在 Excel 中分析各实验组人数的分布规律，这里就不再展开介绍。

宏对象的设计方法如下。

①打开"学生实习"数据库，"创建"选项卡"代码与宏"选项组中的"宏"命令，进入宏对象设计界面。执行"宏工具｜设计"选项卡"显示/隐藏"选项组中的"显示所有操作"命令选项。

②在宏对象设计界面中，四次双击"操作目录"窗格"操作"节点"筛选/查询/搜索"操作组中的宏操作"RunSQL"，目的是在宏对象的设计窗格中增加四个 RunSQL 操作。

③在四个"RunSQL"宏操作的"SQL 语句"参数框中，分别输入以下的 SQL 语句。

CREATE TABLE 实习小组成员一览表(GroupID char(5)，studentID char(6))

SELECT ＊ INTO 一览表 from 学生实习组分配表 order by 实习组编号，实习学生编号

INSERT INTO 实习小组成员一览表(GroupID，studentID) select "G_" & 实习组编号，"S" & (实习学生编号＋10000)from 一览表

UPDATE 实习小组成员一览表 set studentID＝left(studentid，1)&"_"&right(studentid，4)

④双击"操作目录"窗格"操作"节点"数据导入/导出操作"操作组中的宏操作"ExportWithFormatting"，目的是在宏对象的设计窗格中增加"ExportWithFormatting"宏操作。

⑤在"ExportWithFormatting"宏操作的参数框中，将"对象类型"设置为"表"，将"对象名称"设置为"实习小组成员一览表"，将"输出格式"设置为"Excel 97－Excel 2003 工作簿(＊.xls)"，将"输出文件"设置为"D：\data\Access\实习小组成员一览表.xls"，其他参数为默认值。

⑥单击快速访问工具栏的"保存"按钮，在打开的"宏名称"文本框中输入"格式化实习小组成员一览表并导出为 Excel 文件"，单击"确定"按钮。

完成上述设计后，宏对象"协同工作宏对象"设计完成，其设计细节如图 8-52 所示。

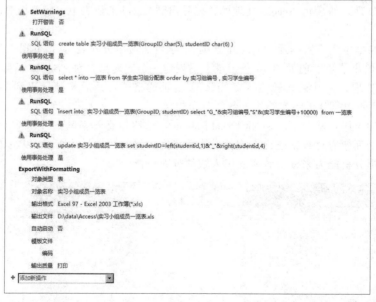

图 8-52 "格式化实习小组成员一览表并导出为 Excel 文件"宏对象的设计细节

8.5.2　应用示例—信用评分

Access宏对象基于工作流的思想，可以处理较为复杂的工作流逻辑。本书配套的电子版教学资源以"大学生信用状况评估"为应用背景，详细说明宏对象工作流的设计思想和设计方法。有兴趣的读者可基于该资源进行自主学习。

8.6　技术拓展和理论升华

在宏对象的设计中，本文提出了工作流。那么什么是工作流？常见的工作流有哪些类型？工作流是如何管理的？工作流设计要考虑哪些因素？如何设计工作流模型？本节将展开介绍。

1. 工作流的概念

工作流即任务的流程，它由多个任务基于特定的路由组成。任务是特定工作中不可分割而且必须完整执行的逻辑单元。例如，采集学生的信用指标数据、计算学生的信用分值、确定学生的信用等级、反馈学生的信用等级等，这些都是任务的例子。任务既可以是手动的，也可以是自动的。手动的任务完全由人来执行，自动的任务在没有人干涉的情况下由计算机软件自动执行。各个任务基于特定的路由组成工作流。所谓的路由指的是同一工作流中不同任务的执行路径。

2. 工作流的路由类型

工作流技术是借助计算机技术，按照某种预定的逻辑规则，实现任务、信息、文档的自动流转。为了实现自动流转，工作流必须支持多种类型的路由，这样才能满足实际应用的需求。常用的路由类型有顺序路由、并发路由、选择路由以及循环路由等。

如果工作流中的两个或多个任务顺序执行，则称为顺序流程的路由，简称为顺序路由；如果工作流中的两个或多个任务同时执行或以不确定次序执行，则称为并发流程的路由，简称为并发路由；如果工作流中的两个或多个任务的执行存在选择时，则称为选择流程的路由，简称为选择路由；如果一个任务需要执行多次时，则称为循环流程的路由，简称为循环路由。

3. 工作流管理系统的功能

工作流的设计和实现要依托一个工作流管理系统。一般来说，工作流管理系统是一个软件系统，它完成工作流的定义和管理，并按照预先定义好的工作流逻辑在计算机中实现工作流的执行。

基于上述的定义，工作流管理系统一般应该具备以下三种功能。

①工作流定义功能：实现工作流及相关任务的定义。

②工作流执行功能：在一定的运行环境下，执行工作流，完成工作流中的任务。

③人机交互功能：在工作流执行的时候，实现任务和任务、任务和用户之间的交互。

需要特别说明的是，工作流管理系统不是企业的业务系统，而是为企业的业务系统的运行提供了一个软件的支撑环境。对于不同领域的应用，有不同的工作流管理系统。就数据库领域的工作流技术而言，Microsoft Access，就是一个工作流管理系统，它基于宏对象实现工作流技术。

4. 工作流设计要考虑的因素

一般来说，工作流必须与企业的实际业务流程一致；另外工作流离不开计算机的智能，它的设计和实现依托一个工作流管理系统；还有工作流中的业务流程，也离不开用户的干预这就意味着工作流的设计要考虑三个因素：第一，工作流要与用户的业务需求一致；第二，工作流能够促使不同任务的执行者进行高效协作；第三，不同任务的操作信息能够在不同的执行者之间进行正确传递。

5. 工作流的设计

前文设计的工作流模型，都是基于文字描述的。基于文字描述的工作流模型，比较抽象，不够直观，不利于设计者与用户交流。那么是否有图形化建模方法建模工作流呢？答案是肯定的。工作流的图形建模方法有很多种，其建模思想基本类似，只是在建模元素上有些差异。

本书配套的电子版教学资源，给出了工作流的图形建模方法。有兴趣的读者可基于该资源进行自主学习。

本章习题

第9章 窗体对象的设计及应用

本章导读

窗体对象又称为表单对象，经常用来设计应用程序数据输入、修改或输出的用户界面，它在 Access 数据库应用系统中有着广泛的应用。事实上，Windows 环境中的窗口及对话框均为窗体对象的不同表现形式。本章将介绍与窗体对象相关的知识，包括窗体的基本概念、窗体类型、窗体视图、创建窗体的方法、控件的设计以及窗体的美化等内容。

9.1 窗体对象概述

9.1.1 窗体对象的概念

窗体是 Access 数据库的重要对象之一，可以理解为应用程序的界面。由于应用程序的界面通常包括文本框、命令按钮以及列表框等多个控件对象，因此窗体是一个容器对象。

窗体既是管理数据库的窗口，又是用户和数据库之间的桥梁，通过窗体可以方便地输入数据，编辑数据，查询、排序、筛选和显示数据。Access 利用窗体对象将整个数据库应用系统组织起来，从而构成完整的应用系统。

9.1.2 窗体对象的功能

一个数据库系统开发完成后，对数据库的交互操作大多数都是在窗体界面中进行的。因此，窗体对象设计的好坏直接影响 Access 应用程序的友好性和可操作性。

通过窗体对象可以实现以下主要功能。

①显示和编辑数据：这是窗体的最基本功能。窗体可以显示来自多个数据源中的数据，通过窗体，用户可以对数据库中的相关数据进行添加、删除、修改等各种操作。

②控制应用程序流程：窗体可以与宏或者 VBA 代码相结合，控制程序的执行流程，实现应用程序的导航及交互功能。

③信息显示和数据打印：在窗体中可以显示一些警告或解释的信息。此外，窗体也可以用来打印数据库中的数据。

9.1.3 窗体的类型

一个好的数据库系统不但要设计合理，满足用户需要，而且还必须具有一个功能完善、操作方便、外观美观的操作界面。窗体作为输入界面时，它可以接受数据的输入并检查输入的数据是否有效；窗体作为输出界面时，它可以根据需要输出各类形式的信息（包括多媒体信息），还可以把记录组织成方便浏览的各种形式。

窗体主要有以下 4 种类型。

1. 纵栏式窗体

在窗体界面中每次只显示表或查询中的一条记录，可以占一个或多个屏幕页，记录中各字段纵向排列。纵栏式窗体通常用于输入数据，每个字段的字段名称都放在字段左边。

2. 数据表窗体

数据表窗体从外观上看与数据表和查询显示数据的界面相同，通常是用来作为一个窗体的子窗体。

3. 主/子窗体

窗体中的窗体称为子窗体，包含子窗体的窗体称为主窗体。它们通常用于显示多个表或查询的数据；这些表或查询中的数据具有一对多的关系。主窗体显示为纵栏式的窗体，子窗体可以显示为数据表窗体，也可以显示为表格式窗体。子窗体中还可以创建二级子窗体。

4. 图表窗体

Access 提供了多种图表，包括折线图、柱型图、饼图、圆环图、面积图、三维条型图等。图表窗体可以单独使用，也可以将其嵌入到其他窗体中作为子窗体。

除了上面 4 种常见的典型窗体外，用户还可以根据需要，在窗体中增删各种控件，设计灵活复杂的窗体，自由创建的窗体可以不属于这 4 种窗体。

9.1.4　窗体对象设计器的视图

窗体对象设计器的视图就是窗体设计时的外观表现形式，又称为窗体对象的视图。在 Access 窗体设计器中，窗体对象有窗体视图、布局视图和设计视图 3 种视图。不同类型的窗体对象具有的视图类型有所不同，窗体对象在不同的视图中完成不同的任务，窗体对象的不同视图之间可以方便地进行切换。

1. 窗体视图

窗体视图是窗体运行时的显示形式，是完成对窗体设计后的效果，可浏览窗体所捆绑的数据源数据。要以窗体视图打开某一窗体，可以在导航窗格的窗体列表中双击要打开的窗体。

2. 布局视图

布局视图是 Access 新增加的一种视图，是用于修改窗体最直观的视图，可用于对窗体进行修改、调整窗体设计。可以根据实际数据调整列宽，还可以在窗体上放置新的字段，并设置窗体及其控件的属性、调整控件的位置和宽度。切换到布局视图后，可以看到窗体的控件四周被虚线围住，表示这些控件可以调整位置和大小。

3. 设计视图

设计视图是 Access 数据库对象(包括表、查询、窗体和宏)都具有的一种视图。在设计视图中不仅可以创建窗体，更重要的是可以编辑修改窗体，它显示的是各种控件的布局，不显示数据源数据。窗体视图由五部分组成：窗体页眉、页面页眉、主体、页面页脚和窗体页脚。在此创建完窗体后，可在窗体视图、数据表视图等视图中查看设计结果。

9.1.5　创建窗体对象的功能按钮

Access 功能区"创建"选项卡的"窗体"选项组中，提供了多种创建窗体的功能按钮，其中包括："窗体""窗体设计"和"空白窗体"三个主要的按钮，还有"窗体向导""导航"和"其他窗体"三个辅助按钮，如图 9-1 所示。单击"导航"和"其他窗体"按钮还可以展开其下拉列表，列表中提供了创建特定窗体的方式，如图 9-2 和图 9-3 所示。

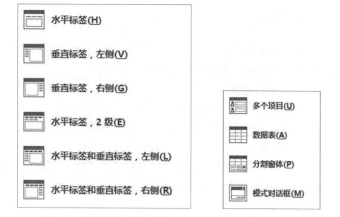

图 9-1 "窗体"选项组　　　　图 9-2 "导航"下拉列表　　　图 9-3 "其他窗体"下拉列表

各个按钮的功能如下。

①窗体：最快速地创建窗体的工具，只需要单击便可以创建窗体。使用这个工具创建窗体，来自数据源的所有字段都放置在窗体上。

②窗体设计：利用窗体设计视图设计窗体。

③空白窗体：这也是一种快捷的窗体构建方式，以布局视图的方式设计和修改窗体，尤其是当计划只在窗体上放置很少几个字段时，使用这种方法最为适宜。

④窗体向导：一种辅助用户创建窗体的工具。

⑤多个项目：使用"窗体"工具创建窗体时，所创建的窗体一次只显示一个记录。而使用"多个项目"按钮则可创建显示多个记录的窗体。

⑥数据表：生成数据表形式的窗体。

⑦分割窗体：可以同时提供数据的两种视图，即窗体视图和数据表视图。分割窗体不同于主窗体/子窗体的组合（子窗体将在后面介绍），它的两个视图连接到同一数据源，并且总是相互保持同步的。如果在窗体的某个视图中选择了一个字段，则在窗体的另一个视图中选择相同的字段。

⑧模式对话框：生成的窗体总是保持在系统的最上面，不关闭该窗体，不能进行其他操作，例如，登录窗体就属于这种窗体。

⑨导航：用于创建具有导航按钮即网页形式的窗体，在网络世界把它称为表单。它又细分为六种不同的布局格式，虽然布局格式不同，但是创建的方式是相同的。导航工具更适合于创建 Web 形式的数据库窗体。

9.2　窗体对象的设计方法

尽管创建窗体对象的命令很多，但创建窗体对象的主要方法可以归纳为两类：基于设计视图和基于向导。基于设计视图创建窗体对象是最主要的方法，它比较灵活，用户可以根据实际需求在设计视图中对窗体、窗体所包含的控件以及它们之间的关系进行设计。除了窗体设计视图的方法外，其他的设计方法都会给予用户一定的提示、引导，所以把创建窗体对象的方法分为基于向导和基于设计视图两种。

9.2.1 向导

基于向导创建窗体的方法主要包括自动创建窗体、创建简单窗体、创建分割窗体、创建数据透视表窗体、创建数据透视图窗体等。

1. 自动创建窗体

自动创建窗体是指使用"窗体"命令所创建的窗体。这种方法适用于要对数据表或查询数据进行展示,制作数据表的输入或浏览窗体。其数据源来自某个表或某个查询,其窗体的布局结构简单规整。

【例9-1】在销售单数据库中使用"窗体"命令创建 Customer 窗体,用于显示 Customer 表(该表未与其他表建立关系)中的信息。

【分析】本案例所介绍的是最简单快捷的创建窗体的方法,这种简单快捷所付出的代价就是缺少变化、不够灵活。

参考操作步骤如下。

①打开"销售单"数据库,在左边的导航窗格中,选中要在窗体上显示的数据表 Customer。

②创建窗体。执行"创建"选项卡"窗体"选项组中的"窗体"命令,窗体即创建完成,并以布局视图显示,如图9-4所示。

③保存窗体。执行"文件"选项卡中的"保存"命令,或单击工具栏中的"保存"按钮,弹出"另存为"对话框,在"窗体名称"文本框中输入该窗体的名称,单击"确定"按钮即可。

图 9-4　Customer 窗体

2. 创建简单窗体

使用"窗体向导"命令创建单个窗体,其数据可以来自一个表或查询,也可以来自多个表或查询。这种方法方便简单,非常容易掌握。要注意的是,如果来自多个表,最好在创建窗体前先建立好它们之间的联系。

【例9-2】在"销售单"数据库中使用"窗体向导"命令创建 CustomerOrder 窗体,窗体布局为纵栏式,显示内容为 Customer 表中的"顾客编号""顾客姓名""顾客性别"字段和 SalesOrder 表中的"订单编号""创建时间""订单状态"字段,在此之前将 Customer 表中盛老师的顾客编号改为"C11020003",然后给这两个表建立了一对多的关系。

【分析】本案例所介绍的是使用"窗体向导"命令给两个数据表创建窗体的方法,这种方法虽然可以选择显示的字段内容,但在显示的布局上仍然比较死板单调。

参考操作步骤如下。

①打开"销售单"数据库,执行"创建"选项卡"窗体"选项组中的"窗体向导"命令,弹出"窗体向导"对话框。

②选定表及字段。在此对话框中分别选定 Customer 表及其字段"顾客编号""顾客姓名""顾客性别"和 SalesOrder 表及其字段"订单编号""创建时间""订单状态",如图9-5所示,然后单击"下一步"按钮。

③确定查看数据的方式。弹出下一个对话框，选中"通过 SalesOrder"方式，确定为"单个窗体"，如图 9-6 所示，单击"下一步"按钮。

图 9-5　选择窗体的表及字段

图 9-6　确定查看数据的方式

④确定窗体布局。弹出下一个对话框，选中"纵栏表"单选按钮，确定窗体布局为纵栏式，如图 9-7 所示，单击"下一步"按钮。

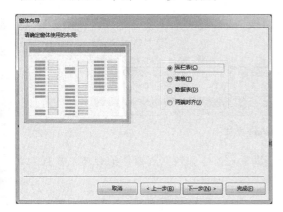

图 9-7　确定窗体布局

图 9-8　输入窗体标题

⑤输入窗体标题。弹出下一个对话框，输入窗体标题为"CustomerOrder"，如图 9-8 所示。选中"打开窗体查看或输入信息"单选按钮（默认方式），单击"完成"按钮，即可看到本窗体的设计结果，如图 9-9 所示。

本窗体有 30 条记录，与 SalesOrder 表的记录一样多。

3. 创建分割窗体

"分割窗体"是用于创建一种具有两种布局形式的窗体。在窗体的上半部是单一记录布局方式，在窗体的下半部是多个记录的数据表布局方式。这种分割窗体为用户浏览记录带来了方便，既可以在宏观上浏览多条

图 9-9　窗体设计结果

记录，又可以在微观上明细地浏览某一条记录。分割窗体特别适合于数据表中记录很多，又需要浏览某一条记录明细的情况。

【例9-3】在销售单数据库中使用"分割窗体"命令创建Product窗体，用于显示Product表中的信息。

【分析】本案例所介绍的是使用"分割窗体"命令创建窗体的方法，这种窗体能够满足用户既要快速浏览（数据表）又要查看编辑部分详细信息（纵栏式）的要求。

参考操作步骤如下。

①打开"销售单"数据库，在导航窗格中，选中要在窗体上显示的数据表Product。

②创建窗体。执行"创建"选项卡"窗体"选项组中的"其他窗体"命令，然后选择"分割窗体"选项，窗体即创建完成，并以布局视图显示，如图9-10所示。

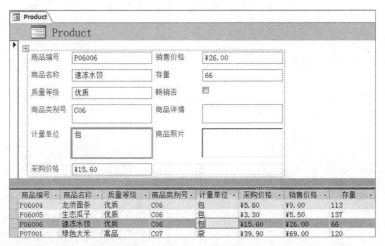

图9-10　Product窗体

③保存窗体。可以看到，Product窗体相当于纵栏式窗体和数据表窗体的合体，并且上下两部分的操作是同步的。

9.2.2　设计器

很多情况下使用向导或其他方法创建的窗体只能满足一般的需要，不能满足创建复杂窗体的需要。如果要设计灵活复杂的窗体则需要使用窗体设计器中的设计视图创建窗体，或者用其他方法创建窗体，完成后在窗体设计视图中进行修改。

1. 窗体对象的设计视图

打开数据库，执行"创建"选项卡"窗体"选项组中的"窗体设计"命令，打开窗体的设计视图，如图9-11所示。

窗体设计视图由多个部分组成，每个部分称为"节"，每一节左边的小方块是相应的节选定器。所有的窗体都有"主体"节，默认情况下，设计视图只有"主体"节如果需要添加其他节，在窗体中右击，在弹出的快捷菜单中执行"页面页眉/页脚"和"窗体页眉/页脚"等命令，这几个节即被添加到窗体上。通过相同的操作也可以隐藏这几个节。

主体是窗体最重要的部分，主要用来显示记录数据、放置各种控件。窗体页眉位于窗体顶部，一般用于放置窗体的标题，使用说明或执行某些其他任务的命令按钮。窗体页脚节位于窗体底部，一般用于放置对整个窗体所有记录都要显示的内容，也可以放置使用说明和命令按钮。页面/页眉节用来设置窗体在打印时的页头信息，如标题、每一页上方显示的内容

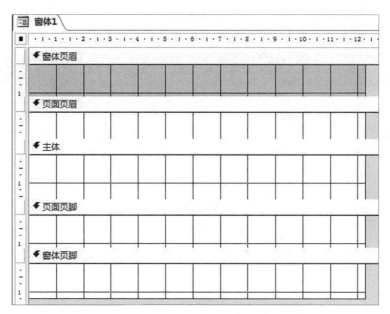

图 9-11　窗体的设计视图

等。页眉/页脚节用来设置窗体在打印时的页面的页脚信息，这点与 Word 的页眉/页脚的作用类似。

　　窗体各个节的宽度和高度都可以调整，一种简单方法是用手工调整高度宽度，首先单击节选择器(颜色变黑)，然后把光标移到节选择器的上方当其变成上下双箭头形状后，上下拖动就可以调整节的高度。把光标定位在节的右侧边缘处，当光标变成水平双箭头形状后，拖动鼠标可以调整节的宽度(调整时所有节的宽度同时调整)。

2. 窗体对象的设计工具

　　打开窗体设计视图后，在 Access 功能区会出现"窗体设计工具"选项卡。这个选项卡由"设计""排列"和"格式"子选项卡组成，其中"窗体设计工具｜设计"选项卡中包括"视图""主题""控件""页眉/页脚"以及"工具"5 个选项组。这些选项组提供了窗体的设计工具，如图 9-12 所示。

图 9-12　"窗体设计工具｜设计"选项卡

　　"窗体设计工具｜排列"选项卡中包括"表""行和列""合并/拆分""移动""位置"和"调整大小和排序"6 个选项组，主要用来对齐和排列控件，如图 9-13 所示。

图 9-13　"窗体设计工具｜排列"选项卡

"窗体设计工具 | 格式"选项卡中包括"所选内容""字体""数字""背景"和"控件格式"5个选项组,用来设置控件的各种格式,如图9-14所示。

图9-14 "窗体设计工具 | 格式"选项卡

3. 窗体对象的常用控件

在窗体上添加的一个具体的控件就是一个对象。每一个对象具有相应的属性、事件和方法。属性是对象固有的特征;由对象发出且能够为某些对象感受到的行为动作称为事件;方法是附属于对象的行为和动作。当某一个事件发生时,方法被执行,这种执行方式称为事件驱动,这也是面向对象程序设计的基本特点。

"控件"是窗体上图形化的对象,如文本框、复选框、滚动条和命令按钮等,用于显示数据和执行操作。选择

图9-15 窗体常用控件

"窗体设计工具 | 设计"选项卡,在"控件"选项组中将出现各种控件按钮,如图9-15所示。通过这些按钮可以向窗体添加控件。

(1)控件的分类

根据控件与数据源的关系,控件可以分为绑定型控件、未绑定型控件和计算型控件3种。

绑定型控件与表或查询中的字段相关联,可用于显示、输入、更新数据库中字段的值。例如,窗体中显示顾客姓名的文本框,它的数据来源就是Customers表的"顾客姓名"字段。

未绑定型控件是无数据源的控件。例如,显示窗体标题或字段名的标签。

计算型控件用表达式而不是字段作为数据源,表达式可以利用窗体或报表所引用的表或查询字段中的数据,也可以是窗体或报表上的其他控件中的数据。

(2)控件的功能

这些控件的功能如表9-1所示。

表9-1 控件的功能

图标	控件名称	功能
▱	选择	选定控件、窗体和节等对象
abl	文本框	显示、编辑数据,特别是可以接受用户的输入和对数据的修改
Aa	标签	显示文本信息,常用于标题和字段名称的显示
xxxx	按钮	通过定义按钮的功能,完成窗体的各种操作,如添加记录、删除记录等

续表

图标	控件名称	功能
	选项卡控件	使一个窗体产生多个选项卡以"多页"显示更多内容
	超链接	创建指向网页、图片、电子邮件地址或程序的超链接
	Web 浏览器控件	创建 Web 浏览器浏览网页
	导航控件	用于生成具有导航功能的窗体界面
	选项组	建立一个由多个选项按钮、复选框或切换按钮组成的框以提供多个可选值
	插入分页符	在打印时开始新的一页
	组合框	将多个字段值列出在下拉列表中供用户选择,也允许用户自行输入值
	图表	创建一个图表
	直线	画一条直线
	切换按钮	一般用于显示"是/否"数据类型的字段值,按下表示"是"、未按下表示"否"
	列表框	将多个字段值列出在一个方框中供用户选择,但不允许用户自行输入值
	矩形	画一个矩形
	复选框	一般用于显示"是/否"数据类型的字段值,☑表示"是"、☐表示"否"
	非绑定对象框	用于存放图片等 OLE 对象,与字段无关联
	附件	添加附加文件
	选项按钮	一般用于显示"是/否"数据类型的字段值,◉表示"是"、○表示"否"
	子窗体/子报表	在窗体(或报表)中插入另一个窗体(或报表)作为子窗体(或子报表)
	绑定对象框	用于存放图片等 OLE 对象,与字段关联,如"教师信息表"中的"照片"字段
	图像	用于显示静态的或固定的一张图片,如徽标,它不能随字段值自动变化

4. 窗体和控件的常用属性

属性是对象的物理性质,是描述和反映对象特征的参数。一个对象的属性,反映了这个对象的状态。属性不仅决定对象的外观,而且决定对象的行为。窗体及窗体中的每一个控件都具有各自的属性,这些属性决定了窗体及控件的外观、所包含的数据及对鼠标或键盘事件的响应。设计窗体需要详细了解窗体和控件的属性,并根据设计要求设置属性。窗体及控件的常用属性如表 9-2 所示。

表 9-2　窗体及控件的常用属性

属性名称	编码关键字	说明
标题	Caption	对象的显示标题，用于窗体、标签、命令按钮等控件
名称	Name	对象的名称，用于节、控件
控件来源	ControlSource	控件显示的数据，编辑绑定到表、查询和 SQL 命令的字段，也可显示表达式的结果，用于列表框、组合框和绑定框等控件
背景色	BackColor	对象的背景色，用于节、标签、文本框、列表框等控件
前景色	ForeColor	对象的前景色，用于节、标签、文本框、命令按钮、列表框等控件
字体名称	FontName	对象的字体，用于标签、文本框、命令按钮、列表框等控件
字体大小	FontSize	对象的字体大小，用于标签、文本框、命令按钮、列表框等控件
字体粗细	FontBold	对象的文本粗细，用于标签、文本框、命令按钮、列表框等控件
倾斜字体	FontItalic	指定对象的文本是否倾斜，用于标签、文本框和列表框等控件
边框样式	BorderStyle	对象的边框显示，用于标签、文本框、列表框等控件
背景风格	BockStyle	对象的显示风格，用于标签、文本框、图像等控件
图片	Picture	对象是否用图形作为背景，用于窗体、命令按钮等控件
宽度	Width	对象的宽度，用于窗体、所有控件
高度	Height	对象的高度，用于窗体、所有控件
记录源	RecordSource	窗体的数据源，用于窗体
行来源	RowSource	控件的来源，用于列表框、组合框控件等
自动居中	AutoCenter	窗体是否在 Access 窗口中自动居中，用于窗体
记录选定器	RecordSelectors	窗体视图中是否显示记录选定器，用于窗体
"导航"按钮	NavigationButtons	窗体视图中是否显示"导航"按钮和记录编号框，用于窗体
控制框	ControlBox	窗体是否有"控件"菜单和按钮，用于窗体
"最大化"按钮	MaxButton	窗体标题栏中"最大化"按钮是否可见，用于窗体
"最大/小化"按钮	MinMaxButtons	窗体标题栏中"最大化""最小化"按钮是否可见，用于窗体
"关闭"按钮	CloseButton	窗体标题栏中"关闭"按钮是否有效，用于窗体
可移动的	Moveable	窗体视图是否可移动，用于窗体
可见性	Visiable	控件是否可见，用于窗体、所有控件

5. 窗体和控件的常用事件

事件就是每个对象可能用以识别和响应的某些行为和动作。在 Access 中，一个对象可以识别和响应一个或多个事件，对窗体和控件设置事件属性值是为该窗体或控件设定响应事件的操作流程，也就是为窗体或控件的事件处理方法编程。窗体和控件的常用事件如表 9-3 所示。

表 9-3　窗体和控件的常用事件

事件	触发时机
打开（Open）	打开窗体，未显示记录时
加载（Load）	窗体打开并显示记录时
调整大小（Resize）	窗体打开后，窗体大小更改时
成为当前（Current）	窗体中焦点移到一条记录（成为当前记录）时；窗体刷新时；重新查询
激活（Activate）	窗体变成活动窗口时
获得焦点（GetFocus）	对象获得焦点时
单击（Click）	单击鼠标时
双击（DbClick）	双击鼠标时
鼠标按下（MouseDown）	按下鼠标键时
鼠标移动（MouseMove）	移动鼠标时
鼠标释放（MouseUP）	松开鼠标键时
击键（KeyPress）	按下并释放某键盘键时
更新前（BeforeUpdate）	在控件或记录更新前
更新后（AfterUpdate）	在控件或记录更新后
失去焦点（LostFocus）	对象失去焦点时
卸载（Unload）	窗体关闭后，从屏幕上删除前
停用（Deactivate）	窗体变成不是活动窗口时
关闭（Close）	当窗体关闭，并从屏幕上删除时

6. 控件的常用操作

对窗体进行设计的过程，主要是对控件布局的设计，这就涉及对控件的各种操作，主要包括对控件的添加、选择、移动、复制、调整大小、位置对齐等。

（1）控件的添加

向窗体添加控件的方法有如下两种。

1）自动添加

当窗体需要显示某一数据表的字段时，单击"添加现有字段"按钮，会打开"字段列表"任务窗格，双击其中的字段名或将字段从"字段列表"任务窗格拖动至窗体，这时会自动创建绑定控件，即每个字段对应于标签和文本框两个控件，标签显示字段名，文本框显示字段中的数据。

2）使用控件命令按钮向窗体添加控件

在"控件"选项组中执行所需要的控件命令，然后在窗体适当位置处单击并拖动鼠标，画出适当大小后释放鼠标，窗体中即创建了该控件。系统会自动给该控件命名，作为它的标识，控件的大小及位置可反复调整。特别地，在添加文本框时，文本框前会自动添加一个关联标签。

（2）控件的选择

用户可以通过单击控件选择某一个控件，被选中的控件四周会出现小方块状的操作柄，它们可用于控件大小，左上角的控制柄用于控制控件的移动。

选择多个控件可以先按 Ctrl 键或 Shift 键再分别单击要选择的控件。选择全部控件可以按 Ctrl＋A 快捷键，或执行"窗体设计工具｜格式"选项卡"所选内容"选项组中的"全选"命令。也可以使用标尺选择控件，方法是将光标移动到水平标尺，当光标变为向下箭头后，拖动光标到需要选择的位置处即可。

（3）控件的移动

要移动控件，首先要选中控件，然后将光标指向控件的左上角控制柄或边框，当光标变成四向箭头时，即可将控件拖动到目标位置处。

当单击组合控件及其附属标签的任一部分时，将显示两个控件的移动控制柄，以及所单击的控件的操作柄。如果要分别移动控件及其标签，应将光标定位在控件或标签左上角处的移动控制柄上，当光标变成四向箭头时，拖动控件或标签可以移动控件或标签；如果光标移动到控件或标签的边框（不是移动控制柄）上，当光标变成四向箭头时，可同时移动两个控件。

（4）控件的复制

要复制控件，首先要选中控件，右击，在弹出的快捷菜单中执行"复制"命令，再右击，执行"粘贴"命令，将复制的控件移动到适当位置即可。

（5）控件类型的改变

若要改变控件的类型，则要先选中该控件，然后右击，弹出快捷菜单，在该快捷菜单中的"更改为"子命令中选择所需的新控件类型。

（6）控件的删除

如果希望删除不用的控件，可以选中要删除的控件，按 Del 键或 Delete 键删除。

（7）控件尺寸的改变

对于控件大小的调整，既可以通过其"宽度"和"高度"属性来设置，也可以通过直接拖动控件的操作柄来设置。单击要调整大小的一个控件或多个控件，拖动操作柄，直到控件变为所需的大小。如果选择多个控件，所选的控件都会随着拖动第一个控件的操作柄而更改大小。

如果要调整控件的大小以容纳其显示内容为准则，则需选中要调整大小的一个或多个控件，然后执行"窗体设计工具｜排列"选项卡"调整大小和排序"选项组中的"大小/空格"命令，在弹出的下拉菜单中选择"正好容纳"命令，将根据控件所显示内容确定其宽度和高度。

如果要统一调整控件之间的相对大小，首先选中需要调整大小的控件，然后在"大小/空格"下拉菜单中选择下列其中一项命令："至最高"命令使选定的所有控件调整为与最高的控件同高；"至最短"命令使选定的所有控件调整为与最短的控件同高；"至最宽"命令使选定的所有控件调整为与最宽的控件同宽；"至最窄"命令使选定的所有控件调整为与最窄的控件同宽。

（8）控件的对齐

当需要设置多个控件对齐时，先选中需要对齐的控件，然后执行"窗体设计工具｜排列"选项卡的"调整大小和排序"选项组中的"对齐"命令，再在其下拉菜单中执行"靠左"或"靠右"命令，这样保证了控件之间垂直方向对齐；执行"靠上"或"靠下"命令，则保证水平对齐。执行"对齐网格"命令，则以网格为参照，选中的控件自动与网格对齐。

在水平对齐或垂直对齐的基础上，可进一步设定等间距。假设已经设定了多个控件垂直方向对齐，则执行"大小/空格"下拉菜单的"垂直相等"命令。

下面通过一个较简单的窗体设计初步了解一下控件的使用。

【例 9-4】基于窗体设计视图创建一个窗体，用于显示 Seller 表中各字段的内容，标题为"销售人员情况简介"，并在下方显示当前日期、时间。

【分析】本案例所介绍的是初步了解在窗体设计视图中控件的使用，通过这个例子可以了解到在窗体设计视图中各个节、各种控件的使用方法。

参考操作步骤如下。

①打开"销售单"数据库，执行"创建"选项卡"窗体"选项组中的"窗体设计"命令，打开窗体设计视图，此时创建的窗体只有"主体"节。

②添加"窗体页眉/页脚"。在"主体"节中右击，在弹出的快捷菜单中执行"窗体页眉/页脚"命令，在窗体中就添加了"窗体页眉"节和"窗体页脚"节，适当调整它们的高度，如图 9-16 所示。

③添加窗体标题。执行"窗体设计工具 | 设计"选项卡"控件"选项组中的

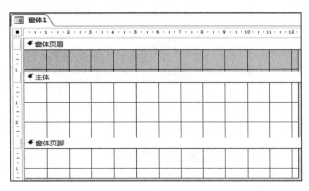

图 9-16 窗体设计视图

"标签"命令，然后在"窗体页眉"节中画出适当大小的一个标签控件，并输入"销售人员情况简介"，它被自动命名为"label0"。

④设置标题文本。执行"窗体设计工具 | 设计"选项卡"工具"选项组中的"属性表"命令，在屏幕右侧会打开"属性表"任务窗格，在任务窗格上方选定要定义的对象"label0"，选择"格式"选项卡，在"字体名称"下拉列表框中选择"黑体"、在"字号"下拉列表框中选择"16"，如图 9-17 所示。

⑤设置窗体数据源。在"属性表"任务窗格中选定"窗体"对象，选择"数据"选项卡，在"记录源"下拉列表框中选择 Seller 表。执行"窗体设计工具 | 设计"选项卡"工具"选项组中的"添加现有字段"命令，打开"字段列表"任务窗格，如图 9-18 所示。

图 9-17 "属性表"任务窗格

图 9-18 "字段列表"任务窗格

⑥添加字段。用户可以将"字段列表"任务窗格中的字段逐一拖动到窗体"主体"节的适当位置；也可以按住 Ctrl 键，将所需字段都选中，整体拖动到窗体"主体"节中，再分别移到合适位置。此时，系统为每一个字段都设置了一个文本框和一个标签，标签显示的内容是相应字段的字段名，文本框则用于显示字段内容。

⑦添加日期时间。执行"窗体设计工具｜设计"选项卡"页眉/页脚"选项组中的"日期和时间"命令，打开"日期和时间"任务窗格，将"包含日期"和"包含时间"前的复选框都勾选，并选择它们各自的格式，如图 9-19 所示。单击"确定"按钮，即会在窗体中添加两个显示当前日期和时间的文本框，将它们分别拖动到"窗体页脚"节中即可，如图 9-20 所示。

图 9-19 "日期和时间"任务窗格

图 9-20 完成后的窗体设计视图

⑧查看窗体。执行"窗体设计工具｜设计"选项卡"视图"选项组中的"视图"命令，在弹出的下拉菜单中选择"窗体视图"选项，即可查看窗体设计的结果，如图 9-21 所示。

图 9-21 在窗体视图中查看窗体

⑨保存窗体。

9.3 窗体对象的设计技术

在 Access 中，控件是放置在窗体对象上的对象，通过控件用户进行数据输入或操作数据的对象。控件是窗体中的子对象，它在窗体中起着显示数据、执行操作以及修饰窗体的作用。本节主要介绍如何使用常用控件进行窗体的设计。

9.3.1　标签与文本框控件

标签控件用于在窗体、报表中显示一些描述性的文本，如标题或说明等。它分为两种：一种是可以附加到其他类型控件上，和其他控件一起创建组合型控件的标签控件；另一种是利用标签工具创建的独立标签。在组合型控件中，标签的文字内容可以随意更改，但是用于显示字段值的文本框中的内容是不能随意更改的，否则将不能与数据源表中的字段相对应，不能显示正确的数据。

文本框既可以用于显示指定的数据，也可以用来输入和编辑字段数据。文本框分为三种类型：绑定（也称为结合）型、未绑定（也称为非结合）型和计算型。绑定型文本框是链接到表和查询中的字段，从表或查询的字段中提取所显示的内容。未绑定型文本框并不链接到表或查询，在设计视图中以"未绑定"字样显示，一般用来显示提示信息或接受用户输入数据等。计算型文本框，用于放置计算表达式以显示表达式的结果。

【例9-5】基于窗体设计视图，创建一个"倒计时"窗体，窗体内有两个标签和两个文本框，要求能够输入未来某个重要的日期，然后能显示今日距该日期的天数。

【分析】本案例所介绍的是标签与文本框控件的使用，它们可以算是窗体中使用频率最高的控件，由于文本框经常需要有个说明或标志，所以在添加文本框时系统会自动添加一个对应的标签。

参考操作步骤如下。

①在 Access 窗口中，执行"创建"选项卡"窗体"选项组中的"窗体设计"命令，打开窗体设计视图，此时创建的窗体只有"主体"节。

②添加控件。执行"窗体设计工具｜设计"选项卡"控件"选项组中的"文本框"命令，然后在窗体"主体"节中画出一个文本框，在该文本框前会自动附加一个标签，它们的名称分别为Text0（文本框）和Lable1（标签）；采用同样方法再添加一个文本框，把它们放置到合适位置并调整至适当的大小。

③设置属性。将标签的"标题"属性分别设置为"未来重要日期:"（Label1）和"今天距该日期还有（天）:"（Label3），字号均为16。将 Text0 的"格式"属性设置为"常规日期"，将Text2 的"控件来源"属性设置为"＝[Text0]－ Date()"，在设置该属性时，单击"控件来源"最右侧的编辑按钮，

图 9-22　表达式生成器

打开"表达式生成器"，如图9-22所示，可在该生成器中直接输入公式，也可以通过表达式生成器下方的"表达式元素""表达式类别"和"表达式值"列表框进行选择输入。此时，窗体如图9-23所示。

④查看窗体。执行"窗体设计工具｜设计"选项卡"视图"选项组中的"视图"命令，在弹出的下拉菜单中执行"窗体视图"命令，在"未来重要日期:"右侧的文本框中输入一个日期并回车，在下方的文本框中即会显示当前日期距该日期天数，如图9-24所示。

⑤保存窗体。

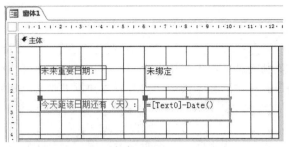

图 9-23　完成后的窗体设计视图　　　　　　　　图 9-24　窗体设计结果

9.3.2　命令按钮控件

在窗体中通常使用命令按钮来执行某项功能的操作，如可以创建命令按钮来打开另一个窗体。如果要使命令按钮响应窗体中的某个事件，从而完成某项操作，可编写相应的宏或事件过程并将它附加在命令按钮的"单击"属性中。

【例 9-6】基于窗体设计视图创建一个窗体，如图 9-25 所示，在窗体中利用命令按钮对SalesOrder 表的记录进行编辑。

【分析】本案例所介绍的是命令按钮针对数据表的常规操作，这种常规操作不需编程，只需要在系统提供的操作功能中根据需要做出相应的选择就可以。

参考操作步骤如下。

①打开"销售单"数据库，在 Access 窗口中单击"创建"选项卡"窗体"选项组中的"窗体设计"命令按钮，打开窗体设计视图。

图 9-25　窗体的显示效果　　　　　　　图 9-26　"命令按钮向导"对话框

②添加字段。执行"窗体设计工具 | 设计"选项卡"工具"选项组中的"添加现有字段"命令，Orders 表的 5 个字段添加到窗体中。

③添加命令按钮控件。执行"窗体设计工具 | 设计"选项卡"控件"选项组中的"按钮"命令，在窗体中适当位置画出命令按钮，在使用控件向导的情况下，弹出"命令按钮向导"对话框，如图 9-26 所示。在"类别"列表框中选择"记录导航"，在"操作"列表框中选择"转至前一项记录"，单击"下一步"按钮。

④给按钮设置标题。这时弹出第二个"命令按钮向导"对话框，如图 9-27 所示，选中"文本"单选按钮，设置"上一记录"为该按钮的标题，单击"下一步"按钮。

图 9-27 设置按钮标题

图 9-28 设置按钮名称

⑤为按钮设置名称。弹出第三个"命令按钮向导"对话框，如图 9-28 所示，输入该按钮的名称"Command1"，单击"完成"按钮，关闭对话框。其余三个按钮用相同的步骤添加即可，完成后的窗体设计视图如图 9-29 所示。

⑥取消窗体导航。在"属性表"任务窗格中设置窗体的"导航按钮"属性为"否"。

⑦查看窗体。在执行"窗体设计工具｜设计"选项卡"视图"选项组中的"视图"命令，在弹出的下拉列表中执行"窗体视图"命令，可看到如图 9-25 所示的效果，窗体中没有导航按钮。

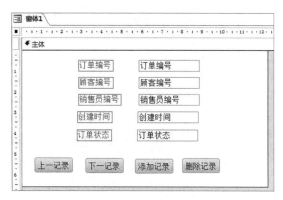

图 9-29 完成后的窗体设计视图

⑧保存窗体。

下面这个例子是通过对命令按钮编程实现操作的。

【例 9-7】基于窗体设计视图创建一个窗体，在窗体中可以输入本金（元）、年利率、存期（年），然后求出本利和。

【分析】本案例所介绍的是命令按钮的编程操作，这种操作首先要在该按钮的某一触发事件（一般为 Click 事件）下进行编程，当用户触发该事件时，系统即会执行所输入的代码，作出相应的操作。请读者注意：本案例需要用到 VBA 程序设计方面的知识，该知识将在第 11 章和第 12 章学习。

参考操作步骤如下。

①打开 Access 数据库，在 Access 窗口中执行"创建"选项卡"窗体"选项组中的"窗体设计"命令，打开窗体设计视图。

②添加控件。将四个文本框（附带四个标签）和一个命令按钮添加到窗体中，调整他们的大小及摆放位置。

③设置属性。将四个标签及命令按钮的"标题"属性分别设置为"本金（元）:""年利率:""存期（年）:""本利和（元）:"和"计算"。

④输入代码。右击命令按钮，在弹出的快捷菜单中选择"事件生成器"选项，在弹出的"选择生成器"对话框中选择"代码生成器"，打开 VBA 编辑器，如图 9-30 所示。此时，在窗口内的光标处输入代码，如图 9-31 所示，将 VBA 编辑器关闭。

图 9-30　VBA 编辑器

图 9-31　已输入代码的 VBA 编辑器

⑤查看窗体。打开窗体视图，在对应的文本框中分别输入 1000、0.035、3，单击"计算"按钮，在"本利和(元)："右侧的文本框中即显示出结果，如图 9-32 所示。

⑥保存窗体。

图 9-32　求本利和

9.3.3　单选按钮与复选框控件

复选框和单选按钮作为单独的控件用来显示表或查询中的"是/否"值。当勾选复选框或选中单选按钮时，设置为"是"，如果未选中则设置为"否"。

【例 9-8】使用窗体设计视图，创建一个窗体，在窗体中可以利用复选框或单选按钮对 Product 表的部分字段进行显示编辑。

【分析】本案例所介绍的是复选框和单选按钮的使用，之所以在一个例子中对这两种控件替换使用，是因为它们都具有选中和未选中两种状态，注意它们的异同点。

参考操作步骤如下。

①打开"销售单"数据库，在 Access 窗口中，执行"创建"选项卡"窗体"选项组中的"窗体设计"命令，打开窗体设计视图。

②添加字段。执行"窗体设计工具|设计"选项卡"工具"选项组中的"添加现有字段"命令，将 Product 表的 4 个字段添加到窗体中。其中"畅销否"字段为逻辑型字段，其字段名前自动添加复选框控件，有 √ 表示"是"，无 √ 表示"否"。其窗体设计视图如图 9-33 所示。

图 9-33　窗体设计视图(复选框)

③查看窗体。执行"窗体设计工具|设计"选项卡"视图"选项组中的"视图"命令，在弹出的下拉菜单中执行"窗体视图"命令，可看到如图 9-34 所示的效果。

④更改控件。执行"窗体设计工具|设计"选项卡"视图"选项组中的"视图"命令，在弹出的下拉菜单中执行"设计视图"命令，右击窗体中的复选框，在弹出的快捷菜单中执行"更改为"子命令中的"单选按钮"命令，复选框控件即被更改为单选按钮控件，单选按钮"选中"表示"是""未选中"表示"否"。

⑤查看窗体。同样，执行"窗体视图"命令，可看到如图 9-35 所示的效果。

图 9-34 窗体显示效果(复选框)

图 9-35 窗体显示效果(选项按钮)

⑥保存窗体。

9.3.4 列表框与组合框控件

列表框和组合框为用户提供了包含一些选项的可滚动列表。在窗体上输入的数据往往是取自某一个表或查询中的数据,这种情况应该使用组合框或列表框控件,这样做既保证输入数据的正确性,又提高数据的输入效率。在列表框中,任何时候都能看到多个选项,但不能直接编辑列表框中的数据。当列表框不能同时显示所有选项时,它将自动添加滚动条,使用户可以上下或左右滚动列表框,以查阅所有选项。

组合框和列表框在功能上是十分相似的。在组合框中,平时只能看到一个选项,单击组合框上的向下箭头按钮可以看到多选项的列表,组合框不仅可以从列表中选择数据,还可以输入数据,而列表框只能在列表中选择数据。

【例 9-9】为数据表 Customer 添加一个字段"特长与爱好"(短文本),基于窗体设计视图,创建一个窗体,数据源为 Customer 表,用组合框向字段"特长与爱好"输入数据。

【分析】本案例所介绍的是组合框控件的使用,列表框只能在列表中选择数据,而组合框除了在列表中选择数据外,还可以自行输入数据。所以可以这样说,使用列表框对输入的数据限定严格,使用组合框对输入的数据比较灵活。

参考操作步骤如下。

①打开"销售单"数据库,在 Access 窗口中,执行"创建"选项卡"窗体"选项组中的"窗体设计"命令,打开窗体设计视图。

②添加字段。设置窗体的记录源属性为 Customer 表,执行"窗体设计工具|设计"选项卡"工具"选项组中的"添加现有字段"命令,将 Customer 表中除了"特长与爱好"以外的 7 个字段添加到窗体中。

③添加组合框。执行"窗体设计工具|设计"选项卡"控件"选项组中的"组合框"命令,在窗体中画出组合框,其左边自动附带一个标签控件,这时出现"组合框向导"对话框,如图 9-36 所示。选中"自行键入所需的值。"单选按钮,单击"下一步"按钮。

④输入数据。在弹出的对话框中选择"列数"为"1",并输入常用的有关特长、爱好的数据,如图 9-37 所示。

⑤选择数据保存位置。单击"下一步"按钮,在弹出的对话框中选中"将该数值保存在这个字段中"单选按钮,并选定字段"特长与爱好",如图 9-38 所示,单击"下一步"按钮。

⑥选定标题。在弹出的对话框中选定组合框指定标签的标题为"特长与爱好",如图 9-39 所示,单击"完成"按钮,关闭"组合框向导"对话框。此时,窗体的设计视图如图 9-40 所示。

⑦查看窗体。执行"窗体设计工具|设计"选项卡"视图"选项组中的"视图"命令,在弹出的下拉菜单中执行"窗体视图"命令,在窗体中分别给前几位顾客输入相应的"特长与爱好"内容,既可以从多个下拉列表框中选择数据,也可以直接输入数据(如"潜水"),窗体的设计效

果如图 9-41 所示。

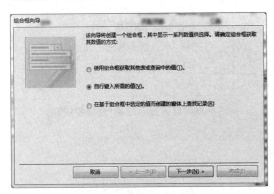

图 9-36 "组合框向导"对话框

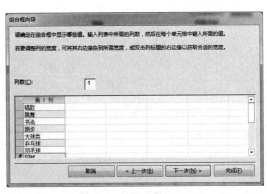

图 9-37 输入数据对话框

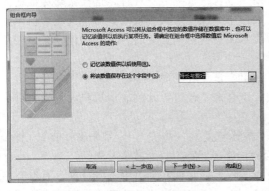

图 9-38 选择数值记忆对话框

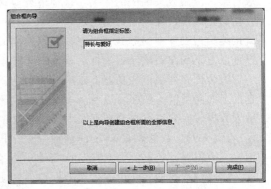

图 9-39 选定标题对话框

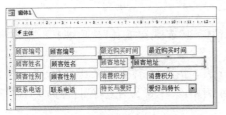

图 9-40 窗体的设计视图

图 9-41 窗体的设计结果

⑧保存窗体。

⑨观察数据表。打开数据表 Customer，如图 9-42 所示。

顾客编号	顾客姓名	顾客性别	联系电话	最近购买时间	顾客地址	消费积分	爱好与特长
C11010001	黄小姐	女	187666666678	2019/1/29	济南市兴隆东区128号	1200	唱歌
C11010002	孙皓	男	053188966516	2019/2/1	济南市兴隆东区10号	900	书法
C11020001	徐先生	男	155555555555		山大南路1号	0	网球
C11020002	王先生	男	053186385555	2019/1/16	济南市兴隆南区128号	900	潜水
C11020003	盛老师	女	166666666666		兴隆山路1号	0	
C11020006	孙老师	女	053199999999	2019/1/17	济南市兴隆东区126号	666	
C11030001	陈玲	女	053116678965	2019/2/22	济南市兴隆北区79号	1000	
C11030002	李先生		053199999999		济南市兴隆北区70号	900	

图 9-42 输入部分"特长与爱好"内容的数据表 Customer

9.3.5 选项卡控件

当窗体中的内容较多无法在窗体中一页显示，或者为了在窗体上分类显示不同的信息时，利用选项卡控件可以在一个窗体中显示多页信息，操作时只需要单击选项卡上的标签，就可以在多个页面间进行切换。

【例9-10】基于窗体设计视图创建一个窗体，使用选项卡控件分页显示 Product 表的部分内容。

【分析】本案例所介绍的是选项卡控件的使用，它主要用于一条记录较长，不易在一个窗口中排列显示的情况，用户可以将常用的、公开的、主要的信息放在页1，而将剩余信息放在其他页面上。

参考操作步骤如下。

①打开"销售单"数据库，在 Access 窗口中，执行"创建"选项卡"窗体"选项组中的"窗体设计"命令，打开窗体设计视图。

②添加选项卡控件。执行"窗体设计工具│设计"选项卡"控件"选项组中的"选项卡"命令，在窗体中画出"选项卡"控件。

③设置选项卡属性。选择选项卡"页1"，设置它的"标题"属性为"基本信息"，选择选项卡"页2"，设置它的"标题"属性为"内部信息"。

④添加字段。选择选项卡"基本信息"，然后执行"窗体设计工具│设计"选项卡"工具"选项组中的"添加现有字段"命令，将 Product 表中的商品编号、商品名称、质量等级、计量单位、销售价格等5个字段添加到窗体当前页中。选择选项卡"内部信息"，将 Product 表中的商品类别号、采购价格、存量、畅销否、商品详情5个字段添加到窗体当前页中。窗体设计视图如图9-43所示。

⑤查看窗体。执行"窗体设计工具│设计"选项卡"视图"选项组中的"视图"命令，在弹出的下拉菜单中执行"窗体视图"命令，窗体设计效果如图9-44所示。可通过单击选项卡上的"基本信息"标签和"内部信息"标签，转换查看的页面。

图9-43　窗体设计视图

图9-44　窗体设计结果

9.3.6 图表控件

图表是数据的一种表现形式，很多数据处理软件都有制作图表的功能。在 Access 中，如果需要在一个窗体中显示图表，可以通过在窗体中添加图表控件的方式实现，图表控件还具有一定的统计功能。

【例9-11】基于窗体设计视图创建一个图表窗体，显示每位顾客的总消费额。

【分析】本案例所介绍的是图表控件的使用，一般来讲，用户对"图形的差异比较"比"数字的差异比较"判断速度更快、印象更深刻，所以，图表经常具有更强的说服力。另外，图表控件还具有一定的统计计算功能。

参考操作步骤如下。

①打开"销售单"数据库，在Access窗口中，执行"创建"选项卡"窗体"选项组中的"窗体设计"命令，窗体设计视图。

②添加图表控件。执行"窗体设计工具｜设计"选项卡"控件"选项组中的"图表"命令，在窗体中画出适当大小的"图表"控件，此时，会弹出"图表向导"对话框，如图9-45所示。

③选择图表的数据源。选择"表：SalesOrderSettlement"选项，单击"下一步"按钮。在弹出的对话框中分别将"顾客姓名"和"订单总金额"2个字段移到"用于图表的字段"列表框中，如图9-46所示，单击"下一步"按钮。

图9-45 "图表向导"对话框　　　　　　　　图9-46 选择字段对话框

④选择图表类型。在弹出的对话框中选择"柱形图"，如图9-47所示，单击"下一步"按钮。

⑤指定布局方式。在弹出的对话框中指定数据在图表中的布局方式，如图9-48所示，单击"下一步"按钮。

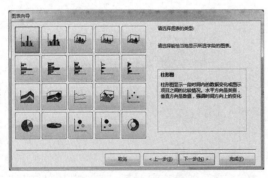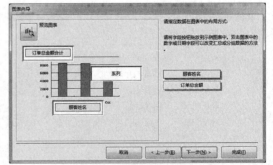

图9-47 图表类型对话框　　　　　　　　图9-48 指定布局方式

⑥命名图表标题。在弹出的对话框中输入图表的名称"顾客总消费额"，并选中"否，不显示图例。"单选按钮，如图9-49所示，单击"完成"按钮，关闭"图表向导"对话框。窗体的图表效果如图9-50所示。

⑦查看窗体。执行"窗体设计工具｜设计"选项卡"视图"选项组中的"视图"命令，在弹出的下拉菜单中执行"窗体视图"命令，窗体设计效果如图9-51所示。

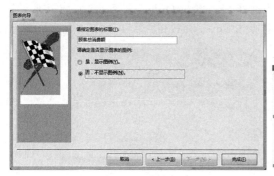

图 9-49 设置图表的标题

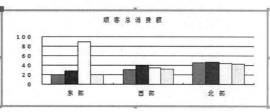

图 9-50 图表效果

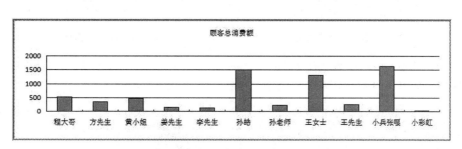

图 9-51 窗体设计效果

从该图表可以看到，已经将同名顾客的消费额进行了求和统计。不过存在一个问题，有两位顾客的姓名都是"王先生"，他们的消费额被合在了一起，请思考：如何解决这一问题。

9.3.7 子窗体控件

在 Access 中，有时需要在一个窗体中显示另一个窗体中的数据。窗体中的窗体称为子窗体，包含子窗体的窗体称为主窗体。在这类窗体中，主窗体和子窗体彼此链接，子窗体中只显示与主窗体中当前记录相关联的记录，而在主窗体中切换记录时，子窗体的内容也会随之切换。因此，当两个表之间存在"一对多"的关系时，则可以使用主/子窗体显示两表中的数据。主窗体使用"一"方的表作为数据源，子窗体使用"多"方的表作为数据源。

下面介绍如何使用子窗体控件创建主子窗体。注意，在创建主/子窗体之前，首先应设置好主窗体数据源的表和子窗体数据源的表之间的关系。

【例 9-12】基于窗体设计视图创建一个主/子窗体，主窗体显示 Customer 表，子窗体显示 SalesOrder 表，此前两表已经建立了一对多的关系。

【分析】本案例所介绍的是子窗体控件的使用，它主要适用于具有一对多关系的两个表的窗体，通过与前面例题的比较会发现，使用子窗体控件会使两个表的对应内容更加集中明晰。

参考操作步骤如下。

①打开"销售单"数据库，在 Access 窗口中，执行"创建"选项卡"窗体"选项组中的"窗体设计"命令，打开窗体设计视图。

②创建主窗体。参考以前的操作步骤，创建一个显示 Customer 表所有字段的窗体。

③添加子窗体。执行"窗体设计工具｜设计"选项卡"控件"选项组中的"子窗体/子报表"命令，在主窗体中画出"子窗体"控件，此时，会弹出"子窗体向导"对话框，如图 9-52 所示，选中"使用现有的表或查询"单选按钮，单击"下一步"按钮。

④选择子窗体的数据源。在弹出的对话框中选择"表：SalesOrder"选项，将它的全部 5 个字段移到"选定字段"列表框中，如图 9-53 所示，单击"下一步"按钮。

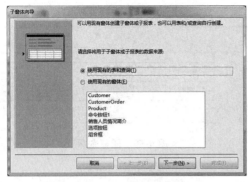

图 9-52 "子窗体向导"对话框

图 9-53 选择子窗体的数据源

⑤选择链接字段。在弹出的对话框中选中"从列表中选择"单选按钮，即"顾客编号"作为链接字段，如图 9-54 所示，单击"下一步"按钮。

图 9-54 选择链接字段

图 9-55 命名子窗体

⑥命名子窗体。在弹出的对话框中输入子窗体的名称，如图 9-55 所示，单击"完成"按钮，关闭向导对话框。窗体的设计视图如图 9-56 所示。

⑦查看窗体。执行"窗体设计工具｜设计"选项卡"视图"选项组中的"视图"命令，在弹出的下拉菜单中执行"窗体视图"命令，窗体设计效果如图 9-57 所示。可将该窗体的显示效果与例 9-2 的窗体效果比较一下，可以看出主/子窗体的显示效率要高一些。

图 9-56 窗体的设计视图

图 9-57 窗体设计效果

⑧保存窗体(主/子窗体)。

9.4 技术拓展与理论升华

用户打开 Windows 应用程序后，一般都基于窗口与应用程序进行交互。在程序窗口中，用户可以看到很多的对象，常见的对象有标签、文本框、单选按钮、复选框、列表框、组合框、命令按钮等，这些对象都具有交互功能，用户基于它们与应用程序交互。程序中与用户进行交互的对象称为前台对象。在 Windows 应用程序中，大多数控件对象都具有交互功能，因此是前台对象。

在 Windows 应用程序中，还有一类对象，称之为后台对象。之所以称为后台对象，是因为这类对象一般不具有交互功能，用户一般不与这些对象直接接触，所以用户在程序窗口中看不到。后台对象主要用来响应和处理事件，进行算术和逻辑运算。

例如，如果用户在窗体对象中添加了"贷款总额""贷款年限"和"年利息"三个文本框和一个命令按钮"计算每月还款额"，并为"计算每月还款额"按钮的单击事件设计了一个宏对象"计算月度还款额"来响应和处理单击事件，那么文本框和命令按钮都是前台对象，用户在窗口中可见，而宏对象是后台对象，用户在程序窗口看不到。当用户在窗口的三个文本框中分别输入"贷款总额""贷款年限"和"年利息"的值并单击"计算每月还款额"按钮后，宏对象在后台计算用户的月度还款额，并把结果返回到窗口。

那么，窗体中哪些对象是前台对象？哪些对象是后台对象？前台对象和后台对象又是如何协作的？请读者结合本章的学习内容，回答上述的问题。

本章习题

第10章 报表对象的设计及应用

本章导读

报表是专门为打印和展示数据而设计的特殊窗体对象,它可以将数据库中的数据表、查询等数据源对象中的数据进行组合并形成特定格式的报表,以实现格式数据的打印和展示。报表对象的设计是数据库应用系统程序开发的一个重要组成部分,精美且设计合理的报表,可按照用户的要求,将数据清晰地呈现在纸质介质和电子媒介上。本章以常用控件的设计技术为抓手,介绍了报表的创建、美化、预览和打印。

10.1 报表对象概述

窗体和报表都可以显示数据,窗体主要用于将数据显示在屏幕窗口中,报表则主要用于将数据打印在纸质介质和电子媒介上。窗体上的数据既可以浏览又可以进行修改,报表中的数据是只能浏览而不能修改的。

10.1.1 报表的类型

按照报表中数据的显示方式,可以把报表分为以下3种主要类型。

(1)纵栏式报表

纵栏式报表也称为窗体报表,一般是在报表中显示一条或多条记录,并以垂直方式显示。报表中每个字段占一行,左边是字段的名称,右边是字段的值。纵栏式报表适合记录较少、字段较多的情况。

(2)表格式报表

表格式报表是以整齐的行、列形式显示记录数据,一行显示一条记录,一页显示多行记录。字段的名称显示在每页的顶端。表格式报表与纵栏式报表不同,其记录数据的字段标题信息不是被安排在每页的"主体"节区内显示,而是安排在"页面页眉"节区显示。表格式报表适合记录较多、字段较少情况。

(3)标签报表

标签报表是一种特殊类型的报表,将报表数据源中少量的数据组织在一个卡片似的小区域。标签报表通常用于显示名片、书签、邮件地址等信息。

10.1.2 报表对象设计器的视图

报表对象设计器的视图就是报表对象设计时的外观表现形式,又称为报表对象的视图。报表设计器中的报表对象共有4种视图:报表视图、打印预览视图、布局视图和设计视图。

(1)报表视图

报表视图是报表设计完成后,最终被打印的视图,用于显示报表数据内容。在报表视图中可以对报表应用高级筛选,筛选出所需要的信息。

（2）打印预览视图

在打印预览视图中，可以查看显示在报表上的数据，也可以查看报表的版面设置，即打印效果预览。在打印预览视图中，鼠标指针通常以放大镜方式显示，单击就可以改变报表的显示大小。

（3）布局视图

布局视图可以在显示数据的情况下，调整报表设计；可以根据实际报表数据调整列宽；可以移动各个控件的位置；可以重新进行控件布局。报表的布局视图与窗体的布局视图的功能和操作方法十分相似。

（4）设计视图

在设计视图中可以创建和编辑报表的结构、添加/删除控件和表达式、美化报表等。制作满足要求的专业报表的最好方式是使用报表设计视图，实际上报表设计视图的操作方式与窗体设计视图非常相似，创建窗体的各项操作技巧可完全套用在报表上，因此本章将不再重复介绍相关的技巧，而将重点放在报表自身特有的设计操作上。

10.1.3 创建报表对象的方法

报表可以看成是查看一个或者多个表中的数据的对象，所以创建报表对象时应该首先选择表或查询对象，并把字段添加到报表对象中。在 Access 中有多种创建报表对象的方法，使用这些方法能够完成报表的基本设计，在报表对象中还可以对数据进行分组、排序、筛选和计算，这与所需报表的复杂程度有关。

Access 可以使用"报表""报表设计""空报表""报表向导"和"标签"等方法创建报表。在"创建"选项卡中"报表"组提供了这些创建报表的命令，如图 10-1 所示。

与窗体的创建相似，创建报表的方法也可以分为向导和设计器两种。

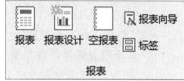

图 10-1 "报表"命令组

10.2 报表对象的设计方法

10.2.1 向导

本节介绍几种基于向导创建报表对象的方法，其分别使用"报表"命令、"报表向导"命令、"标签"命令来实现报表的创建。

1. 自动创建报表

"报表"命令提供了最快的报表创建方式，它既不向用户提示信息，也不需要用户做任何其他操作就立即生成报表。在创建的报表中显示表或查询(仅基于一个表或查询)中的所有字段，尽管报表工具可能无法创建满足最终需要的完美报表，但对于迅速查看基础数据极其有用。在生成报表后，保存该报表，可在布局视图或设计视图中进行修改，使报表更好地满足需求。

【例 10-1】在"销售单"数据库中使用"报表"命令创建 Customer 报表，用于显示 Customer 表中的信息。

【分析】本案例所介绍的是非常简单快捷的创建报表的方法，通过这个报表可以初步感受一下报表与窗体的异同。

参考操作步骤如下。

①打开"销售单"数据库，在左边的导航窗格中，选中要在窗体上显示的数据表 Customer。

②创建报表。执行"创建"选项卡"报表"选项组中的"报表"命令，报表即创建完成，并以布局视图显示，执行"报表布局工具 | 设计"选项卡"视图"选项组中的"视图"命令，在弹出的下拉菜单中执行"报表视图"命令，此时报表如图 10-2 所示。

Customer							
顾客编号	顾客姓名	顾客性别	联系电话	最近购买时间	顾客地址	消费积分	爱好与特长
C3701000 1	王女士	女	053188826856	2019/1/29	济南市大明湖路19号	800	
C3701000 2	王先生	男	053156325987	2019/1/30	济南市文化路100号	700	
C1101000 2	孙皓	男	053188966516	2019/2/1	济南市兴隆东区10号	900	书法
C3702000 2	方先生	男	053188566619	2019/2/10	青岛市大山路9号	1000	
C1101000 1	黄小姐	女	187666666678	2019/1/29	济南市兴隆东区128号	1200	唱歌
C1102000	王先生	男	053186385555	2019/1/16	济南市兴隆南区	900	潜水

图 10-2　Customer 报表

③保存报表。执行"文件"选项卡中的"保存"命令，或单击工具栏中的"保存"按钮，弹出"另存为"对话框，在"报表名称"文本框中输入该报表的名称，单击"确定"按钮即可。

本方法创建报表，已经非常简捷了，但还有一种方法与它不相上下，那就是由窗体转换成报表的方法。具体操作方法是，打开一个窗体，执行"文件"选项卡中的"另存为"命令，在弹出的"另存为"对话框中，双击"对象另存为"，选择"保存类型"为"报表"，输入文件名，单击"确定"按钮，报表即创建完成。

2. 基于报表向导创建报表

使用"报表"工具创建报表，很容易的创建了一种标准化的报表样式。虽然快捷，但是存在一些不足之处，尤其是不能选择出现在报表中的数据源字段等。基于报表向导创建报表是一个比较灵活和方便的方法，利用向导，用户只需选择报表的样式和布局、选择报表上显示哪些字段，即可创建报表。在报表向导中，还可以指定数据的分组和排序方式。如果事先指定了表或查询之间的关系，还可以使用来自多个表或查询的字段进行创建。

【例 10-2】在"销售单"数据库中基于报表向导创建 CustomerOrder 报表，显示内容为 Customer 表中的"顾客编号""顾客姓名""顾客性别"字段和 SalesOrder 表中的"订单编号""创建时间""订单状态"字段，在此之前已给它们建立了一对多的关系。

【分析】本案例所介绍的是基于报表向导给两个数据表创建报表的方法，可以将该报表与例 9-2 中的窗体做一下对照比较。

参考操作步骤如下。

①打开"销售单"数据库，执行"创建"选项卡"报表"选项组中的"报表向导"命令，弹出"报表向导"对话框。

②选定表及字段。在此对话框中分别选定 Customer 表及其字段"顾客编号""顾客姓名""顾客性别"和 SalesOrder 表及其字段"订单编号""创建时间""订单状态"字段，如图 10-3 所示，然后单击"下一步"按钮。

③确定查看数据的方式。在弹出的对话框中选择"通过 Customer"选项，如图 10-4 所示，单击"下一步"按钮。

图 10-3　选择报表的表及字段　　　　　图 10-4　确定查看数据的方式

④确定分组级别。在弹出的对话框中不进行选择，如图 10-5 所示，单击"下一步"按钮。

⑤确定排序次序。在弹出的对话框中不进行选择，如图 10-6 所示，单击"下一步"按钮。

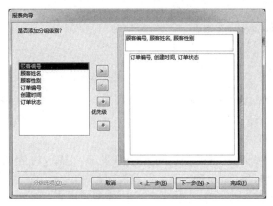

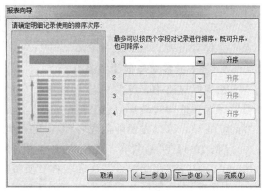

图 10-5　确定分组级别　　　　　　　图 10-6　确定排序次序

⑥确定布局方式。在弹出的对话框中设置"布局"为"递阶"、"方向"为"纵向"，勾选"调整字段宽度，以便使所有字段都能显示在一页中"复选框（默认方式），如图 10-7 所示。

⑦输入报表标题。在弹出的对话框中输入报表的标题"CustomerOrder"，选中"预览报表"单选按钮（默认方式），如图 10-8 所示，单击"完成"按钮。

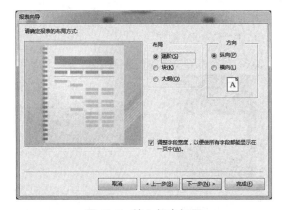

图 10-7　输入报表标题　　　　　　　图 10-8　确定布局方式

⑧查看报表。可看到本报表的设计效果，即以打印预览视图查看报表，如图 10-9 所示。

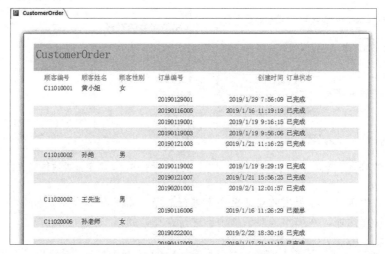

图 10-9　CustomerOrder 报表

⑨保存报表。

3. 基于标签向导创建报表

在实际应用中，标签的应用范围十分广泛，它是一种特殊形式的报表，例如，"图书编号""顾客地址"和"教师信息"等标签。标签是一种类似名片的信息载体，使用 Access 提供的"标签"向导，可以方便地创建各种各样的标签报表。

【例 10-3】在"销售单"数据库中使用"标签"命令创建 Product 标签报表，显示内容为 Product 表中的"商品编号""商品名称""质量等级""计量单位""销售价格"字段。

【分析】本案例所介绍的是如何创建标签报表，标签是工作、生活中经常用到的一种小工具，所以标签报表具有很高的实用价值。

参考操作步骤如下。

①打开"销售单"数据库，选中要在报表上显示的数据表 Product。执行"创建"选项卡"报表"选项组中的"标签"命令，弹出"标签向导"对话框。

②选定标签尺寸。在弹出的对话框中选择"型号"为"C2166"，默认选定"公制""送纸"和"Avery"，如图 10-10 所示，单击"下一步"按钮。

③选定文本外观。在弹出的对话框中选定适当的"字体""字号""字体粗细""文本颜色"，以及是否倾斜、是否有下划线，如图 10-11 所示，单击"下一步"按钮。

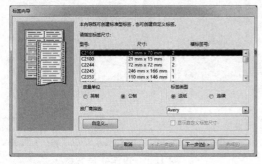

图 10-10　选定标签尺寸

图 10-11　选定文本外观

④选定字段。在弹出的对话框中选择"商品编号"字段，然后在其前面输入提示文字："商品编号："；选中"商品编号"下一行，选中"商品名称"字段；以此类推，再分别选择"质量等级""计量单位""销售价格"字段，如图 10-12 所示，单击"下一步"按钮。

⑤确定排序字段。在弹出的对话框中选择"商品编号"字段作为排序依据，如图 10-13 所示，单击"下一步"按钮。

图 10-12　选定字段

图 10-13　确定排序字段

⑥输入报表名称。在弹出的对话框中默认输入报表的名称为"标签 Product"，默认选中"查看标签的打印预览。"单选按钮，如图 10-14 所示，单击"完成"按钮。

⑦查看报表。制作完成后的报表如图 10-15 所示。

⑧保存报表。

图 10-14　输入报表名称

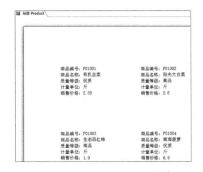

图 10-15　标签 Product 报表

10.2.2　设计器

虽然使用"报表"命令和基于报表向导的方式可以方便、迅速地完成新报表的创建任务，但却缺乏主动性和灵活性，它的许多参数都是系统自动设置的，这样的报表有时候在某种程度上很难完全满足用户的要求。基于报表设计器中的设计视图可以更灵活地创建报表对象。不仅可以按用户的需求设计所需要的报表，而且可以对上面两种方式创建的报表对象进行修改，使其更大程度的满足用户的需求。

1. 报表对象的设计视图

在报表对象的设计视图中，可以展现报表的结构。报表是按节来设计的，这点与窗体相同。报表的结构包括主体、报表页眉、报表页脚、页面页眉、页面页脚 5 部分，如图 10-16 所示。每个部分称为报表的一个节，除此之外，在报表的结构中，还包括"组页眉"和"组页脚"节，它们被称为子节。这是因为在报表中，对数据分组而产生的。报表的主要结构虽然与窗体相同，但是微观结构上比窗体要复杂得多，这种复杂性主要表现在"组页眉"和"组页脚"节上。"组页眉"和"组页脚"节均位于"主体"节的外部，按照数据的分组关系，组中还可以嵌套组。

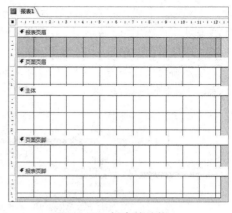

图 10-16　报表的结构

报表中各个节都有其特定的功能，而且按照一定的顺序打印在报表上，以下简要说明各个节的作用。

①主体：它是整个报表的核心，显示或打印来自表或查询中的记录数据，是报表显示数据的主要区域。

②报表页眉：指整个报表的页眉，它只出现在报表第一页的页面页眉的上方，用于显示报表的标题、日期或报表用途等说明性文字。每份报表只有一个报表页眉。

③报表页脚：指整个报表的页脚，它只出现在报表最后一页的页面页脚下方的位置，主要用来显示报表总计、制作者、审核人等信息。每份报表只有一个报表页脚。

④页面页眉：显示和打印在报表每一页的顶部，用于在报表中的每一页显示标题、列标题、日期或页码，在表格式报表中用来显示报表每一列的标题。

⑤页面页脚：显示和打印在报表每一页的底部，可以用来显示页汇总、日期、页码等信息。

⑥组页眉：在分组报表中，可以使用"排序与分组"属性设置"组页眉/组页脚"区域，以实现报表的分组输出和分组统计。组页眉显示在记录组的开头，主要用来显示分组字段名等信息。

⑦组页脚：用来显示报表的分组信息，它显示在记录组的结尾，主要用来显示报表分组总计等信息。

2. 报表对象的设计工具

当打开报表设计视图后，功能区上出现"报表设计工具"选项卡及其下一级"设计""排列""格式"和"页面设置"4 个子选项卡，其中"设计"子选项卡中，除了"分组和汇总"选项组外，其他都与窗体的设计选项卡相同，因此这里不再进行介绍，"分组和汇总"选项组中控件的使用将在下面的章节进行介绍，如图 10-17 所示。

图 10-17　"设计"子选项卡

"排列"子选项卡和"格式"子选项卡的组成内容与窗体的相应选项卡完全相同。

"页面设置"子选项卡是报表独有的选项卡，这个选项卡包含"页面大小"和"页面布局"两个选项组，用来对报表页面进行纸张大小、边距、方向列进行设置，如图 10-18 所示

图 10-18　"页面设置"子选项卡

3. 报表对象的创建起点——页面设置

创建报表的目的是把数据打印输出到纸张上，因此设置纸张大小和页面布局是必不可少的工作。为了提高工作效率，可以在报表创建之前进行设置。Access 中报表的纸张大小和页面布局都有默认设置，其纸张是 A4 纸，页边距除了三种固定的格式之外，还允许自定义。对于数据列比较少，要求不复杂的报表，采用默认的页面设置、默认的纸张大小即可。但是对于数据列比较多，或者要求比较复杂的报表，则需要用户进行详细的设置。

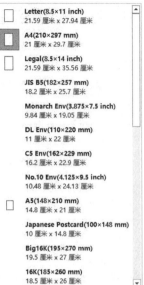

页面设置通常是在"页面设置"子选项卡中进行，此外也可以在"打印预览"窗口中进行。这里介绍在"页面设置"子选项卡中进行页面设置的操作。报表页面设置主要包括边距、纸张大小、打印方向、页眉、页脚样式等的设置。页面设置的操作步骤如下。

①在数据库窗口中，选择"报表设计工具|页面设置"选项卡，如图 10-18 所示。

②执行"页面大小"选项组中的"纸张大小"命令，弹出"纸张大小"列表框，列表中共列出 17 种纸张。用户可以从中选择合适的纸张，如图 10-19 所示。

③执行"页边距"命令，弹出"页边距"列表框，根据需要选择一种页边距，即可完成页边距的设置，如图 10-20 所示。

图 10-19 "纸张大小"列表框

④执行"页面布局"选项组中的"纵向"和"横向"命令可以设置打印纸的方向，执行"列"或"页面设置"命令，弹出"页面设置"对话框，如图 10-21 所示。在"列"选项卡中，可以设置在打印纸上输入的列数，在"打印选项"和"页"选项卡中，可以对前面的选择定义进行修改。

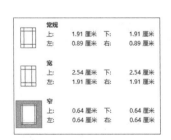

图 10-20 "页边距"列表框

图 10-21 "页面设置"对话框

完成页面设置后，即可创建报表。在创建报表后，如果发现页面的设置不完全符合要求，可以在"打印预览"窗口中继续进行设置。

10.3 报表对象的设计技术

对于简单报表，通常是基于报表向导和报表工具进行创建。对于复杂的报表，可以基于报表向导创建后进行修改(这是效率较高的方式)，或者直接在设计视图进行创建。在"报表设

计工具|设计"选项卡的"控件"选项组中，包含有标签、文本框、复选框等常用控件，它们是设计报表的重要工具，其操作方法与窗体设计中的操作方法相同。

10.3.1 标签和文本框控件

标签和文本框是使用较多且操作简单的两个控件，下面通过一个例题介绍它们在报表中的应用。

【例10-4】在"销售单"数据库中基于报表设计视图创建"销售员简介"报表，显示Seller表中的"销售员编号""销售员姓名""性别""电话"4个字段的内容。

【分析】本案例所介绍的是标签与文本框控件的使用，与窗体一样，它们是使用频率最高的控件。需要注意的是，作为字段名的标签一般放在"页面页眉"节中。

参考操作步骤如下。

①打开"销售单"数据库，执行"创建"选项卡"报表"选项组中的"报表设计"命令，打开报表设计视图，报表设计视图设置效果如图10-15所示。

②添加标签。在报表页眉中添加一个标签控件，输入标题"销售员简介"，设置其字体为"楷体"、字号为"16"、文本"居中对齐"。

③添加文本框。设置报表的"记录源"属性为Seller表。向"主体"节中添加4个文本框控件（同时附带4个标签控件），并分别设置文本框的"控件来源"属性为"销售员编号""销售员姓名""性别""电话"4个字段，同时输入附带4个标签控件的标题为"销售员编号""销售员姓名""性别"和"电话"；或将"字段列表"中的上述4个字段拖到报表"主体"节。

④调整控件布局。将"主体"节中的4个标签控件移到"页面页眉"节中，然后调整各控件的大小、位置、对齐方式等，并调整"报表页眉""页面页眉""主体"等节的高度，以适应其中控件的大小，如图10-22所示。

⑤查看报表。制作完成后的报表如图10-23所示。

图10-22 "销售员简介"报表设计视图　　　图10-23 "销售员简介"报表打印预览视图

⑥保存报表。

10.3.2 计算控件

在报表的实际应用中，经常需要对报表中的数据进行一些计算。在报表中对每个记录进行数值计算，就要用到计算控件，计算控件往往利用报表数据源中的数据生成新的数据在报表中体现出来。文本框是最常用的计算和显示数值的控件。下面介绍在报表中添加计算控件的方法。

【例10-5】在"销售单"数据库中基于报表设计视图创建"销售员简介2"报表,显示 Seller 表中的销售员编号、销售员姓名、性别、年龄、电话等 5 项内容,并计算表中全体人员的平均年龄。

【分析】本案例介绍计算控件的使用,计算控件不是一种专门的控件,一般是指具有计算显示功能的文本框控件。

参考操作步骤如下。

①打开"销售单"数据库,执行"创建"选项卡"报表"选项组中的"报表设计"命令,打开报表的设计视图,通过右击设置,使报表设计视图具有"报表页眉/页脚"节和"主体"节。

②添加标签。在"报表页眉"页中添加一个标签控件,输入标题"销售员简介2",设置其字体、字号和文本对齐方式。

③添加文本框。设置报表的"记录源"属性为 Seller 表,向"主体"节中添加 5 个文本框控件(同时附带 5 个标签控件),并分别设置 4 个文本框的"控件来源"属性为"销售员编号""姓名""性别""电话"4 个字段,同时输入附带 5 个标签控件的标题为"销售员编号""姓名""性别""年龄""电话"。

④设置计算控件。与第 9 章例 9-5"表达式生成器"的操作一样,将与"年龄"标签对应的文本框的"控件来源"属性设置为"$=Year(Date()) - Year([出生日期])$"。

⑤给"报表页脚"页添加控件。在"报表页脚"节中添加 1 个文本框,其"控件来源"属性设置为"$=Avg(Year(Date()) - Year([出生日期]))$",输入其附带标签的标题为"平均年龄:"。

⑥调整控件布局。将"主体"节中的 5 个标签控件移到"报表页眉"节中,然后调整各控件的大小、位置、对齐方式等,并调整"报表页眉/页脚""主体"等节的高度,以适应其中控件的大小,如图 10-24 所示。

⑦查看报表。制作完成后的报表如图 10-25 所示。

图 10-25 "销售员简介 2"报表打印预览视图

图 10-24 "销售员简介 2"报表设计视图

⑧保存报表。

下面介绍报表中进行统计计算方面的规则。

1. 报表节中的统计计算规则

在 Access 中，报表是按节来设计的，选择用来放置计算型控件的报表节是很重要的。对于使用 Sum、Avg、Count、Min、Max 等聚合函数的计算型控件，Access 将根据控件所在的位置（选中的报表节）确定如何计算结果。具体规则如下。

①如果计算型控件放在"报表页眉"节或"报表页脚"节中，则计算结果是针对整个报表的。

②如果计算型控件放在"组页眉"节或"组页脚"节中，则计算结果是针对当前组的。

③聚合函数在"页面页眉"节和"页面页脚"节中无效。

④"主体"节中的计算型控件对数据源中的每一行打印一次计算结果。

2. 利用计算型控件进行统计运算的规则

在 Access 中，利用计算型控件进行统计运算并输出结果有两种操作形式：即针对一条记录的横向计算和针对多条记录的纵向计算。

(1) 针对一条记录的横向计算

对一条记录的若干字段求和或计算平均值时，可以在"主体"节内添加计算型控件，并设置计算型控件的"控件来源"属性为相应字段的运算表达式即可。

(2) 针对多条记录的纵向计算

多数情况下，报表统计计算是针对一组记录或所有记录来完成的。要对一组记录进行计算，可以在该组的"组页眉"或"组页脚"节中创建一个计算型控件。要对整个报表进行计算，可以在该报表的"报表页眉"节或"报表页脚"节中创建一个计算型控件。这时往往要使用 Access 提供的内置统计函数完成相应的计算操作。

10.3.3 排序和分组控件

在实际工作中，经常需要对数据进行排序、分组、统计。排序是根据字段中值的大小顺序进行排列的操作；分组是将报表中具有共同特征的相关记录排列在一起，并且可以为同组记录进行汇总统计。使用 Access 提供的排序和分组功能，可以对报表中的记录进行分组和排序，进行排序和分组时，可以对单个字段进行也可以对多个字段分别进行。

1. 在报表中添加排序控件

【例 10-6】在"销售单"数据库中基于报表设计视图创建"顾客简介"报表，显示 Customer 表中的"顾客编号""顾客姓名""联系电话""最近购买时间"4 个字段内容，并按"最近购买时间"的降序排列。

【分析】本案例介绍排序控件的使用，如果显示内容按照某一顺序排列，会给用户的浏览观察带来很大的便利。

参考操作步骤如下。

①创建报表。按照例 10-4 的方法创建没有排序的"顾客简介"报表。

②添加排序。执行"报表设计工具 | 设计"选项卡"分组和汇总"选项组中的"分组和排序"命令，打开"分组、排序和汇总"设计窗格，如图 10-26 所示。单击"添加排序"按钮后，选择"排序依据"为"最近购买时间""降序"排序，然后关闭该设计窗格。

图 10-26 "分组、排序和汇总"设计窗格

③查看报表。制作完成后的报表如图 10-27 所示。

④保存报表。

2. 在报表中添加分组控件

【例 10-7】对在例 10-5 中创建的"销售员简介 2"报表进行修改，添加分组（按性别），并对"平均年龄"进行分组和整表的计算统计。

【分析】本案例介绍分组控件的使用，所谓分组一般就是分类，利用分组控件用户可以很方便地对显示内容进行分类管理。

参考操作步骤如下。

图 10-27　"顾客简介"报表

①打开"销售员简介 2"报表，执行"报表设计工具｜设计"选项卡"视图"选项组中的"视图"命令，在弹出的下拉菜单中执行"设计视图"命令，打开"销售员简介 2"报表的设计视图。

②添加分组。执行"报表设计工具｜设计"选项卡"分组和汇总"选项组中的"分组和排序"命令，打开"分组、排序和汇总"设计窗格，单击"添加组"按钮后，选择"分组形式"为"性别"、"升序"排序，单击"更多"按钮后，选择"无页眉节""有页脚节"，然后关闭该设计窗格。

③添加控件。分别复制"主体"节中的"性别"文本框以及"报表页脚"节中的"平均年龄"文本框（包括其附带标签），均粘贴到"性别页脚（组页脚）"节中，并调整控件布局，如图 10-28 所示。

②查看报表。制作完成后的报表如图 10-29 所示。

图 10-28　修改完成后的"销售员简介 2"报表设计视图

图 10-29　修改完成后的"销售员简介 2"报表

⑤保存报表。

10.3.4　子报表

子报表是指插入其他报表中的报表。在合并两个报表时，一个报表作为主报表，另一个就成为子报表。在创建子报表之前，首先要确保主报表数据源和子报表数据源之间已经建立了正确的关联，这样才能保证子报表中的记录与主报表中的记录之间有正确的对应关系。

【例10-8】基于报表设计视图，在例10-6创建的"顾客简介"报表中添加一个子报表，子报表显示SalesOrder表的"订单编号""创建时间""订单状态"3个字段的内容，两表已经建立了一对多的关系。

【分析】本案例所介绍的是子报表控件的使用，它主要适用于具有一对多关系的两个表的报表，使用子报表控件会使两个表的对应内容更加集中明晰。

参考操作步骤如下。

①打开"顾客简介"报表，采用同样的方法执行"视图"中的"设计视图"命令，打开"顾客简介"报表的设计视图。

②添加子报表。执行"报表设计工具｜设计"选项卡"控件"选项组中的"子窗体/子报表"命令，在主报表中画出"子报表"控件。此时，弹出"子报表向导"对话框，如图10-30所示，选中"使用现有的表和查询"单选按钮，单击"下一步"按钮。

③选定子报表字段。在弹出的对话框中选择"表：SalesOrder"，将它的3个相应字段移动到"选定字段"列表框中，如图10-31所示，单击"下一步"按钮。

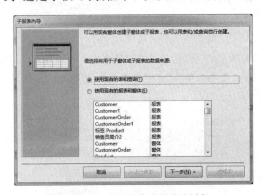

图10-30 "子报表向导"对话框

图10-31 选定子报表字段

④选择链接字段。在弹出的对话框中选中"从列表中选择"单选按钮，即以"顾客编号"作为链接字段，如图10-32所示，单击"下一步"按钮。

⑤命名子报表。在弹出的对话框中输入子报表的名称，如图10-33所示，单击"完成"按钮，关闭向导对话框。报表的设计视图如图10-34所示。

图10-32 选择链接字段

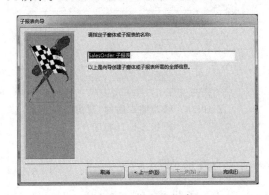

图10-33 命名子报表

⑥查看报表。制作完成的主/子报表如图10-35所示，可将该报表与例10-2的

CustomerOrder 报表以及例 9-11 的主/子窗体进行观察比较。

⑦保存报表。

图 10-34 主/子报表设计视图

图 10-35 制作完成的主/子报表

10.4 报表对象的应用示例

在日常工作中经常会使用各种证件，如工作证、学生证、准考证、出入证等，在此以制作出入证报表为例，介绍证件报表的制作过程。

【例 10-9】在 StudentGrade 数据库中，制作一个学生的出入证报表。

【分析】本案例所介绍的是一个学生出入证报表的制作，现在用到的证件种类繁多，因此证件报表的制作有很强的实用性。

参考操作步骤如下。

①打开"StudentGrade"数据库。为表 Student 添加一个字段"Picture"，类型为"OLE 对象"。并给部分同学输入"Picture"字段内容，输入时要选用"Windows 位图文件"（.bmp 文件），否则在报表中不显示图片。输入完后，关闭保存该表。

②创建报表。按照前面介绍的方法创建一个报表，将表"Student"中的"学号""姓名""性别""班级"和"照片"5 个字段添加进去，将照片的标签删除，将其余对应的标签改为"学号""姓名""性别""班级"，并在下方添加一个标签，标题为"出入证"，如图 10-36 所示。

③查看报表。制作完成后的报表如图 10-37 所示。在此用鲜花图片代替肖像照片。

④保存报表。

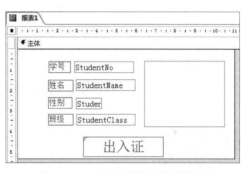

图 10-36 出入证报表设计视图

图 10-37 出入证报表

10.5　技术拓展与理论升华

在本章的学习中，大家接触过图片。图片是一种非结构化数据，那么非结构化数据有哪些特点呢？它们又包括哪些类型？下面将简单介绍一下这两个问题。

1. 非结构化数据的特点

二维表中的"小数据"类型是一种结构化的数据，二维表中的"大数据"类型是一种非结构化的数据。和结构化数据相比，非结构化数据有以下三个特点：第一，非结构化数据的存储量比结构化数据大得多；第二，非结构化数据的产生速度比结构化数据快；第三，非结构化数据的数据来源比结构化数据更多。

2. 非结构化数据的类型

从文件形态上，非结构化数据主要包含四大类：文本文件；图形文件、图片文件、图像文件；音频文件；视频文件。

关系型 DBMS 尽管支持用户在数据表中存放非结构化数据，但是关系型 DBMS 对非结构化数据无法进行传统的关系运算，因此非结构化数据的管理和分析都比较困难。虽然数据科学家推出了 NoSQL 数据库对非结构化数据进行组织和管理，但非结构化的数据分析目前还是以人工为主导。为了更高效地让所有人了解并赋能非结构化数据，新兴人工智能产业着手构建非结构化数据管理平台，让一些暂时不能被处理的"无效非结构化数据"赋之以价值和能量。

随着 AI 和 5G 时代的到来，人们对信息的渴望被极大地唤起，常规的结构化数据交互已经不能满足人们的需求，而伴随着数字化的快速发展，非结构化数据扮演起越来越重要的角色，图形、图片、音频、视频所蕴含的丰富信息必将被挖掘出来，赋之以价值和能量。

本章习题

第 11 章 面向过程的 VBA 程序设计

本章导读

通过前面的学习，大家已经可以完成一些相对简单的数据操作。然而，实际应用过程中，人们还经常会遇到需要用较为复杂的程序才能实现的任务。VBA 语言是以 Basic 语言作为语法基础的可视化高级语言，它既支持面向过程的程序设计，也支持面向对象的程序设计。本章将学习面向过程的程序设计方法，下一章将学习面向对象的程序设计方法。

11.1 程序设计语言概述

11.1.1 程序

程序的一般定义是为实现特定目标或解决特定问题而使用计算机语言编写的命令序列的集合。

从形式上看，程序是一系列命令的有序集合，程序中的命令是符合某种计算机语言规范的语句，这些语句能够被计算机所识别和执行，每个语句都规定了某种计算机操作。

从主体上看，程序是计算机解决问题的过程或对象，它以自己的规范描述了计算机解决问题的算法和数据。计算机通过执行程序来解决特定的问题并实现特定的目标。

11.1.2 程序设计方法

所谓程序设计是指针对某一问题的解决而进行的编程工作。程序设计的过程就是编写程序的过程，程序的设计方法有面向过程程序设计和面向对象程序设计两种。

在面向过程程序设计中，人们需要考虑程序的组成过程和流程。考虑解决问题的过程组合、过程内部程序结构、过程之间的协作关系等，是一种程序流驱动的以过程为中心的程序设计方式。

在面向对象程序设计中，人们需要考虑的则是程序需要什么样的对象和怎样创建这些对象，考虑解决问题需要创建哪些对象、对象中包括哪些属性和方法、对象之间如何协作工作等。相比于面向过程的程序设计方法，面向对象的程序设计方法其设计思想发生了根本性的改变，程序的结构也由众多过程的组合演变成了各种对象的有机组合，程序的驱动机制由程序流驱动演化为事件驱动。

Access 数据库系统既支持面向过程的程序设计方法，也支持面向对象的程序设计方法。

11.1.3 程序设计语言

简言之，程序设计语言就是编写计算机程序的语言。程序设计语言是一系列标准和规范的集合，通常它有基本的单词集，由相应的句法规则将这些单词组合成语句，并将完成一定功能的若干条语句组成程序。

按照程序设计方法的不同，可以将程序设计语言分为面向过程程序设计语言和面向对象程序设计语言。面向过程程序设计语言以操作和过程为中心，以"数据结构＋算法"为设计范式，用语句描述算法，通过执行程序完成任务。面向对象程序设计语言以对象和数据结构为程序设计中心，以"对象＋消息"为设计范式，以事件触发和消息传递为机制使各相关对象协同工作。

11.1.4 VBA 简介

在 Access 数据库系统中，使用 VBA(Visual Basic for Application)程序设计语言来编写程序。VBA 是 Microsoft Office 系列软件的内置程序设计语言，它是 VB(Visual Basic)的一个子集，其语法结构与 VB 互相兼容，它是一种编程简单、功能强大的面向对象的编程语言。通过 VBA 程序设计，人们能够在 Office 系列软件中进行应用程序的开发。VBA 编写的程序保存在 Office 文件之中，程序的运行只能由 Office 解释执行，不能将 VBA 程序编译成可执行文件。因此，VBA 程序是无法脱离 Office 应用程序环境而独立运行的。

Access 中的编程界面我们称之为 VBE(Visual Basic Editor)，它是 Office 所有组件公用的程序编辑系统。在 VBE 窗口中，用户可以非常方便地编写 VBA 过程和函数。

11.1.5 VBE 窗口的打开与组成

1. VBE 窗口的打开

Access 中，VBE 窗口的常用打开方式有以下 5 种。

①执行"创建"选项卡"宏与代码"选项组中的"模块""类模块"或"Visual Basic"命令。

②在数据库窗口的"导航窗格"中双某个模块对象，可以打开 VBE 窗口并显示该模块内容。

③使用 Alt＋F11 快捷键可以在数据库窗口和 VBE 窗口之间来回切换。

④在某个窗体或报表的设计视图下，执行"设计"子选项卡中"工具"选项组中的"查看代码"命令。

⑤在窗体设计窗口，单击"属性表"设计窗格中的"事件"选项卡上的某一事件，然后单击该事件名后的"选择生成器"按钮，选择"代码生成器"，单击"确定"按钮。

根据用户习惯和当前的工作环境，用户可以选择任意一种方式打开 VBE 界面。

2. VBE 窗口的组成

VBE 窗口除一般应用程序窗口都有的标题栏、菜单栏、工具栏以外，它还有自己特有的窗口，它们是工程资源管理器窗口、属性窗口、代码窗口、立即窗口、对象窗口、对象浏览器窗口、本地窗口和监视窗口等，如图 11-1 所示。这些窗口中，上述前四个窗口是最为基本和常用的，用户通过使用这些窗口就可以方便地开发各类数据库应用程序。

要打开上述窗口可以在 VBE 窗口的"视图"菜单中进行，"视图"菜单如图 11-2 所示。选择菜单中相应命令即可打开相应视图，再次执行菜单中的命令即关闭相应窗口，直接单击窗口右上角的关闭按钮也可关闭视图。也可以通过 VBE 窗口工具栏中的快捷按钮来快速打开或关闭这些特有窗口。

下面简单介绍一下 4 种常用的窗口。

(1)工程资源管理器窗口

项目是在一定时间内使用有限资源要完成的满足既定目标的多项工作的总称，项目中的每一项工作可以用一个工程来完成。每一个项目通常对应着一个应用系统，项目中的每一个

图 11-1　VBE 窗口

工程通常对应应用系统中的一个子系统。如果项目较为简单，项目往往用一个工程就可以实现。这种情况下，工程往往对应一个应用系统。因此 Access 工程是基于 Access DBMS 开发的一个完成有限任务的相对独立的数据库系统（子系统）。

在 VBA 中，为了完成一个工程的相关任务，数据库系统往往要创建很多模块。由于模块数量众多，所以 Access VBA 在开发环境中嵌入工程资源管理器这一工具，它可以以树形层次结构的形式管理当前工程中所包含的所有模块。所谓当前工程是指以当前打开的数据库为基础数据的数据库应用系统，在默认情况下，该工程的名称和当前数据库的名称相同。

工程资源管理器窗口的左上角有 3 个按钮："查看代码"按钮、"查看对象"按钮和"切换文件夹"按钮。

单击"查看代码"按钮可以打开代码窗口编辑代码；单击"查看对象"按钮可打开所选模块对应的对象窗口或所选模块对应的文档；单击"切换文件夹"按钮可以显示或隐藏工程窗口中的对象分类文件夹。

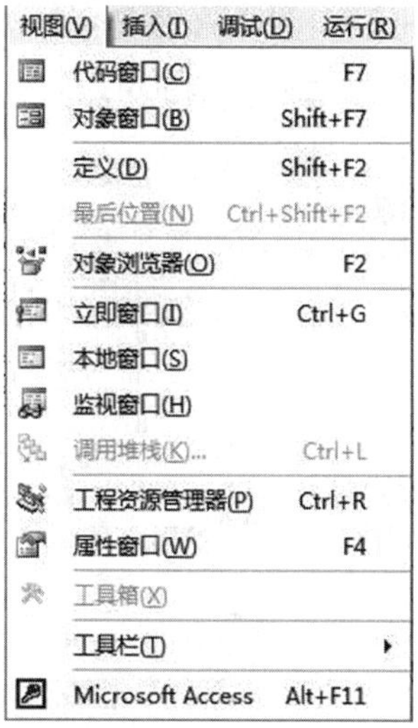

图 11-2　"视图"菜单

（2）属性窗口

属性窗口列出了所选对象在设计时的属性及当前设置，用户可以编辑这些属性。如果想要在该窗口中显示某个窗体的某个控件对象的属性，需要在 Access 数据库窗口中打开该窗体的计视图并选中该控件。

（3）代码窗口

代码窗口是用来编辑代码的窗口。该窗口有两个视图："过程视图"和"全模块视图"，可以用代码窗口左下角的两个按钮切换。默认视图是"全模块视图"，此时将显示模块中所有过程的代码。

代码窗口可以水平拆分成上下两个面板，同时查看模块的两个代码段。拆分方法是直接拖动"代码窗口"垂直滚动条上部的拆分条或双击拆分条，再次双击拆分条即可取消拆分。

代码窗口的上部分有两个组合框："对象"组合框和"过程"组合框。在"对象"组合框中选择某个对象或在"过程"组合框中选择事件名称，即可显示所选对象事件的过程代码或生成该对象事件过程的首行代码和末行代码。当将编程插入点移动到不同对象或不同事件过程代码段时，"对象"组合框和"事件"组合框的取值会随之变化。

当编程插入点处在某个标准模块的无参数过程内部时，执行"运行"菜单下的"运行子过程/用户窗体"命令，或单击工具栏上的"运行"按钮，可以运行该过程；若编程插入点在其他位置，执行"运行"命令后系统将弹出"宏"对话框，用户在其中选择过程，并单击"运行"按钮即可运行选定过程。

在代码窗口中按 F1 键可以得到编程插入点位置 VBA 语句的帮助信息。

（4）立即窗口

通常可以使用立即窗口来调试、检测程序代码，或测试表达式的运算结果。

在立即窗口中输入一行 VBA 代码，然后按回车键，即可执行刚输入的代码。要在立即窗口中测试某个表达式的运算结果有以下 3 种方法。

```
? 表达式表
Print 表达式表
Debug. print 表达式表
```

例如，在立即窗口输入如下代码。

```
?"利息= ", 10000* 0.03
```

或输入如下代码。

```
Print    "利息= ", 10000* 0.03
```

按回车键后，窗口显示如下。

```
利息=            300
```

在立即窗口按 F1 键可以得到插入点所在 VBA 语句的相应帮助。

11.2　VBA 基本语法

11.2.1　关键字和标识符

关键字是计算机语言中事先定义的有特别意义的标识符号，关键字也称作保留字。

标识符是由用户定义的，用作常量、变量、过程、函数以及对象等名称的标识符号。编写程序时，人们是按名称来访问常量、变量、过程、函数以及对象。在 VBA 中，标识符的命名必须遵循如下规则。

①由英文字母、汉字、数字和下划线组成的 1～255 个字符。

②必须以字母或汉字开头。

③标识符要具有唯一性且不能与关键字相同。

④标识符不区分字母大小写。

11.2.2　数据类型

VBA 中，将数据分为多种数据类型，不同的数据类型有不同的存储方式和运算方式。为了方便用户编程，Access 数据表的字段类型（OLE 对象和备注字段数据类型除外）在 VBA 中都有对应的数据类型。表 11-1 给出了 VBA 的基本数据类型及其关键字、类型符号、取值范围、占用字节数及对应 Access 字段类型。

表 11-1　VBA 基本数据类型

数据类型	关键字	符号	取值范围	字节数	字段类型
字节型	Byte		0~255 的整数	1B	字节
整型	Integer	%	−32768~32767 的整数	2B	整型
长整型	Long	&	−2147483648~2147483647 的整数	4B	长整型
单精度	Single	!	负数：−3.402823E38~−1.401298E−45 正数：1.401298E−45~3.402823E38	4B	单精度
双精度	Double	#	负数：−1.79769313486232E308~ −4.94065645841247E−324 正数：4.94065645841247E−324~ 1.79769313486232E308	8B	双精度
货币型	Currency	@	−922337203685477.5808~922337203685477.5807	8B	货币
字符串型	String	$	定长字符串：0~65535 个字符 变长字符串：21 亿个字符		文本
布尔型	Boolean		True(−1)或 False(0)	2B	是/否
日期型	Date		100 年 1 月 1 日~9999 年 12 月 31 日	8B	日期/时间
变体型	Variant			不定	无
对象型	Object		任意对象引用	4B	

注意：

①布尔型可以和数字型互换，布尔值转换为数值时 True 对应−1，False 对应 0，数值转换为布尔值时非 0 数值对应 True，0 数值对应 False。例如，(3＞2)＋2 的值为 1。

②变体型可以接收除定长字符串和用户自定义类型以外的任意类型的数据。

③变体型是默认类型。例如，Dim x，变量 x 即为变体型。

除以上系统提供的基本数据类型外，VBA 还允许用户使用 Type 语句自定义数据类型。它实际上是由基本数据类型元素构造而成的一种数据类型，用户可以根据需要定义多个自定义数据类型。Type 语句的语法格式如下。

```
Type 类型名
    元素 1 As 数据类型
    元素 2 As 数据类型
    ……
End Type
```

例如，定义一个名为 student 的数据类型，其中包含 3 个元素 sno、sname、sage。

```
Type student
    sno As String
    sname As String
    sage As Integer
End Type
```

11.2.3 常量、变量和数组

1. 常量

常量指在程序执行过程中值保持不变的数据量，VBA 中有值常量、符号常量、固有常量和系统定义常量四种。

（1）值常量

值常量是指在程序中直接使用的数据值，即所谓常数。不同数据类型的常量书写格式不同，表 11-2 描述了 VBA 中不同数据类型值常量的书写格式。

表 11-2　常量类型及书写格式

常量类型	书写格式
字符型值常量	以双引号作为定界符括起来的一串字符串，如"abf" "123" ""
整型值常量	十进制表示的整数，如 123、-34、10%、12&
实型值常量	包括单精度和双精度浮点数，如 12.345、234.567E+5、12.345D+3
布尔型值常量	又称为逻辑型，有真和假两种取值，如 True(真)、False(假)
货币型值常量	通常用小数表示，如 12.3@、23.4567@，它只能精确到小数点后 4 位
日期型值常量	以"#"括起来的任何在字面上可认作是日期和时间的字符，如#1998-9-12#

（2）符号常量

符号常量是指用标识符标识的在程序执行过程中保持不变的数据量。符号常量必须先用 Const 语句定义然后再使用，并且不允许对其修改。

声明符号常量的语句格式如下。

```
Const  <符号常量名>[AS  <类型>]= 常量表达式
```

例如：

```
Const  PI= 3.14     '或  Const  PI  As  Double= 3.1415926
Const  FILENAME= "学生"
Const  S= PI* 2* 2
```

固有常量和系统定义常量是由系统预先定义的，固有常量以两个前缀字母指明定义该常量的对象库，如来自 Access 数据库的常量以 ac 开头，来自 ADO 数据库的常量以 ad 开头，而来自 Visual Basic 数据库的常量则以 vb 开头，例如，acForm、adAddNew、vbCurrency。系统定义常量有 3 个：True、False 和 Null。

2. 变量

在程序运行过程中，有些数据量会随着程序的执行而发生变化。计算机对它们的处理方法是，将数据存放在一块临时内存存储空间中，并对这块存储空间进行命名，这就是变量。变量有三要素：变量名、变量类型、变量的值。变量名的命名要遵循 VBA 标识符命名规则，变量类型由声明语句声明或变量的值决定，变量的值就是变量中存放的数据。

VBA 中在使用变量前，通常要先对变量进行声明。当然也可以不先声明而直接使用，人们把这种不声明直接使用的方式称为变量的隐式声明。隐式声明的变量其类型为变体数据类型(Variant)。例如，在没有声明 x 变量前提下直接使用赋值语句 $x=123$，则该赋值语句就隐

式声明了一个变量 x，其值为 123，数据类型为 Variant。需要注意的是，在 VBA 编程中建议尽量减少使用变量的，大量使用变量的隐式声明会对程序调试和变量的识别带来困难。

在变量使用前先进行声明的使用方式被称为变量的显式声明。VBA 中，使用 Dim 语句、类型说明符号或 DefType 语句对变量进行声明。特别指出，VBA 系统不允许对同一变量进行两次不同类型的定义。

变量的显式声明的 3 种方法如下。

(1)使用 Dim 语句声明变量

【格式】Dim 变量名 As[数据类型]

【说明】在一个 Dim 语句中可以声明多个变量，省略数据类型时，变量为 Variant 类型。其代码如下。

```
Dim x   As Integer              '定义 x 为整型变量
Dim y                           '定义 y 为变体型变量
Dima As String, b As Double     '定义 a 为字符串型变量，b 为双精度型变量
```

但请注意如下格式的声明语句含义。

```
Dim i, j, k As Integer
```

此语句只有 k 声明为整型变量，i 和 j 都是变体型变量。要想将 i、j、k 都声明为整型变量需使用下列语句。

```
Dim  i  As  Integer, j  As  Integer, k  As  Integer
```

自定义数据类型变量的声明，例如：

```
Dim stu1 As student            '定义一个名为 stu1 的变量其数据类型为 student 类型
```

自定义数据类型变量中元素的引用方式为"变量名．元素名"。

例如，可以使用以下语句为变量 $stu1$ 的各元素赋值。

```
stu1.sno= "201601001"
stu1.sname= "张晓彤"
stu1.sage= 20
```

当引用自定义数据类型变量中多个元素时，可以用 With 语句来简化元素的引用格式。

例如，使用 With 语句进行上述赋值，其代码如下。

```
With stu1
  .sno= "201601001"
  .sname= "张晓彤"
  .sage= 20
End With
```

(2)使用类型说明符声明变量

在首次使用变量时，将类型说明符作为变量名的一部分放在变量名后即可声明该变量的数据类型。例如：

```
intx% = 1234     '定义 intx 为一个整型变量
str1$ = "abc"    '定义 str1 为一个字符串型变量
```

（3）使用 DefType 语句说明变量

DefType 语句只能用于模块的通用声明部分，用来为变量和传递给过程的参数设置默认数据类型。例如：

```
DefInt i, a- d
```

此语句说明在模块中以 i 及 a 到 d 开头的变量默认其数据类型为整型。

表 11-3 列出了 VBA 中常用 DefType 语句和对应的数据类型。

表 11-3　常用 DefType 语句和对应的数据类型

语句	数据类型	语句	数据类型
DefInt	整型	DefBool	布尔型
DefLng	长整型	DefDate	日期型
DefSng	单精度型	DefCur	货币型
DefDbl	双精度型	DefStr	字符型

3. 数组

数组是一组相同数据类型变量的集合。数组由数组名和下标组成。数组的声明格式如下。

【格式】Dim 数组名 ([下界 to]上界[,……])As 数据类型

【说明】

①省略下界时，默认下界为 0，若设置非 0，下界则必须使用[下界 to]语句。

②在模块的通用声明部分可以用 Option Base 0/1 来指定默认下界注意，上界要大于下界。例如：

```
Dim inty (7)As Integer        '定义一个有 8 个整型数组元素的数组，下界为 0
Dim intx(- 3 to 3) As Integer '定义一个有 7 个整型数组元素的数组，下界为- 3
```

'定义一个 4×3 二维数组，其中第一维下界是 0，第二维下界是 1

```
Dim intz(4, 1 to 3) As Integer
```

【知识拓展】当数组元素个数不确定时，可以用动态数组。不指定元素个数即为动态数组。对动态数组可以使用 ReDim 重定义，并可以在 ReDim 后用关键字 Preserve 来保留之前数组元素的值，否则重定义后元素的值会被初始化为默认值。

以下程序段先定义一个动态数组，用户输入一整数 n 后，再重定义数组大小为[1，n]。

```
Dim inta() As Integer            '定义一个动态数组 inta
n= InputBox("请输入一整数")
ReDim x(1 To n)                  '重定义数组 inta，下界为 1，上界为 n
```

注意：ReDim 语句只能出现在过程中，它可以改变数组的大小、上下界及维数。

VBA 中，定义好的数组在未进行赋值前，数组元素的初值如下：数值型数组元素初值为零，字符型数组元素初值为空串，布尔型数组元素初值为假值。

11.2.4　表达式

表达式是由常量、变量、函数、运算符和括号等按一定规则组成的运算式子。表达式的类型由表达式的值决定。下面先来学习 VBA 表达式中的运算符。

1. 运算符

VBA中包含有丰富的运算符：算术运算符、字符串运算符、关系运算符、逻辑运算符和对象运算符。

(1)算术运算符

算术运算符是主要用于进行数值计算，VBA中常用算术运算符如表11-4所示。

表11-4　常用算术运算符

运算符	含义	举例
＋	加运算	3＋2 结果为 5
－	减运算	10－7 结果为 3
＊	乘运算	2＊5 结果为 10
/	除运算	5/4 结果为 1.25
－	取负运算	假设有符号常量 PI 其值为 3.14，－PI 结果为－3.14
\	整除运算	5\2 结果为 2
^	乘方、方根运算	3^2 结果为 9，27^(1/3)结果为 3
Mod	求余运算	9 Mod 2 结果为 1

【说明】参加算术运算符的操作数一般为数值型，VBA中逻辑值和数字型字符串也可以参加算术运算，逻辑值进行算术运算时系统自动将其转换成数值再做运算，逻辑真转换为－1，逻辑假转换为 0。例如，12＋True＊3 结果为 9。数字型字符串参加算术运算时系统自动将其转换成对应数值再做运算。例如，12＋"23.5"结果为 35.5。

(2)字符串运算符

字符串运算符的功能是将两个字符串连接生成一个字符串。

字符串连接运算符有"＋""&"两个。

"&"运算符用来强制将两个表达式作为字符串连接起来，"&"运算符两边的操作数可以是字符串，也可以是数值。

例如：

```
"abc" & "123"        '结果为 "abc123"
"abc" & 456          '结果为 "abc456"
123 & 456            '结果为 "123456"
Strc= "abc"
Strc  & "是字符串"    '结果为 " abc是字符串"
```

注意：当运算符"&"的旁边是变量名或数值时，& 要用一个空格与之隔开。

"＋"运算符用来连接两个字符串表达式，"＋"作为连接运算符时要求两边的操作数必须是字符串。若"＋"两边一个是数值，一个是数字型字符串，则将数字型字符串转化为数值，然后进行加法运算。

例如：

```
"abc"+ "dfg"          '结果为"abcdfg"
"123"+ "345"          '结果为"123345"
"123"+ 345            '结果为 468
```

"abc"+ 123   '出错，类型不匹配

（3）关系运算符

关系运算符用来对两个相同数据类型的表达式进行大小关系的比较，比较的结果为逻辑值。常用关系运算符有＞、＞＝、＜、＜＝、＜＞和＝6 个，另外还有 Is 、Like、Between…And3 个。

使用关系运算符进行比较时应注意以下规则。

①参加比较的操作数均是数值型时，按数值大小进行比较。

②参加比较的操作数均是字符串型时，按字符的 ASCII 码从左到右一一对应比较，即先比较两字符串的第一个字符，若相同则比较第二个字符，以此类推，直到出现不同字符为止，ASCII 码大的字符串大。Access 中不区分字母大小写，如表达式"a"＝"A"的值为 True。

③汉字大于西文字符，汉字按区位码顺序进行比较，通常可按汉字的拼音次序比较。

④参加比较的操作数均是日期型时，按日期的年月日顺序比较大小，如表达式♯2015－12－25♯＜♯2016－01－10♯的值为 True。

（4）逻辑运算符

逻辑运算符用于连接逻辑值、关系表达式或逻辑表达式，运算结果为逻辑值。常用逻辑运算符有非（NOT）、与（AND）、或（OR）。逻辑运算真值表如表 11-5 所示。

表 11-5　逻辑运算真值表

X	Y	NOT X	X AND Y	X OR Y
True	True	False	True	True
True	False	False	False	True
False	True	True	False	True
False	False	True	False	False

（5）对象运算符

对象运算符用来指示随后出现的项目类型，VBA 中对象运算符有"！"和"．"两个。

"！"运算符的作用是指示随后的内容为用户定义的内容。使用"！"可以引用一个窗体、报表或控件。例如：

Forms！学生信息窗体

Forms！学生信息窗体！Lable1

Reports！学生名单

"．"运算符的作用是指示随后的内容为 Access 定义的内容，使用"．"可以引用对象的属性。例如：

Forms！学生信息窗体！Command1.Enabled= False

若"学生信息窗体"为当前窗体，则可以用 Me 来代替，例如：

Me．Command1.Enabled= False

2. 运算符优先级别

当一个表达式含有多种运算符时，表达式运算的顺序是由运算符的优先级决定。不同类型运算符的优先级别如下：算术运算＞连接运算＞比较运算＞逻辑运算，表达式中括号最优先。

3. 表达式的书写规则

VBA表达式的书写方法不同于书写数学运算式子的书写,其书写规则如下。

①表达式自左向右书写在同一水平线上,无高低、大小写的区别。

②圆括号必须成对使用。

③算术运算符乘号不能省略,如"2 * a * b"不能写成"2ab"。

注意: 在算术表达式中,参与运算的数据可能具有不同的数据精度,VBA规定结果采用精度最高的数据类型。

11.2.5 常用标准函数

函数是事先定义好的内部程序,用来完成特定的功能。

函数的主要特点是具有参数(个别函数无参数)并有函数返回值。

【格式】 函数名(参数表)

【说明】 参数可以是常量、变量或表达式,可以有一个或多个。根据函数的不同,参数及返回值都有特定的数据类型与之对应。

VBA提供了大量的内置函数,供用户在编程时直接引用。VBA内置函数也称为标准函数,按其功能可分为数学函数、转换函数、字符串函数、日期时间函数和格式输出函数。下面将分类介绍一些常用的标准函数。

1. 数学函数

完成数学计算功能的函数,其功能与数学中的定义相同。常用数学函数如表11-6所示。

表 11-6 常用数学函数

函数	函数功能	举例	函数值	说明
$Abs(x)$	返回 x 的绝对值	$Abs(-3.7)$	3.7	x 为实数
$Int(x)$	返回 x 的整数部分	$Int(3.7)$ $Int(-3.7)$	3 -4	$x < 0$ 时,返回值小于等于 x
$Round(x, n)$	对 x 的小数四舍五入	$Round(3.2378, 2)$	3.24	返回有 n 位小数的 x 值
$Sqr(x)$	返回 x 的平方根	$Sqr(9)$	3	要求 x 大于等于 0
$Rnd(x)$	返回 0~1 的随机数	$Rnd(1)$	0.533424	x 为随机种子

【说明】 对于随机函数 $Rnd(x)$:当 $x < 0$ 时,每次产生相同随机数;当 $x = 0$ 时,产生最近生成随机数;当 $x > 0$ 时,每次产生新的随机数。对于随机函数可以省略随机种子 x 及括号,直接写为 Rnd,此时系统默认 $x > 0$。

例如:

```
Int(100* Rnd)        '产生 0~99 的随机数
Int(100* Rnd+ 1)     '产生 1~100 的随机数
```

2. 转换函数

转换函数用于实现不同类型数据的转换。常用转换函数如表11-7所示。

表 11-7　常用转换函数

函数	函数功能	举例	函数值	说明
Asc(x)	返回首字符的 ASCII 码	Asc("abc")	97	x 是字符串或字符型变量
Chr(n)	将数字 n 转换成相应字符	Chr(65)	"A"	n 的取值范围为 0～127
Str(n)	将数字转换为字符串	Str(12.3)	"12.3"	n 是数字或数字表达式
Val(x)	将数字字符串转换为数字	Val("12.3b")	12.3	x 是数字型字符串
Lcase(x)	大写字母转换为小写字母	Lcase("AbA")	"aba"	x 是字符串或字符型变量
Ucase(x)	小写字母转换为大写字母	Ucase("AbA")	"ABA"	x 是字符串或字符型变量

【说明】

①将数字转换为字符串时，总会在字符串前头留一个符号位，如果数字为正数，符号位就是空格。例如，Str(12.3)结果为"12.3"。

②将数字型字符串转换数字时自动将空格、制表符、换行符去掉，当遇到第一个不能识别为数字的字符时即停止读入。

例如：

```
Chr(Asc("a")+ 2)        '结果为"c"
Val("abc")              '结果为 0
Val("1.23e2")           '结果为 123，将 e 当成指数符号处理
Lcase("ABCD")           '结果为"abcd"
```

3. 字符串函数

字符串函数是用来处理字符型变量或字符串表达式的函数。VBA 采用 Unicode 编码方式存储和操作字符串，字符串长度以字为单位，也就是说每个西文字符和每个汉字都作为 1 字，占用 2 字节。常用字符串函数如表 11-8 所示。

表 11-8　常用字符串函数

函数	函数功能	举例	函数值	说明
Len(x)	返回 x 的长度，即字数	Len("VB 系统")	4	x 是字符串或字符型变量
LenB(x)	返回 x 所占字节数	LenB("VB 系统")	8	x 是字符串或字符型变量
Right(x，n)	取字符串右边 n 个字	Right("abcd"，2)	"cd"	n 为数字
Left(x，n)	取字符串左边 n 个字	Left("abcd"，2)	"ab"	n 为数字
Mid(x，n_1，n_2)	取子串，从 n_1 开始向右取 n_2 个字	Mid("abcd"，1，2)	"ab"	n_1，n_2 为数字
Trim(x)	去掉 x 两边的空格	Trim(" abc ")	"abc"	函数 ltrim(x)和 rtrim(x)分别去掉 x 左边或右边空格

续表

函数	函数功能	举例	函数值	说明
Space(n)	返回由 n 个空格组成的字符串	Space(3)	" "	n 为数字
Instr(n_1,c_1,c_2,n_2)	取 c_2 在 c_1 中从 n_1 开始首次出现位置	Instr("abcB$_1$B$_1$b$_1$b$_1$","b$_1$")	4	n_2 为比较方式，$n_2=0$ 时区分字母大小写，$n_2<>0$ 时不区分字母大小写

例如：

```
Len(str(12.3))                      '结果为 5
LenB(str(12.3))                     '结果为 10
Instr(5,"abcB1B1b1b1","b1", 1)      '结果为 6，n2 为 1 故不区分字母大小写
Instr(5,"abcB1B1b1b1","b1", 0)      '结果为 8，n2 为 0 故区分字母大小写
Mid("fox 系统", 3, 2)               '结果为"x 系"
```

4. 日期时间函数

日期时间函数是对日期和时间进行处理的函数。常用的日期时间函数如表 11-9 所示。

表 11-9　常用日期时间函数

函数	函数功能	举例	函数值
Date()或 date	返回系统当前日期	Date	2016－5－3
Time()或 time	返回系统当前时间	Time	20：35：12
Now	返回系统当前日期与时间	Now	2016－5－3 20：35：12
Year(x)	返回日期的年份	Year(#2015-1-1#)	2015
Month(x)	返回日期的月份	Month(#2015-1-1#)	1
Day(x)	返回日期的日	Day(#2015-1-10#)	10
Weekday(x,n)	返回 1～7 的整数，表示星期几	Weekday(date)	3

【说明】函数 Weekday(x,n)，n 为可选项，默认值为 1。当 n 取值为 1 时，星期天为一周的第一天，星期天返回 1，星期一返回 2……依次类推。若 n 取值为 2，则星期一为一周的第一天，即星期一返回 1，星期二返回 2……星期天返回 7。

5. 格式输出函数

格式输出函数用于指定数值、日期或字符串的输出格式。这里主要介绍 Format() 函数。

【格式】Format(表达式[,格式符])

【说明】格式符是指定格式的符号代码，需要用引号括起来。Format() 函数的格式符一共分为 3 类：数值格式符、字符串格式符和日期格式符。常用的格式符的符号、作用和举例如表 11-10 所示。

表 11-10　常用格式符的符号、作用和举例

类型	格式符	作用	举例
数值 格式符	0	数字，在输出前后补 0	Format(12.34,"0000.000")，结果为 0012.340
	＃	数字，不在输出前后补 0	Format(12.34," ＃ ＃ ＃＃. ＃ ＃ ＃")，结果为 12.34
	.	小数点	Format(124," ＃ ＃ ＃.000")，结果为 124.000
字符串 格式符	＜	以小写显示	Format("abCDE12","＜")，结果为"abcde12"
	＞	以大写显示	Format("abCDE12","＞")，结果为"ABCDE12"
	@	字符串位数小于格式符位数时，字符前加空格	Format("abCDE12","@@@@@@@@@") 结果为"　　abCDE12"
	&	字符串位数小于格式符位数时，字符前不加空格	Format("abCDE12","&&&&&&&&&")， 结果为"abCDE12"
日期 格式符	d	显示日期的日，个位前不加 0	Format(＃2016-05-08 ＃,"d")，结果为 8
	dd	显示日期的日，个位前加 0	Format(＃2016-05-08 ＃,"dd")，结果为 08
	m	显示日期的月，个位前不加 0	Format(＃2016-05-08 ＃,"m")，结果为 5
	mm	显示日期的月，个位前加 0	Format(＃2016-05-08 ＃,"mm")，结果为 05
	yy	用 2 位显示日期年份	Format(＃2016-05-08 ＃,"yy")，结果为 16
	yyyy	用 4 位显示日期年份	Format(＃2016-05-08 ＃,"yyyy")，结果为 2016 Format(＃2016-05-08 ＃,"dd/mm/yy")，结果 为 08－05－16

6. 其他常用函数

（1）Inputbox()函数

Inputbox 函数的作用是在一个对话框中显示提示，等待用户输入文本并单击"确定"按钮或按 Enter 键，函数返回文本框内输入的值，返回值可以是一个字符串或数值，单击"取消"按钮则返回空串。函数调用格式如下。

【格式】Inputbox(提示信息[，对话框标题][，默认值][，水平距离][，垂直距离])

【说明】

①"提示信息"为必选项，其他为可选项。

②"提示信息"为最长不超过 1024 的字符串，若提示信息为多行，可在各行间用回车符"chr(13)"、换行符"chr(10)"或它们的组合来分隔。例如，若提示信息为"输入"＋chr(13)＋"数据:"，则文字"输入"和"数据"将分别显示在两行。

③省略对话框标题时，标题栏将显示应用程序名。

④省略默认值时，函数默认值为空串。

⑤省略水平距离，对话框将水平居中。

⑥省略垂直距离，对话框距屏幕上边界三分之一处。

例如，在立即窗口输入下列语句。

```
x= InputBox("请输入用户名","输入窗口","admin")
```

将会弹出如图11-3所示的对话框,在其中的文本框中可以输入用户名。

(2)Msgbox()函数与 Msgbox 过程

Msgbox的作用显示一个消息框,等待用户单击按钮并返回一个整数值,该值代表用户单击了哪个按钮。该函数或过程通常用于显示运行结果或提示信息。

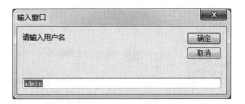

图 11-3 "输入窗口"对话框

Msgbox()函数的调用格式如下。

【格式】Msgbox(显示消息[,按钮参数][,对话框标题])

【说明】按钮参数用于指定消息对话框中按钮的数目、形式及图标样式等。按钮数目可以用内部常数设置,也可以用数值来设置。按钮参数与按钮数目的对应关系如表 11-11 所示。

表 11-11 按钮参数与按钮数目的对应关系

常数	值	按钮数目	按钮名称	返回值
VbOkOnly	0	1	"确定"	1
VbOkCancel	1	2	"确定""取消"	1，2
VbAbortRetryIgnore	2	3	"终止""重试""忽略"	3，4，5
VbYesNoCancel	3	3	"是""否""取消"	6，7，2
VbYesNo	4	2	"是""否"	6，7
VbRetryCancel	5	2	"重试""取消"	4，2

按钮参数与图标样式对应关系如表 11-12 所示。

表 11-12 按钮参数与图标样式对应关系

常数	值	图标样式
VbCritical	16	红色 X 图标
VbQuestion	32	问号? 图标
VbExlamation	48	警告! 图标
VbInformation	64	信息 i 图标

按钮参数与消息框默认按钮对应关系如表 11-13 所示。

表 11-13 按钮参数与消息框默认按钮对应关系

常数	值	按钮默认值
VbDefaultButton1	0	以第 1 个按钮为默认值
VbDefaultButton2	256	以第 2 个按钮为默认值
VbDefaultButton3	512	以第 3 个按钮为默认值
VbDefaultButton4	768	以第 4 个按钮为默认值

例如:执行以下命令。

Msgbox "欢迎进入学生管理系统", 64

Msgbox "欢迎进入学生管理系统", VbInformation

图 11-4 Msgbox 命令执行结果（1）

图 11-5 Msgbox 命令执行结果（2）

这两条命令作用相同，显示结果如图 11-4 所示。

在写按钮参数时，上述 3 种参数值可以进行叠加，产生多重控制效果。例如，将表示按钮数目的值 3 和表示红色 X 图标的值 16 相加，用得到的 19 作为按钮参数，执行下面命令。

```
Msgbox "出错了", 19
```

消息框将得到如图 11-5 所示的效果。

11.2.6 声明语句

VBA 中有多种声明语句，它们可以命名和定义常量、变量、数组、过程和函数。如 Const 用于声明常量，Dim、Static、Public、Private 用于声明变量和数组，过程和函数可以用 Static、Public、Private 来声明。这里主要介绍变量的声明语句。变量的声明语句在定义变量的同时还定义了变量的初始值、使用范围和生命周期等内容。

1. 变量的初始值

变量的初始值由所声明的数据类型决定，例如，包含货币型在内的所有数值型变量初始值为 0，字符串型变量初始值为空串""，布尔型变量初始值为 False，日期型变量初始值为 # 0:00:00#。

2. 变量的使用范围和生存周期

变量的使用范围和生命周期由声明位置和声明时所使用的关键字决定。

（1）变量的使用范围

VBA 中的变量有两个使用范围级别：过程级和模块级。在过程中声明的变量是过程级，在模块声明部分声明的变量是模块级。

过程级变量也称为局部变量，在过程中用户使用关键字 Dim 或 Static 定义，这种变量的使用范围是本过程，即在本过程内可以使用，在过程外是不可用、不可见的。

模块级变量是在模块的声明部分用 Dim、Private 或 Public 定义的变量。关键字 Dim、Private 声明的是私有模块级变量，私有模块级变量的使用范围是所属模块，即只有所属模块中的过程可以使用，其他模块中的过程不能使用。关键字 Public 定义的是公共模块级变量，公共模块级变量的使用范围是整个工程，在所有模块中的所有过程均可使用。

（2）变量的生存周期

变量的生存周期指变量保留其值的时间段，即变量从第一次出现到消失的程序执行时间段。

对于过程级变量，其生存周期因声明对所用关键字的不同而不同。

Dim 声明的过程级变量其生存周期为本次过程的调用时间。过程一旦结束，该变量所占有的内存就会被系统回收，变量中储存的数据就会被破坏。再次调用过程时这些变量会被重新分配内存并初始化。

Static 声明的过程级变量，也称为静态变量，其生存周期与所属模块的生存周期相同。在所属模块的程序执行期间内，过程执行结束后静态变量所占有的内存不会被回收，数据不会被破坏。下次再调用该过程时，数据依然存在，静态变量的值将一直保留至模块结束。

对于模块级变量，生存周期同模块的生存周期一样长。其中，标准模块的生存周期与整个工程相同，类模块的生存周期与类模块所属对象(窗体或报表)一样长。

11.2.7 赋值语句

赋值语句的作用是给一个变量指定一个值。其调用格式如下。

【格式】[Let] ＜变量名＞＝值或＜表达式＞

【说明】

①Let 为可选项，一般省略。

②格式中的等号(=)称为赋值号，与数学中等号意义不同。例如，表达式 i＝i+1 在数学中不能用，在计算机语言中常用作累加。

③赋值号左边只能是变量名且只能是一个变量，不能是常量或表达式。当赋值号右边是表达式时，系统先计算表达式然后将结果赋给赋值号左边的变量。

④赋值号两边通常要求数据类型匹配。

⑤当数值表达式与变量精度不同时，系统将强制转换成变量精度。例如：

```
DimIntx As Integer
Intx= 7.8                'Intx 为整型变量，系统对 7.8 四舍五入取整得到 8 赋给变
量 Intx
```

⑥当表达式是数字字符串，变量为数值型时，系统自动将字符串转换成数值再赋值。如果表达式是非数字字符串，则出错。例如：

```
Intx% = "634"           'Intx 被赋值为 634
Intx% = "12abc"         '出错
```

⑦VBA 规定不能给数组赋值只能给数组元素赋值。例如，对于数组 sz(5)，不能写 sz＝1，可以写 sz(0)＝1、sz(1)＝1 等。

11.2.8 注释语句

注释语句是非执行语句，VBA 不对它进行解释和编译，在程序中适当位置添加注释语句，其目的是提高程序的可读性。注释语句的调用格式如下。

【格式1】Rem ＜注释内容＞

【格式2】'＜注释内容＞

【说明】注释语句在代码窗口中显示为绿色字体。

用 Rem 引导的注释语句一般单独占一行，通常用于对一段程序进行注释。如果将 Rem 注释语句放在其他语句后面，需要用冒号来进行分隔。用单引号引导的注释语句，通常直接放在其他语句后面，多用于对单条语句进行注释。

例如，根据商品的数量和单价两个变量的值计算总价，并用消息框输出总价的注释如下。

```
Rem 根据数量和单价计算总价
Dimquantity As Integer, price As Integer, total As Integer '定义两个整型变量
quantity= 50     '给变量 Quantity 赋值 50，表示商品数量为 50
price= 34        '给变量 Price 赋值 34，表示商品单价为 34
```

```
total= quantity * price'计算总价 Total
Msgbox  "总价为" & total, vbInformation,"消息框"
```

11.3 VBA 流程控制语句

VBA 除提供了上述必要的顺序语句外，还提供了流程控制语句，即选择控制语句和循环控制语句来控制程序的执行。

11.3.1 选择控制语句

选择控制语句是根据给定条件是否成立，选择不同语句或程序段执行的一种流程控制语句。

1. If 选择控制语句

（1）单分支选择控制语句

【格式 1】

```
If  <条件表达式>  Then 语句序列
```

【格式 2】

```
If  <条件表达式>  Then
  语句序列
End If
```

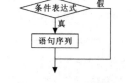

图 11-6 单分支语句流程图

【执行流程】单分支选择控制语句的执行流程如图 11-6 所示。

【例 11-1】若变量 Price 中已存入商品的单价，变量 Quantity 中已存入购买商品的数量，当购买数量大于等于 10 时，商品打 9 折，求购买商品应付总金额。

其执行代码如下。

```
total= quantity* price
If quantity> = 100  Then total= total * 0. 9
```

也可以写为

```
total= quantity* price
If quantity> = 100  Then
  total= total * 0. 9
End If
```

（2）双分支选择控制语句

【格式 1】

```
If  <条件表达式>  Then 语句序列 1  Else 语句序列 2
```

【格式 2】

```
If  <条件表达式>  Then
  语句序列 1
Else
```

语句序列 2
End If

【执行流程】双分支选择控制语句执行流程如图 11-7 所示。

图 11-7 双分支语句流程图

【例 11-2】假设根据学生的成绩输出学生成绩是否合格，成绩 score＞=60，输出"合格"；否则，输出"不合格"

其执行代码如下。

```
If score > = 60  Then debug. print "合格"  Else
debug. print "不合格"
```

也可以写为

```
If score > = 60  Then
   debug. print "合格"
Else
   debug. print "不合格"
End If
```

(3)多分支选择控制语句

【格式】

```
If  < 条件表达式 1>  Then
   < 语句序列 1>
Else if  < 条件表达式 1>  Then
   < 语句序列 2>
   ……
Else
    < 语句序列 n+ 1>
End If
```

【执行流程】多分支选择控制语句的执行流程如图 11-8 所示。

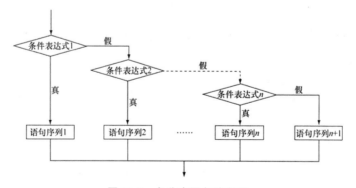

图 11-8 多分支语句流程图

【**例 11-3**】假设根据学生的成绩输出学生成绩等级，成绩等级划分原则如右侧图所示。

$$
\begin{cases}
score \geqslant 85 & 优秀 \\
85 > score \geqslant 70 & 良好 \\
70 > score \geqslant 60 & 及格 \\
score < 60 & 不及格
\end{cases}
$$

其执行代码如下。

```
If score> 100  or score< 0  Then
  Msgbox "输入成绩非法，成绩应为 0～100"
Else If  score> = 85  Then
  debug. print "优秀"
Else if  score> = 70  Then
  debug. print "良好"
Else if  score> = 60  Then
  debug. print "及格"
Else
  debug. print "不及格"
End If
```

2. 多分支 Select Case 语句

【**格式**】

```
Select Case 表达式
  Case  值 1
    语句序列 1
  Case  值 2
    语句序列 2
  ……
  Case  值 n
    语句序列 n
  [Case else
    语句序列 n+ 1]
End Select
```

【**例 11-4**】用 Select Case 语句实现例 11-3 的功能，假设成绩 score 为整数。

其执行代码如下。

```
If score> 100  or score< 0  Then
  Msgbox "输入成绩非法，成绩应为 0～100"
Else
Select  Case score
  Case  85  to  100
    dj= "优秀"
  Case  70  to  84
    dj= "良好"
  Case  60  to  69
    dj= "及格"
  Case else
```

```
      dj= "不及格"
End Select
  Debug. print  dj
End If
```

11.3.2 循环控制语句

当某一程序段需要反复执行时，可以用循环控制语句来实现。VBA 提供了 FOR 循环和 DO 循环两种语句。

1. DO 循环语句

(1)先判断后执行的循环语句

先判断后执行的循环语句有 Do while … Loop 和 Do until … Loop 两种格式。

【格式 1】

```
Do  while 条件

循环体(语句序列)

  [Exit  do]

Loop
```

【执行流程】格式 1 语句的执行流程如图 11-9 所示。

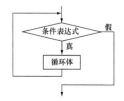 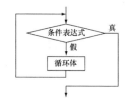

图 11-9　Do until…Loop 语句流程图　　**图 11-10　Do while…Loop 语句流程图**

【格式 2】

```
Do  until 条件
  循环体
  [Exit  do]
Loop
```

【执行流程】格式 2 语句的执行流程如图 11-10 所示。

【说明】

①对于 Do while…Loop 语句，循环开始先检查循环条件是否成立，条件为真则执行循环体，遇到 Loop 语句，程序返回循环开始处重新判断条件，条件为真继续执行循环体，直到条件为假循环结束。

②对于 Do until…Loop 语句，与 Do while…Loop 语句不同的是，当条件为假时执行循环体，直到条件为真时循环结束。

③循环体中若执行到 Exit do 语句就强行中止循环的执行。

【例 11-5】现假设已将学生表(Student)中待处理数据放入二维数组 rsstu，数组数据存放格式如表 11-14 所示，现在要输出其中所有学生的姓名。

表 11-14　二维数组 rsstu 中的数据存放格式

sno	sname	sex
201313012153	刘英杰	男
201413042071	刘亚文	女
201513022001	刘玉嫘	女
201513022002	宋明钰	女
201513022003	许晨熙	女

参考程序代码如下。

```
Dim I as Integer
I= 1
Do while i≤5
  Debug. print rsstu(I, 2)
  I= i+ 1
Loop
```

【拓展】本例中若使用 Do until…Loop 语句，需要如何修改？

注意：对于先判断后执行的循环语句，循环体有可能一次也不执行。

(2)先执行后判断的循环语句

先执行后判断的循环语句有 Do … Loop while 和 Do … Loop until 两种格式。

【格式 1】

```
Do
  循环体
  [Exit  do]
Loop  while  条件
```

【执行流程】格式 1 语句的执行流程如图 11-11 所示。

【格式 2】

```
Do
  循环体
  [Exit  do]
Loop  until  条件
```

【执行流程】格式 2 语句的执行流程如图 11-12 所示。

【说明】

①对于 Do…Loop while 语句，先执行循环体，遇到 Loop 语句时判断条件是否成立，若条件为真，再次执行循环体，条件为假时循环结束。

②对于 Do…Loop until 语句，先执行循环体，遇到 Loop 语句时判断条件是否成立，若条件为假，再次执行循环体，条件为真时循环结束。

注意：对于先执行后判断的循环体语句，循环体至少执行一次。

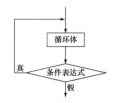 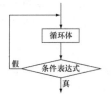

图 11-11 Do…Loop while 语句流程图　　图 11-12 Do…Loop until 语句流程图

【例 11-6】用先执行后判断的循环语句实现例 11-5 的功能。参考程序代码如下。

```
Dim I as Integer
I= 1
Do
  Debug. print rsstu(I, 2)
  I= i+ 1
Loop while  i≤5
```

2. For 循环语句

For 循环语句一般用于循环次数已知的循环操作，其语法格式如下。

【格式】

```
For 循环变量= 初值  To  终值 [Step  步长]
  循环体
  Exit  for
Next
```

【执行流程】For 循环语句的执行流程如图 11-13 所示。

【说明】

①先将初值赋给循环变量，再将循环变量的当前值与终值做比较，依据步长值的不同做不同的比较：当步长大于 0 时要判断循环变量的当前值是否小于终值，当步长小于 0 时判断循环变量的当前值是否大于终值。

②比较结果为真时执行语句序列，遇到 Next 语句先为循环变量增加一个步长，并再将循环变量的当前值与终值做比较，比较结果为真，则继续执行语句序列，直到比较结果为假，结束循环。

③步长为 0 时将导致循环无法结束，因此步长不能设置为 0。步长可以是整数或小数，还可以省略，省略时步长为 1。Exit for 为强制中止循环语句。

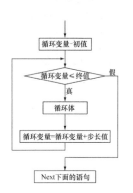

图 11-13 For 语句流程图

【例 11-7】用 For 语句求 1～10 的整数和。

```
Dim s As Integer, i As Integer
s= 0
for i= 1 to 10
  s= s+ i
Next
Msgbox s, 64,"结果为 "
```

【例 11-8】求 Fibonacci 数列第 n 项的值，要求定义一个动态数组，用户任意输入一个 n 的值，重定义数组大小为 n，将 Fibonacci 数列各项的值放入对应数组元素。

```
Dim x() As Integer
n= InputBox("请输入 n 的值")
ReDim x(1 To n)
Dim i As Integer
x(1)= 1
x(2)= 1
For i= 3 To n
x(i)= x(i - 1)+ x(i - 2)
Next
MsgBox "x("+ Str(n)+ ")= "+ Str(x(n))
```

11.3.3 利用循环语句实现数组的相关操作

数组由多个元素构成，在实际应用中经常需要对这些元素做相同处理。因此，对数组的很多操作都需要用循环语句来实现。例如，数组的初始化操作、数组的输入和输出操作等都需要用循环语句来完成。

1. 数组的初始化

在使用数组前通常要对数组进行初始化赋值，即对数组各个元素赋初值。赋值方法通常有以下 3 种：

(1)为数值元素赋相同值

例如：为一维数组 s(n)的数组元素赋初值 1，参考程序代码如下。

```
For  i= 0  to  n- 1
  S(i)= 1
Next
```

又如：为二维数组 s(n，m)的数组元素赋初值 1，参考程序代码如下。

```
For  i= 0  to  n- 1
  For  j= 0  to  m- 1
    S(i, j)= 1
  Next
next
```

(2)为数值元素输入初值

例如：为一维数组 s(n)的数组元素输入初值，参考程序代码如下。

```
For  i= 0  to  n- 1
  S(i)= Inputbox("请输入第"  &  I  &  "个数:")
Next
```

(3)将表对象的数据记录赋给数组

例如：ADO 技术(相关内容在下一章介绍)访问数据源对象的记录集合时，可以将记录集 rs 中一条记录 m 个字段的值赋给指定一维数组 sz(m)，此处由于各字段数据类型不同，可以将数组类型定义为变体型，即 dim sz(m) as variant。参考程序代码如下。

```
For i= 0 To m- 1
  sz(i)= rs. Fields(i)   '将第 i 个字段的值赋给数组元素 sz(i)
Next
```

又如：将记录集 rs 中 n 条记录 m 个字段的值赋给指定二维数组 sz(n，m)。参考程序代码如下。

```
For i= 0 To n- 1
  For j= 0 to m- 1
  sz(i, j)= rs. Fields(j)   '将第 i 条记录的第 j 个字段的值赋给数组元素 sz(i, j)
next
rs. movenext        '记录集 rs 指向下一条记录
Next
```

2. 数组的输出

所谓数组的输出是指数组中各元素的输出。通常一维数组的输出需要用单循环，二维数组的输出需要用双循环。

例如：输出一维数组 sz(n)的所有数组元素的值，参考程序代码如下。

```
For i= 0 to n- 1
  Debug. print sz(i)
Next
```

又如：输出二维数组 sz(n，m)的所有数组元素的值，参考程序代码如下。

```
For i= 0 to n- 1
For j= 0 to m- 1
   Debug. print sz(i, j)
  Next
next
```

Access 数据库中的数据是放在表对象中的，而表对象是按二维表组织数据的，下面用二维数组来模拟二维表的数据操作。

【例 11-9】现假设已将学生成绩表（Grade）中待处理数据（共 10 条数据）放入二维数组 rsscore(11，4)，数组中数据存放格式如表 11-15 所示，要求根据学生成绩 score，求出学生成绩等级 level，并输出学生的学号、成绩和成绩等级。

本例题计算成绩等级和输出学生数据就是典型的数组输出问题。

参考程序代码如下。

表 11-15　二维数组 Grade 中的数据存放格式

sno	cno	score	level
201513111001	01	61	
201513111002	01	77	
201513111003	01	67	

sno	cno	score	level
201513111004	01	51	
201513111005	01	78	
201513111006	01	68	
201513111007	01	68	
201513111008	01	76	
201513111009	01	66	
201513111010	01	65	

```
Rem 根据学生的成绩求出学生成绩等级
fori= 1 to 10
   Select   Case Rsscore(i, 2)
     Case  85  to  100
        Rsscore(i, 3)= "优秀"
     Case  70  to  84
        Rsscore(i, 3)= "良好"
     Case  60  to  69
        Rsscore(i, 3)= "及格"
     Case else
        Rsscore(i, 3)= "不及格"
End Select
Next
Rem   输出学生的学号和成绩等级
   Debug. Print "- - - sno- - - " & "- - - - - score" & "- - - - - level- - - "
For i= 1 To 10
   Debug. Print rsscore(i, 0) & "- - - - " & rsscore(i, 2) & "- - - - - - " &
rsscore(i, 3)
Next
```

图 11-14　例 11-9 程序运行后的窗口显示

该例程序运行结果显示如图 11-14 所示。

11.4　VBA 过程的设计

　　作为 VB 的子集，VBA 是一种面向对象的程序设计语言，同时也支持面向过程的程序设计。"面向过程"是一种以过程为中心的编程思想，采用的是结构化程序设计的方法。

　　结构化程序设计方法是由荷兰学者迪克斯特拉提出的。结构化程序设计的基本思路是自顶向下、逐步细化，即将一个复杂的问题划分为若干个独立的模块，然后根据每个模块的复杂情况进一步分解成若干个子模块，重复此过程，直到分解到各个子模块的任务简单明确为止。这种模块化、分而治之的方法大大提高了程序的开发效率，保证了程序的质量。

在面向过程的程序设计方法中，过程是实现某一特定功能的一段独立的程序代码。VBA中，过程有 Sub 过程(子过程)和 Function 过程(函数过程)之分。与 Sub 过程相比，Function过程通用性比较强，Function 过程可以返回一个值，而 Sub 过程不能返回值。

在编写 VBA 的过程代码时，要遵循的语法规则如下。

①VBA 代码中所有的符号均为英文输入状态下的半角符号。

②通常将一个语句写在一行。如果语句较长，一行写不下时，可使用续行符(空格后接下划线"_")将语句接续到下一行。

③如果需要在一行内写多个语句，则每个语句之间用冒号":"分隔。

④在 VBA 代码中，字母不区分大小写，如 Dim 和 dim 是等同的。

⑤当输入完一个语句按 Enter 键换行，该行代码以红色文本显示(有时会弹出错误消息框)时，则表示该行语句存在语法错误，必须找出错误并更正它。

⑥每一个过程都要定义一个过程名，对该过程的调用是通过过程名来实现的。过程名是用户定义的一个标识符，它不能与模块、其他过程和变量重名，否则调用时会出现混乱。

下面通过几个简单的例子介绍 Sub 过程和 Function 过程的定义和调用。

11.4.1　Sub 过程的设计

Sub 过程也称为子过程，它只执行操作不返回值。

1. Sub 过程的定义

【格式】

```
[Public| Private][Static]Sub  过程名(形参 As  数据类型, …)
   语句序列
End Sub
```

【说明】

①定义 Sub 过程时即使无任何参数，也必须包含"()"。

②在过程的语句序列中可以使用 Exit Sub 语句，程序执行到该语句时即从 Sub 过程中退出。

③使用关键字 Public 定义的过程是公共过程，它是工程级别，可以被工程中任何模块的任何过程所调用；用 Private 定义的过程是私有过程，它是模块级别，可以被本模块内所有过程调用；若使用关键字 Static 定义，则表示该过程中的所有局部变量为静态变量，局部变量的生存周期与模块相同。在定义过程时省略前面的关键字，对于标准模块中的过程默认是Public，而类模块中的过程默认是 Private。

【例 11-10】定义一个名称为"avgage"的过程，其功能是计算 n 个学生的平均年龄，并输出到消息框中，参考代码如下。

```
Public Sub avgage(n As Integer)
   Dim sumage  As Integer, i    As Integer, age As Integer
   sumage= 0
   For i= 1 To n
     age= InputBox("请输入学生的年龄:")
     sumage= sumage+ age
   Next
   MsgBox "平均年龄为" & sumage / n      '将计算结果输出在消息框
```

```
End Sub
```

2. Sub 过程的调用

调用 Sub 过程可以像使用 VBA 基本语句一样直接调用，也可以用 Call 语句来调用，用户可以使用下列所示的任一种格式调用过程。

【格式1】Call　过程名(实参列表)

【格式2】过程名　实参列表

【说明】

①使用格式1调用 Sub 过程时过程名后必须加括号。

②使用格式2调用 Sub 过程则一定不要加括号。

③实参与形参要保证个数相同，对应参数类型匹配，参数之间要用逗号分隔。

例如，要调用上述过程计算学生平均年龄可以使用如下格式。

```
Call   avgage(5)
```

或使用下面格式。

```
avgage   5
```

图 11-15　执行语句后弹出的消息框

执行该语句在输入窗口输入学生年龄后，弹出如图 11-15 所示的消息框。

3. Sub 过程的参数传递

VBA 中通过参数在调用过程的主调方(调用过程的语句)与被调方(过程)传递数据。参数分为形参(形式参数)和实参(实际参数)。定义过程语句中过程名后括号内出现的参数是形参，形参只能是变量名或数组名。调用语句中出现的参数是实参，实参可以是常量、已赋值的变量和有计算结果的表达式。

当形参和实参都是变量时，有两种参数传递方式：值传递和地址传递。在形参前加关键字 ByVal，表示按值传递。在调用过程时，值传递方式只把实参变量的值传给形参变量，是一种"单向传递"。在形参前加关键字 ByRef，表示地址传递。在调用过程时，地址传递方式将实参变量的地址传给形参变量，实参与形参之间实现数据的"双向传递"。若形参前不加任何关键字，系统默认是地址传递方式。

下列程序演示了值传递方式与地址传递方式的不同，注意观察变量值的变化，并思考为什么？

```
Public Sub main()
  Dim a As Integer, b As Integer
  a= 1
  b= 1
  Debug. Print "- - - - - - 在 main 中- - - - - - "
  Debug. Print "a= " & a,"b= " & b
  Sub1 a, b
  Debug. Print "- - - - - - 在 main 中- - - - - - "
  Debug. Print "a= " & a,"b= " & b
End Sub
Public Sub Sub1(ByValx As Integer, ByRef y As Integer)
  Debug. Print "- - - - 进入 Sub1 过程- - - - "
```

```
Debug. Print "x= " & x,"y= " & y
x= x+ 1
y= y+ 1
Debug. Print "x= " & x,"y= " & y
Debug. Print "- - - - - 退出 Sub1 过程- - - "
End Sub
```

运行 main()过程后,立即窗口显示结果如图 11-16 所示。

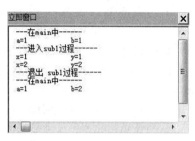

图 11-16　立即窗口显示结果

【分析】由于变量 a 与形参 x 之间是单向传递,调用 Sub1 时 a 的值传给 x,返回 main 过程时,x 的值不会传给变量 a,故 a 的值仍为 1;变量 b 与形参 y 之间是地址传递,所以 Sub1 过程中对变量 y 的赋值就是给变量 b 的赋值,y 的值为 2,b 的值就是 2,因此,返回 main 过程后,b 的值是 2。

11.4.2　Function 过程的设计

Function 过程又称为函数过程或用户自定义函数,Function 过程一定有一个值作为函数的返回值。

1. Function 过程的定义

【格式】

[Public| Private][Static]Function　过程名(形参 As 数据类型, …)[As 数据类型]

　　语句序列

　　过程名＝表达式

　　……

End Function

【说明】

①格式第一行最后的[AS 数据类型]子句用于定义 Function 过程返回值的数据类型,若省略,系统将自动赋给 Function 过程一个最合适的数据类型。

②若 Function 过程没有参数,函数名后的括号也不能省略,如 Private Function f1()。

③语句"过程名＝表达式"是 Function 过程中不可缺少的,它的作用是给 Function 过程赋返回值,使得该函数的值为赋值号右边表达式的值。

④关键字 Public、Private、Static 的含义同 Sub 过程相同。

2. Function 过程的调用

Function 过程的调用方法和调用 VBA 标准函数一样,凡是可以调用标准函数可的位置都可以调用 Function 过程。

【例 11-11】定义一个名称为"RndRoomId"的 Function 过程,根据考场个数 RoomNum,产生一个随机的考场号。

```
Public Function RndRoomId(RoomNum As Integer)As Integer
    RndRoomId= Int(Rnd()* RoomNum)+ 1
```

End Function

有了该函数过程的定义后，假设考场个数 RoomNum 为 5，在立即窗口中执行如下语句将产生随机考场号。

? RndRoomId(5)

运行该语句 10 次后，立即窗口显示如图 11-17 所示。

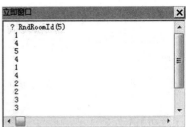

【拓展】请查阅资料，思考以下 3 个问题。

①VBA 中的过程是否允许嵌套定义，即过程内部能不能再定义其他过程？

②过程是否可以嵌套调用？

③对于结构化程序设计思想而言，结构化过程中主要有哪三种基本结构？

图 11-17　运行 10 次语句后的立即窗口显示

11.5　技术拓展与理论升华

Access VBA 支持用户设计面向过程程序访问 Access 数据库。面向过程程序访问 Access 数据库大都基于 ODBC 技术。ODBC 是一个面向过程的数据库访问公共编程接口，它实际上是一些预先定义的 ODBC 函数集合。开发人员基于 ODBC 编程，实际上就是写出由 ODBC 函数调用组成的 ODBC API。

Access 是第一个支持 ODBC 接口技术 DBMS。本书配套的电子版教学资源给出了基于 ODBC 访问 Access 数据库的方法和技术，感兴趣的读者可以借助该资源进行自主学习。

本章习题

第 12 章　面向对象 VBA 程序设计

本章导读

程序设计是针对某一问题的求解而进行的编程工作，常用的程序设计方法除了第 11 章介绍的面向过程程序设计方法外，还有本章要学习的面向对象程序设计方法（Object Oriented Programming，DOP）。就同一求解问题而言，既可以选择面向过程的程序设计方法，也可以选择面向对象的程序设计方法。但是二者在编程思想上有着本质的区别。

"面向过程"是一种以过程为中心的编程思想。对于某一问题求解，面向过程的程序设计方法主要有三个任务：第一，分析出解决问题的子问题；第二，设计相应的过程解决子问题；第三，设计主过程，按照子问题之间的逻辑关系，依次调用相应的过程，从而完成问题的求解。

例如，针对"银行基于大学生的历史信用行为对大学生的信用等级进行评定"这一问题求解，面向过程的程序设计方法如下。

第一，基于信用等级评定问题的求解逻辑抽象出该问题的求解子问题。为了便于学习，假设求解子问题及其逻辑关系简化为"历史信用行为采集→信用行为量化→信用分值计算→信用等级判定→信用等级反馈"这五个步骤，而且这五个步骤是线性关系。

第二，设计 DataCollection、DataImport、CreditScoreCompute、CreditRatingAnalysis、CreditRatingNotation 五个过程分别实现上述五个子问题的求解。

第三，设计一个主过程 MainProcedure 依次调用上述五个过程，就可评定出大学生的信用等级，并将信用等级的评定结果通知大学生。

通过上述案例分析可知，面向过程的程序设计的思想是操作驱动的，没有将数据一并考虑。设计者仅仅是基于问题分解的思想将"信用评价"功能的实现分解为"历史信用行为采集、信用行为量化、信用分值计算、信用等级评定、信用等级反馈"五个子问题，并没有对信用评价中所涉及的历史信用行为数据、信用行为量化数据、信用分值以及信用等级等数据一体化考虑。

当然，面向过程的程序设计并不是不考虑数据结构的设计，只是操作优先，数据和操作分离：先分析出解决问题的方法和步骤，然后通过设计一系列的过程（即算法）来解决问题。当确定过程之后，再开始考虑存储数据的方式。算法是第一位的，数据结构是第二位的。这种人为割裂操作与数据之间关系的程序设计方法显然是不符合人类认识客观世界的思维方法的。

面向对象的程序设计采用人类在认识客观世界的过程中普遍运用的思维方法。与面向过程的程序设计最本质的区别在于，面向对象的程序设计把数据和对数据的操作封装在一起，形成类。因此，面向对象的程序是由"类"组成的。

例如，针对信用评价这一求解问题，面向对象编程包括：第一，抽象出问题域中"Bank" "Question"和"Student"三个类；第二，对这三个类的操作行为和数据特征一并设计；第三，设计消息，使得三个类协作，解决大学生信用等级评定问题。

那么，什么是对象？什么是类？如何抽象问题域的类？如何设计类的操作和数据？如何设计消息使得对象协作？这一系列的问题，将在本章找到答案。

12.1　面向对象程序设计基础

面向对象程序设计方法简称为 OOP，基于 OOP 方法创建的程序由一个或多个对象组成，对象之间通过事件触发机制和消息传递机制进行协同工作，从而完成程序的设计功能。

12.1.1　面向对象程序设计的特点

面向对象程序设计是一种模仿人们建立论域模型的程序设计方式，它克服了面向过程程序设计方法的缺陷，是程序设计方式在思维上和方法上的一次飞跃。与传统的面向过程程序设计方法相比，面向对象程序设计方法的特点如下。

（1）接近于人们的思维习惯

面向对象程序设计的首要任务是从论域中抽象出解决问题所需要的对象，然后为每个对象定义各种属性和行为方法，最后利用事件触发机制和消息传递机制使各相关对象协同工作。面向对象程序设计方法更接近人们处理事务的思维方式，使开发者能建立起反映真实世界实体运动规律的应用程序，能适应不断变化的业务需求，提高应用程序的质量。

（2）代码的可重用性强

随着业务应用复杂性的提高，应用程序的规模变得越来越庞大，因此，代码的重用成了提高开发效率的关键。在面向对象程序设计方法中引入了类的概念，并由此产生了类库，对类库中类的重用，大大提高了代码的可重用性。

（3）程序的可维护性高

面向对象程序设计方法将数据和代码封装在类中。类实例化后就产生了对象。对象作为程序运行的最基本单元，其具有的属性和方法源于产生该对象的类，这个类也是由它的父类派生而来的，这使得程序具有一致性，给程序维护提供了方便。

（4）模块的独立性大

在面向过程程序设计中，过程是程序设计的中心，但过程的独立性比较有限，至少从数据这个角度来看，过程不具备独立性。而面向对象程序设计是以对象为中心，以数据和方法的封装体为程序单位，这种机制使得对象模块的独立性充分发挥出来。

（5）可扩充性高

类具有继承性的特点，这就使得在程序的设计中，可以在原有类的基础上构造更复杂的类，而这种方式对原有类的完整性没有影响。因此，面向对象的程序有较高的可扩充性，只要用某一个功能相近的类派生出一个新类，对这个新类增加必要的新属性和新方法，就可以使程序增加一种新功能。而在面向过程的程序设计中，无法基于过程派生出子过程，要增加新功能只能增加新过程，但修改后的程序却无法保证原有程序的完整性。

（6）程序的可控性更灵活

面向对象程序设计的程序由若干对象组成，对象协同工作往往依赖于消息的传递，而消息的传递往往基于事件的触发。从程序设计的观点看，某条消息的产生可被视为某个事件的发生，如单击鼠标，又如按 Esc 键。因而，用户通过触发特定事件，给对象发出消息，可以更加灵活地干预程序的执行流程。

12.1.2　面向对象程序设计的基本概念

由面向对象程序设计的特点可知，面向对象程序设计方式用"对象"表示各种实体、用

"类"表示各种实体型、用"属性"表示对象的特征、用"方法"实现对象的行为、用事件触发机制和消息传递机制使各相关对象协同工作。因此，对象、类、属性、方法、事件和消息等是面向对象程序设计中必须搞清楚的基本概念。其中，对象与类是面向对象程序设计方式中两个最基本、最重要的概念，二者之间是特殊和一般、具体和抽象的关系。

1. 对象的概念

简言之，对象就是论域中要研究的任何事物，不过这个事物要有明确的含义和边界。从一个记录到一个记录集合、从一个学生到一个班级、从一本书到一家图书馆都可看作对象。

基于面向对象的观点，对象是由属性和方法封装构成，其中，属性描述了对象的数据特征，在对象程序的代码中经常表现为一个个变量；而方法描述了对象的操作特征，在程序代码中经常表现为一个个过程。

在 Access 中，表、窗体以及报表都是对象，表中的记录以及字段也是对象。这些对象都具有属性和方法。例如，字段是一个对象，字段对象的属性包括字段名、字段类型以及字段值等，而字段对象的方法包括字段名修改、字段类型修改以及字段值修改等；又如，窗体也是一个对象，窗体的标题、背景色以及布局样式是对象所具有的属性，窗体打开、关闭、最大化、最小化等操作是窗体对象所具有的方法。

2. 类的概念

在面向对象程序设计中，为提高程序代码的可重用性，对象的属性和方法由类来定义。类是对一组具有共同属性和方法的对象的抽象描述。因此，类是对对象的抽象，对象则是类的具体化。就一个具体的对象而言，该对象只是其所属的某个类的一个实例，每个类可以实例化出很多具有个性化数据和个性化方法的对象，但由此产生的每个对象都属于同一个类。

例如，如果把 Windows 窗体看作是一个类，则计算器窗体则是 Windows 窗体类的一个实例，计算器窗体具有 Windows 窗体的属性以及操作，但计算器窗体的属性和操作都具有自己的特色。

在面向对象程序设计中，类具有封装、继承和多态三大特性。这些特性不仅可以简化程序的设计，而且还能够提高代码的可重用性和易维护性。

（1）封装性

所谓封装性就是将对象的方法过程和属性代码包装在一起，属性保存数据，方法实现操作。外部只能通过向对象发送消息来使用该对象的属性和方法。

封装性使得人们在使用一个对象时，可以只关心它提供的数据接口和功能接口，而无须关心该对象如何提供这些数据以及如何实现这些功能，从而提高了对象的易用性。

（2）继承性

继承在实际生活中应用非常广泛。手机都更新换代了好几次了，但每一次更新换代，新一代手机都继承了上一代手机的基本特征，并添加了自己的新特征。例如，大家现在手里的智能手机，也是继承了早期手机的通话等基本功能，并在此基础添加了上网和聊天等功能。

在面向对象的程序设计中，继承指的是在某个类的基础上可以派生出若干个子类，子类继承了其父类的所有属性和方法。由于子类可以继承其父类的全部特征，所以不必从零开始设计这个类。在继承的基础上，子类还可以添加自己的新特征。由于子类和父类之间存在继承性，所以在父类中所做的修改将自动反映到它所有的子类上，而无须分别地去更改一个个的子类，这种自动更新能力可节省大量的开发和维护成本。

继承是面向对象语言提供的一种重要机制，它使类之间呈现一种层次关系。在这种类的层次结构中，处于上层的类被称为父类，处于下层的类被称为子类或派生类。子类是父类的特殊化，父类是子类的抽象化。继承机制使上下层之间的对象保持较高一致性，从而减少了程序开发时代码及各种信息的冗余。

（3）多态性

在面向对象程序设计中，对象的多态性指的是同类对象对于相同的消息可以有不同的响应方法。也就是说，将同样的消息发给同一类对象，根据对象当前所处状态的不同，对象可能给出不同的响应操作。多态性是面向对象的高级应用，本书将不涉及。

3. 消息与事件的概念

基于面向对象程序设计方法设计的程序是对象的集合，这些对象共同协作完成程序的功能。对象的协作更多的是基于消息传递机制，而消息的产生经常是由事件触发的。

（1）消息

对象之间需要相互沟通才能实现协作。对象之间沟通的途径是对象之间收发信息。消息是要求某个对象执行某个操作的规格说明。一个消息由下述三部分组成：一是消息的接收者，即接收消息的对象；二是消息名，它蕴含着要求接收者完成的操作请求；三是消息参数。

例如：如果要求对象"学生"完成"对金融学提分10％"的操作，可以对对象"学生"发送消息"学生．提分（金融学，10％）"。上述消息中，接收者是"学生"对象，消息名是"提分"，消息的参数有"金融学"和"10％"两个。

（2）事件

事件是用户在与应用程序的某个对象进行交互时所产生的动作，或应用程序自身所产生的动作，或操作系统自身所产生的动作。例如，用户单击了应用程序窗体中的某个按钮；又如，某个文件发生了改变；再如，网络上有数据到达等。

触发事件的对象称作发送者，捕获事件并且做出响应的对象称作接收者，接收者对事件的响应一般是执行方法，该方法称为时间响应方法。一个事件可以存在多个接收者。

12.1.3　面向对象程序设计的技术路线

基于面向对象程序设计方法进行程序设计的技术路线如下。

①根据论域的实际问题，抽象并定义问题域中的类。

②将类实例化为对象。

③定义对象之间的交互，包括对象之间的消息关系以及消息产生的事件。

12.1.4　面向对象程序设计的原则

面向对象技术是以对象为基础，以事件或消息来驱动对象进行业务处理的程序设计技术。在进行面向对象程序设计中，应遵循以下五项原则。

（1）集成思想

尽管数据库系统的开发包括面向对象分析、面向对象设计和面向对象编码三个阶段，但这三个阶段不是割裂的，它们自始至终集成在一起，以对象为核心，反复迭代。

（2）数据驱动思想

在抽象问题域的类时，要从所处理的业务数据入手，以业务数据为中心而不是以业务功能为中心来描述系统，数据相对于功能而言具有更强的稳定性。

（3）由一般到特殊思想

在设计面向对象程序时，首先应该定义问题域中抽象出来的类，然后再基于类实例化解决问题的各个对象，并制定对象之间消息传递的机制。

（4）消息驱动思想

面向对象程序中的一切操作都是通过向对象发送消息来实现的，对象接到消息后，启动有关方法完成相应的操作。

(5)对象之间的协作是依靠消息传递机制来实现

当一个对象发出的某项业务协作请求消息被另外一个对象接收后，这两个对象就处于协作过程中。对象发出消息的契机有时与业务逻辑有关，当然更多的时候与该对象特定事件的发生有关。

12.1.5　面向对象程序设计的层次

在问题域的类抽象完成后，接下来的工作是定义问题域的类，然后基于类来解决问题。为了提高系统开发的效率，数据库管理系统提供了很多预定义类。很多情况下，用户直接选用系统预定义的类，就可以解决问题域的大多数业务问题。当系统预定义的类不能解决问题域中的业务问题时，用户才需要根据业务需求定义自己的类。

在面向对象程序设计过程中，根据类定义的难易程度，可以将面向对象程序设计的层次分为初级、中级和高级3个层次。

①初级阶段。用户不需要编写代码定义自己的类，只需要选取数据库管理系统预定义的类就能够解决问题域的问题。用户需要做的工作仅仅是从系统提供的类库中选取类、将类实例化为对象、编写对象间的协作代码就可以了。本书的内容主要是针对初级阶段用户编写的。

②中级阶段。用户仅仅选用数据库管理系统的预定义类，无法解决问题域的问题，这就需要用户根据业务需求编写代码定义自己的类。

③高级阶段。在中级阶段，用户自定义的类比较简单，不需要从其他类继承任何的属性和方法。在高级阶段的面向对象程序设计中，类的定义需要继承其他类中的属性和方法。

12.2　Access VBA 的类

AccessVBA 预定义的类称为基类，又称为标准类，它们是所有对象和其他类的源点。用户不仅可在基类的基础上创建各种对象，还可以在基类基础上创建用户自定义的新类，从而简化对象和类的创建过程，进而达到简化应用程序设计的目的。

12.2.1　Access VBA 的基类

AccessVBA 预定的基类，奠定了 VBA 面向对象程序设计的基础。在 VBA 中，供用户进行 Access 数据库系统开发的基类有两组：一组称为数据存取类，负责对数据库的数据定义、查询和操作；另一组称为业务处理类，负责数据库系统的业务界面设计、业务逻辑设计和业务运行控制。

(1)数据存取类

数据存取类主要用于数据库对象的定义、查询、操作和管理。数据存取类与数据库访问技术密切相关，对 Access 数据库而言，主要的访问技术有 DAO、ADO 以及 ODBC。以 DAO 技术为例，数据存取类主要包括：数据库引擎(DBEngine)、工作空间(Workspace)、数据库(Database)和数据记录集(Recordset)等。数据库引擎(DBEngine)是 DAO 技术的超级对象类，所有其他类和对象都是从它派生而来的。

(2)业务处理类

业务处理类主要用于 Access 数据库系统的业务界面设计、业务逻辑设计和业务运行控制设计，主要包括与业务系统有关的类，如窗体、报表以及宏等。

注意：每个基类都有自己的一套属性和方法，基类所有的属性和方法都不能更改。以数据库引擎 DBEngine 为代表的基类对象在应用系统中都是系统默认对象，它们不需要用户定义就已存在，在程序中可直接使用。

12.2.2　Access VBA 的自定义类

在实际开发中，VBA 提供的标准类不能完全满足用户的需求，这种情况下，用户就需要自定义类来完成自己的任务需求。VBA 提供了类模块的功能，允许用户根据需要自定义类。用户自定义类一般在某个基类的基础上创建，该基类就成为自定义类的父类，自定义类自然继承了该基类的所有属性和方法。由于本章内容面向初级阶段的用户，因此不展开介绍自定义类。

12.3　Access VBA 的对象模型

Access VBA 给用户提供了面向对象程序设计的接口，该接口包括若干对象，这些对象基于继承或包含关系组织为一个具有层次结构的对象模型。对象模型将所有对象按照层次关系进行组织，使对象层次分明，便于记忆和分辨，极大地提高了编程工作者的开发效率。

在 Access VBA 的对象模型中，对象组织为严格的上下级层次关系，如图 12-1 所示，其中 Application 是最顶层的对象。对于对象模型中的每一个对象，它或者是一个集合对象，或者是一个独立对象。根据对象是否与用户交互，对象分为控件对象和非控件对象。控件对象是与用户交互的对象，它又分为绑定控件对象和非绑定控件对象。绑定控件对象可以与数据库中的数据进行

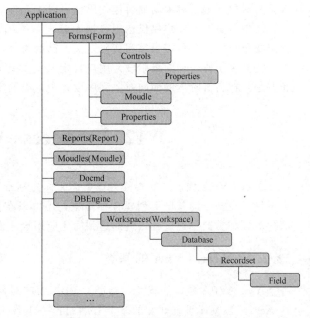

图 12-1　Access VBA 的对象模型

关联，而非绑定控件对象不能与数据库数据进行关联。DoCmd 对象很重要，它可以完成关闭窗体和打开窗体等任务。基于对象模型进行程序设计时，要注意以下五个方面的问题。

（1）对象间的层次关系

在 Access 对象模型中，对象间有上下级层次关系，这种上下级的层次关系往往表示了对象之间的继承关系或包含关系。例如，Application 对象是 Forms 对象的上级对象，而 Forms 对象是 Application 对象的下级对象。用户在引用某个对象的属性或方法时，需要通过"!"或"."这两个符号来表示对象间的这种层次关系。

（2）集合对象和独立对象

Access 对象模型中存在两种类型的对象：集合对象和独立对象。与独立对象不同，集合

对象包含几个相同类型的其他对象。例如，Forms 对象是一个集合对象，它是一个或多个独立窗体对象 Form 的集合。集合对象和独立对象在属性、方法以及它们的引用方式上有一定的差异，用户要格外注意。

（3）Application 对象

Application 是最顶层的对象，该对象一般用来对整个程序进行全局参数设置和初始化操作。以默认数据库文件夹的设置为例，用户既可以在"选项"对话框"常规"选项卡的"创建数据库"功能区中设置"默认数据库文件夹"为"F:\data"，也可以基于 Application 对象的 SetOption 方法来设置，相应的命令如下。

```
Application. SetOption " Default Database Directory","F: \ data"
```

（4）控件对象和非控件对象

控件对象是放置在窗体对象或报表对象上与用户交互的对象。Access 对象模型中的所有控件对象均属于 Controls 这一集合对象。与控件对象不同，非控件对象一般不与用户交互。

（5）绑定控件对象和非绑定控件对象

控件对象又可以分为绑定控件对象和非绑定控件对象。绑定控件对象可以与数据库中的数据进行关联，并对数据库中的数据进行显示和编辑。绑定控件既可以绑定表中的数据，也可以绑定查询中的数据。与绑定控件对象相反，非绑定控件对象不与数据库中的数据关联。

（6）DoCmd 对象

DoCmd 对象是一个重要对象，执行该对象的方法可以执行 Access 的特定操作，完成诸如关闭窗口、打开窗体以及设置控件值等任务。例如，可以使用 DoCmd. OpenForm 消息打开窗体；又如，可以用 DoCmd. CloseDatabase 消息关闭所打开的数据库。

【例 12-1】简要说明 Forms 对象的层次关系。

Forms 对象具体如下层次关系：Forms 对象的父对象是顶级对象 Application 对象，Forms 是一个集合对象，它又包含若干个 Form 对象，每个 Form 对象都有一个 Controls 集合对象，每个 Controls 集合对象都包含若干个 Control 对象，每个 Control 对象又包含若干个 Properties 对象。

注意：尽管类和对象在概念上有严格的区分，但是为了便于读者理解，本章不对类和对象进行严格的界定，在陈述上常常用对象指代类，有的时候用对象类指代类。

12.4 Access VBA 的集合对象

集合对象本身也是对象，它的方法和属性具有某些集合特点。例如，如果集合对象所包含的对象共享同一方法，那么就可以对整个集合的所有对象进行统一操作。在 Access VBA 的面向对象程序设计中，常用到的集合对象有 Forms、Reports 和 Controls。

12.4.1 Forms 对象

Forms 对象是一个集合对象，用于管理系统中当前处于打开状态的所有窗体成员对象。窗体对象 Form 是 Forms 这个集合对象的一个成员。

对于 Forms 集合对象中的每一个对象，有以下三种引用方法。表 12-1 说明了 Forms 集合对象中某个成员对象的引用方法。

表 12-1　Forms 集合对象中成员对象的引用方法

引用方法	引用说明
Forms(0)	使用下标引用集合中的对象
Forms("Form_Name")	使用窗体名称引用集合中的对象，其中 Form_Name 可以用"[]"括起
Forms! Form_Name	使用! 引用集合中的对象，其中 Form_Name 可以用"[]"括起

注意：集合对象所包含的每一个成员对象在集合中都有一个索引号，它指出了该成员对象在集合内的位置。不过，成员对象的位置并不是一成不变的，如果集合发生变化，集合中成员对象的位置索引号就可能发生变化。

12.4.2　Reports 对象

Reports 对象也是一个集合对象，用于管理系统中当前处于打开状态的所有报表成员对象。报表对象 Report 是这个集合对象中的一个成员。

12.4.3　Controls 对象

Controls 对象也是一个集合对象，用于管理系统中当前处于打开状态的所有控件对象。常见控件对象有标签(Lable)、文本框(TextBox)和命令按钮(CommandButton)。

12.5　Access VBA 对象的属性、方法与事件

Access 数据库系统的开发最终落实在一个个 Access VBA 对象的设计上，而 Access VBA 对象的设计主要围绕属性、方法和事件三个方面展开。

12.5.1　对象的属性

属性用数据值来描述对象的性质和状态。VBA 中的每个对象一般都有名称(Name)、值(Value)、是否可用(Enable)属性。对于可视对象，一般还具有标题(Caption)、高度(Height)、宽度(Width)、前景色(ForeColor)、背景色(BackColor)、是否可见(Visible)等属性。对于文本类的可视对象，还具有字体名称(FontName)、字号(FontSize)等属性。

一个对象创建之后，它的各个属性就有了默认值，之后可以通过多种方法对这个对象的属性进行重新赋值，从而改变这个对象的性质和状态。

在面向对象程序设计中，对象的属性既可以在设计时设置，也可以在运行中设置。在运行中为属性赋值可通过赋值命令实现，该命令的格式如下。

＜对象名＞.＜属性名＞=＜属性值＞

【例 12-2】为文本框对象"Text1"设置新的属性值，使得"Text1"对象中的文本字体为"隶书"、字号为 16、标题为"我是文本框对象"。相应的执行命令如下。

```
Text1.FontName= "隶书"
Text1.FontSize= 16
Text1.Caption= "我是文本框对象"
```

如果要对同一个对象进行一系列的操作，例如，设置同一个对象多个属性的属性值，则可以使用对象遍历语句"With…End With"，以减少对象名的重复书写。

【例 12-3】请设置"Command1"对象的"标题""字号"和"背景色"属性，上述属性的属性值分别为"确定"、12、vbYellow。相应的执行命令如下。

```
With Command1
    . Caption= "确定"
    . FontSize= 12
    . BackColor= vbYellow
End With
```

【说明】在同一个对象上执行命令时，可以使用对象遍历语句，以避免在语句中重复指出对象的名称。对象遍历语句的格式如下。

```
With Object_ name
    < 语句块 >
End with
```

其中，Object_name 是对象名称。<语句块>表示在 Object 上执行的一条或多条命令。

注意：Access 建立的数据库对象及其属性，均可看成是 VBA 程序代码中的变量，并以变量的形式加以使用。引用对象属性的语句格式为：对象名. 属性名。

12.5.2 对象的方法

对象的方法指的是该对象可以执行的操作。对于 VBA 而言，方法是一些封装起来的 Sub 过程或 Function 过程，给对象发送消息执行某一方法操作，实际上就是调用该对象的某个 Sub 过程或 Function 过程。

【例 12-4】在 VBA 中，给"Command1"对象定义一个"Command1_Click"方法。其执行命令如下。

```
Sub Command1_ Click()
    Text1.SetFocus        '使文本框获得焦点
    Text1.Text= "我爱你，中国!"
    Text2.SetFocus
    Text2.Text= "读者，我爱你!"
End Sub
```

方法定义后，用户就可调用对象的方法。调用方法的格式如下。

[对象名.]方法名[参数名列表]

12.5.3 对象的事件

事件是对象可以识别的动作，如单击（Click）、右击（RightClick）以及双击（DbClick）等。Access VBA 为每个标准对象预先定义了一系列的事件，当事件发生后，对象就要处理这个事件，而处理事件的程序代码就构成了事件过程。

对象事件过程的一般语法格式如下。

```
{Private| Public}  Sub  对象名_ 事件名(参数表)
    语句组
End Sub
```

一个对象可以预定义多个事件，用户可以为不同事件编写不同的事件过程。VBA 程序设计的主要工作就是为对象编写事件过程代码，以响应用户的交互行为或系统行为。需要特别说明的是，除了事件过程以外，还可以创建宏对象来响应事件的发生。

事件的发生是有顺序的，例如，在第一次打开窗体时，事件发生顺序为 Open(窗体)→Load(窗体)→Resize(窗体)→Active(窗体)→Current(窗体)→Enter(控件)→GotFocus(控件)；而在关闭窗体时，事件发生顺序为 Exit(控件)→LotFocus(控件)→Unload(窗体)→Deactivate(窗体)→Close(窗体)。由于事件的发生是顺序的，用户在编写事件响应过程时一定考虑事件的时间关系，否则会导致多个事件的事件响应过程之间的逻辑性出现问题。

Access VBA 支持的事件可以分为七类：第一类，窗口类事件，即用户打开、关闭和调整窗口的大小时触发的事件；第二类，键盘类事件，即用户按下或释放键盘的按键时触发的事件；第三类，鼠标类事件，即用户单击、双击或按下某个鼠标按钮时触发的事件；第四类，焦点类事件，即某个对象被激活、进入或退出时触发的事件；第五类，数据类事件，即数据对象被操作时触发的事件；第六类，打印类事件，即用户对数据库对象进行格式设置和打印时触发的事件；第七类，错误和计时事件，即 Access 数据库对象出现错误的时候触发的事件，或者在计时器计时时间到达时触发的事件。表 12-2 列出了 Access VBA 支持的常见事件及其引发时机。

表 12-2　Access VBA 支持的常见事件及其引发时机

事件	引发时机
Click	单击鼠标左键时
DblClick	双击鼠标左键时
RightClick	单击鼠标右键时
MouseDown	按下鼠标按键时
MouseUp	释放鼠标按键时
MouseMove	移动鼠标时
KeyPress	按下并释放某键盘键时
GotFocus	对象获得焦点时
LostFocus	对象失去焦点时
Enter	当某个对象从另一个对象那里接收到焦点之前
Exit	在焦点离开当前对象并转移到另一个对象之前的瞬间
Load	装载窗体或窗体集时
Unload	释放窗体或窗体集时
Activate	对象激活时
DeActivate	对象不再处于活动状态时
Resize	调整对象大小时
Timer	到达 Interval 属性规定的毫秒数时

续表

事件	引发时机
Init	创建对象时
Destory	对象释放时
Error	对象运行发生错误时

注意：当对一个对象发出一个动作时，可能同时在该对象上产生多个事件，例如，单击鼠标左键，同时发生了单击鼠标左键（Click）、按下鼠标按键（MouseDown）和释放鼠标按键（MouseUP）三个事件，在编写程序时，并不要求对所有的事件都进行编码，对于没有编码的空事件过程，系统将不做处理。

12.6　Access VBA 对象的引用

在 VBA 面向对象编程中，引用对象属性以及调用对象方法都要符合特定的格式，这实际上也就是面向对象编程中的消息格式。

12.6.1　集合对象引用成员对象的方法

与独立对象相比，引用集合对象中的成员对象有自己的特点。下面以窗体集合对象（Forms）为例说明 Form 对象以及 Form 对象所包含控件的引用方法。

（1）引用 Form 对象的方法

引用 Forms 集合中的某个 Form 对象，可以基于 Form 对象的名称，其引用语法格式如下。

【格式1】Forms！＜窗体名称＞

【格式2】Forms＜"窗体名称"＞

注意：如果窗体名称中包含空格等非规范化符号，则窗体名称必须用方括号"[]"括起来。

（2）引用 Form 对象所包含控件的方法

每个 Form 对象都有一个 Controls 集合，它包含了该对象的所有控件。要引用 Form 对象的控件可以采用显式引用方式，也可以采用隐式引用方式。相比较而言，隐式引用方式的速度会更快一些。引用 Form 对象所包含控件的方法各有两种，各种方法的语法格式如下。

【显式引用格式1】Forms！＜窗体名称＞.Controls！＜控件名称＞

【显式引用格式2】Forms＜"窗体名称"＞.Controls！＜控件名称＞

【隐式引用格式1】Forms！＜窗体名称＞！＜控件名称＞

【隐式引用格式2】Forms＜"窗体名称"＞！＜控件名称＞

例如："用户登录"窗体对象上的 Command2 控件对象的引用语法格式如下。

【显式引用方式】Forms！用户登录.Controls！Command2

【隐式引用方式】Forms！用户登录！Command2

注意：尽管由于 VBA 可以使用感叹号"！"和点"."这两个符号来对引用对象进行分割，但这两个符号的应用场合有所不同。凡是 Access 系统命名的对象，使用"."符号来进行分割；凡是编程人员命名的对象，使用感叹号"！"符号来进行分割。

12.6.2 消息中对象的引用方法

程序中一般包括很多对象。例如，窗体集合对象包含了若干个窗体对象，在每个窗体对象中又可以包含一个控件集合对象，在控件集合对象中又包含着不同的控件对象等。由于程序由很多对象组成，所以程序中一个对象在向其他对象发布消息时，必须指明该消息接受对象的层次位置、对象名、属性名或方法名。Access VBA 支持的对象引用方式有绝对引用与相对引用两种。

（1）绝对引用

绝对引用通过引用对象及其所有父对象的层次关系来描述引用对象的位置，其中，父对象是指包含被引用对象的外层对象。基于绝对引用方法引用对象，编程人员必须先搞清楚引用对象在 Access VBA 对象模型中所处的位置，然后通过对象分割符，从包含引用对象的最外层对象开始，依次逐步取其内层对象，直到要访问的引用对象为止。绝对引用的基本语法格式如下。

【属性的引用格式】[<顶层对象>.][[<父对象>.][……]]<对象名>.<属性名>

【方法的引用格式】[<顶层对象>.][[<父对象>.][……]].<对象名>.<方法名>

（2）相对引用

基于相对引用方法引用对象时，只需指出被引用对象相对于当前对象的位置即可，而不需要逐个列出被引用对象的所有父对象名称及其层次关系。在 Access VBA 中，当前对象用关键字 Me 指代。由于窗体是面向对象编程中最常用的对象，下面以窗体对象为例说明相对引用的语法格式和引用方法。注意引用窗体对象中控件对象的格式和方法同样适用于报表对象。

如果当前对象是窗体对象，那么关键字 Me 表示当前窗体对象 Form，它省略了从顶级对象 Application 到 Forms 之间的所有父对象。用户在使用关键字 Me 时要注意，Me 仅仅能用来引用当前窗体中的控件对象，不能够引用当前窗体以外的控件对象。

基于 Me 关键字引用窗体对象属性和方法的语法格式如下。

【基于 Me 的 VBA 窗体属性设置格式】Me.<属性名>＝值

【基于 Me 的 VBA 窗体方法的调用格式】Me.<方法>

基于 Me 关键字引用窗体组成控件的属性和方法的语法格式如下。

【基于 Me 的 VBA 窗体控件属性设置格式】Me!<控件名>.<属性名>＝值

【基于 Me 的 VBA 窗体控件方法调用格式】Me!<控件名>.<方法>

【例 12-5】窗体对象 Newform 中有一个命令按钮对象 Command6。请设置窗体的属性，使之不可移动，并修改窗体中 Command6 的标题值为"商品销量的查询"。

如果使用绝对引用方法，命令应写为

```
Application. Forms! newform. Moveable= False
Application. Forms! newform. Controls ("Command6"). caption= "商品销量查询"
```

如果使用相对引用方法，命令应写为

```
Me. Moveable= False
Me. Controls ("Command2"). caption= "商品销量查询"
```

12.7 Access VBA 对象的设计

VBA 对象的设计包括对象类的定义、对象的实例化、对象消息的规划等。一个对象只有创建成功，才能够发挥对象的设计功能。对象使用完毕后，需要及时关闭并释放，这样才能够释放这个对象所占用的内存空间以及其他资源。

12.7.1 对象类的定义

对象类是类的通俗称谓。尽管初级阶段的编程不涉及类的定义，但为了让读者对 VBA 对象的设计建立一个完整的知识框架，下面要简单介绍一下对象类的设计。对象类的定义主要是声明类的属性，定义类的方法过程。对象类的属性和对象类的方法被封装在对象类这一程序单元中。

在 Access VBA 中，对象类的定义是基于类模块实现的。

下面通过一个例子，简单介绍一下 Access VBA 定义对象类的语法格式。

【例 12-6】定义一个对象类 MyClass，它包含 StudentName 属性，还包含 WriteToDebug 方法。定义对象类 MyClass 的代码如下。

```
＊＊对象类 MyClass 定义开始＊＊
Public StudentName As String
Public Sub WriteToDebug()
    Debug. Print "This is a definition of The MyClass."
    Debug. Print "There is a StudentName attribute in The MyClass."
    Debug. Print "The value of StudentName is:   " & StudentName
End Sub
＊＊对象类 MyClass 定义结束＊＊
```

12.7.2 对象的创建

对象的创建就是基于对象类实例化一个对象。Access VBA 实例化对象的方法有以下两种。

【方法 1】Dim 对象实例名 As New 类名

例如：Dim appAccess As New Access. Application。

上述语句基于 Access. Application 类实例化一个对象：appAccess。

【方法 2】Set 对象实例名＝CreateObject("类名")

Set 语句基于"类名"实例化一个对象，并将这个对象赋给 Object 类型的对象变量。Set 标识符是不可以省略的。另外，在基于 Set 语句实例化对象之前，必须先基于下列命令声明一个 Object 类型的对象变量。

```
Dim 对象实例名 As Object
```

在 Access VBA 中，对象采用了类似常规变量的处理方式：先定义一个对象类型的变量，再给该变量赋值。对象类型的变量定义可以使用 DIM 语句；对象变量定义后，可以使用 Set 语句将实例化的对象赋给对象变量。

【例 12-7】创建对象类 MyClass 的一个实例，并通过消息完成几个简单操作。其程序代码如下。

```
Sub TheInstanceOfMyClass()
    Dim mystr As String
    Dim myobject As New MyClass
    Let mystr= InputBox("请输入学生名","输入窗口","我的名字是姜笑枫。")
    myobject. StudentName= mystr
    myobject. WriteToDebug
End Sub
```

此程序的执行结果如图 12-2 所示。读者在学习下一章的内容之后，请上机对本案例进行调试和验证。

图 12-2　例 12-7 的执行结果

12.7.3　对象的关闭和释放

对象在使用完毕后，应该及时将其关闭并释放，以释放对象占用的内存空间以及其他资源。注意：对于不再需要的对象，一定要将其关闭并释放，否则有时会造成一些莫名其妙的干扰。

对象关闭的命令：Me! 对象实例名.close。

对象释放的命令：Me! 对象实例名＝Null。

另外，还有一种删除对象的命令，它的语句格式是 Set 对象实例名＝Nothing。

【说明】对象关闭和对象释放是不同的。对象关闭后，还存在于内存中，用户仍然可以通过 open 语句打开该对象，进行重复使用。对象一旦释放，内存中就没有这个对象了，如果用户需要再使用这类对象，需要重新创建和初始化。

12.8　基于 DAO 接口的 Access 数据库访问

Access VBA 访问数据库的接口技术有 ODBC、DAO 和 ADO 等，其中，ODBC 是面向过程的接口技术，而 DAO 和 ADO 是面向对象的接口技术。由于 DAO 接口技术层次清晰，能够较好的反应关系数据库的组织结构和管理操作，因此本章基于 DAO 学习 Access 数据库的访问技术。

12.8.1　数据库访问的接口技术

由于 Access 是微软公司的产品，因此用户访问 Access 数据库主要使用微软公司研发的 ODBC、DAO 以及 ADO 等数据库访问接口技术。

（1）ODBC 接口

ODBC（Open Database Connection），即开放式数据互连，是一个面向过程的数据库访问公共编程接口。ODBC 接口实际上是一些预先定义的 ODBC 函数，开发人员基于这些函数访问数据库，既不需要编写源代码，也不需要深入理解 ODBC 访问数据库的内部工作机制。开发人员基于 ODBC 编程，实际上就是写出由 ODBC 函数调用组成的 ODBC API。

ODBC 分为四层：应用程序、驱动程序管理器、驱动程序和数据源。应用程序的主体是 ODBC API，它主要由 ODBC 函数调用组成。ODBC API 访问数据库的过程如下：ODBC API

与驱动程序管理器进行通信，将蕴含在 ODBC 函数调用中的 SQL 请求提交给驱动程序管理器；驱动程序管理器分析 ODBC 函数调用并判断数据源的类型，配置正确的驱动器，并把 ODBC 函数调用传递给驱动器；驱动器处理 ODBC 函数调用，并把蕴含在 ODBC 函数调用中的 SQL 请求挖掘出来发送给数据源系统；数据源系统基于 SQL 请求执行相应操作后，将操作结果反馈给驱动器；驱动器将执行结果返回给驱动程序管理器；驱动程序管理器再把执行结果返回给应用程序。

ODBC 最大的优点：基于 ODBC 生成的应用程序与数据库或数据库引擎无关。这使得程序具有良好的通用性和可移植性，并且具备同时访问多种 DBS 的能力，从而克服了传统数据库管理程序的缺陷。但也正是由于 ODBC 的通用性，使得 ODBC 的数据访问效率较低。

（2）DAO 接口

DAO(Data Access Object)，即数据访问对象，是微软公司研发的第一个面向对象的数据库接口。DAO 接口实际上是一些预先定义的 DAO 对象类，开发人员基于多个 DAO 对象的协同工作就可以直接连接到 Access 数据表，实现对数据库的查询和操作。

遗憾的是，DAO 技术不支持远程通信，只适用于小规模的本地单系统的数据库管理。另外，基于 DAO 技术开发的数据库管理程序，通用性和可移植性也比较差。DAO 的优点是支持面向对象程序设计，而且容易上手，非常适合初学者学习。

（3）ADO 接口

ADO(ActiveX Data Object)，即 ActiveX 数据对象，也是一种面向对象的数据库编程接口，用以实现访问关系数据库或非关系数据库中的数据。作为 ActiveX 的一部分，ADO 是一个和编程语言无关的用于访问和存取数据源的 COM 组件，支持面向组件框架模式的程序设计。

ADO 是 DAO 的后继产物，它扩展了 DAO 所使用的层次对象模型，用的对象较少，更多是用属性、方法以及事件来处理各种操作，简单易用，成为了当前数据库开发的主流技术。

12.8.2　DAO 接口的对象模型

DAO 是一个分层的面向对象的关系数据库访问对象模型，它把对数据库的操作分为若干层次，每一个层次为一类对象，其层次结构和关系数据库的逻辑结果相符合。

由图 12-3 可见，DAO 对象模型中的数据访问对象以分层结构来组织，每一层由一系列的数据访问对象和集合对象组成。在 DAO 对象模型中，顶部对象是 DBEngine 对象，它是唯一的一个不被其他对象所包含的数据访问对象。顶部对象 DBEngine 包含了两个重要的集合对象：一个是 Errors 集合，另一个是 Workspaces 集合。

当基于 DAO 的操作产生错误时，DAO 就会生成 Error 对象来处理这个错误。对于每一个错误，DAO 都生成一个 Error 对象。处理错误的所有 Error 对象都包含 Errors 集合对象中，可以用 Errors. Count 来计算错误的个数。

每一个程序只能有一个 DBEngine 对象，它可以包含多个 Workspace 对象，这些 Workspace 对象都包含在 Workspaces 集合对象中。每个 Workspace 对象都包含了一个 Databases 集合对象，Databases 集合对象中的每个 Database 对象都管理一个数据库。每个 Database 对象都包含用于操作数据库的对象，如 Recordset 对象。每一个 Recordset 对象又包含一个 Fileds 集合对象。每个 Fields 集合对象中的 Field 对象都封装了 Recordset 对象中的字段属性和方法。

下面对 DAO 对象模型中的常用对象进行详细说明。

（1）DBEngine 对象

数据库引擎存在于用户程序和物理数据库文件之间，把用户程序和正在访问的数据库隔离开来，从而实现用户程序对数据库的"透明"操作。

DBEngine 对象在一个用户程序中是唯一的，它既不能创建，也不能声明，是不需要创建就已经存在的对象。DBEngine 对象的最常用的功能有两个：第一，基于 DBEngine 对象的属性来设置工作区对象的类型、数据库访问的默认用户以及默认用户密码；第二，基于 DBEngine 对象的方法创建工作区对象等。

DBEngine 对象常用属性：DefaultType 用来设置或返回一个值，作为默认工作区的类型；DefaultUser 用来指定数据库访问时的默认用户名称，它是一个长度小于 20 个字符的 String 变量，DefaultUser 的默认值是 Admin；DefaultPassword 用来设置数据库访问时的默认用户口令，它的默认值是空字符串；Version 用来返回正在使用的 ADO 的版本信息。

DBEngine 对象常用方法包括：CreateWorkspace、Idle 等。调用 CreateWorkspace 方法的命令格式为"Set Workspace 对象变量名＝CreateWorkspace(name，user，password，type)"，上述命令可以创建一个新 Workspace 对象，该对象以 name 为对象名、以 user 为访问用户、以 password 为访问密码、以 type 为 Workspace 的类型。调用 Idle 方法的命令格式是 DBEngine.Idle，该命令可以挂起数据处理进程，使 DBEngine 处于空闲状态。

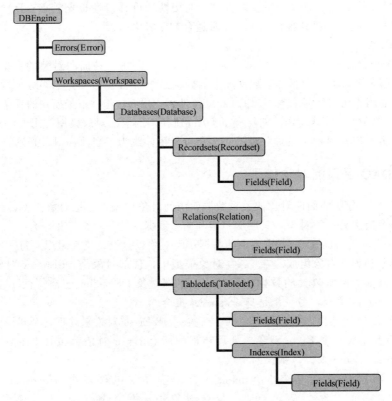

图 12-3　DAO 接口支持的对象模型（节选）

（2）Error 对象

Error 对象是 DBEngine 对象的一个子对象。在发生数据库操作错误时，既可以用 VBA 的 On Error 语句进行错误处理，也可以把错误信息保存在 DAO 的 Error 对象中。

（3）Workspace 对象

Workspace 对象用来定义数据库会话（Session）。会话由用户发起，服从于由用户名和密码决定的权限。在每一次会话中，用户可以基于数据库引擎对数据库进行一系列的事务操作。

所有的 Workspace 对象集合在一起，形成一个 Workspace 集合。

Workspace 对象的常用属性 Name、UserName、Type、IsFrozen 的作用如表 12-3 所示。

表 12-3　**Workspace 对象的常用属性及其作用**

属性	作用
Name	设置或返回工作区对象的名字
UserName	设置或返回 Workspace 对象的拥有者
Type	设置或返回 Workspace 的类型
IsFrozen	设置工作区是否被锁定

Workspace 对象的常用方法有 CreateDatabase、OpenDatabase、BeginTrans、Rollback、CommitTrans、Close 等，这些方法的用途如表 12-4 所示。

表 12-4　**Workspace 对象的常用方法的用途**

方法	用途
CreateDatabase	在工作区建立一个新的数据库对象
OpenDatabase	打开一个现存的数据库对象
BeginTrans	将该语句之后到 CommitTrans 语句之前的一系列数据操作作为一个事务来处理
Rollback	回滚从 BeginTrans 语句开始到 CommitTrans 语句之间提交的事务操作
CommitTrans	确认当前的事务并将事务所进行的修改保存到数据库
Close	关闭 Workspace 对象以及它包含的任何子对象

(4) Database 对象

每个 Database 对象都对应着一个打开的物理数据库，一旦用 CreateDatabase 创建了一个数据库或用 OpenDatabase 打开了一个数据库，就生成了一个 Database 对象。所有的 Database 对象都自动添加到 Databases 集合对象中。

Database 对象常用的属性有 Name、Connect、Connection、Tranactions、Count、RecordsAffected、Version、Updatable 等。这些属性的作用如表 12-5 所示。

表 12-5　**Database 对象的常用属性的作用**

方法	作用
Name	设置或返回数据库的完整路径和文件名
Connect	设置或返回打开外部数据库时的连接字符串
Connection	设置或返回 ODBC 连接属性，包括用户名和口令等
Tranactions	返回是否可以进行事务操作
Count	返回 Database 对象的数量
RecordsAffected	返回执行 Execute 命令后，被操作的记录数
Version	返回所打开的数据库的版本号
Updatable	返回是否可对数据库进行写入或删除操作

Database 对象常用方法有 OpenRecordset、Close、CreateTableDef、CreateQueryDef、Create Relation、Excute 等，这些方法的用途如表 12-6 所示。

表 12-6　Database 对象的常用方法的用途

方法	用途
OpenRecordset	打开一个 Recordset 记录集对象
Close	关闭 DAO 对象
CreateTableDef	创建一个新表对象的模式
CreateQueryDef	创建一个新查询对象的定义
CreateRelation	创建一个新联系对象
Excute	在一个数据库对象中或者一个指定的连接上执行一个 SQL 语句

由于 OpenRecordset 方法是最常用的方法之一，下面将介绍调用该方法的语法格式。

调用 OpenRecordset 方法的语法格式如下。

Set Recordset= objectname. OpenRecordset(source, type, options, lockedits)

在上述调用格式中，参数 source 是一个字符串，它指定了新建的 Recordset 对象的记录源，它可以是一个表名，也可以是一个查询名，还可以是一条返回记录集的 SQL 语句；参数 type 是可选的，它指定 Recordset 对象的类型；参数 options 是可选参数，它永安里指定 Recordset 对象的其他属性；参数 lockedits 是可选参数，它可以指定 Recordset 对象的锁定类型。

（5）Recordset 对象

RecordSet 对象是一个记录集，RecordSet 对应的记录集可以直接从表对象中取得，也可以通过查询对象返回。基于 DAO 访问数据库时，大都使用 Recordset 对象来操作记录。对于 RecordSet 记录集中的所有记录，只有一条记录会获得焦点，这条记录称为当前记录。当前记录的逻辑地址保存在记录指针中，因此改变当前记录实际上是修改记录指针保存的记录地址。

根据记录的存取和控制方式，RecordSet 对象可以分成五种基本类型，分别是 Table、Dynast、Snapshot、ForwardOnly 和 Dynamic。这五种类型的 RecordSet 对象的特点如表 12-7 所示。

表 12-7　RecordSet 对象五种基本类型的特点

类型	特点
Table	默认类型；此类型的 Recordset 对象是物理表的映射，它包含单一表对象的所有数据；可以对数据进行完全访问，如追加、更新和删除记录等
Dynast	Dynast 类型的 Recordset 对象所包含的字段一般来源于多个表，是一个动态的记录集合，它可以有 Table 类型所有的编辑功能，但不能使用索引
Snapshot	Snapshot 类型的 Recordset 对象包含一组不能更改的记录集合，是只读的
ForwardOnly	ForwardOnly 类型的 Recordset 对象包含一组不能更改的记录集合；该类型数据集中的记录只能向前移动
Dynamic	Dynamic 类型的 Recordset 对象是一个查询的记录集；可以进行追加、更新、删除等操作；在多用户环境中，其他用户对表对象的数据更新也会反映到该 Recordset 对象上

Recordset 对象的常用属性包括：Name、AbsolutePosition、BOF、EOF、bookmarkable、Bookmark、EditMode、Filter、Index、LastModified、LastUpdated、LockEdits、NoMatch、PercentPosition、RecordCount、Sort、Transactions、ValidationRule、ValidationText。上述属性的作用如表 12-8 所示。

表 12-8 **Recordset 对象的常用属性的作用**

属性	作用
Name	指定了 Recordset 对象的名称
AbsolutePosition	可以设置或读取当前记录在记录集中的位置
BOF	可以返回一个值，这个返回值表明记录指针是否已经到达记录集中第一条记录之前
EOF	返回值表明记录指针是否已经到达记录集中最后一条记录之后
Bookmarkable	Bookmarkable 的返回值表明此 Recordset 对象是否支持 Bookmark
Bookmark	Bookmark 属性是指向特定记录的标签
EditMode	EditMode 属性可以返回一个表明当前记录的编辑状态的值
Filter	Filter 属性是过滤记录的字符串，相当于去掉 SQL 语句中 Where 子句
Index	Index 属性可以设置或返回一个值，该值指明了决定 Recordset 对象记录显示顺序的索引的名称
LastModified	返回一个指向 Table 对象中最近修改过的记录的标签
LastUpdated	记录了最后一次将 Recordset 的改变更新到数据库的日期和时间
LockEdits	可以锁定当前更新的页面
NoMatch	取值为 True 或 False，当用 Seek 或 Find 方法查找记录时，如果没有满足给定条件的记录，该值取 True
PercentPosition	描述了当前记录指针的位置与记录总数的百分比
RecordCount	可以返回 Recordset 对象中记录的总数
Sort	指定 Recordset 对象的排序准则，它相当于 SQL 语句中的 Order by 关键字
Transactions	指定是否支持事务处理的回滚功能
ValidationRule	可以在一个字段被修改或添加到一个表中时，返回或设置用来使该字段中数据生效的值
ValidationText	可以在输入到某个字段对象中的值不满足有效性规则时，应用程序所显示的提示性信息

Recordset 对象的常见方法包括：Addnew、Delete、Edit、Update、CancelUpdate、Close、Seek、FindFirst、Findlast、FindPrevious、FindNext、MoveNext、MovePrevious、MoveFirst 和 MoveLast 等。这些方法的用途如表 12-9 所示。

表 12-9   Recordset 对象常用方法的作用

方法	用途
Addnew	向 Recordset 对象中添加一条新记录，并将记录指针指向该记录
Delete	在可更新的 Recordset 对象中删除当前记录
Edit	将一个可更新的 Recordset 对象的当前记录复制到缓冲区，供用户编辑，编辑后的数据只有在执行 Update 方法后才能更新到数据库
Update	将 Edit 方法编辑的数据写入数据库，写入后将退出编辑方式
CancelUpdate	取消尚未执行的数据更新操作
Close	关闭当前 Recordset 对象
Clone	创建原始 Recordset 对象的一个副本
Seek	按照 Recordset 对象的索引顺序或排序顺序，将记录指针移动到满足约束条件的第一条记录
FindFirst	按照 Recordset 对象的索引顺序或排序顺序，查找满足约束条件的第一条记录
Findlast	按照 Recordset 对象的索引顺序或排序顺序，查找满足约束条件的最后一条记录
FindPrevious	按照 Recordset 对象的索引顺序或排序顺序，查找满足约束条件的上一条记录
FindNext	按照 Recordset 对象的索引顺序或排序顺序，查找满足约束条件的下一条记录
Move	将记录指针移动到指定位置
MoveFirst	将记录指针移动到 Recordset 对象的第一条，并使得该记录成为当前记录
MoveLast	将记录指针移动到 Recordset 对象的最后一条，并使得该记录成为当前记录
MoveNext	将记录指针移动到 Recordset 对象的下一条，并使得该记录成为当前记录
MovePrevious	将记录指针移动到 Recordset 对象的上一条，并使得该记录成为当前记录

（6）Field 对象

Field 对象是 Recordset 对象对应的记录集字段。Field 对象的常用属性包括：Name、SourceTable、Type、Size、DefalutValue、Required、Value、ValidateOnSet、DataUpdatable、Atributes、ValidationRule、ValidationText、OrdinalPostion 等。这些属性的作用如表 12-10 所示。

表 12-10   Field 对象常用属性的作用

属性	作用
Name	保存用户定义的 Field 对象的名称
SourceTable	指明 Field 对象数据来源的原始表名
Type	描述 Field 对象的数据类型
Size	用字节表示 Field 对象的最大值
DefalutValue	设置或返回一个 Field 对象默认值
Required	表明 Field 对象是否要求非空值
Value	保存了 Field 对象的值，它的类型必须与 Type 属性描述的类型一致

续表

属性	作用
ValidateOnSet	指明当 Field 对象的 Value 属性设置时，该 Field 对象的值是否立即有效
DataUpdatable	返回一个值表明 Field 对象里的数据是否可以更新
Atributes	设置或返回一个值，表明 Field 对象的一个或多个特性
ValidationRule	指定在一个字段被修改或添加到表中时，返回或设置用来使该字段中数据生效的值
ValidationText	当输入到某个字段对象中的值不满足有效性规则时，程序所显示的提示性信息
OrdinalPostion	表示 Fields 集合中 Field 对象的相对位置

Field 对象有 AppendChunk 和 GetChunk 等方法，它们的用途如表 12-11 所示。

表 12-11　Field 对象的常用方法的用途

方法	用途
AppendChunk	在长文本字段对象、OLE 型字段对象、附件型字段中插入数据
GetChunk	获得长文本字段对象、OLE 型字段对象、附件型字段中中的部分或全部数据

（7）Relation 对象

Relation 对象用来定义表对象或者查询对象之间的联系。基于 Database 对象的 CreateRelation 方法可以创建一个 Relation 对象。

12.8.3　DAO 接口编程应用示例

上一小节介绍了 DAO 技术。本小节通过一个示例介绍 Access VBA 如何基于 DAO 接口技术访问 Access 数据库中的数据对象。

【例 12-8】编写一个程序，在立即窗口中逐行输出学生成绩库中"学生表"中的每一个学生的学号、姓名和籍贯。参考程序代码如下。

```
Sub RecordDAO()
    Rem 定义 Workspace、Database 和 Recordset 的三个对象变量
    Dim wsp As Workspace
    Dim dbs As Database
    Dim rst As Recordset
    Dim fld As Field

    Rem 实例化 wsp、dbs 和 rst
    Set wsp= DBEngine. Workspaces(0)
    Set dbs= wsp. OpenDatabase("F: \ education\ 学生成绩库. Accdb")
    Set rst= dbs. OpenRecordset("学生表", dbOpenTable)

    rst. MoveFirst '执行方法来移动指针到 rst 的第一个记录
    Do While Not rst. EOF
      Rem 输出当前记录
      Debug. Print rst("学号") & rst("姓名") & rst("籍贯")
```

```
        rst. MoveNext '录指针下移
      Loop
      rst. Close '关闭 rst 对象
      dbs. Close '关闭 dbs 对象
      wsp. Close '关闭 wsp 对象
      Set rst= Nothing  '释放 rst 对象
      Set dbs= Nothing  '释放 dbs 对象
      Set wsp= Nothing  '释放 wsp 对象
End Sub
```

执行该程序，即可在立即窗口逐行的输出每一个同学的学号、姓名和籍贯，其运行结果如图 12-4 所示。

图 12-4　例 12-14 运行结果

【知识拓展】本例主要基于 Recordset 对象来输出"学生成绩库"中"学生表"的每一个学生的学号、姓名和籍贯。实际上，本例还可以用 Field 对象来输出"学生成绩库"中"学生表"的每一个学生的学号、姓名和籍贯。具体的方法可以参阅本书配套的电子版教学资源。

12.9　技术拓展与理论升华

第 11 章学习了面向过程的程序设计，第 12 章学习了面向对象的程序设计。本节对面向过程的程序设计方法与面向对象的程序设计方法进行梳理和比较，以便读者能对两种程序设计方法有更深刻的理解和认识，并从理论层面升华过程和对象的设计思想和理念。

12.9.1　面向过程的程序设计方法

面向过程程序设计的思想是功能分解。如果一个求解问题的功能很复杂，那么这一复杂问题将被分解成若干个简单问题的组合，相应地，这一复杂问题的整个功能被分解为若干个子功能的组合。对于每一个简单问题的子功能，设计一个子模块程序来实现，这样解决整个复杂问题通常由若干个子模块程序协作完成。为了实现子模块程序之间的协作，通常还需要设计一个主模块程序。因此基于面向过程思想设计的程序通常包括一个主模块和若干个子模块。

表 12-12 以信用评价这一求解问题为案例，对该求解问题的功能进行了模块分解。分解后

整个程序包括一个主模块"信用评价"和四个子模块"采集、导入、评分、评级"。当然，如果简单问题的子功能还比较复杂，那么还可以对简单问题的功能继续进行分解，从而将简单问题分解为更简单问题的组合，以此类推，直到问题功能足够简单。例如，可以将"评分"子模块进一步的分解为"各题评分"和"总评分"两个功能模块。

表 12-12   信用评价的功能模块

模块	功能	数据
主模块—信用评价	控制各个子模块的协作	
子模块—采集	采集大学生信用评价的测试答案	选择题的测试答案
子模块—导入	导入大学生信用评价的标准答案	选择题的标准答案
子模块—评分	比对测试答案和标准答案，计算大学生信用得分	大学生信用得分
子模块—评级	基于大学生的信用得分对大学生信用进行分级	大学生信用等级

在面向过程的 VBA 程序设计语言中，模块是由"函数"来实现的。最终的程序由一个主函数和若干个函数构成，求解问题由这些函数的共同协作完成。

表 12-13 给出了表 12-12 中各模块的实现函数。篇幅原因，表中只给出了实现函数算法的概要描述。建议读者基于 Access VBA 给下列函数编码并上机调试。

表 12-13   实现信用评价功能的函数

函数	算法	访问的数据
MainProcedure	子模块协作逻辑	
DataCollection	测试答案采集的方法和步骤	TestAnswer
DataImport	标准答案导入的方法和步骤	StandardAnswer
CreditScoreCompute	计算大学生信用得分	CreditScore
CreditRatingAnalysis	分析大学生的信用等级	CreditRatings

面向过程的程序设计，数据和对数据的操作是分离的。通常是先分析出解决问题的步骤，然后通过设计一系列的过程（即算法）来解决问题。当确定过程之后，再开始考虑存储数据的方式。算法是第一位的，数据结构是第二位的。表 12-14 给出了表 12-12 中各模块访问的数据。

表 12-14   信用评价的数据

数据变量	数据类型	数据内容
TestAnswer	数据表	题号、学生答案
StandardAnswer	数据表	题号、标准答案
CreditScore	数据表	学号、信用得分
CreditRatings	数据表	学号、信用等级

面向过程的思维方式沿用了长期以来固有的解题方式，即按照步骤分析解决问题，数据结构的设计和数据操作的设计是分离的，这种思维方式与学生习惯采用的数学思维如出一辙。

12.9.2　面向对象的程序设计方法

面向对象程序设计的思想是对象和类的抽象。在程序设计时，按照语义将求解问题中的所有事物抽象为各种不同的对象，进而把具有共同特征的对象抽象为一个类。类和对象就是一般和特殊的关系，或者说是抽象和具体的关系。类是对一类事物的抽象描述，包括静态特征和动态行为，没有具体值；对象是类的具体表现，有确定的特征值和具体的行为表现。

面向对象的程序是由"类"组成的。表 12-15 以信用评价这一求解问题为案例，对该求解问题的类进行了抽象。抽象整个问题域包括"Bank""Question"和"Student"三个类。当然，根据需要还可以抽象出更多的类，以便使问题的求解更有效率。

表 12-15　信用评价的类

类	静态特征	动态行为
Bank	BankID BankClerk	信用评分() 信用评级()
Question	QuestionDescription StandardAnswer	测试题访问() 标准答案访问()
Student	StudentID TestAnswer CreditScore StudentCreditRatings	信用测试() 测试答案访问() 信用分值访问() 信用等级访问()

尽管程序是由类组成的，但每一次程序的执行，必须把类实例化为对象，由对象完成程序的设计功能。在面向对象的语言中，类由系统预定义，也可由用户自定义。表 12-16 给出了表 12-15 中各个类的实例化。

表 12-16　信用评价类的实例化

对象	静态特征	动态行为
招商银行	CMB001 小马	招商银行. 信用评分() 招商银行. 信用评级()
组合 A	〈健康状况；家庭月收入；……〉 〈A；C；……〉	组合 A. 测试题阅读() 组合 A. 标准答案访问()
姜书骅	SDU001 〈A；C；……〉 96 一级	姜书骅. 信用测试() 姜书骅. 测试答案访问() 姜书骅. 信用分值访问() 姜书骅. 信用等级访问()

面向对象的程序设计采用人类在认识客观世界过程中普遍运用的思维方法。与面向过程的程序设计最本质的区别在于，面向对象的程序设计把数据和对数据的操作封装在一起，形成类。

　　除了封装特征以外，面向对象程序设计还将继承、多态等特征引入到程序设计的思想中，从而使面向对象程序设计更加符合人的思维方式，可以快速地洞察问题的实质，建立问题域的逻辑模型，并以此为依据解决客观世界的复杂问题。

　　总之："面向过程的程序设计"是一种以过程为中心的编程方法，创建的程序由一个或多个过程组成；而"面向对象的程序设计"是一种以对象为中心的编程方法，创建的程序由一个或多个对象组成。看上去，两种方法似乎很像，仅仅是把"过程"的名字换成了"对象"，其实不然，过程和对象有着本质的区别，而且过程的协作机制与对象的协作机制也有着重大的差异。

本章习题

第 13 章 模块对象的设计及应用

本章导读

前面两章学习了 VBA 程序设计的基本方法，对于复杂数据管理的任务大家可以通过编程来实现了。那么问题来了，人们所编写好的程序代码放在 Access 数据库的哪个对象中呢？答案是：Access 提供了一种专门的数据库对象——模块对象，用作存放 VBA 程序代码。

这一章将学习 Access 数据库模块对象的基本概念、创建方法、执行调用方式以及应用技术。通过本章的学习，希望读者在了解掌握模块对象基本理论的基础上，同时学会使用模块对象技术解决一些数据管理的应用问题。

13.1 模块对象概述

13.1.1 模块对象的概念

在 Access 数据库中，编写好的程序代码需要封装在模块对象中才可以运行，那么什么是模块对象呢？本节就来认识一下模块对象。

1. 模块对象的基本概念

与前面所介绍的数据表、查询、窗体、报表、宏对象一样，模块对象也是 Access 数据库的一种基本对象。模块对象是在 Access 中的程序单元，其功能是将程序代码和数据封装在内。

2. 模块对象与宏对象

模块对象与宏对象从功能上讲都可以完成数据库的复杂管理，宏对象从某种程度上看也是一种程序化管理数据库的方式，但二者之间又有不同，其区别主要体现在以下几个方面。

从本质上看，模块对象和宏对象都是一种程序，宏对象的每个基本操作都可以用一系列 VBA 语句来实现相同的命令效果，可以说在模块中利用 VBA 语句能实现宏对象的所有功能。

从功能上看，宏对象中只能利用 Access 所提供的操作完成任务，而模块对象可以进行自定义过程和函数，能完成更为复杂的计算。因此，模块对象比宏对象的功能更加强大。

从使用的难易程度上看，宏对象更加简单，它直接利用 Access 提供的操作，不需要编程，比较容易掌握。模块对象的使用则较为复杂，要求用户能熟悉使用 VBA 语言，具备一定的编程基础和能力，增加了用户使用难度。

从运行速度上看，宏对象的运行速度比较慢，模块对象中 VBA 语句的运行速度更快一些。

13.1.2 模块对象的组成

Access 数据库的所有程序代码均封装在模块对象中。那么，在模块对象里程序代码是如何组织的呢？模块对象中程序代码是以过程为单元存放的。具体地说，模块对象是由通用声明部分和一个或多个过程组成的。

通用声明部分主要包括：Option 声明语句、变量、常量或自定义数据类型的声明。

模块中可以使用的 Option 声明语句有以下几种。

①Option Base 1：声明模块中数组下标的默认下界为 1，不写此声明时默认为 0。

②Option Compare Database：当进行字符串比较时，根据数据库的区域 ID 确定排序级别比较，如果没有这个声明语句，默认按 ASCII 码比较。

③Option Explicit：用于强制模块中变量必须先声明再使用。

如图 13-1 所示就是一个直观的模块实例。这是一个名称为"第一个模块例题"的标准模块，该模块由声明部分、一个名称为"subex1()"的 Sub 过程和一个名称为"circarea()"的 Funtion 函数组成。

图 13-1　第一个模块例题

13.1.3　模块对象的分类

Access 数据库模块对象有两种基本类型：类模块对象和标准模块对象。类模块对象是基于类创建的，其中封装了类的所有程序代码。这些过程属于私有过程，只能在类对象内运行，不可以被其他对象调用。标准模块对象不与任何其他 Access 对象相关联，它存放的是公共过程，这些过程可以被任何模块对象中的过程调用运行。

1. 类模块对象

(1)类模块对象的类型

在类模块对象中，用于定义类的模块对象称为用户自定义类模块对象。在用户自定义类模块对象中，主要包含了对类的成员变量和方法的定义。定义一个类之后，用户就可以在其他模块中将自定义类实例化为一个对象，该对象将继承类的所有定义。

类模块对象中，基于系统预定义类(如窗体和报表)创建的模块对象，称为系统类模块对象。其中，与窗体对象相关联的是窗体类模块对象，与报表对象相关联的是报表类模块对象，窗体或报表对象的所有事件代码和处理方法就封装在这些模块对象中。

在窗体和报表类模块对象中，多数过程是通过事件触发的事件过程。所谓事件过程就是为响应某个特定事件而执行的过程。窗体和报表对象中的每个控件都有一个与之对应的事件过程集。用户利用事件过程可以控制控件的行为，使窗体和报表对象响应用户的操作。除事件过程外，窗体和报表类模块对象中还可以包含类模块对象内的通用过程，这些过程可以被同一类模块对象中的其他过程所调用，但不能被其他模块对象中的过程调用。

(2)两种类模块对象的区别

两种类模块对象都是基于类创建，具有类的封装性，即其中的过程是被封装在类模块对象中的，只能在本模块对象内所调用。同时，两种类模块对象又是有区别的，主要体现在以下 3 点。

①自定义类模块对象通常没有内置的用户界面，更适合于无须界面的工作，如完成查找及修改数据库或进行大量计算等任务。窗体或报表类模块对象都有内置的用户界面。

②自定义模块对象提供 Initialize 和 Terminate 事件，以执行在类实例打开和关闭时执行的操作。在窗体或报表类模块对象中则是通过 Load 和 Close 事件实现相似功能。

③自定义类模块对象必须用 New 关键字创建实例。窗体或报表类模块对象中可以用 Docmd 和 OpenReport 方法来创建实例，也可以通过引用窗体或报表类模块的属性及方法来创建。

2. 标准模块对象

标准模块对象在早期 Access 版本中也称为全局模块对象，用于存放整个数据库系统的公共变量和通用过程。这些通用过程与其他对象都无关，且可以从数据库任意位置运行。在标准模块对象中，使用关键字 Public 定义的过程称为通用过程，这些过程可以被整个数据库系统所调用。使用关键字 Private 定义的过程称为私有过程，它们只能在本标准模块对象内部被调用。

3. 标准模块对象与类模块对象的区别

标准模块对象和类模块对象都主要是由存放代码和数据的对象，但二者又有明显的区别，主要区别如下。

①标准模块中数据和过程的存活期与整个系统程序的存活期相同，它们伴随程序的启动而开始，伴随着程序的关闭而结束。类模块对象中的数据和过程只存在于对象的存活期，它们随对象的创建而创建，随对象的撤销而消失。

②标准模块对象中，存放的公共变量是数据库系统全程都使用的全局变量，可以在系统程序的任何地方使用。标准模块的公共变量在发生值的改变后，之后执行的所有代码引用的值都是改变后的值。类模块对象中的变量是模块对象内使用的变量，具有明显的容器封装性。这些变量都只存活于实例对象的存活期，即使是公共变量也只是在实例对象存活期内才可以被访问，实例对象撤销后所有类模块对象中的变量都将不复存在。

③标准模块对象中，通常存放可以被其他对象调用的通用过程。类模块对象中存放的则是在本模块中使用的过程，主要是事件过程。

13.2 模块对象的设计技术

13.2.1 类模块对象的创建

类模块对象有系统类模块对象和自定义类模块对象两种，下面分别介绍它们的创建方法。

1. 系统类模块对象的创建

系统类模块对象的创建是指窗体或报表类模块对象的创建。用户在为窗体或报表创建第一个事件过程时，Access 就自动创建与之关联的窗体或报表类模块对象。所以说窗体或报表类模块对象的创建过程，就是为窗体或报表中的控件添加事件过程代码的过程。

创建窗体类模块对象和报表类模块对象方法相同，以窗体类模块对象为例，其创建方法如下。

【方法一】

①打开要建立类模块的窗体的设计视图。

②选择窗体或窗体中的某个控件。

③在"属性表"设计窗格中，如图 13-2 所示，选择"事件"选项卡。

④选择某个事件，并单击其右侧的"省略号"按钮。

⑤在弹出的"选择生成器"对话框中，如图 13-3 所示，选择"代码生成器"选项。

⑥单击"确定"按钮，就会打开代码编辑器。

图 13-2 "属性表"设计窗格

图 13-3 "选择生成器"对话框

【方法二】

执行方法一中的步骤①和②后，右击选中的控件，在弹出的快捷菜单中执行"事件生成器"命令，弹出"选择生成器"对话框，其后操作同方法一中的步骤⑤和⑥。

【方法三】

执行方法一中的步骤①后，执行在"窗体设计工具｜设计"选项卡工具选项组中的"查看代码"命令，即可打开 VBE 编辑器，在"对象"和"过程"组合框中选择相应对象和事件即可编写事件代码。

通常，若要查看和修改窗体类模块对象中的代码用方法 3 更为简便。

例如，为当前窗体中名为"Command0"的按钮设置单击事件过程，要求运行窗体时，单击该按钮可以实现关闭窗体的功能。其具体操作步骤如下。

①在当前窗体的设计视图中，选中"Command0"按钮。

②在"属性表"设计窗格中的"事件"选项卡中，单击"单击"事件后的"省略号"按钮。

③弹出的"选择生成器"对话框后，选择"代码生成器"选项，并单击"确定"按钮。

进入 VBE 环境，打开"代码编辑器"窗口，如图13-4 所示。

代码编辑器窗口中光标所在行的上下各有一行代码，它是该事件过程的完整定义，事件过程名称为"Command0_click"。用户在光标处输入事件需要执行的代码即可，此处输入代码"Docmd. Close"，可实现单击按钮关闭窗体的功能。

2. 自定义类模块对象的创建

图 13-4 "单击"事件的"代码编辑器"窗口

自定义类模块通常用来定义一个类，在类模块中要包括类属性、方法等的定义。自定义类模块的建立方法如下：直接在数据库窗口中，执行"创建"选项卡"宏与代码"选项组中的"类模块"命令，即可创建名称为"类 1"的类模块。在 VBE 窗口中即打开"类 1"的类模块代码窗口，如图 13-5 所示。

图 13-5　打开"类 1"的类模块代码窗口　　　　图 13-6　类模块的属性对话框

在类模块的属性对话框中，可以修改类名称和 Instancing 属性，如图 13-6 所示。Instancing 属性用来设置当用户设置了一个该类的引用时，这个类在其他工程中是否可见。这个属性有两个值：Private 和 PublicNonCreatable。Private 值表示不可见，PublicNonCreatable 值表示可见。

在定义一个类时，通常要为类设置一些属性用以存放数据，创建类属性有两种方法。

（1）用 Public 关键字创建类属性

在类模块的声明部分，用关键字 Public 声明变量的方法创建类属性。例如，要为类声明一个名称为 name 的整数类型属性可用以下代码。

```
Publicname As Integer
```

（2）用属性（Property）过程创建类属性

在类模块中，通过插入属性（Property）过程来创建类属性。具体方法是在类模块中，执行"插入"选项卡中的"过程"命令，弹出"添加过程"对话框，如图 13-7 所示。

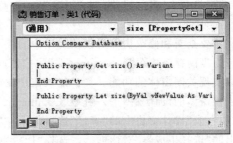

图 13-7　"添加过程"对话框　　　　　图 13-8　类模块的属性过程

在"添加过程"对话框中，选择"类型"为"属性"，在"名称"文本框中输入属性名，如 size，单击"确定"按钮，代码编辑器窗口将自动添加属性的读写过程，如图 13-8 所示。其中，Property Get 过程提供属性的读功能，Property Let 过程提供属性的写功能。

【例 13-1】创建一个名称为"存单"的类，该类有"金额"和"期限"两个属性，"金额"的单位是元、"期限"的单位是月，类有一个名为"利息"的方法，用于计算类实例对象的利息，存单的利率按期限（月）规定不同利率，具体利率如右图所示。

$$\begin{cases} 1\sim11\ 月 & 0.0003 \\ 12\sim35\ 月 & 0.001 \\ 36\sim59\ 月 & 0.0025 \\ \geqslant60\ 月 & 0.003 \end{cases}$$

类模块代码编写如下。

```
Option Compare Database
Const 利率 0= 0.0003
Const 利率 1= 0.001
Const 利率 3= 0.0025
```

```
Const 利率 5= 0.003
Private amount!
Private maturity!
Public Property Get 金额 ()As Variant
金额= amount
End Property
Public Property Let 金额 (ByVal vNewValue As Variant)
If vNewValue >  0 Then
amount= vNewValue
End If
End Property
Public Property Get 期限 ()As Variant
期限= maturity
End Property
Public Property Let 期限 (ByVal vNewValue As Variant)
If vNewValue >  0 Then
maturity= vNewValue
End If
End Property
Private Sub Class_ Initialize()
amount= 0
maturity= 0
End Sub
Public Function 利息 ()As Single
Dim rate As Single
Select Case 期限
  Case Is > = 60
    rate= 利率 5
  Case 36 To 59
    rate= 利率 3
  Case 12 To 35
    rate= 利率 1
  Case 1 To 11
    rate= 利率 0
  Case Else
    rate= 0
End Select
利息= 金额 *  期限 *  rate
End Function
```

【说明】

①模块声明部分的两个私有变量 amount 和 maturity 用于辅助创建属性"金额"和"期限"。

②由于属性"金额"和"期限"的值应该大于 0，故在写属性(Property Let)过程中，使用 IF

语句防止无效数据的写入。

③类模块中的 Class_Initialize 过程在创建对象时执行，其作用是为属性进行初始化数据。

13.2.2 标准模块对象的创建

当在多个位置调用同一过程时，就需要建立标准模块对象来存放这些公共过程。建立标准模块对象的具体操作步骤如下。

①在数据库窗口中，选择"创建"选项卡。

②在"宏与代码"组中单击"模块"按钮。

③进入 VBE 编程环境，并打开名称为"模块 1"的模块代码窗口，屏幕显示如图 13-9 所示。

④在模块窗口中直接输入声明部分。例如，用语句"Option Compare"声明在模块级别中字符串比较时的排序级别，声明模块级变量等。

图 13-9 新建标准模块窗口

⑤添加过程到模块中。执行"插入"选项卡中的"过程"命令，弹出"添加过程"对话框，输入过程名称(如 Sub1)并选择过程类型和过程的作用范围，最后单击"确定"按钮。模块窗口中即出现过程定义的首行和尾行代码，在其中输入过程代码即可。

⑥重复步骤⑤可添加多个过程。若删除不需要的过程，直接选中过程的全部代码删除即可。

⑦最后，单击"保存"按钮，弹出"另存为"对话框，输入模块名称进行保存。

【例 13-2】创建一个标准模块对象，模块对象名称为"通用模块"，在其中插入两个公共过程：一个 Function 过程，过程名称为 Age0，功能是根据身份证号码计算这个人的年龄；另一个是 Sub 过程，过程名称为 Birthday，功能是根据一个人身份证号码输出这个人的生日。

其操作步骤如下。

①在数据库窗口中，执行"创建"选项卡"宏与代码"选项组中的"模块"命令。

②出现模块窗口后，执行"插入"选项卡中的"过程"命令，在弹出的"添加过程"对话框中选择"类型"为"函数"、"范围"为"公共"，名称为"Age0"。

③为函数过程 Age0()输入如下代码。

```
Public Function age0(IDcardno As String)As Integer
    Age0= Year(Date)- Val(Mid(IDcardno, 7, 4))
End Function
```

④执行"插入"选项中的"过程"命令，在弹出的"添加过程"对话框中选择"类型"为"过程"、"范围"为"公共"，名称为"Birthday"。

⑤为子过程了 Birthday()输入如下代码。

```
Public Sub Birthday(IDcardno As String)
MsgBox "生日:"+ Mid(IDcardno, 7, 4)+ "年"+ Mid(IDcardno, 11, 2)+ "月"+
Mid(IDcardno, 13, 2)+ "日"
End Sub
```

⑥最后保存模块，名称为"Modu"。

本模块对象的两个过程均为公共过程，在本数据库的所有模块的所有过程都可以调用。

13.2.3 模块对象的执行

模块对象的执行是指模块对象中过程的执行。下面，分别介绍类模块和标准模块的执行。

1. 类模块的执行

要执行窗体和报表类模块，首先需要打开窗体或报表的窗体视图，模块中的事件过程即可在事件发生时被执行。

自定义类模块中的过程是所定义类的方法。类定义并实例化为对象后，调用对象的方法就执行了类模块中的相应过程。

【例13-3】调用例13-1中定义的"存单"类的方法，求指定存单的利息。

①首先创建一个名称为"调用存单类方法求利息"的窗体，其设计视图如图13-10所示。

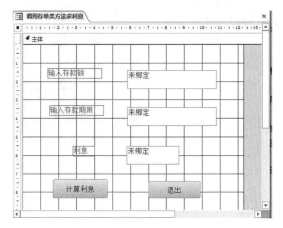

图13-10 窗体"调用存单类方法求利息"设计视图

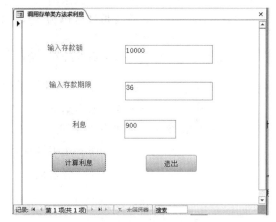

图13-11 单击"计算利息"按钮后的窗体显示

要求在 Text2 和 Text3 文本框中输入存款额和期限，单击"计算利息"按钮（Command2），计算利息并显示在 Text5 中，

②要计算存单利息，可以在窗体的模块声明部分创建一个类为"存单"的对象 cd1。

```
Rem 在模块声明部分创建一个名称为 cd1 的存单对象
Option Compare Database
    Public cd1 As New 存单
```

③在"计算利息"按钮的 Click 事件中，只需将文本框 Text2 和 Text3 中输入的数据赋给对象 cd1 的属性"金额"和"期限"，然后调用对象 cd1 的方法"利息"，并将利息放入文本框 Text5 中显示即可。命令按钮 Command2 的 Click 事件代码编写如下。

```
Private Sub Command2_ Click()
    cd1.金额 = Me.Text2.Value
    cd1.期限 = Me.Text3.Value
    Me.Text5.Value= cd1.利息
    Me.Refresh
End Sub
```

④"退出"按钮（Command3）的代码如下。

```
DoCmd.close
```

运行窗体，输入金额 10 000 和期限 36 后，单击"计算利息"按钮，文本框 Text5 显示利息为 900，"调用存单类方法求利息"窗体显示如图 13-11 所示。

2. 标准模块的执行

对于标准模块中的过程，通常在窗体或报表模块的事件过程中被调用执行。如果需要调试这些过程，用户可直接在 VBE 窗口中，先将插入点定位在要执行的过程中，然后用以下 3 种方法调试执行过程。

①执行"运行"选项卡中的"运行子过程/用户窗体"命令。

②单击"工具栏"中的"运行子过程/用户窗体"按钮，或按 F5 快捷键。

③用户在立即窗口中，输入命令"call ＜过程名＞"，调用指定过程，或输入命令"? 函数名(参数)"，调用指定函数并将函数值输出在立即窗口中。

【例 13-4】在立即窗口中，调用例 13-2 模块中所定义的 Age0 过程和 Birthday 过程，计算身份证号码为"370101197801012121"的居民的年龄，并显示这个居民的生日。

在立即窗口中输入以下命令计算年龄。

图 13-12　调用 Birthday 过程后弹出的对话框

```
debug. Print Age0("370101197801012121")
```

执行命令后，立即窗口输出结果为 40。

【说明】命令执行时间为 2016 年。

在立即窗口中输入以下命令显示生日。

```
Birthday("370101197801012121")
```

执行命令后，弹出如图 13-12 所示的对话框。

3. 模块间过程的调用原则

从调用功能来看，过程有事件过程和通用过程之分。事件过程在窗体或报表的控件属性中，由事件所驱动，被系统所调用；通用过程不与控件相关联，它们既可以被事件过程所调用也可以被通用过程所调用。

过程间调用原则如下。

①类模块对象中的事件过程中可以调用本模块对象内的通用过程，也可以调用通用模块对象中的公共过程。

②通用模块对象中的过程可以调用本模块对象中的过程，或其他通用模块对象中的公共过程，但不可以调用类模块对象中的过程。

③不同类模块对象中的过程不能相互调用。

④自定义类模块中的过程作为类实例对象的方法被调用。

13. 2. 4　模块对象的调试

系统开发完成后，对系统中的模块程序进行调试，找出模块程序中错误的重要环节。进行模块调试时，常用的手段有单步跟踪、设置断点和添加监视等。

1. 单步跟踪

要想彻底了解程序的执行顺序可以使用单步跟踪功能，VBA 中用"逐语句"命令来实现单步跟踪，具体操作步骤如下。

①首先将光标定位在要执行过程内部。

②执行"调试"选项卡中的"逐语句"命令执行过程的第一条语句，也可使用 F8 快捷键来执

行一条语句。此时要单步执行的语句前有箭头指示，且整个语句被黄色高亮显示，如图 13-13 所示。

图 13-13 单步执行语句被黄色高亮显示　　　图 13-14 设置断点后的代码窗口

③重复步骤②逐条执行过程中的每条语句，直至过程结束。

若要停止过程的单步跟踪，可以执行"运行"选项卡中的"重新设置"命令，或单击工具栏中"重新设置"按钮。

2. 设置断点

在程序的执行过程中，若想在程序的关键位置了解程序的执行信息，可以用设置断点调试的方法，设置断点的操作步骤如下。

①先将插入点定位到要设置断点的位置处，然后执行"调试"选项卡中的"切换断点"命令，或直接使用 F9 键设置断点。设置断点后的语句前有圆点指示，并且整个语句被暗红色高亮度显示，如图 13-14 所示。

②根据需要可以在过程中设置多个断点，若要取消断点只需将插入点定位到该语句中然后再次执行"切断断点"命令或按 F9 键即可。

③设置断点后运行过程时，执行到断点时程序自动暂停，用户按 F5 键或单击工具栏中的"继续"按钮，程序继续执行。

④在调试过程中，可以打开"本地窗口"观察过程执行中变量值的变化。

⑤若要停止过程的设置断点调试，同样可以执行"重新设置"命令。

3. 添加监视

在监视窗口中添加监视点，查看表达式的值。可执行"调试"选项卡中的"添加监视"命令，设置监视表达式。最常用的监视表达式就是一个变量。通过监视窗口可展开或折叠变量级别信息、调整列标题大小以及更改变量值等。

例如，在标准模块"模块 2"中有一公共过程 Sub1，其功能是计算 $1+2+3+\cdots+10$，打开"监视窗口"，添加变量 i 和 t 为监视表达式。此时的代码窗口和监视窗口如图 13-15 所示。

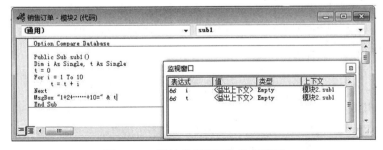

图 13-15 模块代码窗口和监视窗口

按 F8 键逐语句执行过程 Sub1，在执行两次循环之后，可以看到监视窗口中循环变量 i 的值为 2、变量 t 的值为 3。执行两次循环之后代码窗口和监视窗口如图 13-16 所示。

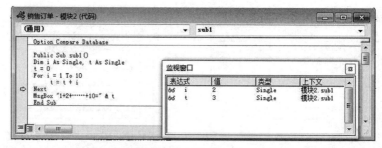

图 13-16　执行两次循环后的模块代码窗口和监视窗口

利用单步跟踪和添加监视可以详细观察程序执行过程中变量和表达式值的变化，这一点在程序的调试查错过程中显得尤为重要，通过观察变量和表达式值的变化有助于人们找出程序出错的原因。

13.3　模块对象中过程的协作

模块对象中的过程可以通过相互协作来共同完成任务目标。下面分别介绍同一模块中过程的协作和不同模块间过程的协作。

13.3.1　同模块对象内过程的协作

下面将举例介绍同一模块中过程的协作。

【例 13-11】为完成考场分配任务创建一个标准模块，名称为"通用模块"，在其中创建两个公共过程 RndRoomId() 和 Examroom()，过程 RndRoomId() 的功能是取得一个随机考场号，过程 Examroom() 的功能是完成单个学生的考场分配。

具体操作步骤如下。

① 创建标准模块"通用模块"。

② 在"通用模块"代码窗口中分别创建公共过程 RndRoomId() 和 Examroom()，并在其中分别输入以下代码。

```
Public Function RndRoomId(RoomNum As Integer)As Integer
    RndRoomId= Int(Rnd()* RoomNum)+ 1
End Function
Public Sub  examroom ( RoomNum  As  Integer, PeopleNum  As  Integer,
ExamRoomSize()As Integer, RoomId As Integer)
Dim assigned As Boolean
    assigned= False     '设置该学生分配班级标志为 False, 未分配
      Do While Not assigned
          RoomId= RndRoomId(RoomNum)
        If ExamRoomSize(RoomId)<  PeopleNum Then
          ExamRoomSize(RoomId)= ExamRoomSize(RoomId)+ 1
```

```
       assigned= True  '设置该学生分配班级标志为 True, 已分配
     End If
   Loop
End SubEnd Function
```

③保存模块。

13.3.2 不同模块对象间过程的协作

下面举例介绍同一模块中过程的协作。

【例13-12】设计一个窗体"根据身份证号码计算年龄",在 Text1 文本框中输入存款人的身份证号码,单击"计算年龄"按钮(Command1),计算存款人年龄并显示在 Text4 中,单击"退出"按钮(Command3),关闭窗体。其设计视图如图 13-17 所示。

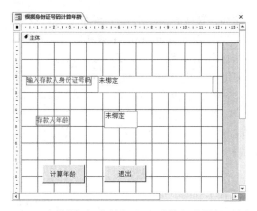

图 13-17 窗体"根据身份证号码计算年龄"的设计视图

【分析】

①计算存款人年龄,可以调用例 13-2 所建立的公共模块中的过程 Age0(),计算结果放入文本框 Text4 中,"Command1"按钮的 Click 事件代码编写如下。

```
Private Sub Command1_ Click()
  Dim idno As String
  idno= Me. Text1.Value
  Me. Text4= age0(idno)
  Me. Refresh
End Sub
```

②"退出"按钮(Command3)的代码编写如下。

```
Docmd. close
```

运行窗体"根据身份证号码计算年龄",输入存款人身份证号码 370101197801231122,单击"计算年龄"按钮,文本框 Text4 显示存款人年龄为 40,如图 13-18 所示。

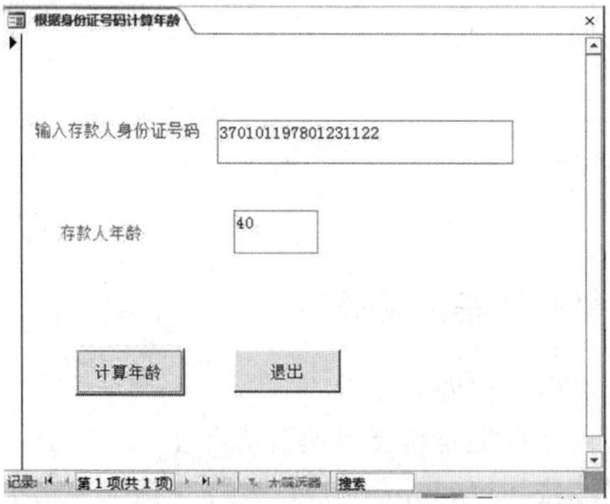

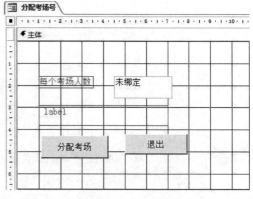

图 13-18　单击"计算年龄"按钮后窗体显示结果

【例 13-13】要求对"student"数据表中所有学生按新考场人数规定重新分配考场，将所分配的考场号写入到学生记录的"Examinationroom"字段中。

为完成此任务设计一个窗体，如图 13-19 所示，用户在文本框中输入每个考场考生人数，单击"分配考场"按钮，标签将显示由"student"表中学生的总人数和每个考场的考生人数所计算出的所需考场个数，并为所有学生分配考场，将所分配的考场号写入到"Examinationroom"字段。其间需要调用例 13-11 中所创建的通用模块中为单个学生分配考场的过程 Examroom()。

"分配考场"按钮的 Click 事件代码编写如下。

图 13-19　"分配考场号"窗体设计视图

```
Private Sub Command4_ Click()
On Error GoTo err_ command9_ click
  Dim rsstu As New ADODB. Recordset
  Dim RoomId As Integer, stunum As Integer
  Dim RoomNum As Integer, PeopleNum As Integer, i As Integer
  Dim ExamRoomSize(100)As Integer

rsstu. Open "student", CurrentProject. Connection, _
    adOpenKeyset, adLockOptimistic
If IsNull(Txtpnums)Then
  MsgBox "必须输入每个考场人数!!!"
Else
  PeopleNum= Txtpnums
  stunum= val(rsstu. RecordCount)
  RoomNum= Int(stunum / PeopleNum)
  If RoomNum * PeopleNum < stunum Then
    RoomNum= RoomNum+ 1
  End If
```

```
    Labrnums. Caption= "考场个数为" & RoomNum
    For i= 1 To RoomNum
      ExamRoomSize(i)= 0
    Next
    rsstu. MoveFirst
    For i= 1 To stunum
    examroom RoomNum, PeopleNum, ExamRoomSize, RoomId
    rsstu. Fields("examinationroom")= RoomId
    rsstu. Update
    rsstu. MoveNext
    Next
  End If
    Set rsstu= Nothing
exit_ command9_ click:
  Exit Sub
err_ command9_ click:
  MsgBox err. Description
  Resume exit_ command9_ click
End Sub
```

运行窗体，在文本框中输入考场人数"35"，单击"分配考场"按钮，窗体显示结果如图13-20所示。

图 13-20 单击"分配考场"按钮后的显示结果

可看到在考场人数 35 的情况下，根据学生总人数（student 表共有 361 条学生记录），需要分配 11 个考场，此时打开"student"表，将看到每个学生所分配考场信息，如图13-21 所示。

StudentNo	StudentName	StudentSex	StudentBirthday	StudentMajor	StudentClass	StudentDepartment	ExaminationRoom
201917111001	靖王博	女	2000/3/30	国际经济与贸易	2019级国贸1班	国贸系	3
201917111002	卢月	女	1999/4/5	国际经济与贸易	2019级国贸1班	国贸系	10
201917111003	葛菲	女	1999/9/25	国际经济与贸易	2019级国贸1班	国贸系	1
201917111004	明晙	女	2000/1/13	国际经济与贸易	2019级国贸1班	国贸系	5
201917111005	王钰婷	女	1999/11/4	国际经济与贸易	2019级国贸1班	国贸系	9
201917111006	何方靓	女	2000/2/5	国际经济与贸易	2019级国贸1班	国贸系	3
201917111007	苏华	女	1999/11/12	国际经济与贸易	2019级国贸1班	国贸系	5
201917111008	张文汶	女	1999/3/19	国际经济与贸易	2019级国贸1班	国贸系	5
201917111009	商令文	女	2000/1/5	国际经济与贸易	2019级国贸1班	国贸系	6
201917111010	李晓艳	女	2000/5/12	国际经济与贸易	2019级国贸1班	国贸系	3
201917111011	刘美	女	2000/4/13	国际经济与贸易	2019级国贸1班	国贸系	7
201917111012	王迪	女	1999/2/28	国际经济与贸易	2019级国贸1班	国贸系	3

图 13-21 分配考场后的"student"数据表显示

13.4　模块对象的应用技术

Access 数据库中包含了表对象、查询对象、窗体对象、报表对象、宏对象及模块对象共六种不同类型的对象，这些对象有其各自的基本功能和作用，同时，不同对象之间也有一定的关系，大多数的数据组织和管理任务需要靠不同类型对象之间协同工作来完成。在本节将讨论模块对象在其他数据库对象中的应用技术。

13.4.1　模块对象在表对象中的应用技术

表对象是 Access 数据库中最基本的数据源，数据库所有基本数据均存放于数据表中。模块对象是存放 VBA 程序代码的容器，这些代码不仅可以完成对表对象数据的插入、修改和删除等基本操作，还可以完成对表对象数据的转换、组合和验证工作以及创建和删除表对象任务。

【例 13-5】在数据库公共模块对象中建立一个创建数据表的通用过程，本过程有两个参数 strTableName 和 strFields，strTableName 参数存放将要建立的数据表名，strFields 参数用来存放 SQL 语句表述的数据表的关系模式。

该过程的设计代码及设计说明请参阅本书配套的电子版教学资源。下面再来看一个用 VBA 程序管理表对象数据的例子。

【例 13-6】假设有一个"管理学生数据"窗体，该窗体是管理学生基本数据的用户界面，如图 13-22 所示。

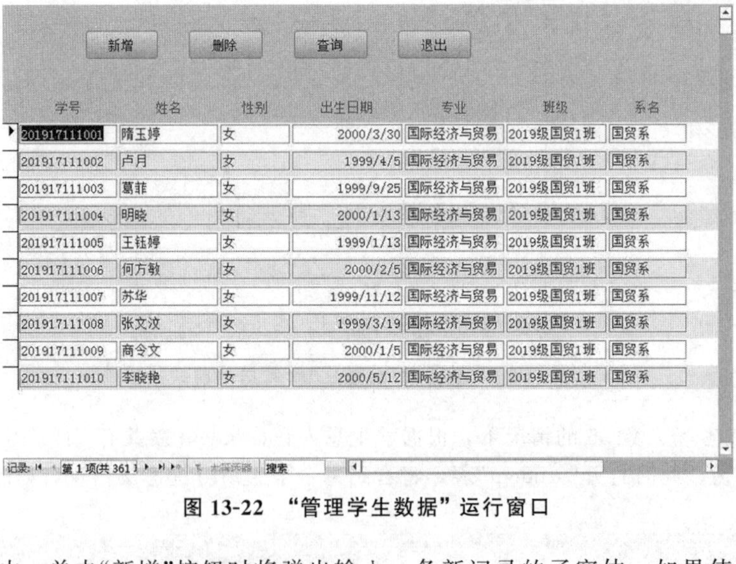

图 13-22　"管理学生数据"运行窗口

在该窗体中，单击"新增"按钮时将弹出输入一条新记录的子窗体。如果使用窗体记录源绑定功能来实现这一功能，可以创建如图 13-23 所示的"新增学生"窗体。

该窗体在运行时可能会存在以下问题。

①数据如何验证的问题，如要求学号不能为空且必须 12 位。

②控制窗体控件行为的问题，如输入完一个项目自动跳转到下一项目输入。

③错误提示消息人性化的问题，如数据表级验证规则出错提示的是字段名和规则表达式，

而我们希望给用户更明确的文字提示。

所有这些问题都可以用 VBA 代码解决。具体的做法是设计如图 13-24 所示窗体"stuadd"。该窗体模块对象中添加的代码及设计说明请参阅本书配套的电子版教学资源。

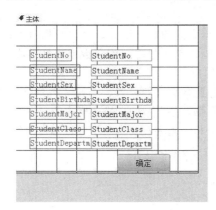 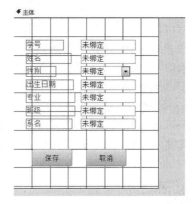

图 13-23　直接绑定记录源的"新增学生"窗体　图 13-24　用 VBA 程序实现的"新增学生"窗体

13.4.2　模块对象在查询对象中的应用技术

查询对象是对表对象数据源的一种补充，它可以将数据表中的基本数据转化或组合为一个新的数据源以适应不同应用的需求。查询对象可以作为模块对象的数据源，模块对象中又可以直接运行查询对象，甚至可以将控件的值传给查询对象的参数。

本书配套的电子版教学资源通过案例分析了模块对象在查询对象中的应用技术，有兴趣的读者可基于该资源进行自主学习。

13.4.3　模块对象在窗体对象中的应用技术

窗体对象是用户使用数据库的操作界面，利用窗体对象可以为用户提供一些高级而复杂的数据管理服务。当然，这些服务一般要通过执行模块对象中的程序来完成。大部分的窗体对象都有与之关联的窗体类模块对象，有关该窗体对象的所有 VBA 代码都封装在窗体类模块对象中。

本书配套的电子版教学资源通过案例分析了模块对象在窗体对象中的应用技术，有兴趣的读者可基于该资源进行自主学习。

13.4.4　模块对象在报表对象中的应用技术

普通的报表仅能完成一些简单的报表任务，实际应用中，可能需要制作一些个性化的、有特殊功能的报表，这一类特殊需求可以利用报表类模块对象中的程序来实现。例如，当报表中没有有效记录时，简单报表会出现空报表，即"主体"节为空白，这是不应该的；再如，当报表中包含较多记录时，为改善用户阅读体验，要求每隔 5 条记录插入一条空白行，这样的要求都必须用编程的方法来实现。

本书配套的电子版教学资源通过案例分析了模块对象在报表对象中的应用技术，有兴趣的读者可基于该资源进行自主学习。

13.5 技术拓展与理论升华

半结构化数据是介于结构化数据和非结构数据之间的数据形式。这类数据具有一定的结构但通常采用自描述的模式。所谓的自描述模式指的是，数据结构和数据内容混在一起，既没有显式的模式定义，也没有严格的类型和长度约束。

基于 Access 创建的表是一种结构化数据，它具有显式的模式、严格的类型和长度约束；基于 Excel 创建的规范二维表就是一种半结构化数据，是典型的自描述模式的数据结构。

Access 支持对 Excel 半结构化数据的处理和分析，本书配套的电子版教学资源给出了相应的方法和技术，感兴趣的读者可以基于该资源进行自主学习。

本章习题

第14章　数据库技术的对象级应用

本章导读

在前十三章中学习了数据库的理论和技术。后面两章学习如何在数据库理论的指导下，运用数据库技术解决实际问题。遵循循序渐进的教学原则，第14章将学习设计对象来解决实际问题，第15章将学习设计系统来解决实际问题。

系统是相互联系相互作用的诸对象的集成体，因此，系统功能实际上是由系统中的对象共同协作实现的。既然如此，本书为什么要将数据库理论和技术的应用分为对象级和系统级呢？原因主要有三：第一，系统级应用涉及的对象较多，本书将其界定为5个以上，而对象级应用涉及的对象一般不超过5个；第二，在数据库理论和技术的系统级应用中，系统中的对象通过一定的机制和技术集成为一个综合体，而在对象级应用中，尽管对象之间也相互联系和作用，但没有基于严格的机制和技术将它们集成为一个综合体；第三，将数据库理论和技术的应用学习分为两个阶段，便于读者由浅入深的建构数据库理论和技术。

在实际工作中，存在很多问题需要基于数据库理论和技术进行求解，这些问题包括：对问题域的数据进行组织和优化、对问题域的数据进行处理和分析、对问题域的数据进行管理和维护等。

那么如何设计对象对数据进行组织和优化呢？如何设计对象对数据进行管理和维护呢？如何设计对象对数据进行处理和分析呢？这就是本章的学习重点了。本章将以 Access 数据库管理系统为工具，分析上述问题的解决思路并提出解决方案。

为避免应用场景缺乏连贯性，使本书的知识结构前后呼应，自然衔接，本章在应用场景上仍然选择销售型企业的运营数据管理，另外为了避免应用场景过于单一，便于读者进行比较学习，本章在部分场景上仍然选择读者最熟悉的学生管理，尤其是学生成绩管理方面的内容。

14.1　数据的组织和优化

基于数据库理论和技术对实际应用问题进行求解的第一个任务就是数据的组织和优化。数据组织是指将问题域中的数据基于关系数据模型组织起来，并按一定的模式存储在数据库中。数据优化是指对数据库模式进行优化，使数据库占用存储空间减少、响应速度更快、应用成本更低等。

14.1.1　指导思想

关系数据库是以数学理论为基础的。基于理论上的优势，数据结构型可以设计得更加科学，数据操作可以得到更好地优化。本章依托的关系数据理论包括两方面的内容：一是关系数据库设计理论，包括数据库生命周期理论和关系数据库规范化理论；二是关系数据库的操作理论，主要包括关系数据库的查询和优化理论。

1. 生命周期的思想

数据库是有生命周期的，在生命周期的各个阶段，数据库的功能和性能需求是动态变化的，因此，要基于数据库生命周期的发展主线来组织关系数据库的数据。

2. 数据库规范化的思想

为使数据库模式设计的方法趋于完备，数据库专家推出了关系数据库范式理论。范式是指规范化的关系模式。由于规范化的程度不同，就产生了不同的范式。

14.1.2 技术方案

基于数据库技术组织论域数据的对象是表和视图。在 Access 数据库技术中，表基于表对象实现，视图基于查询对象实现。基于表对象组织数据时，首先要满足用户需求，然后要尽量提高表模式的范式等级；基于查询对象组织数据时，要考虑的因素是查询模式是否满足用户需求。

1. 数据组织的技术方案

就 Access 而言，数据的组织主要基于数据库的"表"对象实现，为了向用户提供个性化的数据服务，还可以定义"虚表"对象。虚表就是数据源型查询对象。

将论域数据组织并存储的技术方案有两种：一是按业务主题将论域数据组织在不同的表对象中，并建立表对象之间的联系；二是按生命周期将论域数据组织在不同的表对象中，并建立表对象之间的联系。将数据库数据提供给用户使用的技术方案是按照用户数据需求，定义查询对象。

2. 数据优化的技术方案

基于表对象组织论域数据，必须将表对象的模式规范化，使之达到较高的范式，这是数据优化的主要途径。一般来说，表模式应满足的基本要求如下。

①元组的每个分量必须是不可分的数据项。

②数据冗余应尽可能少。

③不能因为数据更新操作而引起数据不一致问题。

④执行数据插入操作时，数据不能产生插入异常现象。

⑤数据不能在执行删除操作时产生删除异常问题。

⑥数据库设计应考虑查询要求，数据组织应合理。

表模式规范化的主要方法是模式分解。对于不符合上述要求的问题表，可以基于范式理论对问题表的模式进行规范化。表模式规范化的基本方法是模式分解。

例如：如果"学生成绩"表的模式如下。

学生成绩(学号，学生姓名，学生年龄，学生性别，所属系名，所属系主任名，课程名，成绩)

那么该表对象就包含学生、课程、系、成绩四个主题，必然导致数据冗余、插入异常、删除异常、更新异常等问题。如果基于模式分解的方法，使得该表规范化，问题自然就消除了。

对"学生成绩"表的规范化，方案很多，最简单的就是基于应用主题，将"学生成绩"表分解为四个表，这四个表的模式分别如下。

学生(学号，姓名，年龄，性别，系编号)

系(系编号，系名，系主任)

课程(课程编号，课程名称，任课教师)

成绩(学号，课程编号，成绩)

注意: 在数据库模式设计中，并非是范式越高越好。设计者在设计目标数据库的模式时，一定要先考虑自己设计的数据库模式是否能满足用户对目标数据库的性能需求，在数据库模式能够满足用户性能需求的前提下，设计者再统筹考虑数据库模式的理论范式。当用户性能需求和理论范式二者冲突时，以满足用户的性能需求为先。

14.1.3 应用案例

最经典的数据组织应用通常有两种方法：按业务主题组织数据和按生命周期组织数据。数据的组织模式不是一成不变的，应该根据应用效果以及用户需求动态优化数据组织模式。

1. 数据组织案例分析

(1)按业务主题组织数据

按业务主题组织论域的数据，符合人的思维习惯，便于数据模式的设计，利于企业有效率地管理和维护数据。

例如，零售型企业基于"进、销、存"业务主题组织企业的运营数据：进货、存货、销货。

又如，学院基于大学生的"专业"主题组织学生的基本信息数据：金融、国贸、会计。

(2)按生命周期组织数据

按生命周期组织论域的数据，符合数据的运动规律，便于数据模式的动态优化。

例如，零售型企业经销的产品，在不同的业务阶段，具有相应的业务属性，因此基于产品在生命周期的不同阶段，对产品进行动态建模，可以更好地反映数据的运动特征。

对于零售型企业，其经销的产品可分为三个阶段，因此运营数据可以采用如下建模方案。

①进货的产品：在途产品。

②存货的产品：在库产品。

③销售的产品：在线产品。

又如，大学生在校学习的时间是四个学年，其学习成绩可以分为四个阶段，因此大学生学习成绩可以采用如下建模方案。

①一年级成绩。

②二年级成绩。

③三年级成绩。

④四年级成绩。

2. 数据优化案例分析

当数据库的性能不能满足用户的业务需求时，数据库组织数据的模式就需要优化。仍以零售型企业为例：当企业运营数据的规模不是很大时，基于"进、销、存"主题组织运营数据是有效率的。当企业运营数据的规模很大时，上述数据库的建模方案就需要优化，否则数据库系统的响应速度会很慢。那么有哪些优化数据组织模式的方法呢？

在实际工作中，最常用的数据优化方法有数据拆分和数据聚集两种。当数据规模很大时，在建模数据库时，应该考虑数据的使用频率，对于使用频率很高的数据应该将它们单独组织和建模，这就是所谓的数据拆分。另外在组织和建模数据的时候，应该考虑数据的关联度，对于关联度高而且使用频率较高的数据，应该将它们聚集在一起，以提高关联数据的存取速度。

【例14-1】一家零售型企业创建了一个 Access 数据库销售系统，开展线上销售业务。假设该企业经销的产品种类在 10 000 个以上，线上用户的访问量每天平均在 10 000 左右，请问该企业的数据库应该如何设计，才能提高数据库的响应速度？

篇幅原因，本例各类对象的设计细节和协作模式，请参阅本书配套的电子版教学资源。

14.2 数据的处理和分析

数据处理和数据分析是用户的最经典应用。数据处理的目的是从数据库中抽取求解问题相关的数据集并对数据集进行计算，推导出对于某些特定的人们来说是有价值、有意义的结果。因此数据处理包括数据的抽取、数据的运算、结果的呈现或保存等。数据分析是指用适当的统计分析方法对数据库中存储的大量数据进行分析，提取有用信息和形成结论而对数据加以详细研究和概括总结的过程。一般说来，数据处理是数据分析的前提，数据分析是数据处理的下一任务。

14.2.1 指导思想

数据处理和分析，一般要基于业务驱动的思想来设计数据处理和分析方案，否则方案就是垃圾的，因为它不满足用户的业务需求。对于数据库而言，数据处理和分析都离不开数据查询，查询操作要占到所有操作的 90％以上，负责读操作的 SELECT 语句的性能对整个数据处理和数据分析的影响巨大，必须优先考虑查询优化问题。

1. 业务驱动的思想

对于数据库数据的处理和分析而言，基于业务流程和业务需求对数据进行处理和分析，是业务驱动思想的主要内涵。因此，基于数据库对象处理和分析数据库数据之前，必须对用户业务进行科学设计。业务设计是否科学的衡量标准很多，业界关注度比较高的有如下五条。

①基于友好的用户操作流程，营造良好的用户体验。

②显著地减少用户工作量，提高用户工作效率。

③业务设计灵活，可扩展性很好，有助于用户修改、完善、提升或扩展自身业务。

④提供良好的交互接口，便于用户对业务的控制和干预。

⑤业务功能实现方式多样化，技术实现难度小且成本低。

上述 5 条衡量标准中，有 4 条是与用户息息相关的，所以在设计数据库对象处理和分析数据库数据时，一定要基于业务驱动的思想，全心全意为用户服务！

2. 查询优先的思想

基于数据库技术进行数据处理和数据分析时，读是最主要的操作。一般来说，读操作要占到数据库所有操作的 90％以上，因此执行读操作的 SELECT 语句对数据处理和数据分析的性能影响非常大，必须优先考虑 SELECT 语句功能和性能的优化问题，这就是查询优先的思想。

用户设计 SELECT 语句对数据库进行访问时，必须考虑下述查询优化策略。

(1)选择运算尽可能先做。

在优化策略中，这是最重要，也是最基本的一条。一般情况下，选择运算都可以减少SELECT 命令计算的中间结果，常常可以使执行时间降低几个数量级，因此选择运算要尽可能先做。

(2)在执行连接运算前对数据表进行适当的预处理。

预处理方法主要有两种：一是对数据表之间的关联字段建立索引；二是基于关联字段对

数据表进行排序。预处理后，相互关联的数据表进行连接运算时，可以显著提高速度。

（3）将投影运算（选择运算）同时进行。

如果 SELECT 语句中有若干个投影运算（选择运算），并且它们都对同一个数据表进行操作，那么在扫描此数据表的同时，要尽可能多地完成投影运算（选择运算），以避免重复扫描数据表。

（4）如果有可能，尽可能以计算字段的形式获得字段的加工信息

以计算字段的形式获得字段的加工信息，可以提高一条 SELECT 命令的执行效率，同时也可以避免为了获得字段的加工信息而重新扫描一遍数据表。

（5）建立中间结果表

如果某些"中间结果"要重复使用，而且从外存中读入这个"中间结果"比重新获得该"中间结果"的计算时间少得多，则应该先计算"中间结果"，并把"中间结果"写入"中间结果"表中。当 SELECT 语句需要用到"中间结果"时，可以显著地减少重新计算的时间。

14.2.2　技术方案

数据处理的技术方案大都包括数据抽取、数据计算和结果输出三个环节。数据分析的技术方案大都包括获取总体数据或者样本数据、计算指标信息、推演分析结论三个环节。

1. 数据处理的技术方案

数据处理是按照业务规则对数据库中的数据进行抽取和加工进而获得用户信息的过程。典型的数据处理方案都可以抽象为三个环节：数据抽取、数据计算、结果输出。

数据处理的第一步，是从数据库中抽取数据。在 Access 数据库系统中，简单的数据抽取可以由查询对象完成，较为复杂的数据抽取可以由宏对象完成，更复杂的数据抽取可以由模块对象完成。不管是查询对象、宏对象还是模块对象，最终都是通过 SELECT-SQL 语句实现。

在 Access 数据库系统中，简单的数据计算可以由查询对象来承担，较为复杂的数据计算可以由宏对象来实现，很复杂的数据计算任务可以由模块对象完成。

在 Access 数据库系统中，简单的结果输出可以由查询对象实现，较为复杂的可以由查询对象和窗体对象协作实现，更复杂的结果输出可以依靠查询对象、窗体对象以及模块对象的协作实现。

2. 数据分析的技术方案

数据分析是指用适当的方法抽取数据库中的数据总体或数据样本，并对总体数据或样本数据进行加工处理以提炼各类指标信息，进而对指标信息进行对比分析和概括总结以推演分析结论的过程。数据分析没有一成不变的技术方案，需要根据数据分析任务和目标来确定。

进行数据分析的主要环节包括：获取总体数据或者样本数据、计算总体数据或者样本数据中的指标信息、对指标信息进行对比分析和概括总结以推演分析结论。

在 Access 数据库系统中，获取总体数据或者样本数据可以基于查询对象，较为复杂的可以基于窗体对象、查询对象和宏对象的协作，更复杂的可以基于窗体对象、查询对象以及模块对象的协作。

在 Access 数据库系统中，计算指标信息，简单的可以由查询对象完成，较为复杂的可以由查询对象和宏对象协作完成，更复杂的可以由查询对象和模块对象协作完成。

在 Access 数据库系统中，得到分析结论，简单的可以基于宏对象的逻辑推演，较为复杂的可以基于宏对象以及窗体对象的协作推演，更复杂的可以由窗体对象以及模块对象协作完成。

14.2.3 应用案例

1. 应用案例：数据处理

【例14-2】"销售"数据库中存放着销售员的岗位信息、工龄信息、销售额信息等信息。假设销售员的工资＝岗位工资＋工龄工资＋绩效工资，岗位工资、工龄工资、绩效工资的计算规则如下。

①岗位工资：销售部经理，5000；销售员，3000

②工龄工资：$1000 \times (1+0.1)^{工龄}$。

③绩效工资：销售额$\times 0.09$。

请设计 Access 数据库对象，计算并打印销售员的工资单。

【分析】本案例的任务可以基于典型的数据处理技术方案完成。

①数据抽取：在数据库中抽取销售员的岗位信息、工龄信息、销售额信息存放到工资表中。

②数据计算：基于岗位工资、工龄工资、绩效工资的计算规则计算销售员的各分项工资；基于销售员的分项工资计算工资总额，将分项工资和工资总额存放到工资表中。

③结果输出：基于工资表的工资信息打印销售员的工资单。

工资单的计算和打印比较简单，只需要基于表、查询和报表的三类对象的协作就可以完成。篇幅原因，各类对象的设计细节和协作模式，请参阅本书配套的电子版教学资源。

2. 应用案例：数据分析

【例14-3】"销售"数据库中存放着销售员的岗位信息、工龄信息、销售额信息、岗位工资信息、工龄工资信息、绩效工资信息，请设计数据库对象分析：销售员销售额的分布情况；销售员工龄对销售额的影响效应；销售员岗位工资对销售额的影响效应。

本案例需要基于表对象、查询对象和模块对象的协作才能完成。篇幅原因，本章没有给出各类对象的设计细节和协作模式，有需要的读者请参阅本书配套的电子版教学资源。

14.3 数据库的安全管理

当今社会，人类生存和社会发展的三大基本资源是物质、能源、信息。数据库是信息资源的重要载体，因此数据库的安全管理关系到信息资源的安全，必须引起的高度重视。

14.3.1 指导思想

要实现数据库的安全管理，必须打造三级安全保障机制。所谓的三级安全保障机制包括：数据库系统安全保障机制、数据库安全保障机制和数据库对象安全保障机制。

14.3.2 技术方案

为实现三级安全保障机制，必须设计切实可行的技术方案。三级安全机制的实现方案已经较为成熟，其中最典型的技术方案如下。

①数据库系统的安全保障：系统登录用户的合法性验证＋登录用户的密码验证。

②数据库的安全保障：数据库用户的身份验证＋数据库操作权限的控制。

③数据库对象的安全保障：数据库用户对特定数据库对象操作权限的控制。

以 SQL Server 为代表的大中型数据库管理系统本身就支持三级安全保障机制，用户可以基于数据库管理系统提供的技术手段，直接实现用户数据库的三级安全保障机制。

以 Access 为代表的桌面级数据库管理系统，安全机制薄弱，所以用户必须在数据库系统中自己设计和部署安全对象，以弥补数据库管理系统安全保障机制的不足，这对于数据敏感度比较高的数据库用户尤其重要。

14.3.3 Access 数据库的安全管理

由于 Access 数据库管理系统本身不支持系统级安全的安全机制，所以以用户必须自己设计和部署安全对象实现 Access 数据库系统登录用户的合法性验证和登录用户的密码验证。

Access 基于密码机制在一定程度上实现了数据库的安全机制，但当登录用户进入数据库系统后，就拥有了该数据库所包括对象的所有操作权利，所以必须在数据库系统中，设计和部署安全对象，对登录用户操作数据库对象的权限进行限定，以防止用户对数据库对象的非授权访问。

本章习题

第 15 章 数据库技术的系统级应用

本章导读

数据库技术的对象级应用,一般是设计少数几个对象来解决实际问题,而且对象之间没有基于严格的机制形成系统,所以数据库技术的对象级应用解决的问题都比较简单。当问题比较复杂时,数据库技术的对象级应用就无能为力了,解决复杂问题需要建立数据库系统,这就是所谓的数据库技术的系统级应用,这也是第 15 章要学习的内容。

数据库系统是相互联系相互作用的数据库对象的集成体,在数据库技术的系统级应用中,数据库系统中的每一个对象必须在工程原理的指导下进行工作,数据库系统中的所有对象必须基于工程规范集成为一个综合体,以发挥出系统这一集体的功能和性能。

那么,如何在工程原理的指导下,设计和实现一个对象的功能和性能?如何在工程规范的指导下,将对象集成为一个系统,以发挥系统的功能和性能,从而满足用户的需求呢?这些问题都将在本章得到答案。

本章虽然仍然将以 Access 数据库管理系统为开发和应用平台,但本章所介绍的思想、方法、规范和技术对其他数据库技术的系统级应用也具有相当的示范作用。

15.1 数据库技术系统级应用的指导思想

实现数据库技术系统级应用的方法是建立数据库系统。以数据库技术为核心建立数据库系统,实现数据库数据资源的高效共享访问服务,是数据库技术系统级应用的基本目标。为实现这一基本目标,必须在下述三个思想的指导下开发数据库系统。

(1)基于科学的理论和技术组织和管理数据,建立高效率的共享数据库

为实现数据库数据资源的高效共享访问服务,必须对数据库数据进行科学组织和管理,这是实现数据库技术系统级应用基本目标的基础和前提。

(2)基于工程的原理和规范研发数据库系统,建立高质量的数据库系统

数据库系统是相互联系相互作用的数据库对象的集成体,在数据库技术的系统级应用中,数据库系统中的每一个对象必须在工程原理的指导下进行工作,数据库系统中的所有对象必须基于工程规范集成为一个综合体,以发挥出集体的功能和性能。

为建立数据库系统,必须按照系统开发规范来进行系统的开发。一个典型的数据库系统,通常由用户界面、输入/输出、数据库、事务处理和控制管理等几个部分组成。开发这样一个数据库系统,要遵循软件工程的原理和规范,不过要格外重视数据库的设计和实现。

(3)基于"开放技术标准"设计和实现数据库系统,建立跨平台应用的系统

开发数据库系统,必须基于开放的数据库访问技术标准,以便于数据库系统能够访问不同类型的关系数据库管理系统。

目前广泛使用的关系数据库管理系统有很多种,尽管这些系统都源于关系模型,也都遵循 SQL 标准,但是不同的系统有许多差异。因此在某个关系数据库管理系统下开发的数据库应用程序并不能在另外一个关系数据库管理系统下运行,适应性和可移植性较差。更为重要

的是，许多应用程序需要共享多个部门的数据资源，访问不同的关系数据库管理系统。

为此，人们开始研究和开发连接不同关系数据库管理系统的方法和技术，使数据库系统"开放"，能够实现"数据库互连"。本书将能够连接不同关系数据库管理系统的方法和技术，称为"开放技术"，同时将基于"开放技术"开发的数据库系统称为基于"开放技术标准"设计和实现的数据库系统。

15.2 实现数据库访问的开放技术

实现数据库开放访问技术的核心思想是提供一个应用程序访问数据库的接口（API），该接口实际上是一个标准，这个标准屏蔽了不同厂商、不同版本的数据库之间的差别，只要DBMS符合这个标准，应用程序都可以通过共同的一组代码访问该DBMS。目前，常见的数据库访问接口有 ODBC、JDBC、OLE DB、ADO 等。

15.2.1 数据库访问接口概述

1. ODBC

ODBC（Open Database Connectivity），即开放式数据库互联，是微软公司推出的一种实现应用程序和数据库之间通信的标准，目前所有的关系数据库都符合该标准。

一个基于 ODBC 的应用程序对数据库进行操作时，用户直接将 SQL 语句传送给 ODBC，ODBC 直接对数据库操作，获取相应的数据。ODBC 在工作时，不直接与 DBMS 打交道，所有的数据库操作由相应 DBMS 的 ODBC 驱动程序完成。也就是说，无论是 FoxPro、Access 还是 Oracle 数据库，只要安装有 ODBC 驱动程序，对这些数据库的操作，均可用 ODBC API 进行访问。由此可见，ODBC 的最大优点是能以统一的方式处理所有的关系数据库。

在具体操作时，首先必须用 ODBC 管理器注册一个数据源，管理器根据数据源提供的数据库位置、数据库类型及 ODBC 驱动程序等信息，建立起 ODBC 与具体数据库的联系。这样，只要应用程序将数据源名称提供给 ODBC，ODBC 就能建立起与相应数据库的连接。

ODBC 是面向过程的语言，由 C 语言开发出来，不能兼容多种语言，所以开发的难度大。另外，ODBC 只能对关系数据库（如 SQL Server、Oracle、Access、Excel 等）进行操作。

2. JDBC

JDBC（Java Database Connectivity），即 Java 数据库连接，是由一组用 Java 语言编写的类和接口组成，是一种用于执行 SQL 语句的 Java API，可以为多种关系数据库提供统一访问操作。

Java 语言具有简单、安全、易于使用、易于理解和跨平台等特性，是编写数据库应用程序的杰出语言。而 JDBC 为 Java 程序访问数据库提供了一种非常有效的机制。

3. OLE DB

随着数据源日益复杂化，现今的应用程序很可能需要从不同的数据源取得数据，再把处理过的数据输出到另外一个数据源中。更麻烦的是这些数据源可能不是传统的关系数据库，而可能是 Excel 文件、E-mail、Internet/Intranet 上的电子签名信息等。OLE DB（Object Linking and Embedding DataBase），即数据库链接和嵌入对象，是由微软提出的基于组件对象模型（COM）思想且面向对象的一种技术标准。它定义了统一的 COM 接口作为存取各类异质数据源的标准，并且将对数据库中数据的访问操作封装在一组 COM 对象之中。基于 OLE

DB，程序员可以使用一致的方式来存取各种数据。

ODBC 和 OLE DB 区别是 ODBC 标准的对象是基于 SQL 的数据源（关系型数据库），而 OLE DB 的对象则是范围更为广泛的任何数据存储。因此，符合 ODBC 标准的数据源是符合 OLE DB 标准的数据存储的子集。

4. ADO

ADO（Active Data Objects），即 ActiveX 数据对象，是由微软提出的一种面向对象的编程接口，ADO 建立在 OLE DB 之上，是对 OLE DB 数据对象的封装。Access 内嵌的 VBA 就是用 ADO 技术进行数据库操作的。

15.2.2　面向对象的数据库访问接口 ADO

ADO 是一个面向对象的 COM 组件库，用 ADO 访问数据库，其实就是利用 ADO 对象来操作数据库中数据，所以要先掌握 ADO 的对象。ADO 对象模型有以下几个对象。

1. Connection

Connection 对象用于创建一个对数据库的连接。通过此连接，可以对一个数据库进行访问和操作。

2. Command

Command 对象用于执行数据库的一次简单查询。此查询可完成诸如创建、添加、取回、删除或更新记录等动作。如果该查询用于取回数据，此数据被封装在一个 RecordSet 对象中。这意味着程序可以通过操作 RecordSet 对象的属性、集合、方法或事件来访问取回的数据。

3. RecordSet

RecordSet 对象用于存入一个来自数据库表的记录集合。一个 RecordSet 对象可以存储多个记录，每一条记录由多个字段组成。在 ADO 中，RecordSet 对象是最重要且最常用的对数据库操作的对象。

4. Fields

Fields 对象包含有关 RecordSet 对象中某一列的信息。RecordSet 对象中的每一列（字段）对应一个 Field 对象。

5. Parameter

Parameter 对象为存储过程或查询中提供参数的信息。使用 Parameter 对象可以在 SQL 命令执行前来改变命令的某些细节。例如，SQL-SELECT 语句可使用参数定义 WHERE 子句的匹配条件，而使用另一个参数来定义 ORDER BY 子句排序方式。

6. Record

Record 对象用于存放记录集合中的一行。ADO 2.5 之前的版本仅能够访问结构化的数据库。在一个结构化的数据库中，每个表在每一行均有相同的列数，并且每一列都由相同的数据类型组成。

上述几个对象中，Connection、Command 和 RecordSet 是最常用的 ADO 对象。

15.2.3　基于 ADO 接口访问 Access 数据库的基本步骤

基于 ADO 对象访问 Access 数据库的步骤如下。

①声明 Connection 对象，连接数据源。

②打开记录集对象 RecordSet，完成对各种数据的访问操作。

③关闭 RecordSet 和 Connection 对象。

1. 连接数据源

为了能够访问数据库，首先要建立与数据库的连接。这一操作是通过声明与打开 Connection 对象来实现的。其代码如下。

```
Dimcon As new ADODB.Connection
con.Open[conString]
```

相关参数说明如下。

conString：可选项，包含了连接的数据库信息。在 Open 操作之前，还需要设置 Connection 对象的数据提供者（Provider）信息。连接 Access 数据源的数据提供者设置方法如下。

```
con.Provider= "Microsoft.Jet.OLEDB.4.0"
```

下面的代码用于建立"销售单.accdb"数据库的连接。

```
Dim con As new ADODB.Connection
con.Provider= "Microsoft.Jet.OLEDB.4.0"
con.open "销售单.accdb "
```

2. 打开 RecordSet 对象

在建立数据库的连接后，就可以声明并初始化一个新的 Recordset 对象了，其代码如下。

```
Dim rs As new ADODB.RecordSet
rs.Open[Source][, Connection][, CursorType][, LockType]
```

相关参数说明如下。

Source：指明数据源，可以是合法的表名、SQL 语句、存储过程调用。

Connection：已打开的 Connection 对象变量名。

CursorType：确定打开记录集对象使用的游标类型。

LockType：确定打开记录集对象使用的锁定类型。

下面的代码用于打开 RecordSet 对象，并对当前数据库中顾客表进行操作。

rs.Open "顾客", CurrentProject.Connection，adOpenKeyset，adLockOptimistic

利用该对象可以实现对数据库的查询、浏览、添加以及删除等操作。

3. 关闭 RecordSet 和 Connection 对象

在完成对数据库的操作之后，应当从内存中删除 RecordSet 对象和 Connection 对象，否则这些对象可能会继续占用内存空间。删除的方法是先用 Close 方法关闭 RecordSet 和 Connection 对象，然后再将它们设为 Nothing。其相关代码如下。

```
rsCustomers.Close
dbCon.Close
Set rsCustomers= Nothing

Set dbCon＝Nothing
```

15.3 开发数据库系统的工程规范

一个典型的数据库系统，通常由用户界面、输入/输出、数据库、事务处理和控制管理等几个部分组成。开发这样一个数据库系统，也要遵循软件工程的原理和规范，不过要格外重视数据库的设计和实现。下面简单介绍数据库系统开发的一般过程。

15.3.1　数据库系统开发的一般过程

数据库系统的开发过程一般包括：需求分析、系统概要设计、系统详细设计、系统实现、系统测试和系统交付等几个阶段。但根据应用系统的规模和复杂程度，在实际开发过程中往往有一些灵活处理。有时候把两个甚至三个过程合并进行，不一定完全刻板地遵守这样的过程，但是不管所开发的应用系统的复杂程度如何，需求分析、系统设计、系统实现、系统测试和系统交付这些基本过程是不可缺少的。

1. 需求分析

需求分析是数据库系统开发活动的起点，这一阶段的基本任务简单说来有两个：一是摸清现状，二是厘清目标系统的功能。摸清现状的主要目的之一就是对系统中涉及的数据流进行分析，归纳出整个系统应该包含和处理的数据，为下一阶段的数据库设计奠定基础；而厘清目标系统的功能就是要明确说明系统将要实现的功能，也就是明确说明目标系统将能够对人们提供哪些支持，这将为下一阶段的功能设计奠定基础。

在整个系统的开发过程中都应该有最终用户的参与，而在需求分析阶段这尤为重要，用户不仅要参与，而且要树立用户在需求分析中的主体和主导地位。

对于一个应用项目的开发，即使作了认真仔细的分析，也需要在今后每一步的开发过程中不断地加以修改和完善，因此必须随时接受最终用户的监督和反馈意见。

2. 系统设计

通过需求分析，明确了应用系统的现状与目标后，进入系统设计阶段。系统设计的任务很多，其中比较重要的包括：应用系统支撑环境的选择；应用系统开发工具的选择；应用系统界面的设计，如系统的窗体、报表等；应用系统数据组织结构的设计，也就是数据库的设计；应用系统功能模块的设计；较复杂功能模块的算法设计等。

在系统设计的上述任务中，最为重要的就是数据库设计和功能设计。用户在进行系统设计时，要把这两方面的设计有机地联系起来，统筹考虑，且不可割裂开来独立设计。本节介绍功能设计方法，数据库设计内容将在下一节重点介绍。

功能设计主要是敲定整个应用系统完成的任务。一般而言，整个应用系统的总任务由多个子任务组合而成，而且这个组合的总任务的复杂程度将大于分别考虑这个子任务时的复杂程度之和，所以，在系统设计的工作中都要进行功能模块化设计。

功能模块化设计是将应用系统划分成若干个功能模块，每个功能模块完成了一个子功能，再把这些功能模块总起来组成一个整体，以满足所要求的整个系统的功能。每一个功能模块由一个或多个相应的程序模块来实现，当然，根据需要还可以进行功能模块的细分和相应程序模块的细分，这就是子模块的概念。

在设计一个应用系统时，应仔细考虑每个功能模块所应实现的功能，该模块应包含的子模块，以及该模块与其他模块之间的联系等，然后再用一个控制管理模块(主程序)将所有的模块有机地组织起来。典型的数据库系统大都包括以下几个一级功能模块。

①查询检索模块。数据库应用中的查询检索模块是不可缺少的，通常应提供对系统中每个数据表的分别查询功能，同时允许用户由指定的一个表或多个数据表中获取所需数据。此外，应提供各种条件的查询和组合条件的查询，使用户有更强的控制数据的能力。

例如，对于销售单管理系统的查询模块，应允许用户按照顾客姓名或销售员姓名查询，也可以按销售单编号或销售日期查询，或按多个条件的组合查询，允许用户检索和输出所需的任何销售单相关信息。

②数据维护模块。数据维护模块则同样是必不可少的，除了提供数据库的维护功能以及对各个数据表记录的添加、删除、修改与更新功能之外，数据维护模块还应该提供数据的备份、数据表的重新索引等日常维护功能。

③统计和计算模块。在多数情况下，一个数据库系统还应提供用户所需的各种统计计算功能，除包括常规的求和、求平均、按要求统计记录个数和分类汇总等功能外，还应该根据实际需要提供其他专项数据的统计和分析功能。

④打印输出模块。一个实际运行中的数据库应用程序自然还应提供各种报表和表格的打印输出功能，既可以打印原始的数据表内容，也可从单个数据表或多个数据表中抽取所需的数据加以综合制表予以打印输出，并可根据需要提供分组打印和排序后打印输出等功能，同时允许用户灵活设定报表的打印格式。

⑤帮助模块。在复杂的数据库系统中，该模块显得格外重要。完善的帮助模块不仅应该协助用户正确的使用系统的各项功能，而且还应该帮助用户进行简单的系统管理和维护等。

15.3.2　数据库设计的步骤

如前所述，一个高效的数据库系统必须要有一个或多个设计合理的数据库的支持。与其他计算机应用系统相比，数据库系统具有数据量大、数据关系复杂、用户需求多样化等特点。这就要求对应用系统的数据库和数据表进行合理的结构设计，不仅要能够有效地存储信息，还要能够反映出数据之间存在的客观联系。本节将探讨数据库设计的过程，这主要包括：数据需求分析、确定所需表、确定所需字段、确定所需联系以及设计求精等。

1. 数据需求分析

首先需要明确创建数据库的目的，即需要明确数据库设计的信息需求、处理需求及对数据安全性与完整性的要求。

①信息需求：即用户需要从数据库中获得哪些信息。信息需求决定了一个数据库系统应该提供的所有信息及这些信息的类型。

②处理需求：即需要对这些数据完成什么样的处理及处理的方式。处理需求决定了数据库系统的数据处理操作，应考虑执行操作的场合、操作对象、操作频率及对数据的影响等。

③安全性与完整性的要求：在定义信息需求和处理需求的同时必须考虑相应的数据安全性和完整性的要求，并确定其约束条件。

在整个应用系统设计和数据库设计中，需求分析都是十分重要的基础工作。必须与用户多加交流，耐心细致地了解现行业务的处理流程，收集能够收集到的全部数据资料，包括各种报表、单据、合同、档案和计划等。

2. 确定所需表

确定数据库中所应包含的表是数据库设计过程中技巧性最强的一步。尽管在需求分析中已经基本确定了所设计的数据库应包含的内容，但需要仔细推敲应建立多少个独立的数据表，以及如何将这些信息分门别类地放入各自的表中。事实上，根据用户想从数据库中得到的信息，包括要查询的信息、要打印的报表、要使用的表单等，仍不能直接决定数据库中所需的表及这些表的结构。

应该从系统整体需求出发，对所收集到的数据进行归纳与抽象，同时还要防止丢失有用的信息。仔细研究需要从数据库中提取的信息，遵从概念单一化的原则，将这些信息分成各种基本主题，每个主题对应一个独立的表，即用一个表描述一个实体或实体间的联系。例如，在"销售单管理"数据库中，可将客户、员工、商品、销售单、供应商等实体设计成一个个独立的数据表。

3. 确定所需字段

确定每个表所需的字段时应考虑以下几个原则。

①每个字段直接和表的实体相关：即描述另一个实体的字段应属于另一个表。必须确保一个表中的每个字段直接描述本表的实体。如果多个表中重复同样的信息，则表明表中有不必要的字段。

②以最小的逻辑单位存储信息：表中的字段必须是基本数据元素，而不应是多项数据的组合。如果一个字段中结合了多种数据，应尽量把信息分解为较小的逻辑单位，以避免日后获取单独数据的困难。

③表中字段必须是原始数据：即不要包含可由推导或计算得到的字段。多数情况下，不要将计算结果存储在表中。例如，商品表中有：商品编号、商品名称、单价、库存等字段，而商品总价可根据单价和数量计算后得到，不必包含在商品表中。若要在表单或报表中输出商品总价，可临时通过计算而获得。

④包括所需的全部信息：在确定所需字段时不要遗漏有用的信息，应确保所需的信息都已包括在某个数据表中，或者可由其他字段计算出来。同时在大多情况下，应确保每个表中有一个可以唯一标识各记录的字段。

⑤确定关键字段：关系型数据库管理系统能够迅速地查询并组合存储在多个独立的数据表中的信息。为使其有效地工作，数据库中的每一个表都必须至少有一个字段可用来唯一地确定表中的一个记录，这样的字段被称为主关键字段。Access 能够利用关键字段迅速关联多个表中的数据，并按照需要把有关数据组织在一起。关键字段不允许有重复值或 Null 值。例如，在"员工"表中，通常可将"员工号"作为主关键字段，而不能将"姓名"作为主关键字段。

4. 确定所需联系

设计数据库的一个重要步骤是确定库中各个数据表之间的联系。所确定的联系应该能够反映出数据表之间客观存在的联系，同时也为了使各个表的结构更加合理。数据表之间的联系可分为 3 种，即一对一联系、一对多联系和多对多联系。

5. 确定所需约束

确定数据库应该满足的约束，是保证数据库中数据正确性和一致性的重要手段。数据库约束是为了保证数据的完整性而实现的一套机制，需要根据业务需求，从以下两个方面确定数据库所需要满足的约束。

①表内约束：包括实体完整性约束和域完整性约束。

②表间约束：为了保持相关表之间的数据一致性，使得数据表数据记录在插入、删除和更新时满足业务逻辑，可以通过参照完整性设置加以实施。

6. 设计求精

数据库设计的过程实际上是一个不断迭代、不断调整的过程。在设计的每一个阶段都需要测试其是否能满足用户的需要，不能满足时就需要返回到前一个或前几个阶段进行修改和调整。

在确定了所需的表、字段和它们之间的联系后，应该再回过头来仔细研究和检查一下设计方案，看看是否符合用户的需求、是否易于使用和维护、是否存在缺陷和需要改进的地方。经过反复论证和修改之后，才可以在此数据库的基础上开始应用系统的程序代码开发工作。下面是需要检察的几个方面。

①是否遗忘了字段？是否有需要的信息没有包含进去？如果是，它们是否属于已创建的表？如果不包含在已创建的表中，那就需要另外创建一个表。

②是否有包含同样字段的表？如果有，需要考虑将与同一实体有关的所有信息合并成一个表。

③是否表中带有大量的不属于本表实体信息的字段？例如，在"销售"表中既带有"销售信息"字段又带有"客户信息"的若干个字段，此时必须修改设计，确保每个表包含的字段只与一个实体有关。

④是否为每个数据表选择了合适的主关键字？在使用这个主关键字查找具体记录时，它是否很容易被记忆和输入？并应确保主关键字的值不会重复。

⑤是否在某个表中重复输入了同样的信息？如果是，需要将该表分成两个一对多联系的表。

⑥是否存在字段很多而记录却很少的表，而且许多记录中的字段值为空？如果有，就需要考虑重新设计该表，使它的字段减少，记录增多。

15.4 案例实战

前面介绍了数据库技术系统级应用的思想、技术和工程规范，这对于帮助读者厘清数据库系统开发的方法和路径是很有启发的，但如果读者想真正地学会设计"数据库系统"解决数据组织和数据管理的实际问题，必须进行实战训练。

本书建议读者运用前面介绍的数据库原理和技术，设计一个"销售单管理系统"，对小型社区便利店的销货单进行统一的管理，以降低人工管理的复杂度，提高销货单管理的规范化。

计算思维能力不高的读者，可以设计一个"个人投资风险承受能力评估系统"，该系统根据客户填写的评估表，对客户的风险承受能力进行评估，用以协助客户选择合适的金融产品。

当你完成了上述任何一个系统的设计和实现任务后，你会深刻的体验和理解"用中学和学中用"的快乐和思想。本书配套的电子版教学资源给出了这两个系统的设计方法和实现源码，有需要的读者可以基于该资源进行自主学习。

本章习题

参考文献

[1]郭华，等．MySQL 数据库原理与应用[M]．北京：清华大学出版社，2020.

[2]苗雪兰，等．数据库系统原理及应用教程[M]．4 版．北京：机械工业出版社，2020.

[3]饶静，等．数据库原理及 MySQL 应用教程[M]．成都：西南财经大学出版社，2020.

[4]李辉，等．数据库原理与应用基础 MySQL[M]．北京：高等教育出版社，2019.

[5]张文霖，等．谁说菜鸟不会数据分析(工具篇)[M]．3 版．北京：电子工业出版社，2019.

[6]张文霖，等．谁说菜鸟不会数据分析(入门篇)[M]．4 版．北京：电子工业出版社，2019.

[7]张玉洁，等．数据库与数据处理 Access 2010 实现[M]．2 版．北京：机械工业出版社，2019.

[8]姜桂洪，等．MySQL 数据库应用与开发[M]．北京：清华大学出版社，2018.

[9]王珊，等．数据库系统概论[M]．5 版．北京：高等教育出版社，2018.

[10]陈志泊，等．数据库原理及应用教程[M]．3 版．北京：人民邮电出版社，2017.

[11]姜林枫，等．数据库技术与应用 Access 2010[M]．北京：人民邮电出版社，2017.

[12]何玉洁．数据库原理与应用[M]．3 版．北京：机械工业出版社，2017.

[13]刘鹏，等．大数据库[M]．北京：电子工业出版社，2017.

[14]林子雨．大数据技术原理与应用[M]．2 版．北京：人民邮电出版社，2017.

[15]吴靖，等．数据库原理及应用(Access 版)[M]．3 版．北京：机械工业出版社，2017.

[16]夏辉，等．MySQL 数据库基础与实践[M]．北京：机械工业出版社，2017.

[17]陈勇阳，等．个人信用管理：理论、实务及案例[M]．重庆：重庆大学出版社，2016.

[18]姜林枫，等．数据库基础与应用 Visual FoxPro 6.0[M]．北京：人民邮电出版社，2014.

[19]段利文，等．关系数据库与 SQL Server 2008[M]．2 版．北京：机械工业出版社，2013.

[20]黎升洪，等．Access 数据库应用与 VBA 编程[M]．北京：中国铁道出版社，2011.

[21]张红娟，等．数据库原理[M]．3 版．西安：西安电子科技大学出版社，2011.

[22]赵松涛．深入浅出 SQL Server 2005 系统管理与应用开发[M]．北京：电子工业出版社，2009.

[23]闪四清，等．数据库系统原理与应用教程[M]．3 版．北京：清华大学出版社，2008.

[24]姜林枫．基于主动对象/行为图的主动面向对象数据库建模机制的研究与应用[J]．计算机应用与软件，2013，30(4)：177-179.

[25]李巧君，刘春茂．浅析数据库设计的一般流程和原则[J]．技术与市场，2010，17(10)：28-29.

[26]伊凤新．数据库逻辑设计阶段的优化策略[J]．辽宁科技学院学报，2008(2)：23-24.

[27]刘洁，等．概念模型建模方法研究[J]．长春理工大学学报(自然科学版)，2007(3)：126-130.

[28]张露，马丽．数据库设计[J]．安阳工学院学报，2007(4)：76-79.

[29]智斌，石浩磊．关系数据库设计与规范化[J]．计算机与数字工程，2005(2)：114-116.